LE REGNE ANIMAL.

REGNUM ANIMALE.

REGNUM ANIMALE

IN CLASSES IX DISTRIBUTUM,

SIVE

SYNOPSIS METHODICA

SISTENS GENERALEM *ANIMALIUM* distributionem in Classes IX, & duarum primarum Classium, *Quadrupedum* scilicet & *Cetaceorum*, particularem divisionem in Ordines, Sectiones, Genera & Species.

CUM BREVI CUJUSQUE SPECIEI descriptione, Citationibus Auctorum de iis tractantium, Nominibus eis ab ipsis & Nationibus impositis, Nominibusque vulgaribus.

A D. BRISSON, Historiæ Naturalis Musei Realmuriani Demonstratore.

Cum Figuris æneis.

PARISIIS,

AD RIPAM AUGUSTINORUM.

Apud CL. JOANNEM-BAPTISTAM BAUCHE, Bibliopolam, ad Insigne Stæ. Genovefæ, & Sti. Joannis in Deserto.

M. DCC. LVI.

Cum Privilegio Regis & Approbatione.

LE REGNE ANIMAL
DIVISÉ EN IX CLASSES,

OU

MÉTHODE

CONTENANT LA DIVISION GENERALE DES *Animaux* en IX Classes, & la division particuliere des deux premieres Classes, sçavoir de celle des *Quadrupedes* & de celle des *Cetacées*, en Ordres, Sections, Genres & Espéces.

AUX QUELLES ON A JOINT UNE courte description de chaque Espéce, avec les Citations des Auteurs qui en ont traité, les Noms qu'ils leurs ont donnés, ceux que leurs ont donnés les différentes Nations, & les noms vulgaires.

Par M. BRISSON, Démonstrateur du Cabinet d'Histoire Naturelle de M. de Reaumur.

Avec Figures en taille douce.

A PARIS,

QUAY DES AUGUSTINS.

Chez CL. JEAN-BAPTISTE BAUCHE, Libraire, à l'Image Sainte Geneviéve & S. Jean dans le Desert.

M. DCC. LVI.

Avec Privilege du Roi & Approbation.

A MONSIEUR
DE REAUMUR,

Commandeur & Intendant de l'Ordre Royal & Militaire de S. Louis; de l'Académie Royale des Sciences, de la Société Royale de Londres, des Académies de Petersbourg & de Berlin, de l'Institut de Bologne, &c. &c.

ONSIEUR,

Il ne fut jamais d'hommage plus légitime que celui que je vous rends aujourd'hui. Cet Ouvrage doit être regardé comme votre bien, puisque c'est chez vous que j'ai puisé les connoissances qui l'ont produit. Si le Public lui accorde son suffrage, c'est à votre Nom seul que je le devrai.

J'ai l'honneur d'être avec un profond respect,

MONSIEUR,

Votre très humble &
très obéissant serviteur.
BRISSON.

PREFACE.

LA place que j'ai le bonheur d'occuper depuis plusieurs années, m'ayant mis journellement sous les yeux la plus riche collection des productions de la nature, qui ait jamais été faite, m'a donné la facilité de faire un grand nombre d'observations sur le Regne Animal, de comparer entr'eux les êtres animés qui lui appartiennent, d'en examiner les rapports les plus prochains & les plus éloignés. J'ai été ainsi conduit à penser à disposer les Animaux dans un ordre différent de ceux, où on les a mis jusqu'ici. Mon intention, en y travaillant, étoit uniquement de m'instruire moi-même, & de me mettre en état de juger des places les plus convenables aux nouveaux Animaux, qui se présenteroient pour en avoir une dans ces Cabinets, dont le soin m'est confié, & où il y en a tant de rassemblés: & la juste défiance que j'ai de mes lumieres, ne m'eût pas permis de faire paroître au jour la distribution qui m'avoit semblé la plus commode, si je n'y eusse été encouragé par des Sçavans, qui m'ont aidé de leurs conseils, pendant que j'y travaillois; & pour tout dire, par l'approbation que lui a donnée la plus célebre des Académies, l'Académie Royale des Sciences.

J'ose embrasser tout le Regne Animal. Il sera divisé en Classes ; les Classes en Ordres ; les Ordres en Sections ; les Sections en Genres ; & les Genres en Espéces. Chacune de ces divisions ou sous-divisions aura un caractere qui lui sera propre. Le premier désignera la Classe ; le second l'Ordre ; le troisiéme la Section ou le Genre. Je dis, la Section, ou le Genre ; parce qu'il y a quelques Animaux, comme le *Rhinoceros*, qui seuls composent un Ordre, lequel par conséquent n'est point divisé en Sections : alors le troisiéme caractere est celui du Genre. Au contraire, lorsque l'Ordre sera divisé en Sections, ce sera par le quatriéme caractere que le Genre sera désigné. Pour ce qui est des Espéces, je me contenterai d'une courte énumeration de ce qu'il y a de propre à les faire distinguer les unes des autres ; me reservant à donner des descriptions plus détaillées de ces mêmes Espéces, lorsque je publierai, comme je me le propose, une description générale du magnifique Cabinet d'Histoire Naturelle de M. de Reaumur.

Il y aura donc tout au plus cinq choses à observer, non seulement pour mettre un Animal dans son Genre, mais encore pour en déterminer l'Espéce. Je suppose, par exemple, qu'on présente un *Castor* à quelqu'un qui n'en a jamais vû, & qui ne le connoît point du tout : par le moyen de cette méthode il connoîtra dans le moment l'espéce de cet Animal. Premierement ses *quatre pieds*, & le *poil* dont son corps est couvert, lui apprendront qu'il est de la premiere Classe, de celle des Quadrupedes. Secondement les *deux dents incisives* qu'il a à chacune de ses mâchoires, & les ongles de ses doigts, ou ses doigts qui sont de ceux que l'on nomme *onguiculés*, lui feront connoître qu'il eſt du XII Ordre de cette Claſſe. Troiſiémement en continuant de l'obſerver, il remarquera qu'il eſt dépourvû de *dents Canines*, & qu'il n'a pas de *picquants* ſur le corps; ce qui lui apprendra qu'il eſt de la II Section de cet Ordre. Quatriémement ſa queue *platte & écailleuſe* lui déſignera le XXI Genre pour celui auquel l'Animal appartient. Cinquiémement enfin l'applatiſſement *horizontal* de cette queue déterminera l'Eſpéce, & lui apprendra qu'il eſt le *Caſtor*: & ainſi des autres Eſpéces.

J'ai tâché de ne faire rien entrer dans les caractéres que de ſimple & de facile à appercevoir, pour ne point expoſer aux erreurs dans leſquelles des caractéres plus compliqués pourroient induire. Au reſte je ne me flatte pas d'avoir toujours été aſſez heureux pour ſaiſir ce qu'il y avoit de mieux; je ſerai ſenſiblement obligé à ceux qui voudront bien me le montrer, & me faire connoître mes fautes, que je ſerai empreſſé à corriger.

On imagine bien que je n'ai pû parvenir à voir toutes les eſpéces d'Animaux dont il eſt parlé dans cet Ouvrage. Celles que j'ai éte à portée d'examiner de mes propres yeux, je les ai décrites avec le plus d'exactitude qu'il m'a été poſſible. Pour ce qui eſt de l'exactitude des deſcriptions des autres Eſpéces, j'en donne pour garants les Auteurs qui me les ont fournies. Auſſi, afin qu'on ſache à quoi s'en tenir, ai-je marqué de ** les Eſpéces dont j'ai fait la deſcription ſur l'Animal même; & de * ſeulement celles que je n'ai vûes qu'en partie, celles dont j'ai vû ſeulement les parties d'où j'ai tiré les caractéres. Le reſte de leur deſcription, & les descriptions entieres des Espéces qui n'ont aucune marque, je les ai faites d'apres les différens Auteurs cités dans cet Ouvrage : & j'ai toujours préferé la description de ceux qui ont dit avoir vû l'Animal.

Ce premier Volume ne contiendra que les deux premieres Classes, celle des Quadrupedes, & celle des Cetacées. Si cet Essai est agréé du Public, le desir que j'ai de lui plaire, & de lui être utile, me fera travailler avec ardeur à achever de mettre les autres Classes en état de lui être présentées.

Les Figures que j'ai fait graver, ont toutes été dessinées sur l'original. Mon intention étoit d'en donner au moins une de chaque Genre; mais l'impossibilité, dans laquelle je me suis trouvé, d'avoir les originaux nécessaires, jointe à ce qu'elles m'ont paru assez peu utiles, puisque la plûpart des caracteres ne sont tirés que du nombre des *dents* & des *doigts*, m'a déterminé à n'en donner qu'un petit nombre : & ce petit nombre contient des parties d'Animaux, qui, quoique pour la plûpart assez communs, nont jamais été bien décrits. Je ferai mon possible pour remplir ma premiere intention dans les Classes suivantes; c'est-à-dire, que je donnerai au moins une Figure de chaque Genre; parce que le plus souvent il ne s'agira plus de nombres, mais de formes, toujours difficiles à saisir par la simple description : & toutes ces Figures seront gravées d'après nature.

ERRATA.

Precedens, *ſemper lege*, præcedens.

Page 3 Ligne 13. qui eſt, *liſez*, qui en.
4 20. CETACE'S, *liſez*, CETACÉES.
6 17 & 38. CRUSTACE'S, *liſez*, CRUSTACE'ES.
7 29. CETACE'S, *liſez*, CETACE'ES.
18 39. nudique, *lege*, undique,
28 7. *Keln.* *liſez*, *Klein.*
36 14, 17 & 25. eum, *lege*, illud.
40 34. SCHILRVERKEN, *liſez*, SCHILDVERKEN.
69 6. Bezoarticus, *lege*, Bezaarticus.
8. Bezaarticus, *lege*, Bezoarticus.
73 4. craſſia, *lege*. craſſa
75 16. L^eMBLIN, *liſez*, LÂMBLIN.
88 23. Goenlandica, *lege*, Groenlandica.
140 33. 1 pede, *lege*, 1 $\frac{1}{2}$ pede.
39. 2 pollices, *lege*, 2 $\frac{1}{2}$ pollices.
156 12. Au, *lege*, An.
170 53. 7 pollicum, *lege*, 7 $\frac{1}{2}$ pollicum.
175 16. 1$\frac{}{2}$ pouce, *liſez*, 1 $\frac{1}{2}$ pouce.
196 18. C aapud, *lege*, Cay apud.
201 29. Gaput, *lege*, Caput.
215 16. Fig. a, *lege*, Fig. 4. a.
241 26. BLÅRÅF, *liſez*, BLÅRÅF.
246 37. habet l ata, *lege*, habet latas
259 40. d'argentré, *liſez*, d'argenté.
270 3. variegatâ, *lege*, variegata.
310 37. Aſna, *lege*, Aſna.
311 17. Biſun, 1. 6. *lege*, Biſon, 11 6.
18. — Amériquain, 1. 7. *lege*, — Amériquain, 11 7.
312 24. Bandhirts, *lege*, Brandhirts.
319 19. Fl^edermus, *lege*, Flådermus.
347 17. Maxillâ, *lege*, Maxilla,
352 6. *Geſn.* *lege*, *Gen.*
13. *Gen.* *lege*, *Geſn.*
375 5. en, *lege*, ex.

De l'Imprimerie de D'HOURY Fils.

REGNUM

REGNUM
ANIMALE
IN CLASSES IX.
DISTRIBUTUM.

ANTEQUAM caracteres uniuſcujuſque claſſis enumeremus, obſervandæ ſunt rationes ob quas in hoc ordine claſſes iſtas reponimus. Agemus primò de Animalibus, quæ majorem habent cum homine analogiam: & deinde de Animalibus, quæ ab iſta analogia magis recedunt. Inter Animalia, alia, hominis modo, ſunt *Sanguinea*; id eſt, liquor rubicundus circulari & indeſinenti motu per ipſorum arterias & venas fluit, cui liquori rubicundo *Sanguinis* nomen inditum eſt: alia verò ſunt *Exanguia*; id eſt, liquore illo rubicundo omninò carent. Inter *Sanguinea*, alia *Pulmonibus* ut homo; alia *Branchiis* ſpirant. Ex iſtis quæ *Pulmoni-*

LE REGNE
ANIMAL
DIVISÉ
EN IX. CLASSES.

AVANT d'établir les caracteres propres à diſtinguer chaque claſſe, il eſt à propos de faire les obſervations, qui m'ont conduit à leur donner à chacune le rang qu'elle occupe. Je commence par les Animaux qui ont le plus d'analogie avec l'homme, & finis par ceux qui en ont le moins. Parmi les Animaux qui habitent notre globe, les uns ont du *Sang* analogue à celui de l'homme; c'eſt-à-dire qu'il circule dans leurs arteres & leurs veines une liqueur rouge à laquelle on a donné le nom de *Sang*: & les autres n'ont point cette liqueur rouge. Parmi ceux qui ont du *Sang*, les uns reſpirent, comme l'homme, par des *Poumons*: & les autres reſpirent par des *Ouïes*. De ceux qui reſpirent par des *Poumons*, les uns ont, comme l'homme, *deux Ventricules* au cœur: & les autres n'en ont qu'*un*. Parmi ceux qui ont *deux Ventricules* au cœur, les uns, comme l'homme, sont *Vivipares*, & *alaittent* leurs petits: & les autres sont *Ovipares*. Parmi ceux qui sont *Vivipares*, & qui *alaittent* leurs petits, les uns ont, comme l'homme, du *Poil*, au moins à quelque partie du corps, & *quatre Pieds* analogues aux pieds & aux mains de l'homme: & les autres ont le corps *nud*, & au lieu de pieds, ils ont des *Nageoires charnues*.

bus spirant, alia, ut homo, *duobus* gaudent in corde *Ventriculis*: alia verò *unico* tantum donantur. Inter ista quæ *duos* habent in corde *Ventriculos*, alia, ut homo, sunt *Vivipara*; id est, *vivos* fœtus pariunt, eosque *lacte* alunt: alia sunt *Ovipara*. Inter *Vivipara*, alia, ut homo, corpus habent *Pilosum*, saltem in aliqua sui parte, & *quatuor* donantur *Pedibus*, manibus & pedibus hominis respondentibus: alia verò corpus habent *nudum*, & *pilis* destitutum, *pinnisque carnosis*, pedum loco, prædita sunt.

La premiere classe est composée des Animaux qui ont avec l'homme ces *cinq* analogies; c'est-à-dire, qui conviennent avec l'homme en ce qu'ils ont du *Sang*; qu'ils respirent par des *Poumons*; qu'ils ont *deux Ventricules* au cœur; qu'ils sont *Vivipares* & *alaittent* leurs petits; & qu'ils ont du *Poil*, au moins à quelque partie du corps, & *quatre Pieds* analogues aux pieds & aux mains de l'homme.

In prima classe continentur ea quæ in *quinque* illis capitibus cum homine conveniunt; id est, quæ, sicut homo, sunt *sanguinea; pulmonibus* spirant; *duobus* gaudent in corde *Ventriculis*; *vivos* fœtus pariunt, eosque *lacte* alunt; & corpus habent *pilosum*, saltem in aliqua sui parte, & *quatuor* donantur *pedibus*, manibus & pedibus hominis respondentibus.

Dans la seconde sont ceux qui n'ont avec l'homme que les *quatre* premieres analogies; c'est-à-dire, qui conviennent avec l'homme en ce qu'ils ont du *sang*; qu'ils respirent par des *poumons*; qu'ils ont *deux ventricules* au cœur; & qu'ils sont *vivipares*, &

In secunda continentur ea, quæ in *quatuor* tantùm primis capitibus cum homine conveniunt; id est, quæ, sicut homo, sunt *sanguinea*; *pulmonibus* spirant; *duos* habent in corde *ventriculos*; & *vivos* fœtus pariunt, eosque *lacte* alunt: quæ verò ab homine discrepant in eo quod corpus habeant *nudum*, & *pilis* destitutum, *pinnisque carnosis*, pedum loco, prædita sint.

alaittent leurs petits: mais qui en différent en ce qu'ils ont le corps *nud* & sans *poil*, & en ce qu'aulieu de pieds, ils ont des *nageoires charnues*.

In tertia continentur ea, quæ in *tribus* tantùm primis capitibus cum homine conveniunt; id est, quæ, sicut homo, sunt *sanguinea*; *pulmonibus* spirant; & *duos* habent in corde *ventriculos*: quæ verò ab homine differunt in eo quod sint *ovipara*.

Dans la troisiéme sont ceux, qui n'ont avec l'homme que les *trois* premieres analogies; c'est-à-dire, qui conviennent avec l'homme en ce qu'ils ont du *sang*; qu'ils respirent par des *poumons*; & qu'ils ont *deux ventricules* au cœur: mais qui est différent en ce qu'ils sont *ovipares*.

In quarta continentur ea, quæ in duobus tantùm primis capitibus cum homine conveniunt; id est, quæ, sicut homo, sunt *sanguinea*; & *pulmonibus* spirant: quæ verò ab homine discrepant in eo quod *unicum* habeant in corde *ventriculum*.

Dans la quatriéme sont ceux, qui n'ont avec l'homme que les *deux* premieres analogies; c'est-à-dire, qui conviennent avec l'homme en ce qu'ils ont du *sang*; & qu'ils respirent par des *poumons*: mais qui en différent en ce qu'ils n'ont qu'*un ventricule* au cœur.

In quinta & sexta continentur ea, quæ in *primo* tantum capite cum homine conveniunt; id est, quæ, sicut homo, sunt *sanguinea*: quæ verò ab homine discrepant in eo quod *branchiis* spirent.

Dans la cinquiéme & la sixiéme, sont ceux qui n'ont avec l'homme que la *premiere* analogie; c'est-à-dire, qui conviennent avec l'homme en ce qu'ils ont du *sang*: mais qui en différent en ce qu'ils respirent par des *ouies*.

In tribus ultimis classibus continentur ea, quæ in nullis ex istis *quinque* capitibus cum homine conveniunt.

Les trois dernieres classes sont composées des Animaux qui n'ont avec l'homme aucune de ces *cinq* analogies.

Dividitur ergò *regnum Animale* in classes novem.

Je divise donc le *regne Animal* en neuf classes.

In prima classe continentur Animalia, quæ corpus

La premiere comprend les Animaux qui ont du *poil*, au

moins à quelque partie du corps : & *quatre pieds*. Tous ceux-là, comme je l'ai dit ci-deſſus, ont du *ſang* : reſpirent par des *poumons* : ont *deux ventricules* au cœur : & leurs femelles ſont *vivipares*, & *alaittent* leurs petits. On leur a donné le nom de QUADRUPEDES.

Dans la ſeconde claſſe ſont les Animaux qui ont le corps *nud* & *allongé* : des *nageoires charnues* : & la queue *platte horizontalement*. Tous ceux-là, comme les précédents, ont du *ſang* : reſpirent par des *poumons* : ont *deux ventricules* au cœur : & leurs femelles ſont *vivipares*, & *alaittent* leurs petits. On les appelle CETACÉS. Ils vivent toûjours dans la mer.

Dans la troiſiéme ſont ceux, qui ont le corps couvert de *plumes* : un *bec* d'une matiere analogue à la *corne* : *deux aîles* : & *deux pieds*. Tous ceux-là ont du *ſang* : reſpirent par des *poumons* : ont *deux ventricules* au cœur : & leurs femelles ſont *ovipares*. On leur a donné le nom D'OISEAUX.

Dans la quatriéme ſont ceux, qui ont, ou le corps *nud*, & *quatre pieds* : ou le corps couvert d'*écailles*, & *quatre pieds*, ou *point de pieds* : & qui reſpirent par des *poumons*. Tous ceux-là ont du *ſang* : & n'ont qu'*un ventricule* au cœur. Quelques-unes

habent *piloſum*, ſaltem in aliqua ſui parte : & *pedes quatuor*. Omnia iſta, ut ſupra notavi, ſunt *ſanguinea* : *pulmonibus* ſpirant : *duobus* gaudent in corde *ventriculis* : eorumque fœminæ *vivos* fœtus pariunt, eoſque *lacte* alunt. QUADRUPEDA vocantur.

In ſecunda claſſe continentur ea, quæ corpus habent *nudum* & *elongatum* : *pinnas carnoſas* : & caudam *horizontaliter planam*. Omnia iſta, ſicut & præcedentia, ſunt *ſanguinea* : *pulmonibus* ſpirant : *duobus* gaudent in corde *ventriculis* : eorumque fœminæ *vivos* fœtus pariunt, eoſque *lacte* alunt. CETACEA nominantur. Perpetuò in mari degunt.

In tertia continentur ea, quæ corpus habent *plumis* tectum : *roſtrum corneum* : *alas duas* : & *pedes duos*. Omnia iſta ſunt ſanguinea : *pulmonibus* ſpirant : *duos* habent in corde *ventriculos* : eorumque fœminæ ſunt *oviparæ* : AVIUM nomine donantur.

In quarta continentur ea, quæ, vel habent corpus *nudum*, & *pedes quatuor* : vel corpus *ſquamoſum*, & *pedes* vel *quatuor*, vel *nullos* : quæque *pulmonibus* ſpirant. Omnia iſta ſunt *ſanguinea* : & *unico* in corde *ventriculo* donantur. Horum fœminæ quædam sunt *vivipara*: aliæ sunt *ovipara*. Omnes tamen *ova* concipiunt, quorum incubatio fit intra corpus in quibusdam fœminis; quæ idcircò *vivos* fœtus pariunt: in aliis veró fœminis incubatio fit extra corpus. Omnia hujus classis Animalia *repunt*; quamobrem ea REPTILIA vocavi.

In quinta continentur ea quæ *pinnas* habent *cartilagineas*: quæque per *foramina* ad *branchias* aperta spirant. Omnia hujus classis Animalia sunt *sanguinea*: & perpetuò in aqua vitam agunt. Ipsorum fœminæ quædam sunt *vivipara*; aliæ verò *ovipara*. Omnes tamen *ova* concipiunt, quorum incubatio fit intrà corpus in quibusdam fœminis, quæ deinde *vivos* fœtus pariunt: in aliis verò fœminis incubatio fit extra corpus. PISCES CARTILAGINEI vocantur.

In sexta continentur ea, quæ *pinnas* habent *ossiculis constantes*: quæque *branchiis tegmine mobili*, *partibus osseis constante*, coopertis spirant. Omnia ista, sicut & præcedentia, sunt *sanguinea*; perpetuoque in aqua degunt. Fœminæ eorum fere omnes sunt *ovipara*. *Ova* concipiunt valde exigua, quæ gallice

de leurs femelles sont *vivipares*: les autres sont *ovipares*. Toutes cependant ont des *œufs*; mais dans quelques-unes l'incubation se fait dans le corps de l'Animal, qui fait ensuite ses petits *vivants*; & dans d'autres l'incubation se fait hors du corps. Tous les Animaux de cette classe *rampent*; c'est pourquoi je leur ai donné le nom de REPTILES.

Dans la cinquiéme sont ceux qui ont des *nageoires cartilagineuses*: & qui respirent par des *ouies*, vis-à-vis desquelles sont ouverts des *trous*. Tous les Animaux de cette classe ont du *sang*: & vivent toujours dans l'eau. Quelques-unes de leurs femelles sont *vivipares*: les autres sont *ovipares*. Toutes cependant ont des *œufs*, dont l'incubation se fait dans quelques-unes dans le corps de l'Animal, qui fait ensuite ses petits *vivants*; & dans d'autres l'incubation se fait hors du corps. On les appelle POISSONS CARTILAGINEUX.

Dans la sixiéme sont ceux qui ont des *nageoires composées d'osselets*: & qui respirent par des *ouies* sur lesquelles sont des *couvercles mobiles*, *composez de parties osseuses*. Tous ceux-là, comme les précédents, ont du *sang*; & vivent toujours dans l'eau. Presque toutes leurs femelles sont *ovipares*. Elles ont des *œufs* extrêmement petits, auxquels on a donné le nom de *frais*. J'appelle les Animaux de cette classe POISSONS PROPREMENT DITS.

frais vocantur. Hujus classis Animalia PISCES PROPRIE DICTOS nominavi.

Dans la septiéme sont ceux qui ont des *antennes* à la tête & au moins *huit pieds*. Leur corps est couvert d'une enveloppe qui se *renouvelle*, c'est-à-dire, que, lorsque, par l'accroissement du corps de l'Animal, elle est devenue trop petite pour le contenir, elle se détache naturellement du corps, sur lequel il s'en est produit une nouvelle. C'est ce qu'on appelle *changer de peau*. On appelle les Animaux de cette classe CRUSTACÉS.

In septima continentur ea, quæ caput habent *antennis* instructum: & *pedes octo*, & ultra. Corpus ipsorum tegitur tegmine *mutabili*; id est, tegmine, quod, cùm, incremento corporis, ad illud continendum fit strictius, naturaliter à corpore avellitur, supra quod corpus novum producitur tegmen: quod gallice dicitur, *changer de peau*. Hujus classis Animalia CRUSTACEA vocantur.

La huitiéme classe comprend tous les Animaux, qui subissent plusieurs *méthamorphoses* avant d'être parvenus à leur accroissement parfait; c'est-à-dire, qui naissent sous une forme différente de celle qu'ils doivent avoir dans la suite. Ce n'est qu'après avoir subi la derniere *méthamorphose* qu'ils sont en état de multiplier leur espéce. Tous ces animaux ont, avant leur derniere *méthamorphose*, *plusieurs stigmates*, ou organes de la respiration; & après leur derniere *méthamorphose*, ils ont des *antennes* à la tête; toujours *six pieds*, & jamais d'avantage. Ils changent de peau, comme les CRUTACÉS. Ces changemens ne se font dans le plus grand nom-

In octava continentur omnia Animalia, quæ, antequam perveniant, ad ultimum incrementum, diversas *formas* induunt; id est, quæ sub unâ nascuntur formâ, diversâ ab illis quas postea induere debent. Speciem suam multiplicare nequeunt, nisi post ultimam *méthamorphosim*, post ultimam *formam* indutam. Omnia ista Animalia ante ultimam *méthamorphosim*, *plura* habent *stigmata*, aut respirationis organa: & post ultimam *méthamorphosim*, caput habent *antennis* instructum: & *pedes sex*, nec ultra. Tegmen habent *mutabile*, sicut & CRUSTACEA: attamen fere omnia tegmine non mutant, nisi ante ultimam *formam* indutam : pauca verô sunt quæ post ultimam *méthamorphosim* tegmine mutent. Sola ista Animalia INSECTORUM nomine donavi.

bre, qu'avant d'avoir subi la derniere *méthamorphose* : il y en a très peu auxquels ils arrivent après avoir pris la derniere *forme*. Ces Animaux sont les seuls auxquels je donne le nom D'INSECTE.

In nona & ultima classe continentur Animalia, quæ corpus habent *retractibile*, aut saltem corporis aliquam partem *retractibilem*; id est, quorum corpus, aut saltem corporis aliqua pars sponte contrahi, aut extendi potest : quæque nec *antennas* habent, nec *pedes*, nec *stigmata*. Hujus classis Animalia VERMES dicuntur.

Dans la neuviéme & derniere classe sont tous les Animaux qui ont le corps, ou du moins quelque partie du corps, *capable d'un mouvement de contraction & d'extension*; de sorte que ce corps, ou cette partie du corps peut occuper plus ou moins d'espace à volonté : & qui n'ont ni *antennes*, ni *pieds*, ni *stigmates*. On a donné à ces Animaux le nom de VERS.

CLASSIUM characteres.

CARACTERES des différentes Classes.

CLASSIS I.

QUADRUPEDA.

Horum character est
Corpus pilosum, saltem in aliqua sui parte :
Et pedes quatuor.

CLASSE I.

LES QUADRUPEDES.

Leur caractere est
D'avoir du poil au moins à quelque partie du corps :
Et quatre pieds.

CLASSIS II.

CETACEA.

Horum character est
Corpus nudum & elongatum :
Pinnæ carnosæ :
Cauda Horizontaliter plana.

CLASSE II.

LES CETACÉS.

Leur caractere est
D'avoir le corps nud & allongé :
Des nageoires charnues :
Et la queue platte horizontalement.

CLASSE III.

LES OISEAUX.

Leur caractere est
D'avoir le corps couvert de plumes:
Un bec d'une matiere analogue à la corne;
Deux aîles;
Et deux pieds.

CLASSIS III.

AVES.

Harum character est
Corpus plumis tectum:
Rostrum corneum:
Alæ duæ;
Pedes duo.

CLASSE IV.

LES REPTILES,

Leur caractere est d'avoir
Ou le corps nud;
Et quatre pieds;
Ou le corps couvert d'écailles:
Et quatre pieds, ou point de pieds;
Et de respirer par des poumons.

CLASSIS IV.

REPTILIA.

Horum character est
Vel corpus nudum:
Et pedes quatuor;
Vel corpus squamosum:
Et pedes vel quatuor, vel nulli;
Et pulmonibus spirare.

CLASSE V.

LES POISSONS Cartilagineux.

Leur caractere est
D'avoir des nageoires cartilagineuses:
Et de respirer par des ouies, vis-à-vis desquelles sont ouverts des trous,

CLASSIS V.

PISCES Cartilaginei.

Horum character est
Pinnæ cartilagineæ:
Et per foramina ad branchias aperta spirare.

CLASSE VI.

LES POISSONS proprement dits,

Leur caractere est
D'avoir des nageoires composées d'osselets;

CLASSIS VI.

PISCES proprie dicti,

Horum character est
Pinnæ ossiculis constantes:

Et

Et branchiis, tegmine mobili, partibus oſſeis conſtante, coopertis ſpirare.

Et de reſpirer par des ouies ſur leſquelles ſont des couvercles mobiles, compoſés de parties oſſeuſes.

CLASSIS VII.

CRUSTACEA.

Horum character eſt
Caput antennis inſtructum:
Et pedes octo & ultra.

CLASSE VII.

LES CRUSTACÉES.

Leur caractere eſt
D'avoir des antennes à la tête:
Et au moins huit pieds.

CLASSIS VIII.

INSECTA.

Horum character eſt
Ante ultimam methamorphoſim, plura ſtigmata, aut reſpirationis organa;

Et poſt ultimam methamorphoſim,
Caput antennis inſtructum:
Et pedes ſex.

CLASSE VIII.

LES INSECTES.

Leur caractere eſt
D'avoir, avant leur derniere méthamorphoſe, pluſieurs ſtigmates, ou organes de la reſpiration;

Et après leur derniere méthamorphoſe,
Des antennes à la tête:
Et ſix pieds.

CLASSIS IX.

VERMES.

Horum character eſt
Corpus retractibile, aut ſaltem corporis aliqua pars retractibilis:

Nec antennæ:
Nec pedes:
Nec ſtigmata.

CLASSE IX.

LES VERS.

Leur caractere eſt
D'avoir le corps, ou du moins quelque partie du corps capable d'un mouvement de contraction & d'extenſion:

Et de n'avoir ni antennes:
Ni pieds:
Ni ſtigmates.

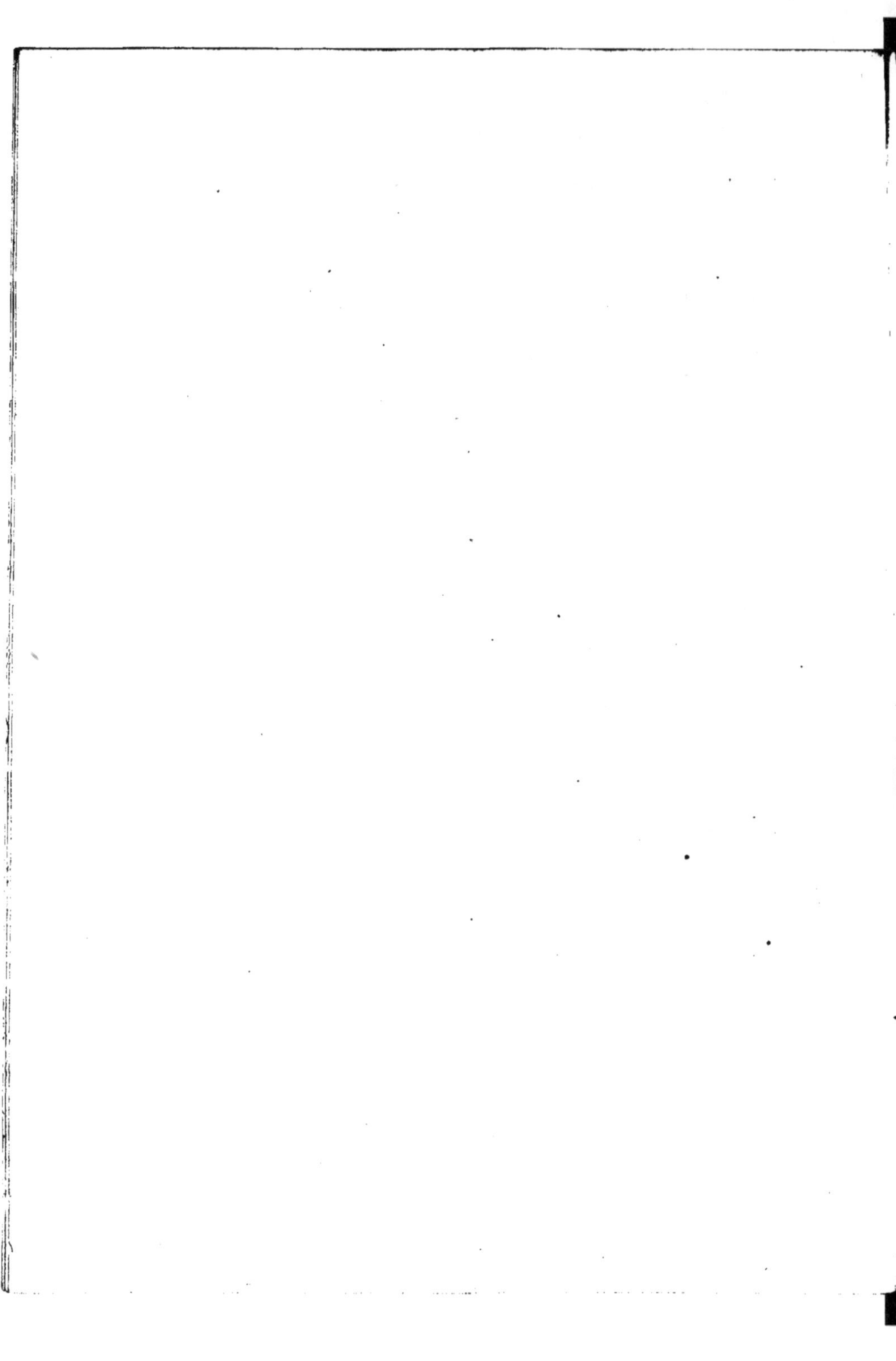

CLASSE I.

LES QUADRUPEDES.

CLASSIS I.

QUADRUPEDA.

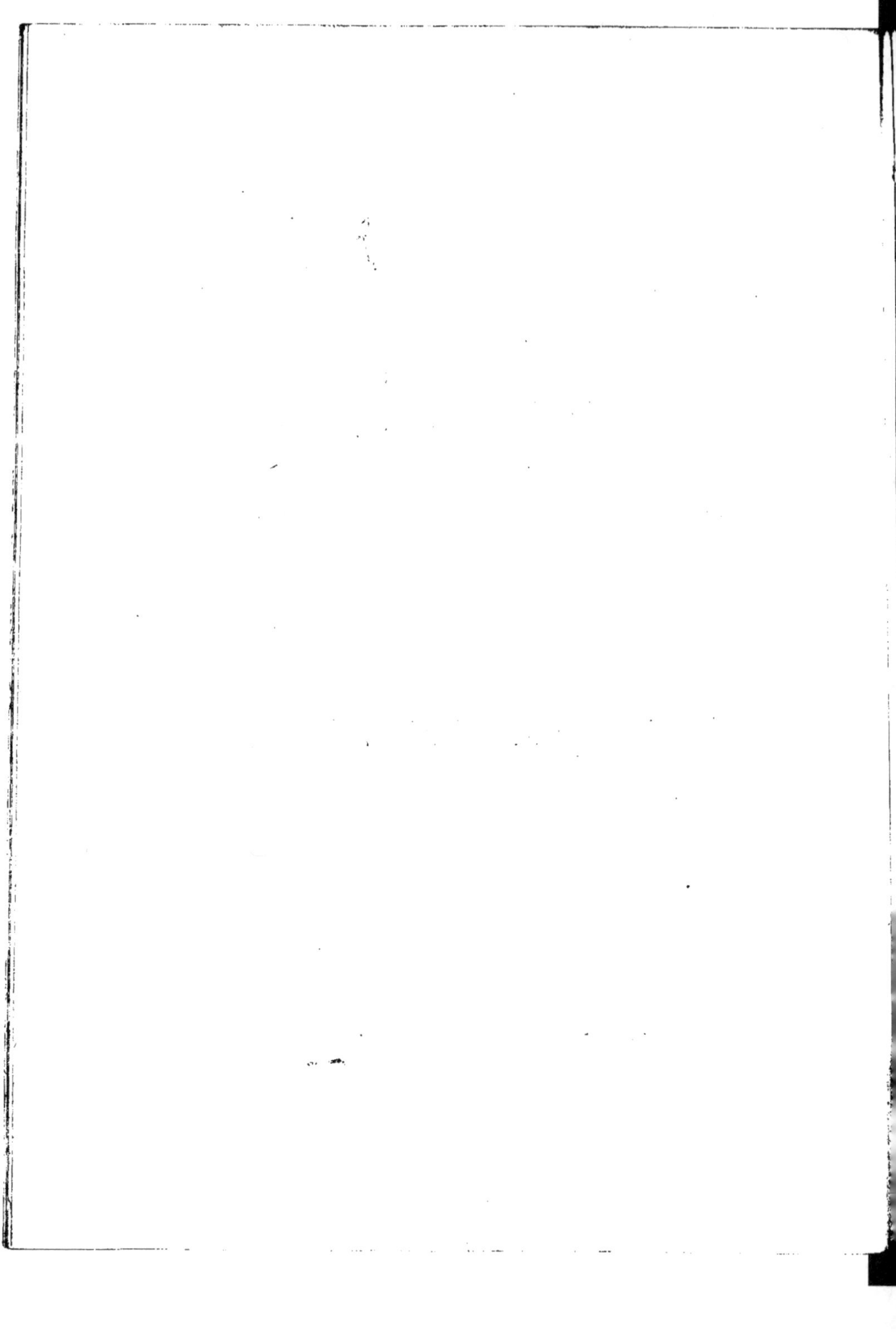

CATALOGUS AUTHORUM.

ALDRO. *Avi*. . . . Ulissis Aldrovandi Philosophi ac Medici Bononiensis Historiam Naturalem in gymnasio Bononiensi profitentis, Ornithologia ; hoc est, de Avibus hist. libri XII. Bononiæ 1599. in-folio.

Aldro. Pisc. . . . . Ulissis Aldrovandi Philosophi ac Medici Bononiensis de Piscibus libri V, & de Cetis liber I. &c. Bononiæ 1638, in-folio.

Aldro. Quadr. bis. . . . Ulissis Aldrovandi Patricii Bononiensis, Quadrupedum omnium Bisulcorum Historia, &c. Bononiæ 1642, in-folio.

Aldro. Quadr. dig. ovi. . . . . Ulissis Aldrovandi Patricii Bononiensis de Quadrupedibus digitatis oviparis, libri II, &c. Bononiæ 1645, in-folio.

Aldro. Quadr. dig. viv. . . . . Ulissis Aldrovandi Patricii Bononiensis de Quadrupedibus digitatis viviparis, libri tres &c. Bononiæ 1645, in-folio.

Aldro. Quadr. solid. . . . . Ulissis Aldrovandi Patricii Bononiensis de Quadrupedibus solidipedibus volumen integrum, &c. Bononiæ 1639, in-folio.

Art. Gen. Pisc. . . . . Petri Artedi Sueci genera Piscium, in quibus systhema totum Ichtyologiæ proponitur, cum classibus, ordinibus, generum characteribus, specierum differentiis, observationibus plurimis, &c. Ichtyologiæ pars III. Lugduni Batavorum 1738, in-octavo.

Art. synon. Pisc . . . . Petri Artedi Angermannia-sueci synonimia nominum Piscium fere omnium ; in qua recentio fit nominum Piscium, omnium facile authorum, qui unquam de Piscibus scripsere : uti Græcorum, &c. Ichtyologiæ pars IV. Lugduni Batavorum 1738, in-octavo.

Barr: Hist. Fr. eq. . . . . Essai sur l'Histoire Naturelle de la France équinoxiale, ou dénombrement des plantes, des Animaux, &c. Par Pierre Barrere, correspondant de l'Académie des Sciences de Paris, &c. A Paris 1741, in-12.

Bell. de Aquat . . . . Petri Bellonii Cenomani de Aquatilibus libri duo, &c. Parisiis 1553, in-octavo. Oblong.

Bell. obs. . . . . Petri Bellonii Cenomani plurimarum singularium & memorabilium rerum in Græcia, &c. Observationes tribus libris expressæ, &c. Raphelengii 1605, in-folio.

Bont. Ind. ori. . . . . Jacobi Bontii, Medici civitatis Bataviæ novæ in Java ordinarii Historiæ Naturalis & medicæ Indiæ orientalis libri sex, &c. A Gulielmo Pisone, in ordinem redacti, &c. Amstelodami 1658, in-folio.

Cat. . . . . Histoire Naturelle de la Caroline, la Floride, & les Isles Bahama, contenant les desseins des Oiseaux, Animaux, &c. Par Marc Catesby, de la Société Royale. Londres 1743, in-folio.

Charlet. exer. . . . . Gualteri Charletoni exercitationes, de differentiis & nominibus Animalium, &c. Oxoniæ 1677, in folio.

Clus. exot. . . . . Caroli Clusii Atrebatis, Aulæ Cæsareæ quondam familiaris, exoticorum libri decem, &c. Raphelengii 1605, in folio.

Colum. aquat . . . . Aquatilium & terrestrium aliquot Animalium aliarumque naturalium rerum observationes, Fabio Columna authore. Romæ 1616, in-quarto.

Des March. . . . . Voyage du Chevalier des Marchais en Guinée, Isles voisines & à Cayenne, fait en 1725, 1726 & 1727, &c. A Paris 1730, in-12. 4 vol.

Edwards. . . . . Histoire Naturelle de divers Oiseaux qui n'avoient point encore été figurés ni décrits, &c. Par George Edwards ; traduit de l'Anglois, par M. D. de la S. R. A Londres 1745, in-quarto.

Eus. Nieremb. . . . . Joannis Eusebii Nierembergii Madritensis, ex Societate Jesu, in Academia Regia Madritensi, Physiologiæ Professoris, Historia Naturæ maxime peregrinæ libris XVI. distincta. Antuerpiæ 1635, in-folio.

B iij

Faun. Suec. Linn..... Caroli Linnæi Medic. & Botan. Prof. Upsal. horti Academici Præfect. Acad. Imperial. Monspeliens. Stockolm. Upsal. Soc. hujusque Secretar. Fauna Suecica, sistens Animalia sueciæ regni, &c. Stockolmiæ 1746, in-octavo.

Fern. Hist. N. Hisp .... Historiæ Animalium & Mineralium Novæ Hispaniæ liber unicus, in sex tractatus divisus, Francisco Fernandez, Philippi secundi primario Medico Authore.

Flor. Sin..... Flora Sinensis à P. Michaële Boym, Soc. Jesu, 1656.

Gaz. Pet..... Gazophilacii naturæ, & artis decades à Jacobo Petiver Pharmacop. Londin, & Regiæ Societatis socio. in-folio.

Gaz. Rup. Besl..... Gazophilacium rerum naturalium è regno vegetabili, Animali & minerali deprompta um, &c. Opera Michaëlis Ruperti Besleri. Lipsiæ & Francofurti 1716, in-folio.

Gesn. Avi..... Conradi Gesneri Tigurini, Medicinæ & Philosophiæ Professoris in schola Tigurina, Historiæ Animalium liber III, qui est de Avium natura. Francofurti. 1585, in-folio.

Gesn. Icon. Aquat..... Icones Animalium Aquatilium in mari & dulcibus aquis degentium, &c. Tiguri 1560, in-folio.

Gesn. Icon. Avi..... Icones Avium omnium, quæ in Historia Conradi Gesneri describuntur, &c. Editio secunda. Tiguri 1560, in-folio.

Gesn. Icon. Quadr..... Icones Animalium Quadrupedum viviparorum & oviparorum, &c. Editio secunda. Tiguri 1560, in-folio.

Gesn. Pisc..... Conradi Gesneri Medici Tigurini, Historiæ Animalium liber IV. qui est de Piscium & Aquatilium animantium natura. Tiguri 1558, in-folio.

Gesn. Quadr..... Conradi Gesneri Medici Tigurini, Historiæ Animalium lib. 1. de Quadrupedibus viviparis. Tiguri 1551, in-folio.

Hernand. Hist. Mex..... Nova Plantarum, Animalium, & Mineralium Mexicanorum historia, à Francisco Hernandez, Medico, in Indiis præstantissimo, primum compilata, dein à Nardo Antonio Reccho in volumen digesta, &c. Romæ 1651, in-folio.

Hist. de l'Acad..... Histoire de l'Académie Royale des Sciences. A Paris, in-quarto.

Hist d'Isl. & de Gro .... Histoire Naturelle de l'Islande, du Groenland, du détroit de Davis & d'autres pays situés sur le Nord; traduite de l'Allemand, par M. Anderson, &c. A Paris 1750, in-12. 2 vol.

Hist. Nat. Gen. & Part..... Histoire Naturelle Générale & Particuliere, avec la description du Cabinet du Roi. A Paris, in-quarto & in-12.

Jo. de Laet..... Novus orbis, seu descriptionis Indiæ Occidentalis libri 18. Authore Joanne de Laet Antuerp. &c. Lugduni Batavorum 1633, in-folio.

Jonst. Avi..... Historiæ Naturalis de Avibus libri VI. cum æneis figuris, à Joanne Jonstono Medicinæ Doctor. Amstelodami 1657, in-folio.

Jonst. Pisc..... Historiæ Naturalis de Piscibus & Cetis libri V. cum æneis figuris, à Joanne Jonstono Medicinæ Doctor. Amstelodami 1657, in-folio.

Jonst. Quadr..... Historiæ Naturalis de Quadrupedibus libri cum æneis figuris, à Joanne Jonstono, Medicinæ Doctor. Amstelodami 1657, in-folio.

Klein, Quadr..... Jacobi Theodori Klein, Secr. Civ. Ged. Soc. Reg. Lond. & Acad. Scient. Bonon. Membri, Quadrupedum dispositio, brevisque Historia Naturalis. Lipsiæ 1751, in quarto.

Kæmpf. Amæn..... Amœnitatum exoticarum Politico-Phisico-Medicarum fasciculi V, &c. Auctore Engelberto Kæmpfero. Lemgoviæ 1712, in-quarto.

Kolbe..... Description du Cap de Bonne-Esperance, où l'on trouve tout ce qui concerne l'Histoire Naturelle du pays, &c. Tirée des Mémoires de M. Pierre Kolbe, Maître ès Arts. A Amsterdam 1741, in-12.

Linn. Syst. Nat. ed 6..... Caroli Linnæi Archiatr. Reg. Med. & Bot. Profess. Upsal. Systhema Naturæ, sistens regna tria naturæ in classes & ordines genera & species redacta, Tabulisque æneis illustrata. Editio sexta. Stocxolmiæ 1748. in-octavo.

Marcgr. Hist. Br..... Georgi Marcgravii de Liebstad, Misnici Germani, Historiæ rerum naturalium libri octo. in-folio.

Mus. Besl..... Rariora Musei Besleriani, quæ olim Basilius & Michael Rupertus Beslerus collegerunt, &c. Illustrata à Joanne Henrico Lochnero, &c. 1716, in-folio.

Mus Worm..... Museum Wormianum, seu Historia rerum rariorum tam naturalium, &c. Adornata ab Olao Worm, Med. Doct. &c. Amstelodami 1655, in-folio.

Pison. Hist. Nat..... Gulielmi Pisonis Medici Amstelodamensis, Historiæ Naturalis & Medicæ Indiæ Occidentalis, &c. Libri quinque. Amstelodami. 1658, in-folio.

Prosp. Alp. Ægypt..... Prosperi Alpini Marosticensis Philosophi, Medici, &c. Historia Ægypti naturalis, &c. Lugduni Batavorum. 1735, in-quarto.

Raj. Syn. Quadr..... Synopsis Methodica Animalium Quadrupedum, & Serpentini Generis, &c. Authore Joanne Rajo. Londini. 1693, in-octavo.

Rzac. Auct..... Auctuarium historiæ naturalis curiosæ Regni Poloniæ, Magni Ducatûs Lithuaniæ, annexarumque Provinciarum, per P. Gabrielem Rzaczynski, Soc. Jesu Concinnatum, &c. Gedani. 1745, in-quarto.

Rzac. Hist. Nat. Pol..... Historia naturalis curiosa Regni Poloniæ, Magni ducatûs Lituaniæ, annexarumque Provinciarum, in Tractatus XX. divisa, &c. à P. Gabriele Rzaczynski, Soc. Jesu. Sandomiviæ. 1721, in-quarto.

Seb..... Locupletissimi rerum naturalium Thesauri accurata descriptio, & iconibus artificiosissimis expressio, &c. Ex toto terrarum orbe collegit, digessit, descripsit, & depingendum curavit Albertus Seba, &c. Amstelaedami. 1734, in-folio 2 vol.

Sloane..... A voyage To The Islands, Madera, Barbadoes, Nieves, S. Christophers, And Jamaica; With The Natural History, &c. by sir Hims Sloane, Barr. London. 1725, in folio.

Trans. Phil..... Transactions philosophiques de la Société Royale de Londres, traduites par M. de Bremond. A Paris. in-quarto.

Voy. de la B. de Hud..... Voyage de la Baye de Hudson, fait en 1746 & 1747, pour la découverte du passage de Nord-Ouest, &c. Traduit de l'Anglois de M. Henry Ellis, &c. A Paris 1749. in-12. 2 vol.

Voy du Lev..... Relation d'un voyage du Levant, &c. Par M. Pitton de Tournefort &c. A Paris. 1717, in-quarto. 2 vol.

CLASSE I.

CLASSIS I.

QUADRUPEDA.

HORUM character est Corpus pilosum, saltem in aliqua sui parte: Et pedes quatuor.

Omnia QUADRUPEDA sunt *sanguinea*: *pulmonibus* spirant: *duos* habent in corde *ventriculos*: eorumque fœminæ *vivos* fœtus pariunt, eosque *lacte* alunt.

Quædam sunt edentula, ut *Myrmecophaga*, &c: Alia omnia sunt dentata. Inter dentata, alia dentes habent tantummodò *molares* (1), ut *Tardigradus*, &c. Alia dentes *molares* & *caninos*

(1) *Dentes molares* vocantur isti, qui posteriorem Maxillæ partem occupant.

CLASSE I.

LES QUADRUPEDES.

LEUR caractere est D'avoir du poil, au moins à quelque partie du corps: Et quatre pieds.

Tous les QUADRUPEDES ont du *sang*: respirent par des *poumons*: ont *deux ventricules* au cœur: & leurs femelles sont *vivipares* & *alaittent* leurs petits.

Quelques-uns n'ont point du-tout de dents, comme le *Fourmiller*, &c. Le plus grand nombre en est muni. De ces derniers les uns n'ont que des dents *molaires* (1), comme le *Pareſſeux*, &c: d'autres n'en ont que des

(1) On appelle *dents molaires*, celles qui sont placées à la partie postérieure de la mâchoire.

molaires & des *canines* (1), comme l'*Elephant* &c: d'autres enfin en ont des *incisives* (2). Parmi ceux-ci, les uns n'ont des dents *incisives* qu'à la mâchoire inférieure seulement: & les autres en ont aux deux mâchoires. De ceux qui n'ont des dents *incisives* qu'à la machoire inferieure, les uns n'en ont que six, comme le *Chameau*: les autres en ont huit, comme le *Bœuf*, le *Cerf*, &c. Parmi ceux qui ont des dents *incisives* aux deux mâchoires, les uns ont la corne du pied d'*une seule piece*, comme le *Cheval*: d'autres ont le *pied fourchu* (3), comme le *Cochon*: d'autres ont trois doigts *ongulés* (4) à chaque pied, comme le *Rhinoceros*: d'autres ont quatre doigts *ongulés* aux pieds de devant, & trois à ceux de derriere: & de ces derniers, les uns n'ont que

(1), ut *Elephas*, &c. alia denique dentes habent *incisores* (2). Horum ultimorum alia dentes habent *incisores* in maxilla inferiore tantùm: alia in maxilla utraque. Inter prima ista, alia dentes habent *incisores* in maxilla inferiore sex, ut *Camelus*: alia dentes habent *incisores* in maxilla inferiore octo, ut *Bos*, *Cervus*, &c. Horum quæ dentes habent *incisores* in maxilla utraque, alia pedibus *solidungulis* (3) donantur, ut *Equus*: alia pedibus *bisulcis* (4), ut *Sus*: alia pedibus *terungulatis* (5) anticè & posticè, ut *Rhinoceros*: alia pedibus *quaterungulatis* anticè, *terungulatis* posticè: inter quæ alia dentes habent *incisores* in utraque maxilla duo tantùm, ut *Hydrochœrus*:

(1) On appelle *dents canines*, celles qui sont placées entre les *molaires* & les *incisives*. Elles sont ordinairement pointues.

(2) On appelle *dents incisives* celles qui sont placées à la partie antérieure de la mâchoire.

(3) On appelle *pieds fourchus* ceux qui ont quatre doigts *onguleʒ*, & qui ne s'appuyent que sur deux en marchant.

(4) On appelle *doigts onguleʒ* ceux dont l'extrémité est toute entourée de l'ongle, & qui, en marchant s'appuyent sur l'ongle même.

(1) *Dentes canini* dicuntur, qui *molares* inter & *incisores* siti sunt. Hi communiter sunt acuti.

(2) *Dentes incisores* nuncupantur, qui anteriorem maxillæ partem obtinent.

(3) *Pedes solidunguli* sunt isti, quorum extremitas *ungulâ* solidâ undique circumdatur.

(4) *Pedes bisulci* dicuntur, qui quatuor habent digitos *ungulatos*, quique duobus tantum digitis incedunt.

(5) *Pedes ungulati* vocantur illi, quorum extremitas digitorum *ungula* undique circumdatur, quique ungulis ipsis incedunt.

alia verò decem habent dentes *incisores* in utraque maxilla, ut *Tapirus* : alia pedibus donantur *quaterungulatis* anticè & posticè, ut *Hippopotamus* : alia tandem digitis *unguiculatis* (1) prædita sunt. Inter illa quæ digitos habent *unguiculatos*, alia dentes habent *incisores* in utraque Maxilla duo tantùm, ut *Hystrix*, *Lepus*, *Mus*, &c: alia dentes *incisores* in utraque Maxilla quatuor, ut *Simia* &c: alia dentes *incisores* in maxilla superiore quatuor, in inferiore sex, ut *Prosimia* &c: alia dentes *incisores* in Maxilla superiore sex, in inferiore quatuor, ut *Phoca* : alia dentes *incisores* in utraque maxilla sex, ut *Canis*, *Felis*, *Lutra*, &c : alia dentes *incisores* in maxilla superiore sex, in inferiore octo, ut *Talpa* : alia denique dentes *incisores* in maxilla superiore decem: in inferiore octo, ut *Philander*.

In decem & octo ordines dividuntur.

(1) *Digiti unguiculati* isti sunt, quorum extremitas ungue cooperta est in parte superiore, & nuda, aut pilis tantummodò tecta, in parte inferiore.

deux dents *incisives* à chaque mâchoire, comme le *Cabiai* : & les autres en ont dix à chaque mâchoire, comme le *Tapir* ou *Maïpouris* : d'autres ont quatre doigts *ongulés* à chaque pied, comme l'*Hippopotame* : d'autres enfin ont les doigts *onguiculés* (1). Parmi ceux qui ont les doigts *onguiculés*, les uns n'ont que deux dents *incisives* à chaque machoire, comme le *Porc-Epic*, *le Lievre*, *le Rat*, &c : d'autres ont quatre dents *incisives* à chaque machoire, comme le *Singe*, &c : d'autres en ont quatre à la mâchoire supérieure, & six à l'inferieure, comme le *Maki*, &c : d'autres en ont six à la mâchoire supérieure, & quatre à l'inferieure, comme le *Phocas* : d'autres en ont six à chaque mâchoire, comme le *Chien*, le *Chat*, la *Loutre*, &c : d'autres en ont six à la mâchoire supérieure, & huit à l'inferieure, comme la *Taupe* : d'autres enfin en ont dix à la mâchoire supérieure, & huit à l'inferieure, comme le *Philandre*.

Je les divise en dix-huit Ordres.

(1) On appelle *doigts onguiculez* ceux dont l'extrêmité est couverte de l'ongle dans la partie supérieure, & nue, ou seulement couverte de poils dans la partie inferieure.

Dans le premier font compris ceux qui n'ont point de dents.

Dans le fecond, ceux qui n'ont que des dents *molaires*.

Dans le troifiéme, ceux qui n'ont que des dents *canines*, & des dents *molaires*.

Dans le quatriéme, ceux qui n'ont point de dents *incifives* à la machoire fupérieure, & qui en ont fix à l'inferieure. Tous ceux-là font *ruminants*, & ont à chaque pied deux doigts *onguiculés*.

Dans le cinquiéme, ceux qui n'ont point de dents *incifives* à la mâchoire fupérieure, & qui en ont huit à l'inferieure. Tous ceux-là font *ruminants* & ont le *pied fourchu*.

Dans le fixiéme, ceux qui ont des detns *incifives* aux deux mâchoires; & la corne du pied d'*une feule piece*.

Dans le feptiéme, ceux qui ont des dents *incifives* aux deux mâchoires; & le *pied fourchu*.

Dans le huitiéme, ceux qui ont des dents *incifives* aux deux mâchoires; & trois doigts *ongulés* à chaque pied.

Dans le neuviéme, ceux qui ont deux dents *incifives* à chaque mâchoire; & quatre doigts *ongulés* aux pieds de devant, & trois à ceux de derriere.

Dans le dixiéme, ceux qui

In primo Ordine continentur ea quæ funt edentula.

In fecundo, ea quæ dentes tantùm *molares* habent.

In tertio, ea quæ dentes habent tantummodó *molares* & *caninos*.

In quarto, ea quæ dentes habent *incifores* in maxilla fuperiore nullos, in inferiore fex: quæ omnia funt *ruminantia*, & duobus digitis *unguiculatis* in fingulis pedibus donantur.

In quinto, ea quæ dentes habent *incifores* in maxilla fuperiore nullos, in inferiore octo. Omnia ifta funt *ruminantia*, & pedibus *bifulcis* donantur.

In fexto, ea quæ dentes *incifores* in utraque maxilla; & pedes *folidungulos* habent.

In feptimo, ea quæ dentes habent *incifores* in utraque maxilla; & pedibus *bifulcis* donantur.

In octavo, ea quæ dentes habent *incifores* in utraque maxilla; & digitos tres *ungulatos* in fingulis pedibus.

In nono, ea quæ dentes habent *incifores* in utraque maxilla duo; & digitos *ungulatos* quatuor in pedibus anticis, & tres in pofticis.

In decimo, ea quæ dentes habent *incisores* in utraque maxilla decem; & digitis *ungulatis* quatuor in pedibus anticis, & tribus in posticis donantur.

In undecimo, ea quæ dentes habent *incisores* in utraque maxilla; & digitos *ungulatos* quatuor in singulis pedibus.

In duodecimo, ea quæ dentes habent *incisores* in utraque maxilla duo; & digitis *unguiculatis* prædita sunt.

In decimo tertio, ea quæ dentes habent *incisores* in utraque maxilla quatuor, & digitis donantur *unguiculatis*.

In decimo quarto, ea quæ dentes habent *incisores* in maxilla superiore quatuor, in inferiore sex; & digitis *unguiculatis* donantur.

In decimo quinto, ea quæ dentes habent *incisores* in maxilla superiore sex, in inferiore quatuor; & digitis *unguiculatis* prædita sunt.

In decimo sexto, ea quæ dentes habent *incisores* in utraque maxilla sex; & digitis *unguiculatis* donantur.

In decimo septimo, ea quæ dentes habent *incisores* in maxilla superiore sex, in inferiore octo; & digitis donantur *unguiculatis*.

In decimo octavo & ultimo, ea quæ dentes habent *incisores* in maxilla superiore

ont dix dents *incisives* à chaque mâchoire; & quatre doigts *ongulés* aux pieds de devant, & trois à ceux de derriere.

Dans le onziéme, ceux qui ont des dents *incisives* aux deux mâchoires; & quatre doigts *ongulés* à chaque pied.

Dans le douziéme, ceux qui ont deux dents *incisives* à chaque mâchoire; & les doigts *onguiculés*.

Dans le treiziéme, ceux qui ont quatre dents *incisives* à chaque mâchoire; & les doigts *onguiculés*.

Dans le quatorziéme, ceux qui ont quatre dents *incisives* à la mâchoire supérieure, & six à l'inferieure; & les doigts *onguiculés*.

Dans le quinziéme, ceux qui ont six dents *incisives* à la mâchoire supérieure, & quatre à l'inferieure; & les doigts *onguiculés*.

Dans le seiziéme, ceux qui ont six dents *incisives* à chaque mâchoire; & les doigts *onguiculés*.

Dans le dix-septiéme, ceux qui ont six dents *incisives* à la mâchoire supérieure, & huit à l'inferieure; & les doigts *onguiculés*.

Dans le dix-huitiéme & dernier, ceux qui ont dix dents *incisives* à la mâchoire ſupérieure, & huit à l'inferieure; & les doigts *onguiculés.*

decem, in inferiore octo; & digitis *unguiculatis* prædita ſunt.

ORDO I.

QUADRUPEDA

Edentula.

HUJUS ordinis QUADRUPEDUM alia sunt corpore *pilis* tecto ; alia corpore *squamis* magnis, pilis quibusdam intermixtis tecto. Ratione tegminis dividuntur in duas Sectiones; in unaquaque est unicum Genus. Prima continet ea quorum corpus *pilis* tegitur, quæ formicis vescuntur, quæque ideo *Myrmecophagarum* nomine donantur. Secunda, ea quorum *squamæ* magnæ, pilis quibusdam intermixtis, corpus cooperiunt, quæque ideo *Pholidoti* nomine prædita sunt.

Obs. Omnia hujus Ordinis QUADRUPEDA linguâ cilindraceâ, longissimâ, quamque, *Picorum avium* modo, longissimè extrà orem exferunt, donantur. Ope hujus linguæ formicas, quibus vescuntur, arripiunt.

ORDRE I.

LES QUADRUPEDES

Qui n'ont point de dents.

PARMI les QUADRUPEDES de cet ordre, les uns ont le corps couvert de *poils*, & les autres l'ont couvert de grandes *écailles*, sous la plûpart desquelles sont quelques poils. Cette différence d'habillement me les fait diviser en deux Sections, qui contiendront chacune un Genre. Dans la premiere sont ceux qui ont le corps couvert de *poils*, qui se nourrissent de Fourmis, & qu'on a appellé pour cela *Fourmillers*. La seconde contient ceux qui ont le corps couvert d'*écailles*, auxquels je donne le nom de *Pholidote*.

Obs. Tous les QUADRUPEDES de cet Ordre ont la langue cilindrique & très-longue, & peuvent, comme les *Pics*, la faire sortir en grande partie hors de la bouche. C'est par son moyen qu'ils attrapent les fourmis, dont ils se nourrissent.

SECTION I.

Ceux qui ont le corps couvert de poils.

IL n'y a dans cette Section qu'un seul Genre, qui est celui des *Fourmillers*.

I.

Le Genre du Fourmiller.

Son caractere est
De n'avoir point de dents:
D'avoir le corps couvert de poils.

Obs. Parmi les QUADRUPÉDES de ce genre les uns ont le museau fort allongé; d'autres l'ont beaucoup plus court. Tous ont la bouche petite.

SECTIO I.

Ea quæ sunt corpore piloso.

IN illâ Sectione unicum continetur Genus, scilicet *Myrmecophagarum.*

I.

Genus Myrmecophagæ.

Hujus character est
Dentes nulli:
Corpus pilosum.

Obs. Hujus generis QUADRUPEDUM alia sunt rostro longissimo; alia rostro multò breviori. Omnibus os parvum.

** 1. LE FOURMILLER TAMANOIR.

Myrmecophaga rostro longissimo, pedibus anticis tetradactylis, posticis pentadactylis, caudâ longissimis pilis vestitâ.... MYRMECOPHAGA TAMANOIR dicta.

Myrmecophaga manibus tridactylis, plantis pentadactylis. *Linn. syst. nat. ed. 6. g. 15. sp. 1.*
Tamandua-Guacu; i. e. Myrmecophaga omnium maxima. *Klein. Quadr. p. 45. n°. 1. Fig. T. 5. (Fig. malâ) peccat in eo quod caput & collum nimis elongata sunt, & rostrum informe* (a).
Myrmecophaga, sive Tamendoa. *Eus. Nieremb. p.* 190.
Tamandua-guacu Brasiliensibus. *Raj. Syn. Quadr. p.* 241.
Marcgr. Hist. Br. Fig. p. 225. (*Fig. bona*).
Charlet. exerci. p. 17.
Tamandua-Guacu. *Jonst. Quadr. p. 95. Fig. T. 62.* (*Fig. bona*).

(a) M. Klein a confondu cette espéce avec celle dont Seba a donné la Figure Tom. 1. Pl. 40. Fig. 1. sous le nom de *Tamandua-Guacu du Brésil*, qui est la troisiéme espéce de ce genre.

(a) Dom. Klein, speciem istam eamdem esse putavit quam Seba delineavit Vol. 1. T. 40. Fig. 1. sub isto nomine *Tamandua-Guacu Brasiliensis*, quæ tertia est hujus generis species.

Tamandua

Tamandua-guacu, sive major. *Pison. Hist. Nat. Fig. pag.* 320. (*Fig. bona*).
Tamandua major cauda panniculata. *Barr. Hist. Fr. eq. p.* 162.
Tamandua. *Joan. de Laet p.* 551.
Ursus Formicarius, Cardani. *Raj.*
Mange-Fourmis, ou Renard Ameriquain. *Des March. T. III. p.* 307.
Cochon de terre. *Kolbe. Tome III. p.* 43.
Les Congois l'appellent UMBULU. *Marcgr. Charlet.*
Les Suédois, MYRBIÖRN. *Linn.*
Les Hollandois, MIEREN-EETER. *Klein.*
Les Anglois, GREAT-ANT-BEAR. *Raj.*
Les François de la Guiane, GROS MANGEUR DE FOURMIS. *Barr.*
Les Guianois, OUARIRI. *Barr.*

Longitudo, ab extremitate caudæ, ad extremitatem oris, 6 ½ pedum, scilicet caput simul cum promuscide 14 pollicum; collum 4 pollicum; corpus ad caudæ initium 2 ½ pedum, & cauda totidem. Crura posteriora unum pedem longa, anteriora paulò longiora, pedes anteriores in 4, posteriores in 5 digitos, longis unguibus munitos divisi, duobus mediis anterioribus maximis; rostrum longissimum; oris rictus minimus; auriculæ breves & subrotundæ; oculi parvi; cauda longissimis pilis vestita; omnes pili ejus (quod maximè singulare) sunt plani, longitudine minores in parte corporis anteriore, quam in posteriore; in collo & capite antrorsum versi apparent. Omnes ex albo & nigro varii, posteriùs tamen magis nigrescentes. Per pectus ad latera in dorsum, usque ad me-

Il a, depuis l'extrêmité de la queue jusqu'à l'extrêmité de la bouche, environ 6 ½ pieds, sçavoir la tête & le museau 14 pouces, le col 4 pouces, le corps 2 ½ pieds, & la queue autant. Les jambes de derriere sont longues d'un pied, & celles de devant un peu plus longues; il a 4 doigts aux pieds de devant, & 5 à ceux de derriere, tous armés d'ongles forts. Les deux du milieu des pieds de devant sont les plus longs; le museau est fort allongé; l'ouverture de la bouche très petite; les oreilles courtes & rondes; les yeux petits; la queue garnie de longs poils: mais ce qu'il a de singulier, c'est que tous ses poils sont plats. Ils sont moins longs à la partie antérieure du corps qu'à la postérieure. Ceux du col & de la tête paroissent tournés en devant. Ils sont tous variez de noir & de blanc, plus noirs cependant vers la partie postérieure du corps. Une grande bande noire; qui couvre la poitrine transversalement, & passe sur les côtés, va se terminer sur le dos vers la moitié de sa longueur. Les jambes de derriere sont noires, celles de devant blanches, avec une tache noire vers le pied. C'est la plus grande espece de Fourmiller. Elle se trouve au *Cap de Bonne-Esperance*, dans la *Guiane*, & dans le *Brésil*.

diam longitudinem; linea protenditur nigra. Posteriora crura nigris, anteriora albis pilis vestiuntur, & in quolibet versus pedem macula est nigra. Myrmecophagarum omnium species maxima est. Habitat in *Capite Bonæ-Spei*, *Guianiâ*, & *Brasiliâ*.

Obs. Lorsque sa queue est relevée vers le dos, elle lui sert de parasol.

Obs. Caudâ suâ, in dorsum reflexâ, se tegit & inumbrat.

2. LE FOURMILLER.

Myrmecophaga rostro longissimo, pedibus anticis tetradactylis, posticis pentadactylis, cauda fere nuda... MYRMECOPHAGA.

Myrmecophaga manibus tetradactylis, plantis pentadactylis. *Linn. Syst. nat. ed. 6. g. 15. sp. 3.*
Tamandua-I, Brasiliensibus. *Raj. Syn. Quadr. p. 242.*
Marcgr. Hist. Br. p. 225. Fig. p. 226. (*Figura bona*).
Tamandua Americana minor. *Klein. Quadr. p. 46.*
Tamandua-I. *Jonst. Quadr. p. 93. Fig. T. 62.* (*Fig. bona*).
Charlet. exerc. p. 17.
Tamandua-Miri. *Pison. Hist. Nat. Fig. p. 321.* (*Fig. bona*).
Tamandua minor cinerea. *Barr. Hist. Fr. eq. p. 162.*
Tamandua Formicis vescens Americana minor. *Seb. II. p. 48. Fig. T. 47. Fig. 2.* (*Fig. bona*).
Les Anglois l'appellent, LESSER ANT-BEAR. *Raj.*
Les François de la Guiane, MANGEUR DE FOURMIS. *Barr.*

Il est plus de moitié plus petit que le précédent: il a, comme lui, 4 doigts aux pieds de devant, & 5 à ceux de derriere; le museau fort allongé; l'ouverture de la bouche très petite; les oreilles courtes & rondes; les yeux petits; la tête, les jambes, les pieds, la queue, & toute la par-

Precedentis dimidiam magnitudinem non attingit. Sicut in eo, pedes anteriores 4 digitis, posteriores 5 donati sunt; rostrum longissimum; oris rictus minimus; auriculæ breves & subrotundæ; oculi parvi; caput, crura, pedes, cauda, & tota corporis pars anterior ex albo flavescunt; posterior verò ex ruffo fusca est. Per pectus ad latera in dorsum usque ad mediam longitudinem protenditur linea etiam ex ruffo fusca. Cauda ferè nuda est; per hoc, ita & per magnitudinem, & pilorum brevitatem à precedente differt. Habitat in *Guianiâ* & *Brasiliâ*.

tie antérieure de son corps sont couleur de paille; la partie postérieure est d'un brun roux. Une bande de pareille couleur, qui couvre la poitrine transversalement, & passe sur les côtés, va se terminer sur le dos vers la moitié de sa longueur. Sa queue est presque rase: c'est par-là, ainsi que par sa grandeur, & ses poils courts qu'il differe du précédent. On le trouve dans la *Guiane* & au *Brésil*.

3. LE FOURMILLER AUX LONGUES OREILLES.

Myrmecophaga rostro longissimo, pedibus anticis tridactylis, posticis pentadactylis, auriculis longis, flaccidis... MYRMECOPHAGA MINOR. (*a*).

Tamandua-guacu, Brasiliensis, seu Ursa formicaria. *Seb. Vol. 1. p. 65. Fig. T. 40. f. 1.*

Pedes anteriores in 3 digitos, posteriores in 5 sunt divisi. Unguis medius pedum anteriorum aliis multo major; rostrum longissimum; oris rictus parvus; auriculæ longæ flaccidæ; oculi sat magni; cauda longa & in acumen desinens, supernè dilutè fulva; corpus longis pilis supernè dilutè spadiceis, infernè verò magis ruffis, vestitur. Habitat in *Indiâ Occidentali*.

Il a 3 doigts aux pieds de devant, & 5 à ceux de derriere. L'ongle du milieu des pieds de devant est beaucoup plus grand que les autres. Le museau est fort allongé; l'ouverture de la bouche petite; les oreilles longues & pendantes; les yeux assez grands; la queue longue & qui se termine en pointe, est dans sa partie supérieure d'un fauve clair. Le corps est couvert de longs poils d'un chatain clair en dessus, & d'un brun plus foncé en dessous. On le trouve dans les *Indes Occidentales*.

(*a*) Dom. Klein, ut suprà notavi, hujus generis speciem primam eam esse putavit.

(*a*) M. Klein, comme je l'ai dit ci-dessus, l'a confondu avec le *Fourmiller Tamanoir*.

Séba, *Tom.* 1. *Planc.* 37. *F.* 1. a donné la figure d'un autre, qui ne différe de celui-ci que parce qu'il est plus petit, & par sa couleur, qui est incarnat. Je le crois un jeune de cette espece. *M. Kelin*, l'a décrit sous le nom de *Tamandua-J. Brasil.* p. 46. n°. 2.

Seba, *Vol.* 1. *T.* 37. *F.* 1. aliam delineavit quæ ab istâ non differt, nisi magnitudine, quâ ei cedit, & colore qui helvus est. Istius speciei juniorem eam puto. *Klein. Quadr.* p. 46. n°. 2. eam descripsit sub nomine *Tamandua-J. Brasil.*

**4. LE PETIT FOURMILLER.

Myrmecophaga rostro brevi, pedibus anticis didactylis, posticis tetradactylis... MYRMECOPHAGA MINIMA.

Myrmecophaga manibus didactylis, plantis tetradactylis. *Linn. Syst. Nat. Ed.* 6. *g.* 15. *sp.* 2.

Tamandua alba, altera, seu Coati. *Klein. Quadr. p.* 46. *no.* 3.

Tamandua, seu Coati Americana alba altera. *Seb. Vol.* 1. *p.* 60. *Fig. T.* 37. *F.* 3. (*Fig. bona*). *Peccat tamen in eo quod digitus unicus in pedibus anterioribus repræsentetur.*

Tamandua minor flavescens. *Barr. Hist. Fr. Eq. p.* 163.

Les François de la Guiane l'appellent PETIT MANGEUR DE FOURMIS. *Barr.*

Les Guianois, OUATIRIOUAOU. *Barr.*

Les Ethiopiens de Surinam, COATY. *Seba.*

Celui-ci est la plus petite espéce. Depuis le bout du nez jusqu'à l'extrêmité de la queue, il a environ 15 pouces; la queue est plus longue que le corps & la tête; le col est très court. Il a 2 doigts aux pieds de devant, & 4 à ceux de derriere; l'ongle extérieur des pieds de devant est très grand. Le museau est court; l'ouverture de la bouche plus grande que dans les précédens; les oreilles petites; les yeux assez grands. Tout son corps est couvert de poils jaunâtres, mêlez de gris, & qui sont doux au tou-

Hæc est minima species. Longitudo totius corporis, ab extrêmitate caudæ ad extremitatem oris, circiter 15 pollicum. Cauda corpore simul cum capite longior; collum brevissimum; pedes anteriores in 2 digitos, posteriores in 4 sunt divisi. Unguis exterior pedum anteriorum maximus. Rostrum brevius; oris rictus amplior, quam in precedentibus; auriculæ parvæ; oculi sat magni. Color totius corporis ex albo flavescit, cum griseo admixto. Pili omnes, sericei modo, ad tactum mollissimi sunt. Habitat in *Guianiâ.*

cher comme de la soye. On le trouve dans la *Guiane.*

SECTIO II.

Ea quæ sunt corpore squamoso.

IN illa Sectione, sicut in precedenti, unicum est genus, scilicet *Pholidoti.*

SECTION II.

Ceux qui ont le corps couvert d'écailles.

CEtte section, de même que la précédente, ne contient qu'un seul genre, qui est celui du *Pholidote.*

II.

Genus Pholidoti.

Hujus character est
Dentes nulli :
Corpus squamosum.

II.

Le genre du Pholidote.

Son caractere est
De n'avoir point de dents :
Et d'avoir le corps couvert d'écailles.

** 1. Le Pholidote.

Pholidotus pedibus anticis & posticis pentadactylis, squamis subrotundis... PHOLIDOTUS.

Manis manibus pentadactylis, palmis pentadactylis. *Linn. Syst. Nat. Ed. 6. g. 16. sp. 1.*

Tatu Mustelinus: Armodillus squamatus major Ceylanicus, seu *Diabolus Tajovanicus* dictus. *Klein. Quadr. p. 47.*

Armodillus, squamatus, Major, Ceylanicus, seu *Diabolus Tajovanicus* dictus. *Seb. Vol. 1. p. 88. Fig. T. 54. F. 1. Pullus Fig. T. 53. F. 5.* (*Fig. bonis*)

Lacertus Indicus Squamosus. *Bont. Ind. Ori. Fig. p. 60.* (*Fig. sat bona*).

Lacertus Squamosus minor setulis aspersis. *Gaz. Pet. Fig. T. 20. F. 12.* (*Fig. bona*).

Lezard Ecaillé. *Hist. de l'Acad. Tom. 3. Part. 3. p. 87. Fig. Planc. 17.* (*Fig. bonne, excepté la tête qui est mal faite*).

Les François l'appellent LEZARD ECAILLEUX ; DIABLE DE JAVA.

Les Espagnols, ARMODILLO. *Seba.*

Les Habitans de Java & les autres Peuples Orientaux, PANGGOELING. *Seba.*

Les Brasiliens, TATOE. *Seba.*

Longitudo totius corporis

Il a environ 3 ou 4 pieds de

long. *Seba* dit qu'il y en a qui ont plus de 6 pieds. Il ne lui paroît point de col, & la queue est à peu près de la longueur du corps: il a à chaque pieds 5 doigts armés d'ongles forts; ceux du milieu sont les plus grands. Sa tête est oblongue; le museau & l'ouverture de la bouche petite; les oreilles petites. La tête en dessous & aux côtés, le dessous du corps, & la partie intérieure des jambes, sont couverts d'une peau molle sur laquelle sont quelques poils. Le dessus de la tête, le dessus du corps & des jambes, & la queue dessus & dessous sont couvertes de grandes écailles arondies, striées, rousses, sous lesquelles sont quelques gros poils de la même couleur. Celles du dessus de la tête sont plus petites que les autres. Dans les jeunes les écailles sont jaunâtres, ensuite elles deviennent rousses; cette derniere couleur devient de plus en plus foncée, à mesure que l'Animal vieillit. Il a la faculté de faire de son corps une boule, en retirant si bien sa tête & sa queue vers le ventre, qu'on n'en sçauroit rien appercevoir. On le trouve au *Brésil*, & dans les *Isles de Ceylan*, *Java*, & *Formose*.

trium circiter aut 4 pedum. Secundum *Sebam* sunt qui ultra 6 pedes longi sunt. Collum non apparet; cauda corporis simul cum capite longitudine; in singulis pedibus sunt 5 digiti magnis unguibus muniti, intermediis maximis. Caput oblongum; rostrum & oris rictus minimus; auriculæ parvæ. Caput infrà & ad latera, corporis infima pars, & crurum pars interior teguntur cute molli pilis quibusdam prædita. Vertex, pars superior corporis & crurum, & cauda supernè & infernè teguntur squamis magnis, rotundatis, striatis, ruffis, pilis quibusdam crassis, etiam ruffis, intermixtis. Squamæ verticis aliis multò minores sunt. Juniorum squamæ flavescunt; adultiorum rufescunt, & tandem in senio magis, magisque saturantur. In globosam quasi pilam se se contrahere potest, capite & caudâ tantoperè ventrem versùs adductis, ut nihil eorum conspici queat. Habitat in *Brasiliâ*, & *Insulis Ceylonensi*, *Java*, & *Formosa*.

**2. Le Pholidote a Longue Queue.

Pholidotus pedibus anticis & posticis tetradactylis, squamis mucronatis, caudâ longissima.. Pholidotus longicaudatus.

Lacertus squamosus peregrinus. *Raj. Syn. Quadr. p.* 274.
Clus. Exot. Fig. p. 374. (*Fig. bona*).
Mus. Besl. p. 36. *Fig. T.* 11. (*Fig. bona*).
Lacerta Indica Yvannæ congener. *Aldro. Quadr. Dig. Ovi. p.* 668. *Fig. p.* 667. (*Fig. sat bona*).
Lezard de Clusius. *Hist. de l'Acad. Tom. III. Part.* 3. *p.* 89.
Lezard des Indes Orientales. *Hist. de l'Acad. an.* 1703. *p.* 39.
Les Indiens Orientaux, l'appellent Phatagen. *Hist. de l'Acad.*
Les Portugais du Brésil, Bicho Vergonhoso. *Besl.*
Les Habitans de l'Isle de Formose, Diable de Tajoan. *Besl.*

Longitudo corporis, ab extremitate oris ad extremitatem caudæ, 3 pedum & 10 pollicum. Cauda 2 ½ pedes longa. Pedes singuli in 4 digitos, unguibus præditos, dividuntur. Unguis secundus pedis anterioris aliis multò major; ungues posteriorum pedum minores: anteriora crura posterioribus paulò breviora; caput infrà & ad latera, corporis pars infima, anteriora crura, & posteriorum crurum pars inrerior teguntur cute molli pilis quibusdam nigris prædita. Vertex, pars superior corporis & crurum posteriorum, & cauda suprà & infrà teguntur squamis magnis, latis, striatis, & mucronatis; squamæ verticis aliis multò minores sunt; & squamæ

Il a environ 3 pieds 10 pouces de long, depuis le bout du museau, jusqu'à celui de la queue, qui a, elle seule, 2 ½ pieds de longueur. Il a à chaque pied 4 doigts, armés d'ongles, dont le second des anterieurs est beaucoup plus grand que les autres. Ceux des pieds de derriere sont les plus petits; les jambes de devant sont un peu plus courtes que celles de derriere. La tête en dessous & aux côtés, le dessous du corps, les jambes de devant, & la partie intérieure de celles de derriere sont couvertes d'une peau molle, sur laquelle sont quelques poils noirs. Le dessus de la tête, du corps & des jambes de derriere, & la queue dessus & dessous sont couverts de grandes écailles, larges, striées, & terminées par une pointe. Les écailles du deſſus de la tête ſont plus petites que les autres, & celles de la queue ſont moins grandes à meſure qu'elles approchent de ſon extrémité. On le trouve au *Bréſil*, & à l'*Iſle Formoſe*.

caudæ ſenſim versùs ejus extremum procedendo minuuntur. Habitat in *Inſulâ Formoſâ* & *Braſiliâ*.

ORDO II.

TABULA Synoptica QUADRUPEDUM ſecundùm Ordines, Sectiones & Genera.

QUADRUPEDA ſunt

- Edentula. . . ORDO I.
  - Corpore piloſo. . . *Myrmecophaga.* 1. . . *Sectio* I.
  - Corpore ſquamoſo. . . *Pholidotus.* 2. . . *Sectio* II.
- Dentata;
  - Dentibus molaribus tantùm. . . ORDO II.
    - Corpore piloſo. . . *Tardigradus.* 3. . . *Sectio* I.
    - Corpore cataphracto. . . *Cataphractus.* 4. . . *Sectio* II.
  - Dentibus molaribus & caninis. . . ORDO III.
    - Duobus dentibus caninis maxillæ ſuperiori affixis, longiſſimis, ſursùm recurvis ; proboſcide longiſſimâ flexibili. . . *Elephas.* 5.
    - Duobus dentibus caninis maxillæ ſuperiori affixis, longiſſimis, deorsùm incurvis ; proboſcide nullâ. . . *Odobenus.* 6.
  - Dentibus inciſoribus,
    - In inferiore maxilla tantùm ;
      - Sex. . . *Camelus.* 7. . . ORDO IV.
      - Octo. . . ORDO V.
        - Cornibus ſimplicibus. . . *Sectio* I.
          - Sursùm verſis :
            - Femoribus anticis longioribus. . . *Giraffa.* 8.
            - Femoribus æqualibus. . . *Hircus.* 9.
          - Retrorsùm verſis. . . *Aries.* 10.
          - Ad latera verſis. . . *Bos.* 11.
        - Cornibus ramoſis. . . *Cervus.* 12. . . *Sectio* II.
        - Cornibus nullis. . . *Tragulus.* 13. . . *Sectio* III.
    - In utraque maxilla :
      - Pedibus ſolidungulis. . . *Equus.* 14. . . ORDO VI.
      - Pedibus biſulcis. . . *Sus.* 15. . . ORDO VII.
      - Pedibus terungulatis anticè & poſticè. . . *Rhinoceros.* 16. . . ORDO VIII.
      - Pedibus quaterungulatis anticè, terungulatis poſticè : dentibus inciſoribus ;
        - Duobus ſuprà, totidem infrà. . . *Hydrochærus.* 17. . . ORDO IX.
        - Decem ſuprà, totidem infrà. . . *Tapirus.* 18. . . ORDO X.
      - Pedibus quaterungulatis anticè & poſticè. . . *Hippopotamus.* 19. . . ORDO XI.
      - Pedibus unguiculatis : dentibus inciſoribus ;
        - Duobus ſuprà, totidem infrà. . . ORDO XII.
          - Caninis nullis :
            - Corpore aculeato. . . *Hyſtrix.* 20. . . *Sectio* I.
            - Corpore aculeis deſtituto. . . *Sectio* II.
              - Cauda plana, ſquamoſa. . . *Caſtor.* 21.
              - Cauda breviſſima vel nulla :
                - Auriculis longis. . . *Lepus.* 22.
                - Auriculis brevibus vel nullis. . . *Cuniculus.* 23.
              - Cauda longa, veſtita pilis ita diſpoſitis ut caudam planam efficiant. . . *Sciurus.* 24.
              - Cauda longa, veſtita pilis ita diſpoſitis ut caudam rotundam efficiant. . . *Glis.* 25.
              - Cauda nuda, aut raris pilis obſita. . . *Mus.* 26.
          - Caninis preſentibus :
            - Corpore aculeis deſtituto. . . *Muſaraneus.* 27. . . *Sectio* III.
            - Corpore aculeato. . . *Erinaceus.* 28. . . *Sectio* IV.
        - Quatuor ſuprà, totidem infrà. . . ORDO XIII.
          - Digitis omnibus à ſe invicem ſeparatis. . . *Simia.* 29. . . *Sectio* I.
          - Digitis pedum anteriorum membrana, in alas expanſa, inter ſe connexis. . . *Pteropus.* 30. . . *Sectio* II.
        - Quatuor ſuprà, ſex infrà. . . ORDO XIV.
          - Digitis omnibus à ſe invicem ſeparatis. . . *Proſimia.* 31. . . *Sectio* I.
          - Digitis pedum anteriorum membrana, in alas expanſa, inter ſe connexis. . . *Veſpertilio.* 32. . . *Sectio* II.
        - Sex ſuprà, quatuor infrà. . . *Phoca.* 33. . . ORDO XV.
        - Sex ſuprà, totidem infrà. . . ORDO XVI.
          - Digitis à ſe invicem ſeparatis. . . *Sectio* I.
            - Digitis quatuor antè, quinque poſticè. . . *Hyæna.* 34.
            - Digitis quinque antè, quatuor poſticè. . . *Canis.* 35.
            - Digitis quinque antè, totidem poſticè :
              - Pollice ab aliis digitis remoto. . . *Muſtela.* 36.
              - Pollice aliis digitis proximo. . . *Meles.* 37.
            - Pedibus calcaneis incedentibus. . . *Urſus.* 38.
            - Unguibus hamatis & retractilibus. . . *Felis.* 39.
          - Digitis membranis inter ſe connexis. . . *Lutra.* 40. . . *Sectio* II.
        - Sex ſuprà, octo infrà. . . *Talpa.* 41. . . ORDO XVII.
        - Decem ſuprà, octo infrà. . . *Philander.* 42. . . ORDO XVIII.

TABLE Méthodique des QUADRUPEDES divisés en Ordres, Sections & Genres.

LES QUADRUPEDES ou

- N'ont point de dents. . . ORDRE I.
  - Et le corps couvert de poils. . . *Le Fourmiller.* 1. . . *Section* I.
  - Et le corps couvert d'écailles. . . *Le Pholidote.* 2. . . *Section* II.
- Ont des dents.
  - Des dents molaires seulement. . . ORDRE II.
    - Et le corps couvert de poils. . . *Le Pareſſeux.* 3. . . *Section* I.
    - Et le corps couvert d'un test osseux, & comme cuirassé. . . *L'Armadille.* 4. . . *Section* II.
  - Des dents molaires & des dents canines. . . ORDRE III.
    - A la mâchoire supérieure deux dents canines très longues, & recourbées en enhaut; une trompe très longue & flexible. . . *L'Elephant.* 5.
    - A la mâchoire supérieure deux dents canines très longues, & recourbées en enbas; point de trompe. . . *La Vache Marine.* 6.
  - Des dents incisives,
    - A la mâchoire inférieure seulement,
      - Six. . . *Le Chameau.* 7. . . ORDRE IV.
      - Huit. . . ORDRE V.
        - Des cornes simples. . . *Section* I.
          - Tournées en enhaut:
            - Les cuisses de devant beaucoup plus longues que celles de derriere. . . *La Giraffe.* 8.
            - Les cuisses de devant à peu près de la même longueur que celles de derriere. . . *Le Bouc.* 9.
          - Tournées vers le derriere. . . *Le Bellier.* 10.
          - Tournées vers les côtés. . . *Le Bœuf.* 11.
        - Des cornes branchues. . . *Le Cerf.* 12. . . *Section* II.
        - Point de cornes. . . *Le Chevrotain.* 13. . . *Section* III.
    - Aux deux mâchoires:
      - La corne du pied d'une seule piece. . . *Le Cheval.* 14. . . ORDRE VI.
      - Le pied fourchu. . . *Le Cochon.* 15. . . ORDRE VII.
      - Trois doigts ongulés à chaque pied. . . *Le Rhinoceros.* 16. . . ORDRE VIII.
      - Quatre doigts ongulés aux pieds de devant, & trois à ceux de derriere:
        - Deux dents incisives à chaque mâchoire. . . *Le Cabiai.* 17. . . ORDRE IX.
        - Dix dents incisives à chaque mâchoire. . . *Le Tapir.* 18. . . ORDRE X.
      - Quatre doigts ongulés à chaque pied. . . *L'Hippopotame.* 19. . . ORDRE XI.
      - Les doigts onguiculés:
        - Deux dents incisives à chaque mâchoire. . . ORDRE XII.
          - Point de dents canines:
            - Des piquants sur le corps. . . *Le Porc-Epic.* 20. . . *Section* I.
            - Point de piquants sur le corps. . . *Section* II.
              - La queue platte & écailleuse. . . *Le Castor.* 21.
              - La queue très-courte, ou point de queue:
                - Les oreilles longues. . . *Le Lievre.* 22.
                - Les oreilles courtes, ou point d'oreilles. . . *Le Lapin.* 23.
              - La queue longue, & couverte de poils rangés de façon qu'elle paroît platte. . . *L'Ecureuil.* 24.
              - La queue longue, & couverte de poils rangés de façon qu'elle paroît ronde. . . *Le Loir.* 25.
              - La queue nue, ou couverte de poils clair-semés. . . *Le Rat.* 26.
          - Des dents canines:
            - Point de piquants sur le corps. . . *La Musaraigne.* 27. . . *Section* III.
            - Des piquants sur le corps. . . *Le Heriſſon.* 28. . . *Section* IV.
        - Quatre dents incisives à chaque mâchoire. . . ORDRE XIII.
          - Tous les doigts separés les uns des autres. . . *Le Singe.* 29. . . *Section* I.
          - Les doigts des pieds de devant joints ensemble par une membrane, étendue en aîles. . . *La Rouſſete.* 30. . . *Section* II.
        - Quatre dents incisives à la mâchoire supérieure, & six à l'inférieure. . . ORDRE XIV.
          - Tous les doigts separés les uns des autres. . . *Le Maki.* 31. . . *Section* I.
          - Les doigts des pieds de devant joints ensemble par une membrane, étendue en aîles. . . *La Chauve-Souris.* 32. . . *Section* II.
        - Six dents incisives à la mâchoire supérieure, & quatre à l'inférieure. . . *Le Phocas.* 33. . . ORDRE XV.
        - Six dents incisives à chaque mâchoire. . . ORDRE XVI.
          - Les doigts separés les uns des autres. . . *Section* I.
            - Quatre doigts aux pieds de devant, & cinq à ceux de derriere. . . *L'Hyene.* 34.
            - Cinq doigts aux pieds de devant, & quatre à ceux de derriere. . . *Le Chien.* 35.
            - Cinq doigts à chaque pied:
              - Le pouce éloigné des autres doigts. . . *La Belette.* 36.
              - Le pouce proche des autres doigts. . . *Le Blaireau.* 37.
            - Les pieds qui s'appuyent sur le talon en marchant. . . *L'Ours.* 38.
            - Les ongles crochus, & qui peuvent être retirés & entierement cachés. . . *Le Chat.* 39.
          - Les doigts joints ensemble par des membranes. . . *La Loutre.* 40. . . *Section* II.
        - Six dents incisives à la mâchoire supérieure, & huit à l'inférieure. . . *La Taupe.* 41. . . ORDRE XVII.
        - Dix dents incisives à la mâchoire supérieure, & huit à l'inférieure. . . *Le Philandre.* 42. . . ORDRE XVIII.

ORDO II.

QUADRUPEDA

Dentibus molaribus tantum donata.

IN hoc Ordine, ſicut in precedenti, duo tantum ſunt genera QUADRUPEDUM, quæ ratione tegminis in duas Sectiones dividuntur : alia enim ſunt corpore *piloſo*, alia corpore quaſi Cataphracto, vel tegmine oſſeo tecto. Prima Sectio continet ea quorum corpus *pilis* tegitur, quæque ratione tardi progreſsûs, *Tardigradi* vocantur. Secunda continet ea quorum corpus tegmine oſſeo tegitur, quæque *Cataphracti* nomine donantur.

ORDRE II.

LES QUADRUPEDES

Qui n'ont que des dents molaires.

IL n'y a dans cet Ordre, comme dans le précédent, que deux genres de QUADRUPEDES, qui à raiſon de la couverture de leur corps ſe diviſent en deux Sections. Les uns ont le corps couvert de *poils*, & les autres l'ont comme cuiraſſé ou couvert d'un teſt oſſeux. Dans la premiere Section ſont ceux qui ont le corps couvert de *poils*, & qui à cauſe de leur lenteur à marcher ſont appellés *Pareſſeux*. Dans la ſeconde ſont ceux qui ont le corps couvert d'un teſt oſſeux, & qu'on appelle *Armadilles*.

SECTIO I.

Ea quæ ſunt corpore piloſo.

IN illâ Sectione unicum continetur genus, ſcilicet *Tardigradi*.

SECTION I.

Ceux qui ont le corps couvert de poils.

IL n'y a dans cette Section qu'un ſeul genre, qui eſt celui du *Pareſſeux*.

E

III.

Le genre du Pareſſeux.

Son caractere eſt

De n'avoir ni dents inciſives, ni dents canines, mais des dents molaires ſeulement :

D'avoir le corps couvert de poils.

Obſ. Tous les QUADRUPEDES de ce genre ont les jambes de devant plus longues que celles de derriere, ce qui fait qu'ils marchent très lentement : & c'eſt à cauſe de leur allure lente qu'on les a nommés *Pareſſeux.* Leurs dents molaires, qui ſont les ſeules qu'ils ayent, ne ſont point à lobes comme celles des autres QUADRUPEDES, elles ſont cilindriques, & terminées par un bout arrondi.

III.

Genus Tardigradi.

Hujus character eſt

Dentes nec inciſores, nec canini, ſed molares tantum :

Corpus piloſum.

Obſ. Omnium hujus generis QUADRUPEDUM crura anteriora poſterioribus longiora ſunt : ideò lentiſſimè progrediuntur; ob quam tarditatem greſsûs *Tardigradi* nomine donantur. Dentes illorum molares, quibus ſolis prædita ſunt, nullomodo ſunt lobati, ſicut dentes molares aliorum QUADRUPEDUM, ſed cilindrici, apice rotundato.

**1. LE PARESSEUX.

Tardigradus pedibus anticis & poſticis tridactylis... TARDIGRADUS.

Bradypus manibus tridactylis, caudâ brevi. *Linn. ſyſt. nat. ed. 6. g. 3. ſp. 1.*
Ignavus Americanus riſum fletu miſcens. Ignavus Marcgravii. *Klein. Quadr. p. 43.*
Ai, ſive Ignavus. *Raj. Syn. Quadr. p. 245.*
Marcgr. Hiſt. Br. Fig. p. 221. (Fig. bona).
Piſon. Hiſt. nat. p. 321. Fig. p. 322. (Fig. bona).
Charlet. exer. p. 17.
Ignavus. *Aldrov. Quadr. dig. viv. p. 262.*
Jonſt. Quadr. p. 101. Fig. T. 62. (Fig. bona) & T. 74. (Fig. mala).
Cluſ. Exot. p. 372. Fig. p. 373. (Fig. bona).
Barr. Hiſt. Fr. eq. p. 154.
Ignavus, ſive Haut Cluſii. *Euſ. Nieremb. bis Fig. p. 164. (prima Figura mala, ſecunda bona).*
Ignavus, ſive per antiphraſim agilis. *Cluſ. Exot. p. 110. Fig. p. 111. (Fig. mala).*
Hay. *Jo. de Laet. Fig. p. 554. (Fig. mala).*

Arctopitechus. *Gesn. icon. Quadr. Fig. p.* 96. (*Fig. mala*).
Papio II. *Jonst. Quadr. Fig. T.* 61. (*Fig. mala*).
Pigritia, sive Haut. *Eus. Nieremb. Fig. p.* 163. (*Fig. mala*).
Ai, seu Tardigradus Gracilis Americanus. *Seb. Vol.* 1. *p.* 53. *Fig. T.* 33. *Fig.* 2. (*Fig. optima*).
Unau. *Jo. de Laet. Fig. p.* 618. (*Fig. bona*).
Ai, ou Pareſſeux. *Des March. Tom. III. p.* 300.
Les Espagnols & les Portugais l'appellent PEZILLO, & PERICO LIGERO: PRIGUIZA. *Klein. Aldrov. Jonst. Eus. Nieremb. Marcgr. Pison. Seba. Charlet.*
Les Flamands LUIAARDT. *Klein. Seba.*
Les Guianois OUAIKARE'. *Barr.*

Longitudo totius corporis 2 circiter pedum. Crura anteriora posterioribus sunt longiora. Cauda brevissima: in singulis pedibus 3 sunt digiti, longis & incurvis unguibus muniti: totum corpus tegitur pilis densissimis, ex fusco & albo variis, exceptâ facie, quæ tota alba est. Caret auriculis, sed non caret meatu auditorio. Habitat in *Indiâ Orientali*, *Guianiâ*, & *Brasiliâ*.

Il a environ 2 pieds de longueur. Ses jambes de devant sont plus longues que celles de derriere. Sa queue est très courte; il a à chaque pied 3 doigts armés d'ongles forts, & un peu recourbés. Tout son corps est couvert de poils très épais, variés de brun & de blanc, sa face seule est toute blanche. Il n'a point d'oreilles extérieurement; mais on trouve à leur place des trous par lesquels il entend. On le trouve dans les *Indes Orientales*, dans la *Guiane* & au *Brésil*.

2. LE PARESSEUX DE CEYLAN

Tardigradus pedibus anticis didactylis, posticis tridactylis. . 2
TARDIGRADUS CEYLONICUS.

Bradypus manibus didactylis, caudâ nulla. *Linn. syst. nat. ed.* 6. *g.* 3. *sp.* 2.
Silenus: Simia personata. *Klein. Quadr. p.* 42.
Tardigradus Ceylanicus. *Seb. Vol.* 1. *p.* 54. *Fig. T.* 34. *F.* 1. & *T.* 33. *F.* 4. (*Fig. bonis*).

Pedes anteriores in 2, posteriores in 3 digitos, unguibus longis & incurvis muni-

Il a 2 doigts aux pieds de devant, & 3 à ceux de derriere, tous armés d'ongles forts & crochus: ses oreilles, qui sont plates & appliquées contre la tête, sont cachées sous les poils. Il n'a point de queue: tout son corps est couvert de poils épais, de couleur incarnat foncé par dessus le dos, & d'un cendré clair par dessous le ventre: il a le museau un peu plus allongé que le précédent.

Je n'ai jamais vû cet Animal, je ne suis pas sûr qu'il ait le caractere de ce genre: *Séba*, qui l'a décrit, n'a point parlé de ses dents; je crois pourtant qu'on doit le mettre dans ce genre; car il convient assez avec le *Paresseux* par sa façon de vivre, par son cri, & même par la forme de son corps, excepté le museau, qui est un peu plus allongé. Au reste jaime mieux, jusqu'à-ce que je sois plus instruit de son vrai caractere, le mettre dans ce genre, que dans la famille des *Chameaux*, comme a fait M. *Klein*.

On le trouve dans l'*Isle de Ceylan*.

tos, divisi sunt: auriculæ planæ, quam proximè capiti adpressæ sunt, & capitis crine obteguntur. Caret caudâ: totum corpus tegitur pilis densissimis, coloris saturatè helvi per corpus supernum, subtùs verò dilutè cinerei: rostrum paulò longius quam in precedente.

Hoc Animal nunquam vidi: nescio utrum hujus generis characterem habeat. *Seba*, qui primum eum descripsit, dentium nullam mentionem fecit: attamen ex hoc genere eum esse puto; moribus enim, cantilenâ, & quidem formâ corporis, excepto rostro paululum longiori, cum *Tardigrado* perfectè convenit. Cæterùm convenientiùs mihi videtur, usquedum ampliorem illius cognitionem habeamus, eum in hoc genere reponere, quam, cum illustrissimo *Kleinnio*, in familiâ *Camelorum*.

Habitat in *Insulâ Ceylonensi*.

SECTION II.

Ceux qui ont le corps couvert d'un test osseux.

IL n'y a dans cette Section qu'un seul genre, qui est celui de l'*Armadille*.

SECTIO II.

Ea quæ sunt corpore tegmine osseo tecto.

IN illâ Sectione unicum est genus, scilicet *Cataphracti*.

IV.

Genus Cataphracti. Fig. 11

Hujus character est

Dentes nec incisores, nec canini, sed molares tantum: Fig. 1. a.

Corpus tegmine osseo tectum, & cataphractum.

Obs. Tegmen osseum, quod omnium hujus generis specierum corpus cooperit, in plures partes dividitur: anterior & posterior (*a*) sunt quasi duo scuta supernè convexa, internè concava, inter quæ plurima sunt cingula, connexa inter se cute membranacea, cujus ope suprà se mutuò glifcunt; undè corpus ita contrahunt ut globosum fiat, sicut *Erinaceus*. Tota pars infima, scilicet caput, & collum inferius, & venter, cute crassa, crassis rarisque pilis obsita, investitur: sunt etiam suprà corpus pili quidam inter squamas tegmen osseum tegentes. Dentes omnes hujus generis QUADRUPEDUM, sicut in genere precedenti, sunt cilindrici.

IV.

Le genre de l'Armadille. Fig. 11

Son caractere est

De n'avoir ni dents incisives, ni dents canines, mais des dents molaires seulement: Fig 1. a.

D'avoir le corps couvert d'un test osseux, & comme cuirassé.

Obs. Le test osseux, dont le corps de toutes les espéces de ce genre est couvert, est divisé en plusieurs parties: l'antérieure & la postérieure (*a*) sont comme deux espéces de boucliers convexes en dessus, & concaves en dessous, entre lesquels sont plusieurs bandes étroites, jointes ensemble par une peau membraneuse, qui leur laisse la liberté de se mouvoir, & de glisser les uns sur les autres: c'est ce qui leur permet de se mettre en boule, comme le *Hérisson*. Toute la partie inférieure, sçavoir le dessous de la tête & du col, & le ventre, est couverte d'une peau épaisse, garnie de quelques gros poils: il y a aussi quelques poils entre les écailles qui couvrent le test osseux. Toutes leurs dents sont cilindriques, comme dans le genre précédent.

1. L'ARMADILLE.

Cataphractus scuto unico, cingulis octodecim... ARMADILLO.

Tatu Mustelinus. *Raj Syn. Quadr. p.* 235.
Dasypus cingulo simplici. *Linn. syst. nat. ed.* 6. *g.* 12. *sp.* 1.
Les Anglois l'appellent WEESLE-HEADED ARMADILLO. *Raj.*

Longitudo corporis, ab extremitate rostri ad initium

Il a, depuis le bout du museau jusqu'à la queue, environ

(*a*) Primæ speciei pars posterior corporis non scuto, sed cingulis tegitur.

(*a*) La premiere espece n'a point de bouclier derriere, mais seulement des bandes.

10 pouces. La queue a 7 pouces de long. Chaque pied est divisé en 5 doigts, dont les 3 du milieu des pieds de devant sont beaucoup plus longs que les autres. Son front est large & applati; ses yeux petits; ses oreilles nues. On distingue aisément cette espece des autres, en ce qu'elle n'a point de grand bouclier derriere: mais depuis le bouclier antérieur, jusqu'à la queue, le test osseux est divisé en 18 bandes jointes ensemble par une peau membraneuse. Les antérieures, qui sont les plus grandes, sont couvertes d'écailles quarrées ; les postérieures de quarrées & de rondes mêlées ensemble. Les écailles qui couvrent le bouclier antérieur sont quarrées, ainsi que celles de la queue, qui est composée de 6 anneaux à son origine, & ensuite se termine en pointe.

caudæ, 10 circiter pollicum; cauda 7 pollicum; pedes singuli dividuntur in 5 digitos, quorum 3 medii anteriores aliis multò sunt longiores. Frons latus, valdè planus ; oculi parvi; auriculæ nudæ. Ab aliis abundè distinguitur, in eo quod scuto posteriori careat : sed, à scuto anteriori ad caudam usque, tegmen dividitur in 18 cingula, totidem membranis intermediis connexa. Anteriora, quæ & majora sunt, squamis quadratis, posteriora verò quadratis & rotundis intermixtis constant. Squamæ, scutum anterius tegentes, sunt quadratæ, sicut illæ quæ caudam cooperiunt, quæ cauda in exortu 6 annulis cingitur, & deinde in acutum desinit.

2. L'ARMADILLE ORIENTAL.

Cataphractus scutis duobus, cingulis tribus... ARMADILLO ORIENTALIS.

Dasypus cingulis tribus. *Linn. syst. nat. ed. 6. g. 12. sp. 2.*
Tatu Apara, Armadilli tertia species Marcgravii. *Raj. Syn. Quadr. p.* 234.
Tatu Apara. *Jonst. Quadr. p.* 121. *Fig. T.* 63. (*Fig. bona*).
Marcgr. Hist. Bra. Fig. p. 232. [*Fig. bona*].
Tatu porcinus, seu Armadillo orientalis, loricâ osseâ, toto corpore tectus. *Klein. Quadr. p.* 48.
Tatu seu Armodillo Orientalis loricâ osseâ toto corpore tectus. *Seb. Vol.* 1. *p.* 62. *Fig. T.* 38. *F.* 2. & 3. (*Fig. optima*).
Tatu seu Armadillo. *Pison. Hist. Nat. Fig. p.* 100. (*Fig. bona*).

Armadillo, seu Tatou genus alterum. *Clus. Exot. Fig. p.* 109. (*Fig. bona*).

Armadillo, genus alterum Clusii. *Eus. Nieremb. Fig. p.* 158. [*Fig. sat bona*].

Tatus Gesneri. *Barr. Hist. Fr. eq. p.* 163.

Longitudo corporis, ab extremitate rostri ad extremitatem caudæ, circiter unius pedis : pedes singuli secundum *Marcgravium* & *Rajum*, in 5 digitos, secundum *Sebam* & *Kleinnium*, in 4 sunt divisi. Inter duo scuta tria sunt cingula squamis parallelogramis tecta ; squamis exagonis scuta teguntur ; auriculæ nudæ, breves & rotundæ. Cauda utrinque suprà & infrà paulùm applanata, brevissima, squamis exagonis tecta, unico tantum articulo constat. Habitat in *Indiâ Orientali*, *Brasiliâ* & *Guianiâ*.

Il a, depuis le bout du museau, jusqu'au bout de la queue, environ 1 pied; il a à chaque pied, selon *Marcgrave* & *Ray*, 5 doigts, & selon *Seba* & *Klein*, 4 seulement. Entre les deux grands boucliers sont 3 bandes étroites, dont les écailles représentent des parallélogrames : celles qui couvrent les 2 grands boucliers sont exagones. Les oreilles, qui sont nues, sont courtes & rondes. La queue, qui est applatie en dessus & en dessous, est très-courte, composée d'une seule articulation & couverte d'écailles exagones. On le trouve dans les *Indes Orientales*, au *Brésil*, & dans la *Guiane*.

3. L'ARMADILLE DES INDES.

Cataphractus scutis duobus, cingulis quatuor... ARMADILLO INDICUS.

Dasypus cingulis quatuor. *Linn. syst. nat. ed. 6. g. 12. sp. 3.*

Testudinatus porcellio, vel Testudinatus Echinus, Exoticum Animal. *Columm. aquat. p.* 15. *Fig. p.* 16. [*Fig. & descript. bonis*]. *Tegmen osseum tantùm descripsit & figuravit.*

De istâ specie pauca dicam. Nunquam eam vidi, & *Columna* qui solus illius mentionem fecit, tegmen osseum tantùm descripsit & figuravit.

Je ne puis dire que très peu de choses de cette espéce : je ne l'ai pas vûe, & *Columna* qui est le seul qui en ait parlé, n'en a décrit & figuré que le test. Mais cela suffira pour la distinguer des autres espéces de son genre. Ce test est composé de 2 espéces de boucliers, dont le posterieur est le plus grand, couverts d'écailles raboteuses, exagones, pentagones, quarrées, & de quelques autres figures ; entre lesquels sont 4 bandes étroites, jointes ensemble par une peau membraneuse.

Sed hoc sufficit ad distinguendam istam speciem ab aliis ejusdem generis. Tegmen illud osseum duobus componitur scutis, quorum posterius majus est, squamis exagonis, pentagonis, quadratis, aliisque quibusdam paucis figuris tectis illisque squamis tuberculis exasperatis ; inter quæ scuta, 4 sunt cingula, cute membranaceâ inter se connexa.

4. L'ARMADILLE DU MEXIQUE.

Cataphractus scutis duobus, cingulis sex... ARMADILLO MEXICANUS.

Dasypus cingulis sex. *Linn. Syst. Nat. ed. 6. g. 12. sp. 5.*
Tatu, sive Armadillo prima Marcgravii. *Raj. Syn. Quadr. p. 233. n°. 1.*
Tatu, seu Echinus Brasilianus. *Jonst. Quadr. p. 120.*
Aldrov. Quadr. dig. viv. p. 478. Fig. p. 480.
Tatu, seu Armadillo. *Jonst. Quadr. Fig. T. 62.*
Clus. Exot. Fig. p. 330.
Mus. Besl. p. 40. Fig. T. 11.
Charlet. Exer. p. 18.
Tatu & Tatupeba Brasiliensibus. *Marcgr. Hist. Br. Fig. p. 231.*
Tatu, sive Tatou. *Jo. de Laet. Fig. p. 532.*
Tatou. *Bell. obs. Fig. p. 204.*
Armadillo Clusii. *Eus. Nieremb. Fig. p. 158.*
Ayotochtli, seu Dasypus cucurbitinus, ab aliis Tatou, vel Armadillo dictus. *Hernand. Hist. Mex. Fig. p. 314.* [a].
Les Espagnols l'appellent ARMADILLO. *Aldro. Hern. Marcg. Besl.*
Les Portugais ENCUBERTO *ou* ENCUBERTADO. *Aldr. Hern. Marcg. Besl.*
Les Italiens, BARDATO. *Besl. Aldr.*
Les Flamands, SCHILRVERKEN. *Besl.*
Les Anglois, GREAT STRELL'D HEDGOG. *Besl.*
Les Habitans de la Nouvelle Espagne, CHIRQUINCHUM. *Eus. Nieremb. Besl.*

(a) Toutes les figures qu'en ont donné ces Auteurs, excepté celle d'*Aldrovande*, représentent plus de 6 bandes entre les 2 grands boucliers ; en quoi elles sont mauvaises.

(a) Omnes illorum Authorum figuræ, exceptâ solâ *Aldrovandi* figurâ, plusquam 6 cingula referunt ; in quo peccant.

Pedes

Pedes singuli in 5 digitos, unguibus subrotundis munitos, divisi sunt; os acutum; oculi parvi; auriculæ nudæ, breves. Inter duo scuta 6 sunt cingula squamis triangularibus tecta. Squamæ scuta tegentes irregulares & indeterminatæ. Cauda in exortu crassa, sensim ad finem usque gracilior fit, & in acutum desinit. Habitat in *Brasiliâ*, & *Mexico*.

Il a à chaque pied 5 doigts, armés d'ongles arrondis; il a le museau pointu; les yeux petits; les oreilles nues & courtes. Entre ses 2 grands boucliers sont 6 bandes étroites, couvertes d'écailles triangulaires. Celles qui couvrent les 2 grands boucliers sont de figure irréguliere. La queue est grosse à son origine; ensuite elle devient de plus en plus effilée, & se termine en pointe. On le trouve au *Brésil*, & au *Mexique*.

5. L'ARMADILLE DU BRESIL.

Cataphractus scutis duobus, cingulis octò... ARMADILLO BRASILIANUS.

Dasypus cingulis septem. *Linn. syst. nat. ed. 6. g. 12. sp. 6.*
Tatu-été Brasiliensibus; Armadilli secunda species Marcgravii. *Raj. Syn. Quadr. p. 233. n°. 2.*
Tatu-été Brasiliensibus. *Marcgr. Hist. Br. p. 231.*
Tatus Quadrupes peregrina. *Gesn. Icon. Quadr. fig. p. 103.* [*Fig. bona*]. [a]
Armadillo, seu Aiatochtli. *Jonst. Quadr. p. 120. fig. T. 74.* [*Fig. bona*]. *Eus. Nieremb. fig. p. 158.* [*Fig. bona*]. [a]
Tatus Major Moschum redolens. *Barr. Hist. Fr. eq. p. 163.*
Les Portugais l'appellent VERDADEIRO. *Marcgr.*
Les Guianois, TATOU-KABASSOU. *Barr.*

In pedibus anterioribus 4 digitos habet, 2 medios æquales, & lateralibus majores; in posterioribus 5, quorum 3 medios æquales, lateralibus etiam majores. Caput

Il a 4 doigts aux pieds de devant; les 2 du milieu sont égaux & plus grands que les latéraux; & 5 aux pieds de derriere; les 3 du milieu sont aussi égaux, & plus grands que les latéraux. Il

(a) Figuræ *Gesn.* & *Eus. Nieremb.* plusquam 8 cingula inter duo scuta referunt, in quo peccant.

(a) Les Figures de *Gesner*, & d'*Eus. de Nieremb.* représentent plus de 8 bandes entre les 2 grands boucliers, en quoi elles pèchent.

a la tête petite ; le muſeau pointu ; les oreilles longues & droites ; la queue longue & compoſée d'anneaux dans ſa partie antérieure, & enſuite ſe terminant en pointe. Entre les 2 grands boucliers ſont 8 bandes étroites, (9 jointures ſelon *Ray*, & *Marcgrave*) couvertes d'écailles joliment diſtribuées. On le trouve au *Bréſil* & dans la *Guiane*.

parvum eſt & acutum; auriculæ longæ & erectæ; cauda longa, in parte anteriore annulis compoſita, & deindè in acutum deſinens. Inter 2 ſcuta 8 ſunt cingula (9 juncturæ ſecundùm *Rajum* & *Marcgravium*) ſquamis ordine decenti diſpoſitis tecta. Habitat in *Guianiâ* & *Braſiliâ*.

** 6. L'Armadille de Cayenne.

Cataphractus ſcutis duobus, cingulis novem... Armadillo Guianensis.

Daſypus cingulis novem. *Linn. ſyſt. nat. ed. 6. g. 12. ſp. 7.*
Tatu Porcinus: Tatu ſimpliciter: Porcellus Cataphractus: Armadillo communiter. *Klein. Quadr. p. 48.*
Tatou, ſeu Armodillo Americanus. *Seb. vol. 1. p. 45. fig. T. 29. f. 1.* [*Fig. optima*].
Armadillo. *Muſ. Worm. p. 335.*

Il a, depuis le bout du muſeau, juſqu'au bout de la queue, environ 2 pieds 10 pouces ; ſçavoir la tête 4 pouces ; le corps 1 $\frac{1}{2}$ pied ; & la queue 1 pied ; il a aux pieds de devant 4 doigts, dont les 2 du milieu ſont égaux & plus grands que les latéraux ; à ceux de derriere 5 doigts, dont celui du milieu eſt le plus grand, les 2 qui le ſuivent un peu plus petits, & les 2 autres très petits : ſon muſeau eſt pointu ; ſes oreilles aſſez longues & couvertes de petites écailles. Sa queue, qui eſt aſſez groſſe à ſon origine,

Longitudo totius corporis, ab extremitate oris ad caudæ apicem, circiter 2 pedum & 10 pollicum; ſcilicet capitis 4 pollicum; corporis 1 $\frac{1}{2}$ pedis; & caudæ 1 pedis. Pedes anteriores in 4 digitos diviſi, quorum duo medii æquales ſunt, & lateralibus majores; poſteriores in 5, quorum medius major, 2 ſequentes paulò minores, & 2 laterales minimi. Roſtrum acutum; auriculæ ſat longæ, parvis ſquamis tectæ. Cauda, quæ in exortu craſſa eſt, & paulatim gracilior fit, in parte anteriore 10 aut 12 annulis cingitur, & deindè in acumen desinit. Inter duo scuta 9 sunt cingula squamis triangularibus tecta. Squamæ scuta tegentes sunt subrotundæ & magnitudine inæquales. Habitat in *Americâ* : in *Guianiâ* frequens.

& qui diminue ensuite peu à peu, est composée dans sa partie antérieure de 10 ou 12 anneaux, & ensuite se termine en pointe. Entre les 2 grands boucliers sont 9 bandes étroites, couvertes d'écailles triangulaires. Celles qui couvrent les 2 grands boucliers sont presque rondes & inégales en grandeur. On le trouve en *Amérique* & sur-tout dans la *Guiane*.

** 7. L'ARMADILLE D'AFRIQUE.

Cataphractus scutis duobus, cingulis duodecim... ARMADILLO AFRICANUS.

Dasypus tegmine tripartito. *Linn. syst. nat. ed. 6. g. 12. sp. 4.*
Tatu Caninus, capite pedibusque anomalis : Tatu Apara : Armadillo Nothus. *Klein. Quadr. p. 49.*
Tatu, seu Armodillo Africanus. *Seb. vol. 1. p. 47. fig. T. 30. Mas, fig. 3. Fœmina, fig. 4.* [*Fig. bonis*].

Longitudo corporis, ab extremitate rostri ad initium caudæ, 10 circiter pollicum, cauda 7 pollicum. Singuli pedes in 5 digitos, magnis unguibus, tribus intermediis anterioribus maximis, munitos, sunt divisi. Auriculæ sunt longæ, apice subrotundo. Inter duo scuta 12 sunt strictiora cingula, cute crassâ & membranaceâ connexa, squamis parallelogramis tecta. Squamæ scuta tegentes, sunt modò tetragonæ, modò pen-

Il a, depuis le bout du museau jusqu'à la queue, environ 10 pouces; sa queue a 7 pouces de long. Chaque pied a 5 doigts armés d'ongles forts, les 3 du milieu des pieds de devant sont les plus grands. Ses oreilles, qui sont assez longues, sont arrondies vers le bout. Entre les 2 grands boucliers sont 12 bandes étroites, jointes ensemble par une peau épaisse & membraneuse, & couvertes d'écailles parallélogrames. Celles qui couvrent les 2 grands boucliers, ſont tantôt à 4, tantôt à 5, tantôt à 6 côtés, mais toujours inégaux. On le trouve en *Afrique*.

tagonæ, modò exagonæ, lateribus ſemper inæqualibus. Habitat in *Africâ*.

ORDO III.

QUADRUPEDA

Dentibus inciſoribus nullis, caninis & molaribus preſentibus donata.

IN hoc Ordine duo tantùm QUADRUPEDA continentur, *Elephas* ſcilicet & *Odobenus*, quod unumquodque genus ſuum conſtituit. Dentes canini alterius ſursùm incurvantur, alterius verò deorsùm.

V.

Genus Elephantis.

Hujus character eſt
Dentes inciſores nulli:

Dentes canini duo, unus utrinque, maxillæ ſuperiori affixi, longiſſimi, ſursùm recurvi:

Proboſcis longiſſima flexibilis.

ORDRE III.

LES QUADRUPEDES

Qui n'ont point de dents inciſives, mais qui en ont des canines & des molaires.

CET Ordre ne comprend que deux QUADRUPEDES, ſçavoir l'*Eléphant* & la *Vache-marine*, qui ſont chacun un genre particulier. L'un à ſes dents canines recourbées en enhaut, & l'autre les a recourbées en enbas.

V.

Le genre de l'Elephant.

Son caractere eſt
De n'avoir point de dents inciſives:

D'avoir à la mâchoire ſupérieure deux dents canines, une de chaque côté, très longues, recourbées en enhaut:

Une trompe très longue & flexible.

* 1. L'ELEPHANT.

ELEPHAS.

Elephas. *Raj. Syn. Quadr. p.* 131.

Linn. Syst. nat. ed. 6. g. 24. sp. 1.
Klein. Quadr. p. 36.
Aldro. Quadr. solid. p. 418. Fig. p. 463. [Fig. mala].
Gesn. Quadr. p. 409. Fig. p. 410. [Fig. mala].
Gesn. Icon. Quadr. Fig. p. 61. [Fig. mala].
Jonst. Quadr. p. 17. Fig. T. 7. 8. 9. (Fig. bonis).
Eus. Nieremb. p. 191.
Charlet. exerci. p. 4.
Elephas Africanus. *Seb. vol. 1. p. 175. Fœtus Fig. T. 111. f. 1. [Fig. bona].*
Elephant. *Kolbe. Tom. III. p. 9. Fig. p. 10.*
Hist. de l'Acad. Tom. III. Part. 3. p. 101. Fig. T. 19. (Fig. bonne).
Les Grecs l'appellent Ελεφας.
Les Arabes, CENALFA. *Aldro.*
Les Ethiopiens, YTEMBO. *Aldro.*
Les Sabins, BARRUS. *Gesn. Aldro.*
Les Illyriens, SION. *Aldro. Gesn.*
Les Espagnols, ELEPHANTE. *Gesn. Aldrov.*
Les Italiens, LEOPHANTE. *Gesn. Aldrov.*
Les Allemands, HELPHANT. *Gesn. Aldro.*
Les Flamands, ELÉPHANT. *Aldrov.*
Les Anglois, ELEPHANT. *Raj.*

La grandeur seule de l'Eléphant suffit pour le distinguer des autres QUADRUPEDES : c'est le plus grand de tous : il a jusqu'à 12 pieds de haut : mais les caracteres que nous avons établis le feront encore mieux connoître. Il n'a point de dents incisives, mais il a à la mâchoire supérieure 2 dents canines, longues quelquefois de 5 ou 5 ½ pieds, recourbées en enhaut ; & en outre plusieurs dents molaires à chaque mâchoire. Entre ses 2 longues dents canines est une trompe plus longue encore & flexible, de laquelle il se sert pour prendre sa nourriture & la porter à sa bouche. Cette trompe n'est autre chose que le pro-

Elephas magnitudine, quâ ea antecellit, ab aliis QUADRUPEDIBUS satis abundè distinguitur. Omnium maximum est ; 12 pedum altitudinem attingit ; illius verò notæ caracteristicæ à quibuscumque, non specie tantum, sed & genere differre demonstrant. Dentibus incisoribus omninò caret, sed maxillæ superiori 2 sunt dentes canini, 5 vel 5 ½ pedum interdum longi, sursùm recurvi : plures in utrâque maxilla molares. 2 inter dentes longos caninos est proboscis adhuc longior, flexibilis, quâ, velut manu, utitur ad cibos colligendos, & ori admovendos. Proboscis illa nihil aliud est quam nasus productus: auriculæ amplissimæ, circumcirca dentatæ, pendulæ: crura, pedesque crassi & rudes, *ungulatos* inter & *digitatos* anomali esse videntur: pedes enim 5 digitis donantur, quorum phalanges omnes dissectione deteguntur, quæ verò aliter non apparent, cùm in carne fungosâ, substantiâ quasi corneâ omninò tecta, contineantur: ambitus enim pedum 5 ungulis obtusis, inter se connexis cute ità induratâ, ut ad substantiæ corneæ naturam accedat, terminatur: plantæ pedum cute pariter induratâ, & quasi corneâ teguntur. Cutis illa cum unguibus ipsis ità cohæret, ut & ungues & cutis simul eripi possint, sicut *Equi* ungula. Prætereà cutis illa indurata ipsa substantia cornea dici posset: ab ungulis enim non differt, nisi quod ipsis sit mollior. Cutis corporis crassa est, non prorsus nuda, sed pilis rarioribus, crassis & satis longis, obsita: cauda pilis quibusdam etiam crassis terminatur. Habitat in *Africâ*: in *Asia* majores.

Vide *D. Georg. Christ. Petri ab Hartenfels*, Elephantographiam curiosam.

longement de son nez. Ses oreilles sont grandes & larges, comme dentelées tout autour, & pendantes. Ses jambes & ses pieds, qui sont gros & malfaits, semblent tenir le milieu entre les *ongulés*, & les *digités*. Ses pieds ont réellement 5 doigts, dont on distingue bien toutes les phalanges par la dissection, mais qui sans elle ne sont point visibles, & qui sont renfermées dans une chair fongueuse, laquelle est comme entiérement couverte de corne; car la circonférence des pieds est terminée par 5 ongles obtus, joints ensemble par une peau tellement endurcie, qu'elle approche de la nature de la corne. La plante des pieds est couverte d'une peau semblable, & le tout peut être arraché ensemble, comme le sabot d'un *Cheval*. On pourroit même regarder cette peau endurcie, comme de la corne; car elle ne différe des ongles, qu'en ce qu'elle est un peu plus molle qu'eux. Sa peau, qui est fort épaisse, n'est pas tout a fait nue; on y trouve quelques poils gros & assez longs, ainsi qu'au bout de la queue. On le trouve en *Afrique*; les plus grands sont en *Asie*.

VI. VI.

Le genre de la Vache-marine. *Genus Odobeni.*

Son caractere est
De n'avoir point de dents incisives :
D'avoir à la mâchoire supérieure deux dents canines, une de chaque côté, très longues, recourbées en enbas :
Point de trompe.

Hujus caracter est
Dentes incisores nulli :
Dentes canini duo, unus utrinque, maxillæ superiori affixi, longissimi, deorsùm incurvi :
Proboscis nulla.

* 1, LA VACHE-MARINE.

ODOBENUS.

Phoca dentibus exsertis. Odobenus. *Linn. syst. nat. ed. 6. g. 9. sp. 2.*
Equus Marinus & Hippopotamus falsò dictus. *Raj. syn. Quadr. p. 191.*
Rosmarus. *Klein. Quadr. p. 92. N° III.*
Gesn. Pisc, p. 249. fig. p. 250. (Fig. mala. Peccat in pedibus).
Jonst. Pisc. p. 160. fig. T. 44, sub isto nomine. Rosmarus vetus. [*Fig. bona*].
Vache-Marine. *Hist. d'Isl. & de Gro. T. II. p. 159. fig. p. 168.* [*Fig. bonne*].
Les Danois & Islandois l'appel'ent ROSMARUS. *Raj.*
Les Russiens, MORSS. *Raj. Klein. Hist. d'Isl.*
Les Hollandois, WALROS, WALRUS. *Klein. Hist. d'Isl.*
Les Flamands, WALRUS. *Raj.*
Les Anglois, MORSE, *ou* SEA-HORSE. *Raj.* SEA KOW. *Klein. Hist. d'Isl.*
Les Angle-Saxons, HORS-HWAL. *Hist. d'Isl. Klein.*
Les François des Côtes de l'Amérique, VACHE-MARINE, *ou* BESTE A LA GRANDE DENT. *Hist. d'Isl. Klein.*

Cet Animal est très grand : il a quelquefois jusqu'à 16 pieds de long, & environ 8 de tour. Il a 4 pieds courts, à chacun desquels sont 5 doigts, armés d'ongles, & joints ensemble par la peau. Les postérieurs sont tout-à-fait tournés en arriere, & semblent n'être autre chose

Monstrosum est hoc Animal. Longitudo corporis 16 pedes plerumque attendit ; ambitus verò circiter 8. 4 habet pedes breves, in quibus singulis sunt 5 digiti, unguibus muniti, cute inter se connexi. Pedes posteriores retrorsùm omninò spectant,

tant, & nihil aliud, quàm ipsius cauda, apparent. Caput crassum & in anteriore parte planum: rictus validissimis setis obsitus est. Dentibus incisoribus omninò caret; in maxillâ verò superiore duobus dentibus caninis, 2 pedum circiter longis, deorsùm incurvis, & in utrâque maxillâ 8 molaribus, 4 utrinque, donatur. Auricularum externarum loco, habet utrinque foramina quibus audit; cutis, quæ pollicis ferè crassitiem attingit, pilis brevibus, rigidis, ex fusco sordidè flavis, tegitur. Habitat in *Regionibus Septentrionalibus.*

que sa queue. Sa tête est grosse & écrasée sur le devant. Son museau est entouré de gros poils roides: il n'a point de dents incisives; mais il en a à la mâchoire supérieure 2 canines, longues d'environ 2 pieds, recourbées en enbas; & en outre à chaque mâchoire 8 molaires, 4 de chaque côté: il n'a point d'oreilles extérieures, mais à chaque côté de la tête est un trou, par lesquels il entend. Sa peau a près d'un pouce d'épaisseur, & est couverte d'un poil court & roide, d'un brun jaunâtre. On le trouve dans tout le *Nord.*

2. LE LAMANTIN.

MANATUS.

Manatus. *Linn. syst. nat. ed. 6. g. 56. sp. 1.*
Klein. Quadr. p. 94. N°. V.
Manati. *Gesn. Pisc. p. 253.*
Hernand. Hist. Mex. Fig. p. 323.
Manati, seu Vacca-Marina. *Raj. syn. Quadr. p. 193.*
Sloane. Vol. II. p. 329.
Manati Indorum. *Aldro. Pisc. p. 728. fig. p. 729.*
Jonst. Pisc. p. 257.
Manati Phocæ Genus. *Clus. exot. p. 132. fig. p. 133.*
Trichechus. *Art. Gen. Pisc. g. 51. sp. 1.*
Art. Synon. Pisc. g. 51. sp. 1.
Bœuf-Marin. *Hist. de l'Acad. T. III. Part. 1. p. 191.*
Les Espagnols l'appellent MANATI. *Klein. Art. Raj.*
Les Portugais, PEZZE MOULLER, *ou* MUGER. *Art.*
Les Flamands, SEEKOEGEN. *Art.*
Les Anglois, MANATEE. *Art.*
Les Habitans d'Amboine, DUIUNG, *ou* DOUJONG. *Art.*
Les Habitans des bords de la Riviere des Amazones, PEGE-BUEY. *Art.*

Je n'ai jamais vû le LAMANTIN : je ne sçais de quel genre il est; car aucun Auteur n'a fait mention de ses dents. Je le place ici, jusqu'à ce que je sois plus instruit de son vrai caractere. Voilà la description qu'en donne le *P. Labat*, dans son *voy. aux Isles de l'Amerique*, *Tome II. p. 201*, où il dit l'avoir vû. « Il avoit 14 pieds 9 pouces de longueur, depuis le bout du muffle jusqu'à la naissance de la queue; il étoit tout rond jusqu'à cet endroit-là. Sa tête étoit grosse, sa gueule large avec de grandes babines, & quelques poils longs & rudes audessus. Ses yeux étoient très petits par rapport à la tête, & ses oreilles ne paroissoient que comme deux petits trous. Le col est fort gros & fort court..... Les deux nageoires qu'il a un peu audessous du col, ... ressemblent assez aux pattes de la Tortue..... Le Lamantin femelle a deux mamelles rondes; celles du Lamantin que j'ai mesuré avoient 7 pouces de diamétre sur 4 pouces ou environ d'élévation..... Ce Poisson, qui est tout rond, depuis la tête jusqu'à la naissance de la queue, avoit 8 pieds 2 pouces de circonference. Sa queue étoit de 19 pouces de long, depuis sa naissance, jusqu'à son extrêmi-

MANATUM nunquam vidi: cujus sit generis prorsùs ignoro; Authores enim nulli de illius dentibus locuti sunt. Post *Odobenum* eum repono, usquedum ampliorem illius cognitionem habeamus. *P. Labat*, in suo opere cui Titulus; *voy. aux Isles de l'Amérique*, *Tome II. p. 201*, hoc Animal vidisse refert; sicque id describit. « Ab extremitate rostri ad caudæ exortum 14 pedes & 9 pollices longitudine æquabat. Corpore erat tereti usque ad caudam. Caput erat crassum, oris rictus latus, labiis crassis donatus, quæ labia pilis quibusdam longis & rigidis adornabantur. Oculos habebat valdè exiguos pro ratione capitis, & auricularum loco duo erant exigua foramina. Collum valdè crassum est & breve.... Pinnæ duæ, paulò infra collum sitæ, ... testudinis pedes æmulantur..... Fœmina duas habet mammas rotundas; diameter earum, quas mensuravi, 7 pollices æquabat; crassities verò 4 aut circiter pollices... Ambitus corporis illius Piscis, qui à capite ad caudæ exortum teres est, octo pedes & 2 pollices attingebat. Cauda ab exortu ad extremitatem

« 19 pollices longa erat; quâ « parte latissima, 15 circiter « pollices attingebat: & versùs extremum crassities 3 « circiter pollices æquabat..... « Cutis hujus Piscis corii Bovini duplicem ferè crassitiem « in dorso æquat; in ventre « verò multò minus crassa. « Rugosa est, coloris ex cinereo fusci, pilis ejusdem coloris, raris, crassis, satque « longis obsita.

Secundùm Authores omnes duobus tantùm pedibus *Manatus* præditus est: attamen tantam habet cum *Quadrupedibus* analogiam, ut ad eorum Classem eum pertinere puto; verisimile enim videtur pedes posteriores cum cauda connecti, eosque dissectione posse detegi.

« té; elle avoit environ 15 pouces dans sa plus grande largeur: son épaisseur tout au bout « étoit d'environ 3 pouces.... La « peau de ce Poisson est épaisse « sur le dos, presque comme « deux cuirs de Bœuf, mais elle « est beaucoup plus mince sous « le ventre. Elle est de couleur « d'ardoise brune, d'un gros « grain & rude, avec des poils « de même couleur, clairs semés, gros, & assez longs.

Quoique tous les Auteurs n'accordent que deux pieds à cet Animal, il a tant d'analogie avec les *Quadrupedes*, que je crois qu'il appartient à leur Classe: & il y a toute apparence que les pieds de derriere sont confondus dans la queue, & qu'on les découvriroit par la dissection.

ORDRE IV.

LES QUADRUPEDES

Qui n'ont point de dents incisives à la mâchoire supérieure, & qui en ont six à l'inférieure.

TOUS les QUADRUPEDES de cet Ordre, comme ceux de l'Ordre suivant, sont ruminants ; ils ont, comme eux, quatre ventricules, mais ils n'ont point de cornes : leurs pieds sont fendus en deux doigts *onguiculés*, & non pas *ongulés*, comme ceux des *pieds fourchus*. La plante de leurs pieds est couverte d'une peau molle & un peu calleuse. Cet Ordre ne contient qu'un seul genre, qui est celui des *Chameaux*.

VII.

Le genre du Chameau.

Son caractere est
De n'avoir point de dents incisives à la mâchoire supérieure, & d'en avoir six à l'inférieure :
D'avoir à chaque pied deux doigts onguiculés.

Obs. Tous les QUADRUPEDES de ce genre ont le col très long.

ORDO IV.

QUADRUPEDA

Dentibus incisoribus in maxillâ superiore nullis, in inferiore sex donata.

OMNIA hujus Ordinis QUADRUPEDA, sicut & sequentis, sunt ruminantia. Quatuor ventriculos habent; non verò sunt cornigera. Pedes habent in duos digitos, non quidem *ungulatos*, sicut *bisulca*, sed tantùm *unguiculatos*, fissos. Plantæ pedum cute molli & parumper callosâ teguntur. In hoc Ordine unicum est genus, scilicet *Camelinum*.

VII.

Genus Camelinum.

Hujus character est
Dentes incisorii in maxillâ superiore nulli, in inferiore, sex :
In singulis pedibus digiti duo unguiculati.

Obs Omnia hujus generis QUADRUPEDA collo longissimo donantur.

** 1. LE CHAMEAU.

Camelus duobus in dorso tuberibus..... CAMELUS.

Camelus duobus in dorso tuberibus, seu Bactrianus. *Raj. syn. Quadr. p.* 145. *no.* 2.
Camelus tophis dorsi duobus. Bactrianus. *Linn. syst. nat. ed.* 6. *g.* 29. *sp.* 2.
Camelus, Beschet, Bactrianus fortissimus. *Klein. Quadr. p.* 41.
Camelus vel Camelus Bactriana. *Gesn. Icon. Quadr. Fig. p.* 22. (*Fig. bona*).
Camelus. *Aldrov. Quadr. Bis. p.* 889. *Fig. p.* 907. (*Fig. mala*).
Gesn. Quadr. p. 162. *Fig. p.* 163. (*Fig. bona*).
Jonst. Quadr. p. 67. *Fig. T.* 43. *sub isto nomine.* Camelus Bactrianus, seu Dromedarius. (*Fig. bon.*).
Charlet. Exer. p. 12.
Prosp. Alp. Ægypt. Vol. II. *p.* 223. *Fig. T.* 13. (*Fig. bona*).
Les Hébreux l'appellent GAMAL. *Gesn.*
Les Chaldéens, GAMELA. *Gesn.*
Les Arabes, GEMAL. *Gesn.*
Les Grecs, καμηλος.
Les Sarrasins, SHYMEL. *Gesn.*
Les Perses, SCHETOR. *Gesn.*
Les Illyriens, VUELBLUD. *Gesn.*
Les Espagnols, & les Italiens, CAMELLO. *Gesn.*
Les Allemands, KÆMELTHIER. *Gesn.*
Les Anglois, CAMEL. *Raj. Gesn.*

A vertice ad caudam, 8 circiter pedes longus est. Caput, ab extremitate labii superioris ad occipitium, 23 pollices longum: auriculæ 4 pollices; cauda 2 pedes longa. 2 habet in dorso tubera, quorum posterius anteriori multò majus est. A parte superiore majoris istius tuberis ad terram usque, 7 pedum altus est. Labium superius ut in *lepore* fissum: pili ipsius longissimi sunt in tuberibus, in dorso, suprà caput, & ad collum;

Il a, depuis le sommet de la tête, jusqu'à la queue, environ 8 pieds. Sa tête a, depuis l'extrêmité de la lévre supérieure, jusqu'à l'occiput, 23 pouces; les oreilles 4 pouces; la queue 2 pieds de long. Il a sur le dos 2 bosses, dont la postérieure est beaucoup plus considérable que l'antérieure. Depuis la partie supérieure de cette grosse bosse jusqu'à terre, il a 7 pieds de haut. Sa lévre supérieure est fendue, comme celle d'un *liévre*: il a des poils très longs sur ses bosses, sur le dos, sur la tête, & au col : le reste du corps est couvert de poils courts. Ses pieds sont fendus en dessus seulement, & terminés par deux petits ongles. La plante des pieds est large, plate, très charnue, & couverte d'une peau molle, épaisse, & un peu calleuse. Il a 6 callosités aux jointures des jambes, sçavoir 2 à chacune des jambes de devant ; la premiere & la plus haute étant en arriere à la jointure qui fait proprement le coude, & la deuxiéme endevant & plus bas à la jointure qui représente le pli du poignet. Chaque jambe de derriere en a aussi une à la premiere & plus haute jointure, qui est celle de devant & le véritable genou : outre ces 6 callosités, il en a une septieme beaucoup plus considérable placée au-bas de la poitrine, fermement attachée au sternon. Le prépuce est fort long & regarde en arriere. Il n'a point de dents incisives à la mâchoire supérieure ; il en a 6 à l'inférieure, & 3 dents canines de grandeur inégale de chaque côté à la mâchoire supérieure, & 2 à peu près semblables de chaque côté à la mâchoire inférieure. Le nombre des dents molaires varie. On le trouve dans la *partie orientale* de l'*Asie*.

in reliquo corpore breves. Pedes in parte superiore tantùm sunt fissi, singuli duobus parvis unguibus in extremo donati : planta pedum lata, plana, admodum carnosa, cute molli, crassâ, & parumper callosâ, tegitur. Articulorum crurum calli 6 sunt numero ; nimirùm ad singulos crurum anteriorum articulos singuli ; prior & superior retrorsùm ad partem *cubitum* propriè dictam ; alter & inférior antorsùm ad partem quæ carpo humano respondet. In singulis posterioribus cruribus unus etiam est callus ad primum & supremum articulum, qui antrorsùm flectitur, & verum genu est. Præter prædictos, septimus est callus, aliis multò major, ad imum thoracem, sterno firmiter adnexus. Preputium longissimum est & retrò versum. Dentibus incisoribus in maxillâ superiore nullis, in inferiore 6 donatur, & prætereà dentibus caninis magnitudine inæqualibus 3, utrinque in maxillâ superiore, & 2 similibus utrinque in maxillâ inferiore. Dentium molarium variat numerus. Habitat in *partibus Asiæ orientalibus*.

** 2. LE DROMADAIRE.

Camelus unico in dorso tubere..... DROMEDARIUS.

Camelus unico in dorso gibbo, seu Dromedarius. *Raj. syn. Quadr. p.* 143. *n°.* 1.
Camelus topho dorsi unico. Dromedarius. *Linn. syst. nat. ed.* 6. g. 29. *sp.* 1.
Camelus minimus. Dromedarius. *Klein. Quadr. p.* 42.
Camelus Arabica, vel Camelus Dromas. *Gesn. Icon. Quadr. Fig. p.* 23. (*Fig. bona*).
Camelus Dromas. *Gesn. Quadr. p.* 171. *Fig. p.* 172. (*Fig. bona*).
Dromas. *Prosp. Alp. Ægypt. p.* 223. *Fig. T.* 12. (*Fig. bona, exceptis pedibus qui ungulati apparent*).
Dromedarius. *Aldrov. Quadr. Bis. p.* 909. *Fig. p.* 908. (*Fig. mala*).
Jonst. Quadr. p. 69. *Fig. T.* 43. *sub isto nomine* Camelus (*Fig. bona, exceptis pedibus qui ungulati apparent*).
Charlet. Exer. p. 13.
Chameau. *Hist. de l'Acad. Tom. III. Part.* 1. *p.* 71. *Fig. Pl.* 7. (*Fig. très bone*).
Les Chaldéens l'appellent HOGENAIN. *Gesn.*
Les Grecs, Δρομας.
Les Ethiopiens, RAGUAHIL, *ou* EBAMARI. *Klein.*
Les Maures, EGIN. *Prosp. Alp.*
Les Italiens, DROMEDARIO. *Gesn.*
Les Allemands, DROMEDARY. *Gesn.*
Les Anglois, CAMEL, *ou* DROMEDARY. *Raj.*

A precedente differt magnitudine, quâ ei cedit, & numero tuberum, quod ei unicum est in dorso. In aliis precedenti similis est. Sicut ille, labium habet superius fissum; pili ipsius longiores in tubere & ad collum siti sunt. Pedes pedibus precedentis similes habet, eosdemque in cruribus & thorace callos. Habitat in *partibus Asiæ occidentalibus*; in *Syriâ* & *Arabiâ frequens*.

Il est plus petit que le précédent. Il en différe aussi, parce qu'il n'a qu'une seule bosse sur le dos. D'ailleurs il lui ressemble assez : il a, comme lui, la levre supérieure fendue ; ses plus longs poils sont sur sa bosse & au col. Ses pieds sont conformés de même que ceux du précédent ; il a aux jambes & à la poitrine les mêmes callosités. On le trouve le plus communément aux *parties Occidentales de l'Asie*, sçavoir dans la *Syrie* & l'*Arabie*.

3. Le Chameau du Perou.

Camelus pilis brevissimis vestitus..... Camelus Peruanus.

Camelus Peruanus Glama dictus. *Raj. syn. Quadr. p.* 145. *n°.* 3.
Camelus dorso levi, pectore gibboso. Glama. *Linn. syst. nat. ed.* 6. *g.* 29. *sp.* 3.
Camelus spurius Peruanus, Glama dictus. *Klein. Quadr. p.* 42.
Ovis Peruana. *Jonst. Quadr. p.* 45. *Fig. T.* 46. (*Fig. bona*).
Marcgr. Hist. Br. Fig. p. 243. (*Fig. bona*).
Charlet. Exer. p. 9.
Pelon Ichiatl Oquitli. Ovis Peruana. *Hernand. Hist. Mex. Fig. p.* 660.
[*Fig. malâ*].
Petvichcatl. *Fern. Hist. N. Hisp. p.* 11.
Les François l'appellent Mouton de Perou.
Les Espagnols du Perou, Glama, *ou* Lhama. *Raj.*

Il a depuis le sommet de la tête, jusqu'à la queue, 6 pieds; depuis la partie supérieure du dos, jusqu'à la plante des pieds, 4 pieds: le col long de 2 pieds depuis les épaules jusqu'au sommet de la tête; les oreilles assez longues; la tête allongée; la levre supérieure fendue; les yeux assez grands; le ventre large; le derriere plus élevé que le devant. Audessous de la poitrine est un espece de tumeur semblable à un abscès de laquelle il semble qu'il découle continuellement un peu de pûs. Les individus de cette espéce varient en couleur comme nos brebis: les

Longitudo corporis à cervice ad caudam 6 pedum est: altitudo à dorso ad pedis plantam, 4 tantùm; colli longitudo, à scapulis ad cervicem, 2 pedum. Auriculæ longæ; caput oblongum; labium superius fissum; oculi sat magni; cauda brevis; venter latus; clunes anteriore parte alteriores. Sub pectore, ubi thorax ventri connectitur, est tuber vomicæ similis, è quò aliquid excrementi sensim manare videtur. Colore variat hæc species, sicut oves nostræ. Modò est alba, modò nigra,

gra, modó fusca, modò ex his coloribus variegata: hæc ultima ab incolis *Moromoro* (*a*) vocatur. Habitat in *Peruvio*.

uns sont blancs, d'autres noirs, d'autres bruns, & d'autres variés de toutes ces couleurs: les Habitans du pays appellent ces derniers *Moromoro* (*a*). On le trouve au *Perou*.

4. LA VIGOGNE.

Camelus pilis prolixis toto corpore vestitus.

Camelus seu Camelo congener Peruvianum, lanigerum, *Pacos* dictum, Ovis Indica, seu Peruviana vulgò. *Raj. syn. Quadr. p.* 147.
Camelus gibbis nullis. Pacos. *Linn. syst nat. ed. 6. g.* 29. *sp.* 4.
Camelus laniger, Peruanus; Pacos; vulgò Ovis Peruviana. *Klein. Quadr. p.* 42.
Ovis Chilensis. *Jonst. Quadr. p.* 46. *Fig. T.* 23. *sub illo nomine*, Vervex alius peregrinus. (*Fig. bona, exceptis pedibus anticis, qui in quatuor digitos divisi sunt, cum in duos tantùm dividi debeant*).
Charlet. Exer. p. 9.
Ovis Peruana, Paco dicta. *Marcgr. Hist. Br. Fig. p.* 244. (*Fig. Bona*). *Peccat tamen in pedibus anticis, sicut Jonstoni figura.*
Ovis Peruanæ alia species ab incolis *Pacos* dicta. *Hernand. Hist. Mex. p.* 663.

Precedente minor est; caput & auriculas, servatâ corporis proportione, multò minores habet. Clunes anteriore parte non sunt altiores. Totum corpus pilis longissimis & mollissimis tegitur. Colore variat hæc species, sicut præcedens: modò est nigra, modò alba, modò subrussa, modò

Elle est plus petite que le précédent: elle a la tête & les oreilles beaucoup plus petites à proportion de la grandeur du corps. Son derriere n'est pas plus élevé que le devant; tout son corps est couvert de poils très longs & très fins: elle varie en couleur, comme le précédent. Il y en a de noires, d'autres blanches, d'au-

(*a*) Vide Eus. de Nieremb. p. 182. *Moromoro* in eâ figuratur.

(*a*) Eus. Nieremb. p. 182. a donné la figure du *Moromoro*.

tres roussâtres, & d'autres variées de toutes ces couleurs. On la trouve au *Perou*, dans le *Chili*, & dans la *nouvelle Espagne*.

ex his coloribus variegata. Habitat in *Peruvio*, in *Chile*, & in *novâ Hispaniâ*.

ORDO V.

QUADRUPEDA

Dentibus inciſoribus in maxillâ ſuperiore nullis, in inferiore octo, & pede biſulco donata.

IN hoc Ordine continentur omnia QUADRUPEDA ruminantia, biſulca; quæ, ſicut QUADRUPEDA præcedentis Ordinis, quatuor ventriculis prædita ſunt. In tres Sectiones dividuntur. Prima continet ea quorum cornua ſunt ſimplicia, ut *Hircus*, *Aries*, &c. Secunda ea quæ cornibus ramoſis donantur, ſicut *Cervus*. Tertia verò ea quæ non ſunt cornigera, ſicut *Tragulus*.

ORDRE V.

LES QUADRUPEDES

Qui n'ont point de dents inciſives à la mâchoire ſupérieure, & qui en ont huit à l'inférieure, & le pied fourchu.

DANS cet Ordre ſont compris tous les QUADRUPEDES ruminants à pied fourchu: ils ont, comme ceux de l'Ordre précédent, quatre ventricules. Ils ſe diviſent en trois Sections. Dans la premiere ſont ceux qui ont des cornes ſimples, comme le *Bouc*, le *Belier*, &c. Dans la ſeconde ſont ceux qui ont des cornes branchues, comme le *Cerf*; & dans la troiſiéme ceux qui n'ont point de cornes, comme le *Chevrotain*.

SECTIO I.

Ea quorum cornua ſunt ſimplicia.

HUJUS Sectionis QUADRUPEDA in quatuor Genera dividuntur. Alia ſunt cornibus ſursùm verſis, inter

SECTION I.

Ceux qui ont des cornes ſimples.

LES QUADRUPEDES de cette Section ſe diviſent en quatre Genres. Les uns ont les cornes tournées en enhaut: & ceux-là ou ont les cuisses de devant beaucoup plus longues que celles de derriere, comme la *Giraffe*, ou les ont à peu près d'égale longueur, comme *le Bouc*, *le Chamois*, &c. D'autres ont les cornes tournées vers le derriere, comme *le Bellier*; d'autres enfin les ont tournées vers les côtés, comme *le Bœuf*. Ces différentes directions de cornes serviront à distinguer ces Genres les uns des autres.

quæ alia femoribus anticis longissimis donantur, ut *Giraffa*, seu *Camelopardalis*; alia femoribus æqualibus, ut *Hircus*, *Rupicapra*, &c. Alia sunt cornibus retrorsùm versis, sicut *Aries*; alia tandem cornibus ad latera versis, ut *Bos*. Diversis illis cornuum directionibus Genera ista satis abundè à se invicem differunt.

Obs. 1°. Lorsque je dis que les cornes sont tournées en enhaut, vers le derriere, ou vers les côtés, je ne veux parler que de l'origine de la corne; c'est-à dire, que la partie par laquelle elle tient à la tête, se dirige vers le haut, ou le derriere, ou les côtés: toutes les autres courbures sont comptées pour rien, parcequ'elles varient très souvent.

Obs. 2°. Toutes les femelles de cette Section portent des cornes, ainsi que leurs mâles.

Obs. 1°. Cum dicuntur cornua sursùm, retrorsùm, aut ad latera versa, de ipsorum origine tantummodò loquitur; id est, pars cornuum quâ capiti adhærent, sursùm, retrorsùm, aut ad latera vertitur. Ad alios autem cornuum inflexus nullo modo attendi debet, quia sæpissimè variant.

Obs. 2°. Omnes hujus Sectionis fœminæ sunt cornigeræ, sicut & mares.

VIII.

Le Genre de la Giraffe.

Son caractere est

De n'avoir point de dents incisives à la mâchoire supérieure; d'en avoir huit à l'inférieure:

D'avoir le pied fourchu:

Des cornes simples,

Tournées en enhaut:

Les cuisses de devant beaucoup plus longues que celles de derriere.

VIII.

Genus Giraffæ.

Hujus character est

Dentes incisores in maxillâ superiore nulli, in inferiore octo:

Pes bisulcus:

Cornua simplicia,

Sursùm versa:

Femora anteriora posterioribus multò longiora.

1. La Giraffe.

Giraffa. Camelopardalis.

Cervus cornibus simplicissimis, pedibus anticis longissimis. Camelopardalis. *Linn. syst. nat. ed.* 6. *g.* 31. *sp.* 1.
Tragus bisulcorum mixtus: Giraffa; Camelopardalis. *Klein. Quadr. p.* 22.
Camelopardalis, Giraffa recentioribus dicta. *Raj. syn. Quadr. p.* 90.
Camelopardalis. *Aldrov. Quadr. Bis. p.* 927. *Fig. p.* 931. [*Fig. sat bona*].
Gesn. Quadr. Fig. p. 160. (*Fig. sat bona*).
Gesn. Icon. Quadr. p. 41. *Fig. p.* 42. (*Fig. sat bona*).
Jonst. Quadr. p. 69. *Fig. T.* 39 & 45. (*Fig. sat bonis*). & *T.* 40. *sub illo nomine*, Camelus Indicus. (*Fig. sat bona, si maculas præberet*).
Prosp. Alp. Ægypt. p. 236. *Fig. T.* 14. *f.* 4. (*Fig. sat bona*).
Camelopardalus. *Charlet. Exer. p.* 13.
Gyraffa quam Arabes *Zurnapa*, Græci & Latini *Camelopardalin* nominant. *Bell. Obs. p.* 118. *Fig. p.* 119. (*Fig. sat bona*).
Graffa. *Eus. Nieremb. p.* 191.
Les Hébreux l'appellent Zamer. *Gesn.*
Les Chaldéens, Deba. *Gesn.*
Les Arabes, Zurnapa. *Raj. Bell. Prosp. Alp.* Seraphah. *Gesn.*
Les Perses, Seraphah, Girnaffa. *Gesn.*
Les Ethiopiens, Nabin. *Gesn. Klein.* Nabuda. *Jonst. Klein.*
Les Allemands, Giraff. *Gesn.*

Longitudo corporis, à vertice ad caudam, 18 pedum est. Collum 7 pedum longum. Ad 16 pedes caput à terrâ efferre potest: femora (non verò crura) anteriora posterioribus multò longiora sunt: quare non nisi latè diductis cruribus anterioribus, cibum ex terrâ capere potest. Duo cornicula ex fronte eminent circiter 6 digitorum longitudine, ad apicem parumper incurva. Auriculæ sat magnæ sunt. A capitis vertice ad dorsum, jubam habet ut

Elle a depuis le sommet de la tête jusqu'à la queue, 18 pieds. Son col est long de 7 pieds: elle peut élever la tête à 16 pieds de haut: ses cuisses (& non pas les jambes) de devant sont beaucoup plus longues que celles de derriere: ce qui fait qu'elle ne peut prendre sa nourriture par terre, à moins qu'elle n'écarte beaucoup les jambes de devant l'une de l'autre. Elle a 2 petites cornes, longues d'environ 6 doigts, un peu courbées vers le bout; les oreilles assez grandes; une criniere comme un *Cheval*, depuis le sommet de la tête jusqu'au dos. (Il y en a qui n'ont point de criniere, c'est peut-être ce qui distingue les séxes.) Sa queue est courte & menue, & terminée par un bouquet de poils. Tout son corps est marqué de taches, dont les unes sont rondes, & les autres quarrées. On la trouve en *Afrique*, & sur tout en *Ethiopie*.

Equus. (Sunt qui jubâ carent, per quod fortè sexus distinguntur.) Cauda tenuis est & exigua, in acumine pilosa. Totum corpus maculis conspergitur, non quidem omnibus rotundis, sed aut obquadratis, aut rotundis. Habitat in *Africâ*, & præsertim *Æthiopiâ*.

IX.

Le Genre du Bouc.

Son caractere est
De n'avoir point de dents incisives à la mâchoire supérieure, d'en avoir huit à l'inférieure :
D'avoir le pied fourchu :
Les cornes simples,
Tournées en enhaut :
Les cuisses de devant égales en longueur à celles de derriere.

IX.

Genus Hircinum.

Hujus character est
Dentes incisores in maxillâ superiore nulli, in inferiore octo :
Pes bisulcus :
Cornua simplicia,
Sursùm versa :
Femora anteriora posterioribus longitudine æqualia.

** 1. Le Bouc, la Chevre Domestique.

Hircus cornibus interiùs cultratis, exteriùs rotundatis, infrà carinatis, arcuatis... Hircus et Capra Domestica.

Capra cornibus carinatis, arcuatis. Caper. *Linn. syst. nat. ed. 6. g. 32. sp. 1.*
Faun. Suec. Linn. no. 42.
Capra Domestica. *Raj. syn. Quadr. p. 77. n°. 1.*
Sloane. Vol. II. p. 328.
Capra. *Gesn. Quadr. Fig. p. 270. (Fig. bona).*
Gesn. Icon. Quadr. Fig. p. 17. (Fig. bona).
Hircus *Gesn. Quadr. p. 301. Fig. p. 302. (Fig. bona).*
Gesn. Icon. Quadr. Fig. p. 16. (Fig. bona).
Capra & Hircus. *Aldrov. Quadr. Bis. p. 619. Fig. p. 635. [Fig. sat bona].*
Capra & Hircus Domesticus. *Jonst. Quadr. p. 46. Fig. T. 26. & 27. [Fig. bonis].*

Caper. Capra. *Rzac. Hist. nat. pol. p.* 239.
Rzac. Auct. p. 331.
Hircus Domesticus. *Charlet. Exer. p.* 9.
Tragus Domesticus. Hircus, Capra, Caper si castratus. *Klein. Quadr. p.* 15.
Hœdus. *Gesn. Quadr. p.* 314.
Chévre privée ou Domestique. *Kolbe. Tom. III. p.* 35.
Les François appellent le mâle BOUC; *la femelle*, CHEVRE; *le jeune*, CHEVREAU.
Les Latins, le mâle, HIRCUS; *lorsqu'il est châtré*, CAPER; *la femelle*, CAPRA; *le jeune*, HÆDUS.
Les Chaldéens, le mâle, IZE; *la femelle*, EZA. *Gesn.*
Les Grecs, le mâle, Τράγος; *la femelle*, Αἴξ.
Les Arabes, le mâle, MAEZ; *la femelle*, SCHAAH. *Gesn.*
Les Sarrasins, ANSE. *Gesn.*
Les Perses, le mâle, BUSAN; *la femelle*, BUZ. *Gesn.*
Les Espagnols, le mâle, CABRON; *la femelle*, CABRA; *le jeune*, CABRITO. *Gesn.*
Les Italiens, le mâle, BECCHO; *la femelle*, CABRA; *le jeune*, CAVRETTO. *Gesn.*
Les Allemands, le mâle, BOCK; *la femelle*, GEISZ; *le jeune*, GITSE *ou* TITSLEIN. *Gesn.*
Les Illyriens, le mâle, KOZEL; *la femelle*, KOZA. *Gesn.*
Les Polonois, KOZIEL. *Rzac.*
Les Suédois, GET. *Linn.*
Les Anglois, le mâle, GOTE-BUCK; *la femelle*, GOAT; *le jeune*, KYDD. *Raj. Gesn.*

Capra animal est ita notum ut descriptione non indigeat. Observabo tantùm cornua esse interiùs cultrata, exteriùs rotundata, infrà carinata, arcuata; barbam, sive aruncum ex mento dependere, & Hircum odorem gravem spirare. Habitat domestica in omnibus ferè locis cultis, & fera in montibus.

La Chevre est un animal trop connu, pour qu'il soit nécessaire d'en faire la description. J'observerai seulement que ses cornes sont tranchantes à leur côté intérieur, arrondies à l'extérieur, concaves endessous, & un peu courbées en arc : elle a une barbe assez longue qui lui pend sous le menton. Le mâle répand une odeur forte. On la trouve domestique dans presque tous les lieux habités, & sauvage sur les montagnes.

* 2. La Chevre d'Angora.

Hircus pilis longiſſimis criſpis toto corpore veſtitus... Capra Angorensis.

Chevre d'Angora. *Voy. du Lev. Tom. II. Fig. p.* 463. (*Fig. très bonne*).

Elle differe de la *Chevre domeſtique* par la beauté de ſon poil, qui a 8 ou 9 pouces de long, qui eſt d'une blancheur éblouiſſante, fin & doux comme de la ſoye, & naturellement friſé. On la trouve à *Angora*.

A *Caprâ domeſticâ* differt pilis 8 aut 9 pollices longis, candidiſſimis, ſplendentibus, ſericei modo molliſſimis & tenuiſſimis, criſpis. Habitat in *Angorâ*.

* 3. Le Bouc-Estain.

Hircus cornibus ſuprà nodoſis, infrà rotundatis, in dorſum reclinatis... Ibex.

Capra cornibus nodoſis in dorſum reclinatis. *Linn. ſyſt. nat. ed.* 6. *g.* 32. *ſp.* 6.
Ibex. *Raj. Syn. Quadr. p.* 77. *n°.* 2.
Aldro. Quadr. Biſ. p. 730. *Fig. p.* 7[illegible]. (*Fig. mala*).
Geſn. Quadr. p. 331. *Fig. p.* 1099. (*Fig. bona*).
Jonſt. Quadr. p. 53. *Fig. T.* 28. (*Fig. bona*).
Charlet. Exerc. p. 10.
Ibex, nonnullis Capricornus. *Klein. Quadr. p.* 16.
Ibex, vel Capricornus apud recentiores: Capra fera Varroni. *Geſn. Icon. Quadr. Fig. p.* 35. (*Fig. bona*).
Hircus Ferus, quoddam genus Cretæ familiare, quod galli *Bouc-Eſtain* appellant. *Bell. Obſ. Fig. p.* 20. (*Fig. ſat bona*).
Caper Montanus Alberti. *Aldro. Klein.*
Les Chaldéens l'appellent Jaela. *Geſn.*
Les Grecs, Τράγος ἄγριος.
Les Perſes, Kotzçohi. *Geſn.*
Lee Italiens & les Allemands, Steinboch. *Aldro. Geſn. Jonſt. Raj.*
Les Suiſſes des montagnes, Ybsch. *Aldro. Geſn.*
Les Illyriens, Kozorozіecz. *Aldro. Geſn.*
Les Flamands, Wildgheit. *Aldrov.*

Il eſt un peu plus grand que le *Bouc domeſtique*. Il a la tête

Hirco domeſtico paulò major eſt. Caput habet pro mole corporis

corporis parvum; cornua vasta, suprà nodosa, infrà rotundata, parumper arcuata, & in dorsum reclinata: crura gracilia sunt; cauda brevis; pilus ut in *Hirco* longus, fulvus. Mas prolixam nigricantem barbam gerit: fœmina mare minor est. Habitat in *Alpibus*, *Helvetiâ*, & Archiepiscopatu *Saltzburgensi.*

petite à proportion de la grandeur de son corps: ses cornes sont très grandes, garnies de nœuds en dessus, arrondies en dessous, un peu courbées en arc, & couchées sur le dos: ses jambes sont menues; sa queue courte; son poil est long, comme celui d'un *Bouc*, & de couleur fauve. Le mâle porte une grande barbe noirâtre: la femelle est un peu plus petite que lui. On le trouve dans les *Alpes*, en *Suisse*, & dans l'Archevêché de *Saltzbourg*.

4. La Petite Chevre d'Amerique.

Hircus cornibus depressis, incurvis, minimis, cranio incumbentibus... Capra parva Americana.

Capra cornibus depressis, incurvis, minimis, cranio incumbentibus. *Linn. syst. nat. ed. 6. g. 32. sp. 2. & ed. 4. g. 30. sp. 2.*

Magnitudo *Hædi*: pili longi, uti in precedente (*Capra domestica*); cornua lunulata, vix digitum longa, crassa, cranio adpressa, ut cutem ferè perforent. *Huc usque Linnæus.* Habitat in *Americâ.*

Elle est de la grandeur d'un *Chevreau*. Ses poils sont longs, comme ceux de la *Chevre*; ses cornes, qui sont à peine de la longueur du doigt, sont grosses, courbées en croissant, & si bien appliquées à la tête, qu'elles percent presque la peau. On la trouve en *Amérique*.

5. Le Petit Chamois d'Amerique.

Hircus cornibus erectis, apice recurvis... Ibex parvus Americanus.

Capra cornibus erectis, apice recurvis. *Linn. syst. nat. ed. 6. g. 32. sp. 3. & ed. 4. g. 30. sp. 3.*

Il est de la grandeur d'un *Chevreau* d'un an. Ses poils sont courts, comme ceux du *Cerf*; ses cornes, qui sont à peine de la longueur du doigt, sont élevées & courbées vers le bout. On le trouve en *Amérique*.

Magnitudo *Hœdi* unius anni; pili breves, uti in cervino genere; cornua vix digitum longa. *Huc usque Linnæus.* Habitat in *Americâ*.

** 6. Le Chamois, ou l'Yzard.

Hircus cornibus teretibus erectis, rugosis, ad apicem levibus & uncinatis... Rupicapra.

Capra cornibus erectis, uncinatis. *Linn. syst. nat. ed. 6. g. 32. sp. 5.*
Rupicapra. *Raj. Syn. Quadr. p. 78. No. 3.*
Gesn. Quadr. p. 321. Fig. p. 319. (Fig. sat bona).
Gesn. Icon. Quadr. Fig. p. 36. (Fig. sat bona).
Jonst. Quadr. p. 52. Fig. T. 27. (Fig. mala). & T. 32. (Fig. non æquè mala).
Bell. Obs. Fig. p. 57. (Fig. bona).
Charlet. Exer. p. 9.
Rzac. Hist. Nat. Pol. p. 223.
Rzac. auct. p. 319.
Tragus Dorcas; Rupicapra; Caprea. *Klein. Quadr. p. 17.*
Dorcas, sive Rupicapra. *Aldro. Quadr. Bis. p. 725. Fig. p. 727. (Fig. mala).*
Chamois. *Hist. de l'Acad. Tom. III. Part. 1. p. 203. Fig. Pl. 29. (Fig. bonne).*
Kolbe. Tom. III. p. 38.
Les Hebreux l'appellent Zebi. *Aldro.*
Les Chaldéens, Thabia. *Aldro.*
Les Arabes, Thabiu. *Aldro.*
Les Perses, Ahu. *Aldro.*
Lss Espagnols, Capra Montés *Aldro. Gesn.*
Les Italiens, Camuza, *ou* Camorcia. *Gesn.*
Les Grisons, Camuza. *Aldro. Gesn.*
Les Peuples circonvoisins de Trente, Comozza. *Charlet.*
Les Allemands, Gemss, *ou* Gamss. *Aldro. Gesn. Raj. Rzac.*
Les Bohémiens, Korytansky; Kozlik. *Aldro. Gesn.*
Les Polonois, Dzyka-Koza. *Aldro. Gesn. Rzac.* Kosa Skalna *Rzac.*
Les Anglois, Wild Goote. *Aldro. Gesn.*

Il est de la grosseur d'une *Chévre*; mais il a les jambes plus longues, & le poil plus court. Ses

Capræ domesticæ crassitiem attingit; sed crura ipsius longiora sunt, & pilus brevior.

Cornua 8 circiter pollices longa, nigra, teretia, erecta, rugosa, ad apicem levia & uncinata. Labium superius parumper, ut in *lepore*, fissum. Auriculæ 5 pollices longæ, cauda 3 pollices. Pilus suprà fuscus est aut ruffus, infrà verò ex sordidè albo rufescit. Cauda nigricat, & quidem utrinque, nec subtùs alba est, ut in aliis. Habitat in *Alpibus Helveticis*, sed *Rhæticis* præcipuè frequens.

cornes ont environ 8 pouces de long; elles sont noires, rondes, droites & élevées, garnies de rides, comme autant de petits anneaux; mais lisses vers leur bout, qui est crochu. Sa lévre supérieure est un peu fendue, comme celle du *Liévre*. Ses oreilles sont longues de 5 pouces; sa queue de 3 pouces. La couleur de son poil est ordinairement brune ou rousse en dessus; & en dessous d'un blanc sale & roussâtre. Sa queue est noirâtre dessus & dessous. On le trouve dans les *Alpes Suisses*, mais sur tout chez les *Grisons*.

* 7. La Gazelle des Indes.

Hircus cornibus teretibus, longissimis, rectis, basi tantùm annulatis... Gazella Indica.

Capra cornibus teretibus rectissimis, longissimis, basi annulatis. *Linn. syst. nat. ed. 6. g. 32. sp. 8.*
Gazella Indica cornibus rectis, longissimis, nigris, propè caput tantùm annulatis. *Raj. Syn. Quadr. p. 79. No. 5.*
Klein. Quadr. p. 18.
Gazella. *Prosp. Alp. Ægypt. p. 232. Fig. T. 14. F. 1. (Fig. mala).*
Elan. *Kolbe. Tom. III. p. 32. Fig. p. 34. (Fig. bonne).*

Ipsius altitudo, à parte superiore dorsi usque ad terram, circiter 2 ½ pedum. Cornua, 3 propemodum pedes longa, nigra sunt, recta, ad basim tantùm annulis eminentibus cincta, in reliquâ longitudine levia. Cauda 1 pedis ferè longitudinem æquat. Pilus ei cinereus est. Habitat in *Indiâ*.

Elle a environ 2 ½ pieds de haut, depuis la partie supérieure du dos jusqu'à terre. Ses cornes, qui ont près de 3 pieds de long, sont noires, droites, comme garnies d'anneaux seulement à la base; tout le reste de leur longueur est lisse. Sa queue est longue de près d'un pied. Tout son poil est gris. On la trouve dans l'*Inde*.

* 8. La Gazelle.

Hircus cornibus teretibus, dimidiato annulatis, bis arcuatis. ... Gazella.

Capra cornibus teretibus dimidiato annulatis, arcuatis. *Linn. syst. nat. ed.* 6. g. 32. *sp.* 7.
Gazella Africana, Strepsiceros Plinii. *Raj. Syn. Quadr. p.* 79. *No.* 4.
Tragus strepsiceros, Gazella. *Klein. Quadr. p.* 18.
Capra strepsiceros. *Aldro. Quadr. Bis. p.* 740. *ibi caput Fig.* (*Fig. bona*).
Jonst. Quadr. p. 54. *Fig. T.* 24. (*Fig. bona*).
Charlet. Exer. p. 10.
Strepsiceros Jo. Caii. *Gesn. Icon. Quadr. p.* 38. *ibi caput Fig.* (*Fig. bona*).
Strepsiceros. *Gesn. Quadr. p.* 323.
Mus. Worm. p. 339.
Gazelle. *Hist. de l'Acad. Tom. III. Part.* 1. *p.* 95. *Fig. Pl.* 11. (*Fig. très bonne*).
Les Arabes l'appellent Algazel. *Klein. Hist. de l'Acad.*
Les Grecs, Στρεψικερως.

Elle a à peu-près la forme & la grandeur d'un *Chevreuil*. Son poil est court, fauve par dessus le corps, & blanc sous le ventre & l'estomach. Ses jambes sont longues & menues ; sa queue longue environ d'un pied, & noirâtre ; ses oreilles très grandes, ayant intérieurement quelques rayes d'un poil très blanc. Ses cornes, qui ont 15 pouces de long, sont noires, comme garnies d'anneaux jusqu'à la moitié de leur longueur ; le reste est lisse : elles ne sont pas exactement droites, elles sont un peu courbées en dehors vers le milieu, & elles se rapprochent ensuite en dedans comme les branches d'une lyre. Ces cornes ont à leur racine une touffe de poil plus long que celui du reste du corps. On la trouve en *Afrique*.

Ad *Capreoli* formam & magnitudinem accedit. Pili breves sunt, suprà fulvi, in ventre & thorace albi ; crura longa & gracilia ; cauda 1 pede circiter longa, nigricans ; auriculæ maximæ, intùs lineis pilorum albis striatæ. Cornua, 15 pollices longa, nigra sunt, transversìm annulata usque ad dimidiam partem, alterâ parte levi : non sunt exactè recta, sed circà mediam partem extrorsùm flexa, deinde introrsùm incurvata, ità ut lyram veterum figurâ suâ imitentur. Ad basim cornuum sunt pili, quàm in reliquo corpore longiores. Habitat in *Africâ*.

9. La Gazelle du Bezoar.

Hircus cornibus teretibus, rectis, ab imo ad summum ferè annulatis, apice tantummodò levi... Gazella Bezoartica.

Animal Bezoarticum Orientale. *Raj. Syn. Quadr. p.* 80.
Tragus Bezaarticus. *Klein. Quadr. p.* 19.
Capra sive Hircus Bezoarticus. *Aldro. Quadr. Bis. p.* 755. *Fig. p.* 756. (*Fig. sat bona*).
Capra sive Hircus Bezaarticus, vel potiùs Pazaharticus. *Jonst. Quadr. p.* 56.
Hircus Bezoarticus. *Charlet. Exer. p.* 11.
Capricerva. *Kampf. p.* 398. *Fig. p.* 407. *F.* 1. (*Fig. sat bona*).
Les Perses l'appellent Pasan. *Aldro. Jonst. Klein.* Pasen. *Kampf.*

Capram domesticam (aliqui *Cervum*) magnitudine adæquat. Pilis brevibus ex cinereo ruffis vestitur. Barbam gerit ut *Capra*. Cornua ipsi teretia sunt, recta, sat longa, ab imo ad summum ferè annulata, apice tantummodò levi. Cornua fœminis multò breviora quàm maribus. Habitat præcipuè in *Persidis* provinciâ *Laar*.

Elle est de la grandeur de la *Chévre domestique*, (quelques Auteurs disent du *Cerf*). Son poil est court, & d'un gris mêlé de roux. Elle a une barbe sous le menton, comme la *Chévre*. Ses cornes sont rondes, assez longues, droites, comme garnies d'anneaux presque du haut au bas ; il n'y a que le bout qui soit lisse. Les femelles ont les cornes beaucoup plus courtes que les mâles. On la trouve dans la province de *Laar* en *Perse*.

** 10. La Gazelle d'Afrique.

Hircus cornibus teretibus, arcuatis, ab imo ad summum ferè annulatis, apice tantummodò levi... Gazella Africana.

Capra cornibus teretibus perfectè annulatis arcuatis. *Linn. syst. nat. ed.* 6. *g.* 32. *sp.* 9.
Gazella Africana cornibus brevibus ab imo ad summum ferè annulatis, & circà medium inflexis. *Raj. Syn. Quadr. p.* 80. *No.* 6.
Klein. Quadr. p. 18.
Algazel ex Aphricâ. *Hernand. Hist. Mex. Fig. p.* 893. (*Fig. bona*).

Elle eſt de la grandeur d'un *Chevreuil*. Son poil eſt court, doux au toucher, fauve ſur le dos, & blanc ſous le ventre & aux côtés. Sa queue eſt aſſez longue & noirâtre : ſon col eſt épais ; ſes jambes très déliées : les poſtérieures ſont plus longues que les antérieures. Ses oreilles ſont longues, larges & ouvertes, garnies intérieurement de bandes de poils blanchâtres. Ses cornes ſortent du milieu du front entre les deux yeux : elles ſont longues d'un pied, rondes, comme garnies d'anneaux preſque du haut au bas, n'ayant que la pointe de liſſe, & courbées en arc. Leur couleur eſt un maron foncé. On la trouve en *Afrique*, & en la *Nouvelle Eſpagne*.

Capreoli magnitudinem attingit. Pilo eſt brevi, levi, in dorſo fulvo, in ventre & lateribus candicante ; caudâ ſat longâ nigricante. Collum habet craſſum ; crura admodum gracilia ; poſteriora anterioribus longiora ; auriculas longas, magnas, patulas, intùs ſtriis piloſis candicantibus ornatas. Cornua è frontis medio inter oculos oriuntur ; uno pede longa ſunt, teretia, ab imo ad ſummum ferè annulata, apice tantummodò levi, arcuata : colore ſunt ex caſtaneo nigricante. Habitat in *Africâ* & *Novâ Hiſpaniâ*.

11. La Gazelle de la Nouvelle Espagne.

Hircus cornibus teretibus, circà medium inflexis, ab origine ad flexuram ſpiraliter canaliculatis, à flexurâ ad apicem levibus... Gazella Novæ Hispaniæ.

Tragulus Temamaçama. *Klein. Quadr. p.* 21.
Cervus Temamaçama, ſive Macatlchichiltic dictus. *Seb. Vol.* 1. *p.* 69. *Fig. T.* 42. *F.* 4. (*Fig. bona*).
Tamamaçame. *Jonſt. Quadr. p.* 63.
Temamaçame. *Hernand. Hiſt. Mex. Fig. p.* 325. (*Fig. mala*).

Elle eſt à peu-près de la grandeur d'un *Faon* de *Biche*. Tout ſon corps eſt couvert de poils d'un châtain clair, & court : ceux de ſa queue ſont plus longs : ſes oreilles ſont grandes : ſes cornes ſont d'un beau noir, rondes,

Hinnuli magnitudinem circiter æquat. Corpus undique veſtitur pilis dilutè ſpadiceis, & brevibus : cauda verò pilis longioribus obſita eſt ; auriculæ magnæ : cornua dilutè nigra ſunt, teretia, circà medium inflexa, ab origine ad flexuram spiraliter canaliculata, à flexurâ verò ad apicem levia. Habitat in rupibus & altis montibus *Novæ Hispaniæ.*

courbées vers le milieu, cannelées en spirale depuis leur origine jusqu'à la courbure, & lisses dans le reste de leur longueur. On la trouve sur les rochers & les hautes montagnes de la *Nouvelle Espagne.*

* 12. La Chevre du Levant.

Hircus cornibus suprà rotundatis, infrà planis, semicirculum referentibus... Capra Orientalis.

Tragelaphus Bellonii. *Raj. Syn. Quadr. p.* 82. *No.* 11.
Gesn. Icon. Quadr. p. 38. *Fig. p.* 39. (*Fig. bona*).
Tragelaphus. *Bell. Obs. Fig. p.* 57. (*Fig. bona*).

Arietis magnitudinem circiter adæquat. Pilus ei longus est & fulvus. Crura albicant. Os album est, ut etiam tota ventris pars inferior, & femora sub caudâ; nares verò & cauda nigræ. Colli pars prona & supina, sicut & pectus, villis ità longis obsita sunt, ut barbata videatur. Pili etiam scapularum longi sunt ac nigri: utrinque ad latera macula est cinerea. Ore, fronte, & auriculis *ovem* refert. Cornua ipsius suprà sunt rotundata, infrà plana, & semicirculum quodammodo referunt.

Elle est à peu-près de la grandeur d'un *Bellier.* Son poil est long & fauve : ses jambes sont blanchâtres : son museau est blanc, ainsi que toute la partie inférieure du ventre, & les cuisses vers la queue. Les narines & la queue sont noires. Elle a le col couvert dessus & dessous, ainsi que la poitrine, de poils si longs, qu'elle paroît avoir une barbe. Les poils qui couvrent les épaules sont aussi longs & noirs. Elle a de chaque côté vers les flancs une tache grise. Son museau, son front, & ses oreilles sont semblables à celles d'un *Bellier.* Ses cornes sont arrondies en dessus, applaties en dessous, & représentent en quelque façon un demi cercle.

13. La Chevre de Sirie.

Hircus cornibus minimis, erectis; parumper retrorsùm incurvis, auriculis longissimis, pendulis... Capra Syriaca.

Capra auribus pendulis longissimis. *Linn. syst. nat. ed. 6. g. 32. sp.* 11.
Capra Mambrina, seu Syriaca Gesneri, auribus ad terram ferè demissis. *Raj. Syn. Quadr. p.* 81. *No.* 8.
Capra auribus demissis. *Jonst. Quadr. p.* 57. *Fig. T.* 26. *sub illo nomine.* Capra Mambrina. (*Fig. bona*).
Capra Mambrina. *Gesn. Quadr. p.* 271.
Capra Indica, aut Mambrina, aut Syriaca potiùs. *Gesn. Quadr. Fig. p.* 1098. (*Fig. bona*).
Capra Indica à recentioribus quibusdam *Mambrina* cognominata. *Gesn. Icon. Quadr. Fig. p.* 18. (*Fig. bona*).

Elle est un peu plus grande que la *Chevre domestique.* Sa couleur est un fauve clair : ses cornes sont noires, longues de 2 ½ doigts, élevées, & un peu recourbées en arriere ; mais on la distingue très aisément de toutes les autres especes de son genre par ses grandes & longues oreilles qui pendent jusqu'à terre. On la trouve sur la montagne de *Mambre* en *Syrie.*

Capram domesticam magnitudine antecellit. Pilo dilutè fulvo vestitur. Cornua nigra sunt, 2 ½ digitorum longa, erecta, & parumper retrorsùm incurva. In eo autem ab omnibus aliis sui generis speciebus maximè differt, quòd auriculas longissimas, usque ad terram pendulas, habeat. Habitat in *Mambre*, *Syriæ* monte.

14. La Chevre de la Nouvelle Espagne.

Hircus cornibus teretibus, erectis, ab imo ad summum spiraliter intortis... Capra Novæ Hispaniæ.

Tragulus Mazame, seu Cervus cornutus, ex Novâ Hispaniâ. *Klein. Quadr. p.* 21.
Mazame seu Cervus cornutus ex Novâ Hispaniâ. *Seb. vol.* 1. *p.* 69. *Fig. T.* 42. *F.* 3. (*Fig. optima*).
Mazame seu Cervus. *Hernand. Hist. Mex. Fig. p.* 324. (*Fig. mala*). *Cornua ramosa, quod malè.*
Maçame. *Jonst. Quadr. p.* 63.

Pilus

Pilus totius corporis subruffus est, paulò tamen dilutior in capite & ventre. Caput habet & collum brevia & crassia; auriculas magnas, & flaccidas; caudam crassam & obtusam. Cornua gerit teretia, erecta, parumper arcuata, ab imo ad summum spiraliter intorta. Habitat in *novâ Hispaniâ.*

Tout son corps est couvert d'un poil roussâtre : celui qui couvre la tête & le ventre est d'un roux moins foncé. Elle a la tête & le col gros & courts; les oreilles grandes & pendantes; la queue grosse & obtuse. Ses cornes sont rondes, élevées, un peu courbées en arc, & cannelées en spirale du haut au bas. On la trouve dans la *nouvelle Espagne.*

15. LA CHEVRE DE CRÉTE

Hircus laniger, cornibus teretibus, erectis, ab imo ad summum spiraliter intortis... CAPRA CRETENSIS.

Ovis cornibus erectis spiralibus. *Linn. syst. nat. ed. 6. g. 33. sp. 2.*
Aries strepsiceros cornibus erectis, & in ambitu canaliculatis, Cretensis. *Klein. Quadr. p. 14.*
Ovis strepsiceros Cretica Bellonii. *Raj. Syn. Quadr. p. 75. N°. 3.*
Cretensis aries strepsiceros nominatus. *Bell. Obs. p. 20. Fig. p. 21.* [*Fig. bona*].
Strepsiceros Bellonii. *Gesn. Icon. Quadr. Fig. p. 37.* [*Fig. bona*].
Aries Cretensis. *Aldrov. Quadr. Bis. p. 406. Fig. p. 407.* (*Fig. bona*).
Ovis Cretensis. *Jonst. Quadr. Fig. T. 45.* [*Fig. bona*].

Ovis domesticæ magnitudinem adæquat, eique simillima est in omnibus, exceptis cornibus, quæ non, ut *Ovibus*, reflexa sunt, sed teretia, recta, erecta, & ab imo ad summum spiraliter intorta. Habitat in *Creta*, & præsertim in *Monte Ida.*

Elle est de la grandeur de la *Brebis domestique*, & elle lui ressemble en tout, excepté en ses cornes, qui au lieu d'être contournées, comme dans les *Brebis*, sont rondes, droites & cannelées en spirale du haut au bas. On la trouve en *Créte*, & sur tout sur le *Mont Ida.*

X.

Genus Arietis.

Hujus character est
Dentes incisores in maxillâ

X.

Le Genre du Bellier.

Son caractere est
De n'avoir point de dents incisi-

ves à la mâchoire supérieure, d'en avoir huit à l'inférieure :
D'avoir le pied fourchu :
Des cornes simples,
Tournées en arriere.

superiore nulli, in inferiore octo :
Pes bisulcus :
Cornua simplicia,
Retrorsùm versa.

Obs. Le grand nombre de nos Brebis domestiques, sur-tout les femelles, n'ont point de cornes ; mais ces Animaux nous sont trop familiers, pour que, malgré le défaut de ce caractere générique, nous puissions nous y méprendre.

Obs. Pleræque Oves domesticæ, præsertim fœminæ, carent cornibus ; sed nobis nimis nota sunt hæc Animalia, ùt hujus characteris generici defectus nos in errorem inducat.

** 1. LA BREBIS DOMESTIQUE.

Aries laniger, caudâ rotundâ, brevi... OVIS DOMESTICA.

Ovis cornibus compressis lunatis. *Linn. syst. nat. ed. 6. g. 33. sp.* 1.
Faun. Suec. Linn. N°. 43.
Ovis domestica, cujus mas Aries dicitur, fœtus Agnus. *Raj. Syn. Quadr. p.* 73. *No.* 1.
Sloane. vol. II. p. 328.
Aries, Ovis, Vervex, Agnus. *Klein. Quadr. p.* 13.
Ovis. *Aldro. Quadr. Bis. p.* 370.
Gesn. Quadr. p. 872. *Fig. p.* 873. (*Fig. bona*).
Gesn. Icon. Quadr. Fig. p. 14. [*Fig. bona*].
Jonst. Quadr. p. 38.
Charlet. Exer. p. 8.
Rzac. Hist. Nat. Pol. p. 242.
Rzac. Auct. p. 332.
Aries. *Gesn. Quadr. p.* 912.
Jonst. Quadr. Fig. T. 22. (*Fig. bona*).
Charlet. Exer. p. 9.
Vervex. *Gesn. Quadr. p.* 925.
Jonst. Quadr. Fig. T. 22. [*Fig. bona*].
Charlet. Exer. p. 9.
Agnus. *Gesn. Quadr. p.* 927.
Jonst. Quadr. Fig. T. 22. (*Fig. bona*).
Charlet. Exer p. 9.
Les François appellent le mâle BELLIER ; *lorsqu'il est châtré*, MOUTON ; *la femelle*, BREBIS ; *le jeune*, AGNEAU.
Les Latins le mâle, ARIES ; *lorsqu'il est châtré*, VERVEX ; *la femelle*, OVIS ; *le jeune*, AGNUS.
Les Hebreux le mâle, AIL, & EEL ; *la femelle*, ZON, ZONEH ; *le jeune*, KEBES. *Gesn. Aldro.*

Les Chaldéens le mâle, DIKERIN ; *la femelle*, ANA ; *le jeune*, IMAR. *Gesn. Aldro.*
Les Grecs le mâle, Κριὸς ; *la femelle*, Οἶς.
Les Arabes le mâle, KABSA ; *la femelle*, GENAS ; *le jeune*, ELG. *Gesn. Aldro.*
Les Sarrasins, GANEME. *Gesn. Aldro.*
Les Perses le mâle, NERAMEISCH ; *la femelle*, GOSPAND ; *le jeune*, BARAH. *Gesn. Aldro.*
Les Espagnols le mâle, CARNÉRO ; *la femelle*, OVEIA ; *le jeune*, CORDERO. *Gesn. Aldro.*
Les Italiens le mâle, MONTONE, *ou* ARIETE ; *la femelle*, PECORA ; *le jeune*, AGNA, AGNO, AGNELLO. *Gesn. Aldro.*
Les Suisses le mâle, HERMAN. *Gesn. Aldro.*
Les Illyriens OWCZE, *ou* SKOP. *Gesn. Aldro.*
Les Polonois, OWCA. *Rzac.*
Les Allemands le mâle, WIDER ; *la femelle*, SCHAAFF ; *le jeune*, LAMB ; L MBLIN. *Gesn. Aldro. Rzac.*
Les Flamands le mâle, WIDER ; *la femelle*, SCHAEP ; *le jeune*, LAM. *Aldro.*
Les Suedois, FOAR. *Linn.*
Les Anglois le mâle, RAM, *ou* TUP ; *la femelle*, SHEEPE ; *le jeune*, LAMBE, *ou* HOGG. *Gesn. Aldro.*
Les Ecossois, HEIRTH. *Aldro.*
Les Habitans de Madagascar, AGARONE. *Aldro.*

Ovis est animal ita notum, ut descriptione non indigeat. Habitat in omnibus ferè locis cultis.

La Brebis est trop connue ; pour qu'il soit nécessaire d'en faire la description. On la trouve dans presque tous les lieux habités.

** 2. LA BREBIS A LARGE QUEUE.

Aries laniger, caudâ latissimâ... OVIS LATICAUDA.

Ovis cornibus compressis, lunatis. Ovis laticauda. *Linn. syst. nat. ed. 6. g. 33. sp. 1.*
Ovis laticauda Arabica. *Raj. Syn. Quadr. p.* 74. *N°.* 2.
Gesn. Icon. Quadr. Fig. p. 15. [*Fig. bona*, *exceptâ caudâ*].
Aldro. Quadr. Bis. p. 404.
Ovis Arabica. *Jonst. Quadr. p.* 44. *Fig. T.* 23. [*Fig. bona*].
Aries sive Ovis Orientalis. *Klein. Quadr. p.* 14.
Ovis Turcica. *Charlet. Exer. p.* 9.
Rzac. Hist. Nat. Pol. p. 243.
Les Italiens l'appellent PECORA D'ARABIA CON LA CODA LARGA. *Gesn.*
Les Allemands, SCHAAFFUSZ ARABIA MIT EINEM BREITEN SCHWANTZ. *Gesn.*

Elle est un peu plus grande que la precédente: elle en différe encore par sa queue très épaisse & extrêmement large. J'en ai vû qui avoient 1 pied de large & 3 pouces d'épaisseur : elles avoient à peu près la figure d'un coussin. On la trouve en *Afrique*, en *Syrie*, & en *Arabie*.

A precedente differt magnitudine, quâ eam paulùm antecellit, & caudâ crassissimâ & latissimâ. Hujusmodi caudas vidi 1 pede latas, & 3 pollicum crassas. Cubital figurâ suâ sat benè imitabantur. Habitat in *Africâ*, *Syriâ*, & *Arabiâ*.

3. La Brebis a longue queue.

Aries laniger, caudâ longissimâ... Ovis longicauda.

Ovis Arabica altera. *Raj. syn. Quadr. p.* 74.
Gesn. Icon. Quadr. Fig. p. 15. [*Fig. bona*].
Ovis Arabiæ longicauda. *Aldrov. Quadr. Bis. p.* 404. *Fig. p.* 405. [*Fig. mala*].
Ovis Arabica. *Jonst. Quadr. p.* 44. *Fig. T.* 23. [*Fig. bona*].
Les Italiens l'appellent Pecora d'Arabia, con la coda longa. *Gesn.*
Les Allemands, Anderley Schaaffusz Arabia, mit einem langen Schwantz. *Gesn.*

Celle-ci ne différe de la *Brebis domestique* que par la longueur de sa queue, qui a quelquefois jusqu'à 3 pieds de long. On la trouve en *Arabie*.

Hæc ab *Ove domesticâ* differt tantùm longitudine insolitâ caudæ, quæ interdùm 3 pedes longa est. Habitat in *Arabiâ*.

4. La Brebis d'Afrique.

Aries pilosus, pilis brevibus vestitus... Ovis Africana.

Ovis Africana pro vellere lanoso pilis brevibus hirtis vestita. *Raj. Syn. Quadr. p.* 75. *N*. 4.
Sloane. Vol. II. p. 328.
Ovis Æthiopica. *Charlet. Exer. p.* 9.

Elle ressemble à la *Brebis domestique* par la forme extérieure du corps; mais au lieu d'avoir, comme elle, le corps couvert de laine, elle l'a couvert de poils courts. On la trouve en *Afrique*.

Quoad formam corporis externam *Ovibus domesticis* persimilis est; sed loco lanæ, corpus pilis brevibus vestitur. Habitat in *Africâ*.

5. LA BREBIS DE GUINÉE.

Aries pilosus, pilis brevibus vestitus, jubâ longissimâ, auriculis longis pendulis... OVIS GUINEENSIS.

Ovis auribus pendulis, palearibus laxis, occipite prominente. *Linn. syst. nat. ed. 6. g. 33. sp. 3.*
Ovis Guineensis sive Angolensis Marcgravii. *Raj. Syn. Quadr. p. 75. N°. 5.*
Sloane. Vol. II. p. 328.
Aries Guineensis. *Klein. Quadr. p. 14.*
Jonst. Quadr. Fig. T. 46. [Fig. bona].
Barr. Hist. Fr. Eq. p. 149.
Aries Guineensis, sive Angolensis. *Marcgr. Hist. Br. Fig. p. 234. (Fig. bona).*
Aries albus Judæorum. *Klein.*
Caper Mambrinus. *Charlet. Exer. p. 10.*
Les Congois l'appellent MEMERIAM BACALA. *Marcgr.*

Ovis domesticæ magnitudinem æquat. Sicut illa, colore variat. Occipitium magis prominet: auriculæ longæ sunt & pendulæ; caput crassum; cornua parva, deorsùm, usque ad oculos, incurvata, & quasi torta. Cauda usque ad suffragines. Lanâ caret; sed pilis brevibus universum corpus, excepto collo inferiore longissimis pilis obsito, vestitur. Habitat in *Guinea* & *Brasilia*.

Elle est de la grandeur de notre *Brebis domestique*. Elle varie en couleur, comme elle. Le derriere de sa tête est plus élevé: ses oreilles sont longues & pendantes; sa tête grosse; ses cornes petites, recourbées en arriere, comme tortillées, & revenant jusqu'aux yeux. Sa queue lui descend jusqu'aux jarrets. Elle n'a point de laine: tout son corps est couvert de poils très courts, excepté la partie inférieure du col, qui est couverte de poils très longs. On la trouve en *Guinée* & au *Brésil*.

XI.

Genus Bovinum.

Hujus character est
Dentes incisores in maxillâ

XI.

Le Genre des Bœufs.

Son caractere est
De n'avoir point de dents inci-

sives à la mâchoire supérieure, d'en avoir huit à l'inférieure :

D'avoir le pied fourchu :

Des cornes simples,

Tournées vers les côtés.

superiore nulli, in inferiore octo :

Pes bisulcus :

Cornua simplicia,

Ad latera versa.

** 1. Le Bœuf domestique.

Bos cornibus levibus, teretibus, sursùm reflexis... Bos domesticus.

Bos cornibus teretibus flexis. Taurus. *Linn. syst. nat. ed. 6. g. 34. sp. 1.*
Faun. Suec. Linn. N°. 44.
Bos domesticus. *Raj. syn. Quadr. p. 70. N°. 1.*
Jonst. Quadr. p. 26. Fig. T. 13. 14. 15. (Fig. bonis).
Sloane. Vol. II. p. 327.
Charlet. Exer. p. 8.
Bos. *Aldrov. Quadr. Bis. p. 13. Fig. p. 36. (Fig. bona).*
Gesn. Quadr. Fig. p. 24. (Fig. bona).
Gesn. Icon. Quadr. Fig. p. 12. (Fig. bona).
Rzac. Hist. Nat. Pol. p. 237.
Rzac. Auct. p. 329.
Taurus domesticus cum Vacca. *Klein. Quadr. p. 10.*
Taurus. *Gesn. Quadr. Fig. p. 103. [Fig. bona].*
Gesn. Icon. Quadr. Fig. p. 10. (Fig. bona).
Charlet. Exer. p. 8.
Vacca. *Gesn. Quadr. Fig. p. 25. (Fig. bona).*
Gesn. Icon. Quadr. Fig. p. 11. [Fig. bona].
Charlet. Exer. p. 8.
Vitulus. *Gens. Quadr. p. 124.*
Taureau. *Hist. Nat. Gen. & Part. ed. in-quarto. Tom. IV. p. 474. Fig. Pl. XIV. & ed. in-12. Tom. VIII. p. 138. Fig. Pl. IV. [Fig. tres bonnes.]*
Les François appellent le mâle Taureau ; *lorsqu'il est châtré*, Bœuf ; *la femelle*, Vache ; *le jeune*, Veau.
Les Latins le mâle, Taurus ; *lorsqu'il est châtré*, Bos ; *la femelle*, Vacca ; *le jeune*, Vitulus.
Les Hébreux le mâle, Schor ; *lorsqu'il est châtré*, Aleph ; *la femelle*, Bakar ; *le jeune*, Egel. *Gesn. Aldro.*
Les Chaldéens le mâle, Thor, *ou* Tora ; *la femelle*, Torata ; *le jeune*, Egela. *Gesn. Aldro.*
Les Arabes le mâle, Taur ; *le jeune*, Egela. *Gesn.*
Les Grecs, Βοῦς.

Les Espagnols le mâle, TORO BUYREZIO; *lorsqu'il est châtré*, BUEY; *la femelle*, VACA; *le jeune*, TERNERA. *Gesn. Aldro.*

Les Italiens le male, TORO; *lorsqu'il est châtré*, BUE; *la femelle* VACCA; *le jeune*, VITELLO. *Gesn. Aldro.*

Les Illyriens, WUL. *Gesn. Aldro.*

Les Polonois, WOL. *Rzac.*

Les Allemands le mâle, STIER; *lorsqu'il est châtré*, OCHSS; *ou* RIND; *la femelle*, KŮ, *ou* KŮHE; *le jeune*, KALB. *Gesn. Aldro.*

Les Flamands le mâle, STIER; *lorsqu'il est châtré*, OS; *la femelle*, KOE; *le jeune*, CALF. *Aldro.*

Les Suédois, KO, NÖT. *Linn.*

Les Anglois le mâle, BULL; *lorsqu'il est châtré*, OX; *la femelle*, COW; *le jeune*, CALF. *Raj. Gesn. Aldro.*

Bos est Animal ità notum, ut descriptione non indigeat. A reliquis sui generis differt cornibus suis levibus & minimè rugosis, sursùm reflexis. Habitat ubique in locis cultis. Amplissimè describitur in libro cui titulus : *Histoire Nat. Gén. & Part.* Ed. *in-4°. Vol. IV. p.* 474. *& seq.* & Ed. *in-12. Vol. VIII. p.* 138. *& seq.*

Le Bœuf est un Animal si connu, qu'il n'est pas nécessaire d'en faire la description. On le distingue aisément de ceux de son genre par ses cornes lisses, & recourbées en enhaut. On le trouve dans tous les lieux habités. On le trouvera amplement décrit dans l'*Hist. Nat. Gén. & Part.* Ed. *in-4°. Tom. IV. p.* 474. *& suiv.* & Ed. *in-12. Tom. VIII. p.* 138. *& suiv.*

2. LE BUFFLE D'AFRIQUE.

Bos cornibus teretibus, sursùm reflexis, in sese recurvis... BUBALUS AFRICANUS.

Bos Africanus Bellonii, quem pro Bubalo veterum habet. *Raj. Syn. Quadr. p.* 73. *N°. 6.*

Exiguus Africanus Bos. *Klein. Quadr. p.* 11.

Elegans & parvus Africanus Bos, quem veteres Græci *Bubalum* appellarunt. *Bell. Obs. Fig. p.* 119. (*Fig. bona*).

Bubalus. *Gesn. Quadr. p.* 330.

Bubalus Africanus. *Charlet. Exer. p.* 8.

Bubalus Africanus Bellonii. *Gesn. Icon. Quadr. Fig. p.* 33. [*Fig. bona*].

Bubalus veterum. *Aldro. Quadr. Bis. p.* 363. *Fig. p.* 364. (*Fig. bona*). *Jonst. Quadr. p.* 37. *Fig. T.* 18. *sub isto nomine*, Bubalus Africanus. [*Fig. sat bona*].

Silvestris Juvenca. *Prosp. Alp. Ægypt. Vol. II. p. 233. Fig. T. 14. Fig.* 2. (*Fig. bona*).

Les Hébreux l'appellent JACHMUR. *Gesn.*

Les Perses, MOSKANDAZ. *Gesn.*

Sa grandeur tient le milieu entre celles du *Cerf* & du *Chevreuil.* Il a le col court & épais ; la peau qui y pend est courte : ses épaules sont larges & épaisses ; ses jambes courtes : sa queue, qui lui descend jusqu'aux jarrêts, est couverte de poils noirs, une fois plus gros que le crin des Chevaux; ses cornes sont noires, rondes, courbées en enhaut en forme de croissant, & leurs deux pointes se touchent presque. Ses poils sont jaunes, lisses, & luisans; son ventre est cependant d'un roux jaunâtre ; & son dos approche du brun. On le trouve en *Afrique.*

Corpore minor est *Cervo*; sed *Capreolo* major. Collum habet crassum & breve, exiguis præditum palearibus ; armos elatos & plenos; crura brevia ; caudam ad poplites usque promissam, nigris pilis obsitam, duplo quàm Equini crassioribus ; cornua nigra, teretia, sursùm lunæ crescentis in modum reflexa, in sese recurva. Pili ejus flavi sunt, splendentes & leves : venter ex ruffo flavescit; dorsum verò ad fuscum accedit. Habitat in *Africa.*

3. L'AUROCHS.

Bos cornibus crassis, brevibus, sursùm reflexis, fronte crispâ... URUS.

Bos cornibus tereribus flexis. Urus. *Linn. syst. nat. ed. 6. g. 34. sp.* 1.
Urus, Bison. *Klein. Quadr. p.* 11.
Urus. *Raj. Syn. Quadr. p.* 70. N°. 2.
Aldro. Quadr. Bis. p. 346. *Fig. p.* 348. [*Fig. mala*], & *p.* 349. (*Fig. sat bona*).
Gesn. Quadr. Fig. p. 157. [*Fig. mala*].
Gesn. Icon. Quadr. Fig. p. 29. [*Fig. sat bona*]. & *p.* 30. [*Fig. mala*].
Jonst. Quadr. p. 36. *Fig. T.* 20. [*Fig. sat bona*].
Charlet. Exerc. p. 8.
Rzac. Hist. Nat. Pol. p. 228.
Rzac. Auct. p. 323.
Les Allemands l'appellent UROCHS, *ou* AUROCHS. *Raj. Gesn. Aldro.* AVER-OCHS. *Rzac.*
Les Illyriens, ZUBR. *Gesn. Aldro.*

Les

Les Polonois & les Lithuaniens, THUR. *Klein. Gesn. Aldro.* TUR; WOTDZIKI. *Rzac.*
Les Flamands, UROS. *Aldro.*
Les Anglois, BULGES, *ou* BUFFES. *Gesn. Aldro.*

Quoad formam corporis externam & colorem, *Bovi domestico* similis est; ab eo autem differt magnitudine, quæ ad Elephantinam accedit; cornuum brevitate, crassitie, & validitate; & fronte crispâ. Habitat in *Polonia*, *Borussia*, *Livonia*, & *Moscovia*.

Il ressemble au *Bœuf domestique* par la forme extérieure du corps & la couleur; mais il en différe par sa grandeur, qui approche de celle de l'Elephant; par ses cornes courtes, grosses, & fortes; & par un bouquet de poils frisés qu'il a sur le front. On le trouve en *Pologne*, en *Prusse*, dans la *Livonie*, & dans la *Moscovie*.

** 4. LE BUFFLE.

Bos cornibus compressis, sursùm reflexis, resupinatis, fronte crispâ... BUBALUS.

Bos cornibus vastis, intortis, resupinatis. Bubalus. *Linn. syst. nat. ed. 6. g. 34. sp. 4.*
Bubalus. *Raj. Syn. Quadr. p.* 72. No. 5.
Gesn. Quadr. Fig. p. 139. (*Fig. mala*).
Gesn. Icon. Quadr. Fig. p. 13. (*Fig. mala*).
Prosp. Alp. Ægypt. Vol. II. p. 228.
Rzac. Hist. Nat. Pol. p. 239.
Buffelus. *Klein. Quadr. p.* 10.
Charlet. Exer. p. 8.
Buffelus, sive Bubalus vulgaris. *Aldro. Quadr. Bis. p.* 365. *Fig. p.* 366. (*Fig. pessima*).
Jonst. Quadr. p. 38. *Fig. T.* 20. (*Fig. bona*).
Buffle. *Kolbe. Tom. III. p.* 25. *Fig. p.* 54. *f.* 3. (*Fig. tres bonne*).
Les Grecs l'appellent Βούβαλις.
Les Espagnols, BUFANO. *Klein. Gesn. Aldro.*
Les Italiens, BUFALO. *Raj. Gesn.*
Les Allemands, BUFFEL. *Gesn. Aldro.*
Les Illyriens, BAUWOL. *Gesn. Aldro.*
Les Polonois, BAWOL. *Rzac.*
Les Anglois, BUGILL. *Gesn. Aldro.*

Il est plus grand que le *Bœuf domestique* ; il a le corps plus épais, & plus fort ; la peau très dure ; la tête petite, à proportion du corps. Il porte sur le front un bouquet de poils frisés. Tout son corps est couvert de poils noirs, ou noirâtres ; ses cornes sont noires, grosses, un peu applaties, recourbées en enhaut, & un peu couchées sur le dos. On le trouve en *Italie* dans l'*Etat Ecclésiastique*, & dans le Royaume de *Naples*.

Bove domestico major est ; corpore crassiore & robustiore ; cute durissimâ ; capite parvo, respectu corporis ; fronte crispâ. Pilus totius corporis est niger, aut nigricans, sicut & cornua, quæ crassa sunt, paululùm compressa, sursùm reflexa, & parumper resupinata. Habitat in *Italia* in *Statu Ecclesiastico*, & Regno *Neapolitano*.

5. Le Bison blanc.

Bos cornibus sursùm reflexis, jubâ longissimâ... Bison albus.

Bison albus Scoticus, vel Calydonius. *Gesn. Icon. Quadr. p.* 122. *Fig. p.* 123.
Aldro. Quadr. Bis. p. 357.
Bison Scoticus. *Jonst. Quadr. p.* 37.

Il ne differe du *Bœuf domestique*, que parce qu'il est tout blanc, & qu'il a le col garni de poils très longs. On le trouve en *Ecosse*, dans la partie de la forêt de *Calydoine*, appellée *Cummirland*.

A *Bove domestico* differt colore, qui per universum corpus albus est, & jubâ in collo longissimâ. Habitat in *Scotiâ*, in eâ parte *Calydoniæ* sylvæ, quæ *Cummirland* appellatur.

6. Le Bison.

Bos cornibus sursùm reflexis, dorso gibboso, jubâ, barbâque longissimis... Bison.

Bos jubâ longissimâ dorso gibboso. Bison. *Linn. syst. nat. ed. 6. g.* 34. *sp.* 3.
Taurus Ferus. *Klein. Quadr. p.* 11.
Bison. *Raj. Syn. Quadr. p.* 71. *No.* 3.
Gesn. Quadr. p. 143.
Gesn. Icon. Quadr. Fig. p. 31. (*Fig. bona*).

Aldro. Quadr. Bis. p. 353. *Fig. p.* 355. [*Fig. bona*].

Jonst. Quadr. p. 36. *Fig. T.* 17. *sub illo nomine*, Bison jubatus. [*Fig. bona*].

Charlet. Exer. p. 8.

Rzac. Hist. Nat. Pol. p. 214.

Les Grecs l'appellent Βίσων.

Les Allemands, WISENT. *Raj. Gesn. Aldro. Jonst.*

Les Polonois, ZUBER. *Gesn. Rzac.*

Les Lithuaniens, SUBER. *Gesn.*

Bovem domesticum magnitudine circiter æquat : ab illo autem differt cornuum amplitudine, barbâ longissimâ, collo ad armos usque jubis horrido, & dorso in gibbum assurgente. Habitat in *Germaniâ*.

Il est à peu près de la grandeur du *Bœuf domestique* : il en différe par la grandeur de ses cornes, par sa grande barbe, par les longs poils dont son col est couvert jusqu'aux épaules, & par la bosse qu'il a sur le dos. On le trouve en *Allemagne*.

7. LE BISON D'AMERIQUE.

Bos cornibus sursùm reflexis, dorso gibboso, capite pilis longissimis obsito... BISON AMERICANUS.

Bos jubâ longissimâ, dorso gibboso. Taurus Mexicanus. *Linn. syst. nat. ed.* 6. *g.* 34. *sp.* 3.

Bison Indicus. *Klein. Quadr. p.* 13.

Taurus Mexicanus. *Hernand. Hist. Mex. Fig. p.* 587. (*Fig. bona*).

Taurus Quiviræ regionis. *Fern. Hist. N. Hisp. p.* 10.

Taurus Quiviræ Provinciæ. *Jo. de Laet. p.* 303.

Taurus Quivirensis. *Eus. Nieremb. Fig. p.* 181. (*Fig. bona*).

Bison Ameriquain. *Cat. App. Fig. p.* 20. (*Fig. tres bonne*).

Buffle. *Cat. Rec. des Bêtes. p.* 27.

Bovis domestici altitudinem non attingit. Femora & crura habet brevia & crassa; caput amplum, sicut & pectus, corporis posteriore parte multò strictiore ; caudam 1 pede longam, per totam longitudinem nudam, extremitate tantùm pilis longis obsitam;

Il est moins haut que le *Bœuf domestique*. Ses cuisses & ses jambes sont courtes & grosses; sa tête large, ainsi que sa poitrine; & la partie postérieure de son corps étroite : sa queue, qui a un pied de long, n'a de poils qu'une touffe de longs crins à son extrémité : ses cornes sont grosses à leur racine, recourbées en enhaut, & rentrantes en dedans. Il a sur le dos une bosse très grosse & très élevée. La couleur de son poil est un brun noirâtre : tout son corps est couvert, en hyver seulement, d'un poil long & rude, qui tombe en été, & laisse voir une peau noire & ridée : il n'y a que la tête qui demeure velue toute l'année. Le poil qui est sur le front du mâle, est long d'un pied, épais, & frisé. On le trouve en *Amérique*. Il se tient éloigné des endroits habités, & près des montagnes.

cornua in exortu crassa, sursùm reflexa, introrsùm recurva ; gibbum in dorso crassum & elatum. Pilorum color ex fusco nigrescit : per hiemem tantùm corpus universum vestitur pilis longissimis, rigidis, quos æstate amittit, unde cutis nigra, rugosa, detecta remanet ; caput verò per totum annum pilis longis obsitum est. Frons maris pilis uno pede longis, densis, & crispis donatur. Habitat in *Americâ* longè à locis cultis, & propè montes.

8. LE BŒUF SAUVAGE

Bos cornibus deorsùm inflexis, jubâ suprà collum longissimâ. BONASUS.

Bos jubâ longissimâ, cornibus in se flexis. Bonasus. *Linn. syst. nat. ed. 6. g. 34 sp. 2.*
Bonasus. *Raj. Syn. Quadr. p* 71. *N°.* 4.
Gesn. Quadr. p 145. (*caput in ea Fig. sed cornua malè contorquentur*).
Gesn. Icon. Quadr p. 32. [*ibi inest eadem capitis figura, ut suprà ; sed cranium & cornua benè figurantur*].
Aldro Quadr. Bis. p. 358. *Fig. p.* 361. (*eædem sunt figuræ ac in Gesn. Iconibus p.* 32.)
Jonst. Quadr. p. 37. *Fig. T.* 18. (*Fig. bona, si jubam haberet*) ; *& T.* 19. (*in T.* 18 *juba caret, quod malè ; in* 19 *verò cornua malè contorquentur*).
Charlet. Exer. p. 8.
Les Grecs l'appellent Βόνασος.
Les Allemands, WILDE BUFFEL. *Gesn.*
Les Bohémiens, LONI. *Gesn.*
Les Péoniens, MONOPS. *Gesn.*

Il est de la grandeur du *Bœuf domestique* ; mais il est plus court, & plus large. La partie supérieu-

Bovis domestici magnitudine est ; sed latior & brevior. Colli pars superior, à cervice ad armos usque, jubata est, ut *Equi*. Capronæ ad oculos usque propendent. Cornua pulchrè & splendidè nigra sunt, & deorsùm inflexa. Cauda brevis est. Color toto ferè corpore flavus. Habitat in *Pæoniâ*, monte *Messapo*.

re de son col est garnie, depuis la tête jusqu'aux épaules, de poils très longs : ceux du devant de la tête lui descendent jusqu'aux yeux. Ses cornes, qui sont d'un beau noir, sont recourbées en enbas. Sa queue est courte. Son poil est jaune presque partout le corps. On le trouve en *Péonie* sur le mont *Messapus*.

SECTIO II.

Ea quorum cornua sunt ramosa.

IN illâ Sectione unicum est Genus, scilicet *Cervinum*.

SECTION II.

Ceux dont les cornes sont branchues.

IL n'y a dans cette Section qu'un seul Genre, qui est celui des *Cerfs*.

XII.

Genus Cervinum.

Hujus character est

Dentes incisores in maxillâ superiore nulli, in inferiore octo :

Pes bisulcus :

Cornua ramosa.

XII.

Le Genre des Cerfs.

Son caractere est

De n'avoir point de dents incisives à la mâchoire supérieure, d'en avoir huit à l'inférieure :

D'avoir le pied fourchu :

Des cornes branchues.

Obs. In hoc Genere Ruminantium mares omnes cornua ramosa gerunt; fœminæ verò sunt acornes, si duas excipias, scilicet *Rangiferam fœminam*, & *Cervam Groenlandicam*.

Obs. Dans ce Genre de Ruminants, tous les mâles ont des cornes branchues; les femelles au contraire, si l'on en excepte celles du *Rhenne* & du *Cerf de Groenland*, n'ont point du tout de cornes.

** 1. Le Cerf.

Cervus cornibus teretibus, ad latera incurvis... Cervus.

Cervus cornibus ramosis, teretibus, incurvis. Cervus. *Linn. syst. nat. ed. 6. g. 31. sp. 3.*
Faun. suec. Linn. No. 38.
Cervus nobilis. *Klein. Quadr. p.* 23.
Cervus. *Raj. Syn. Quadr. p.* 84. No. 1.
Aldro. Quadr. Bis. p. 769. *Fig. p.* 774. (*Fig. bona*).
Gesn. Quadr. Fig. p. 354. (*Fig. bona*).
Gesn. Icon. Quadr. p. 43. *Fig. p.* 44. (*Fig. bona*).
Jonst. Quadr. p. 58. *Fig. T.* 32. & 35. (*Fig. sat bonis*).
Mus. Worm. p. 338.
Charlet. Exer. p. 11.
Rzac. Hist. nat. Pol. p. 216.
Rzac. Auct. p. 308.
Les François appellent le mâle Cerf; *la femelle*, Biche; & *le jeune*, Faon.
Les Latins le mâle, Cervus; *la femelle*, Cerva; *le jeune*, Hinnulus.
Les Hébreux le mâle, Aial; *la femelle*, Aial; Aiala; aielet; *le jeune*, Ofer. *Gesn. Aldro.*
Les Chaldéens, Aiela. *Gesn. Aldro.*
Les Arabes, Aial. *Gesn. Aldro.*
Les Grecs, Ελαφος.
Les Perses, Gevazen. *Gesn. Aldro.*
Les Espagnols le mâle, Ciervo; *la femelle*, Cierva. *Gesn. Aldrov.*
Les Italiens le mâle, Cervo; *la femelle*, Cerva. *Gesn. Aldrov.*
Les Allemands le mâle, Hirts, *ou* Hirs, *ou* Hirsch; *la femelle*, Hinde, *ou* Hindin; *le jeune*, Hinde Kalb. *Gesn. Aldrov. Rzac.*
Les Illyriens, Gelen. *Gesn.*
Les Polonois le mâle, Jelijenii; *la femelle*, Lanii. *Gesn. Aldro.* Jelen. *Rzac.*
Les Suédois, Hiort; Kronhiort. *Linn.*
Les Anglois, Reddéer: *ils appellent le mâle* Stagg, *ou* Hart; *la femelle*, Hind; *le jeune*, Calf. *Raj. Gesn.*

Le Cerf est un animal si connu, qu'il n'est pas besoin d'en faire une ample description. Il a depuis la partie supérieure du dos jusqu'à terre, environ 3 ½ pieds, & depuis le bout du museau jusqu'à la queue, environ 6 pieds. Ses cornes ont environ 2 ½ pieds

Cervus est animal ita notum, ut amplâ descriptione non indigeat. A parte superiore dorsi ad terram usque, 3 ½ pedum altus est; ab extremitate verò oris ad caudam, 6 pedes longus. Cornua ipsius 2 ½ pedes circiter longa ſunt, parumper ad latera incurvantur, ſuntque teretia & ramoſa, & quiſque ramus in acutum deſinit. Caput habet oblongum; oculos & auriculas ſat magnas; collum longum & gracile; caudam brevem; crura maximè gracilia. Pilus ei mollis, in dorſo ex ruffo flaveſcit; in ventre parumper candicat. Dorſi color in fœminis, præſertim in *Hinnulis*, plerumque maculis albis variegatur. Habitat in ſylvis.

de long; elles ſont un peu courbées ſur les côtés, & ſont rondes & branchues; & chaque branche ſe termine en pointe. Sa tête eſt longue; ſes yeux & ſes oreilles aſſez grandes: ſon col eſt long & effilé; ſa queue courte; ſes jambes très menues. Son poil eſt doux au toucher, & eſt d'un roux jaunâtre ſur le dos, & blanchit un peu ſous le ventre. La couleur du dos eſt le plus ſouvent variée de taches blanches dans les femelles, & ſur tout dans les jeunes. On le trouve dans les forêts.

2. Le Cerf d'Allemagne.

Cervus cornibus teretibus, ad latera incurvis, collo infrà jubato... Cervus Germanicus.

Tragelaphus. *Aldro. Quadr. Biſ. p.* 857. *Fig. p.* 858.
Jonſt. Quadr. p. 63.
Charlet. Exer. p. 12.
Tragelaphus, ideſt, Hirco-Cervus. *Geſn. Quadr. Fig. p.* 1101.
Tragelaphus quorumdam. *Geſn. Icon. Quadr. p.* 46. *Fig. p.* 47.
Hippelaphus. *Jonſt. Quadr. Fig. T.* 35.
Les Allemands l'appellent Brandhirts. *Geſn. Charlet.*

Præcedente major eſt. Prætereà ab eo differt, quòd habeat collum pilis longis veſtitum; & colore, qui in ſupremâ dorſi parte cinereus eſt, & in ventre nonnihil nigreſcens. Habitat in *Miſenæ* ſaltibus, *Boëmiæ* vicinis.

Il eſt plus grand que le précédent. Il en différe en outre parce qu'il a le col garni de longs poils, & par ſa couleur, qui eſt griſe ſur le dos, & un peu noire ſous le ventre. On le trouve dans les forêts de *Miſene*, proche la *Bohëme*.

3. LE CERF DE CANADA.

Cervus cornibus teretibus, ab imo ad summum cute pilosâ tectis... CERVUS CANADENSIS.

Cervus Canadensis. *Raj. Syn. Quadr. p.* 84.
Klein. Quadr. p. 23.
Cerf de Canada. *Hist. de l'Acad. Tom. III. Part.* 2. *p.* 67. *Fig. Pl.* 45. (*Fig. bonne*).

Il a, depuis la partie supérieure du dos jusqu'à terre, 4 pieds. Ses cornes sont longues de 3 pieds : elles sont rondes & branchues, & couvertes d'un bout à l'autre d'une peau fort dure & garnie d'un poil épais & court, de même couleur que celui du corps, qui est d'un fauve un peu obscur. Du reste il ressemble assez à notre Cerf. On le trouve dans le *Canada*.

A parte superiore dorsi ad terram usque, 4 pedes altus est. Cornua 3 pedes longa, teretia sunt, ramosa, ab imo ad summum tecta cute undique obsita pilis brevibus & densis, ejusdem coloris ac pili corporis, qui sunt obscurè fulvi. In reliquis Cervo nostrati similis est. Habitat in *Canada*.

4. LE CERF DE GROENLAND.

Cervus cornibus teretibus, ab imo ad summum cute pilosa tectis, naso piloso... CERVUS GROENLANDICUS.

Caprea Goenlandica. *Raj. Syn. Quadr. p.* 90. *No.* 8.
Daim de Groenlande. *Edwards. Part.* 1. *Fig. p.* 51. (*Fig. bonne*).

Il est beaucoup plus épais que ne le sont tous les Animaux de ce genre. Par la proportion de toutes ses parties, il ressemble plus à un *Veau*, qu'à un *Cerf*. Il a, depuis le haut des épaules jusqu'à terre, environ 3 pieds. Son col est beaucoup plus court, & ses jambes plus grosses qu'elles ne sont ordinairement dans le genre des *Cerfs* : sa queue est courte ;

Multò crassior est quàm alia omnia hujus generis Quadrupeda. Crassitie suorum omnium partium, *Vitulo* magis similis est, quàm *Cervo*. A parte superiore humerum usque ad terram, 3 circiter pedes altus est. Collum multò brevius, & crura crassiora, quàm in Cervino genere esse solent. Cauda brevis ; oculi

sat

ſat magni ; cornua 1 $\frac{1}{2}$ pede circiter longa, teretia ſunt, ramoſa, & ſicut in precedente, tecta ab imo ad ſummum cute pilis fulvis undique obſitâ ; & (quod ei maximè ſingulare) naſus pilis undique tectus eſt, in ea etiam parte, quæ in aliis hujus generis cute nudâ & humidâ tegitur. In æſtu pili ei breves ſunt, molles & dilutè cinerei ; in hieme verò, inter hos primos proveniunt alii pili longi & rigidi, ex fulvo, fuſco, & albo variegati. Hujus ſpeciei fœmina cornigera eſt ſicut & mas. Habitat in *Groenlandiâ.*

ſes yeux aſſez grands : ſes cornes ſont longues d'environ 1 $\frac{1}{2}$ pied ; elles ſont rondes & branchues, & couvertes, comme dans le précédent, d'un bout à l'autre d'une peau garnie de poils fauves. Mais ce qu'il y a de plus ſingulier, c'eſt ſon nez qui eſt tout-à-fait garni de poils, même dans cette partie qui, dans les autres n'eſt qu'une peau nue, & humide. Il eſt couvert en été d'un poil doux & court, d'un joli petit gris ; & en hyver, il ſort du fond de ce premier poil, d'autres poils longs & rudes, variés de fauve, de brun, & de blanc. La femelle de cette eſpece a des cornes comme le mâle. On le trouve dans le *Groenland.*

** 5. Le Chevreuil.

Cervus cornibus teretibus erectis... Capreolus.

Cervus cornibus ramoſis teretibus erectis. Capreolus. *Linn. ſyſt. nat. ed. 6. g. 31. ſp. 6.*
Faun. Suec. Linn. No. 41.
Cervus Minimus, Capreolus : Cervulus. Caprea. *Klein. Quadr. p.* 24.
Caprea Plinii, Capreolus vulgò. *Raj. Syn. Quadr. p.* 89. *No. 6.*
Caprea Plinii, ſive Capreolus. *Aldro. Quadr. Biſ. p.* 378.
Caprea, ſive Capreolus, ſive Dorcas. *Geſn. Quadr. Fig. p.* 324. *&* 1098. (*Fig. ſat bonis*).
Geſn. Icon. Quadr. p. 48. *Fig. p.* 49. (*Fig. ſat bona*).
Caprea Plinii. *Jonſt. Quadr. p.* 54. *Fig. T.* 33. *ſub iſto nomine*, Capreolus Marinus. (*Fig. ſat bona*).
Capreolus ; Dorcas. *Muſ. Worm. p.* 339.
Dorcas. *Charlet. Exer. p.* 12.
Rzac. Hiſt. Nat. Pol. p. 217.
Rzac. Auct. p. 309.
Chevreuil. *Kolbe. Tom. III. p.* 34. *Fig. p.* 4. *F.* 5.

Les Hébreux appellent le mâle ZEBI; *la femelle*, ZEBIAH; *le jeune*, OPHEN. *Gesn.*

Les Chaldéens, THABIA. *Gesn.*

Les Arabes, THABIU. *Gesn.*

Les Grecs, Δορκάδιον.

Les Perses, AHU. *Gesn.*

Les Espagnols, ZORLITO, *ou* CABRONZILLO MONTES. *Gesn. Aldro.*

Les Italiens le mâle, CAPRIOLO, *ou* CAVRIOLO; & *la femelle*, CAPRIOLA, *ou* CAVRIOLA. *Gesn.*

Les Allemands, REECH; *ils appellent le mâle* REECHBOCK; & *la femelle*, REECHGEISS. *Gesn. Aldro. Rzac.*

Les Illyriens, SRNA, *ou* SARNA. *Gesn. Aldro.*

Les Polonois, SARN; SARNA; KOZA LESNA. *Rzac.*

Les Danois, RAADIUR. *Worm.*

Les Suédois, RÅDIUR. *Linn.*

Les Anglois, ROE-DEER. *Raj.*

Il a, depuis la partie supérieu- du dos jusqu'à terre, 2 pieds de haut; & depuis le bout du museau jusqu'à la queue, environ 3 ½ pieds; ses cornes ont 8 pouces de long; elles sont droites, rondes & branchues, & chaque petite branche se termine en pointe: ses oreilles sont longues de 4 ½ pouces: sa queue est courte. La couleur de ses poils est variée de brun, de gris & de blanc sale. Le brun domine un peu sur le dos; & le ventre est tout d'un blanc sale. On le trouve dans les forêts.

Obs. Les Chevreuils du Brésil, décrits par *Marcgrave*, *Hist. Br. p.* 235. & *Pison*, *Hist. Nat. p.* 97. sous les noms de *Cuguacu-Eté* & *Cuguacu-Apara*, ne me paroissent être qu'une variété de cette espece, ainsi que les deux petits Cerfs citez par *Barrere*, *Hist. Fr. Eq. p.* 151. l'un sous le nom de *Biche des bois*, & l'autre sous celui de *Biche des Paletuviers*.

A parte superiore dorsi ad terram usque, 2 pedum altus est; ab extremitate oris ad caudam, 3 ½ pedum circiter longus. Cornua, 8 pollices longa, erecta sunt, teretia & ramosa; & unusquisque ramus in acumen desinit; auriculæ 4 ½ pollices longæ; cauda brevis. Pilorum color ex fusco, cinereo, & sordidè candido variegatur. In dorso magis fuscus est: in ventre verò sordidè albicat. Habitat in Sylvis.

Obs. Capreoli Brasiliani à *Marcgravio*, *Hist. Br. p.* 235. & *Pisone*, *Hist. Nat p.* 97. descripti, sub istis nominibus, *Cuguacu-Ete*, & *Cuguacu-Apara*, hujus speciei varietates mihi videntur, sicut & duo cervi à *Barrerâ*, *Hist. Fr. Eq. p.* 151. citati, unus sub titulo, *Cervus major corniculis brevissimis*; alter sub isto, *Cervus minor palustris corniculis brevissimis*.

* 6. LE KARIBOU.

Cervus cornibus rectis, ad basim ramo unico antrorsùm verso.

Cervus Burgundicus. *Jonst. Quadr. Fig. T.* 35. (*Fig. sat bona*).

Nullibi descriptionem ipsius inveni; caput tantummodo vidi; 14 circiter pollices longum est; auriculæ 4 pollices. Cornua recta 10 pollices longa, ad basim ramo unico 2 ½ pollices longo, antrorsùm verso donantur. Pili breves, ex fulvo fusci, caput obtegunt. Habitat in *Canadâ*.

Je ne l'ai trouvé décrit nulle part. Je n'en ai jamais vû que la tête, qui a environ 14 pouces de long; les oreilles 4 pouces. Les cornes sont droites, & longues de 10 pouces; elles ont à leur base une petite branche longue de 2 ½ pouces, tournée vers le devant. La tête est couverte d'un poil court, d'un fauve rembruni. On le trouve en *Canada*.

* 7. LE DAIM.

Cervus cornuum unica & altiore summitate palmata... DAMA VULGARIS.

Cervus cornibus ramosis, compressis, summitatibus palmatis. Dama. *Linn. syst. nat. ed.* 6. *g.* 31. *sp.* 5.
Faun. Suec. Linn. N°. 40.

Cervus Platyceros, vel Platyceros simpliciter dictus; Dama vulgò. *Raj. Syn. Quadr. p.* 85. N°. 2.
Sloane. Vol. II. p. 328.

Cervus palmatus, Dama; Dama-Cervus. *Klein. Quadr. p.* 25.

Dama. *Rzac. Hist. Nat. Pol. p.* 217.

Dama vulgaris. *Aldro. Quadr. Bis. Fig. p.* 741. (*Fig. mala*).
Jonst. Quadr. p. 55. *Fig. T.* 31. *sub isto nomine*, Dama-Cervus. (*Fig. sat bona*).

Dama recentiorum. *Rzac. auct. p.* 308.

Dama vulgaris, sive recentiorum. *Gesn. Quadr. p.* 335. *Fig. p.* 1100. (*Fig. bona*).

Platyceros. *Gesn. Icon. Quadr. p.* 50. *Fig. p.* 51. (*Fig. bona*).

Daim. *Kolbe. Tom. III. p.* 39.

Les Espagnols l'appellent GAMO, *ou* CORZA. *Aldrov. Gesn.*

Les Italiens, DAINO, *ou* DANIO. *Gesn. Aldro. Rzac.*

Les Allemands, DAMHIRSCH. *Raj. Jonst. Rzac.* DAM, *ou* DÄMLIN, *ou* DAMHIRTS. *Gesn. Aldro.*

Les Polonois, LANII. *Gesn. Aldro.* DANIEL. *Rzac.*
Les Suédois, DOF; DOFHIORT. *Linn.*
Les Anglois, FALLOW-DÉER. *Ils appellent le mâle* BUCK; *la femelle*, DOE; *le jeune*, FAWN. *Raj.*

Il est beaucoup plus petit que notre *Cerf*: il en différe encore par ses cornes, dont la plus haute branche est en palme, & par sa couleur, qui est d'un gris jaunâtre sur le dos, & blanche sous le ventre; & quelquefois cette couleur grise, sur tout dans les jeunes, est variée de taches blanches.

Obs. Cette espéce varie beaucoup. Les *Daims* de *Virginie* sont plus grands & plus forts que les nôtres. Ceux d'*Espagne* sont de la grandeur des *Cerfs*, mais ils sont d'une couleur plus foncée. Il y en a d'autres qui sont variés de différentes couleurs.

Multò minor est *Cervo* nostrate, à quo etiam differt cornibus, quorum ramus excelsior palmatus est, & colore ex cinereo flavicante in dorso, in ventre albo: qui color cinereus interdum, præsertim in junioribus, maculis albis variegatur.

Obs. Hujus speciei multæ sunt varietates. *Virginianæ Damæ* majores sunt & validiores nostratibus. *Hispanicæ Cervorum* magnitudinem adæquant, & coloris sunt obscurioris. Dantur aliæ variis coloribus variæ.

* 8. LE RHENNE.

Cervus cornuum summitatibus omnibus palmatis.... RANGIFER.

Cervus cornibus ramosis, teretibus, summitatibus palmatis. Rangifer. *Linn. syst. nat. ed. 6. g. 31. sp. 4.*
Faun. Suec. Linn. No. 39.
Cervus Rangifer. *Raj. Syn. Quadr. p.* 88. *N°.* 4.
Klein. Quadr. p. 23.
Cervus palmatus. *Jonst. Quadr. Fig. T.* 37. (*Fig. sat bona*).
Aldro. Quadr. Bis. Fig. p. 857. (*Fig. sat bona*).
Cervus mirabilis. *Jonst. Quadr. Fig. T.* 36. (*Fig. sat bona*).
Rangifer. *Aldrov. Quadr. Bis. Fig. p.* 863. (*Fig. pessima*).
Gesn. Quadr. Fig. p. 950. (*Fig. pessima*).
Jonst. Quadr. p. 64. *Fig. T.* 37. (*Fig. pessima*).
Mus. Worm. p. 337.
Charlet. Exer. p. 12.
Tarandus. *Aldro. Quadr. Bis. p.* 859. *Fig. p.* 861. (*Fig. sat bona*).
Gesn. Icon. Quadr. p. 57. *Fig. p.* 58. (*Fig. sat bona*). & *p.* 59. (*Fig. pessima*).
Charlet. Exer. p. 12.

Tarandus Agricolæ, & Eliotæ. *Raj.*
Machlis Plinio. *Raj.*
Les Grecs l'appellent Ιππέλαφος.
Les Allemands, Rein, *ou* Reen, *ou* Reyner, *ou* Rainger, *ou* Reinsthier. *Gesn.*
Les Polonois, Renscheron. *Gesn.*
Les Suèdois, Rhen. *Linn.*
Les Norvégeois, Reinen, *ou* Reinsdiur. *Worm.*
Les Lapons, Reen. *Gesn.*
Les Anglois, Rain-Deer. *Raj.*

Ad magnitudinem & figuram *Cervi* quàm proximè accedit: membra tamen ipsius graciliora sunt. Cornua magna, ramosa, juxtà caput teretia, omnibus extremitatibus palmatis, mucronibus in extremo palmarum extantibus. Pilorum color griseus, qui tamen secundùm anni tempus mutat. Hujus speciei fœminæ cornigeræ sunt, sicut & mares; sed cornibus minoribus. Habitat in *Septentrionalibus regionibus*.

Il est à peu près de la grandeur & de la figure d'un *Cerf*: mais tous ses membres sont plus déliés. Ses cornes sont grandes, branchues, rondes proche de la tête, & toutes leurs extrémités sont en palmes terminées par des pointes. La couleur de son poil est grise; elle change cependant selon les saisons. Les femelles de cette espece ont des cornes, mais plus petites que celles des mâles. On le trouve dans tous les pays du *Nord*.

** 9. L'Elan.

Cervus cornibus ab imo ad summum palmatis... Alces.

Cervus cornibus acaulibus palmatis. *Linn. syst. nat. ed. 6. g. 31. sp. 2. Faun. Suec. Linn. N. 37.*
Cervus palmatus. Alce, vera & legitima. Magnum animal vulgò. *Klein. Quadr. p. 24.*
Alce. *Raj. Syn. Quadr. p. 86. No. 3.*
Aldro. Quadr. Bis. p. 866. Fig. p. 869. & 870. (Fig. pessima).
Gesn. Quadr. Fig p. 1. (Fig. sat bona).
Gesn. Icon. Quadr. p. 52. Fig. p. 53. (Fig. sat bona).
Jonst. Quadr. p. 65. Fig. T. 30. & 31. (Fig. sat bonæ); in eo tamen peccant figuræ Gesneri & Jonstoni, quod pilis suprà collum longissimis, & caruncula sub mento donentur.
Mus. Worm. p. 336.
Alces. *Charlet. Exer. p. 12.*

Alce, ſive Alces. *Rzac. auct. p.* 304.
Alce, ſeu Alces. Equicervus. *Rzac. Hiſt. Nat. Pol. p.* 212.
Elant. *Hiſt. de l'Acad. T. III. Part. I. p.* 179. *Fig. Pl.* 25. (*Fig. tres bonne*).
Les Grecs l'appellent Αλκη.
Les Italiens, GRANBESTIA. *Rzac.*
Les Allemands, ELK, *ou* ELLEND. *Raj. Geſn. Worm. Charlet. Aldrov. Rzac.*
Les Illyriens, LOS, *ou* GELM. *Geſn. Aldro.*
Les Polonois, LOS. *Geſn. Aldro. Rzac.*
Les Moſcovites, LOS. *Geſn.* LOZZOS. *Aldro.*
Les Suédois, ÆLG. *Linn.*
Les Danois, ELSDIUR. *Worm.*
Les Anglois, ELK. *Raj. Charlet.*
Les Septentrionaux, ANIMAL MAGNUM. *Hiſt. de l'Acad.*
Les Canadiens, ORIGNAL.

Il eſt à peu près de la grandeur d'un *Cheval*. Il a la tête longue; le col court; les lévres, & ſurtout la ſupérieure, grandes & épaiſſes; l'ouverture de la bouche grande; les oreilles longues & ſemblables à celles d'un *Ane*; la queue très courte; le derriére un peu plus élevé que les épaules; les poils très gros, & longs de 3 pouces. La couleur de tout ſon corps eſt griſe. Ses cornes ſont en palme du haut au bas, & garnies de pointes à leur côté extérieur. On le trouve dans la *Lithuanie*, la *Scandinavie*, la *Moſcovie* & le *Canada*.

Equi magnitudinem ferè attingit. Caput habet longum; collum breve; labia, præſertim ſuperiùs, magna & craſſa; oris rictum magnum; auriculas longas *Aſininis* ſimiles; caudam breviſſimam; clunes humeris parumper altiores; pilos craſſos, 3 pollices longos, cinereos. Cornua ab imo ad ſummum palmata ſunt, mucronibus aliquot in ambitu exteriori extantibus. Habitat in *Lithuaniâ*, *Scandinaviâ*, *Moſcoviâ*, & *Canadâ*.

SECTION III.

Ceux qui n'ont point de cornes.

IL n'y a dans cette Section qu'un ſeul genre, qui eſt celui des QUADRUPEDES ruminants à pied fourchu, auxquels j'ai donné le nom de *Chevrotains*.

SECTIO III.

Ea quæ ſunt acornia.

IN illa Sectione unicum eſt genus, ſcilicet QUADRUPEDUM ruminantium pede biſulco, quibus *Traguli* nomen impoſui.

XIII.

Genus Traguli.

Hujus character est
Dentes incisores in maxillâ superiore nulli, in inferiore octo:
Pes bisulcus:
Cornua nulla.

XIII.

Le Genre du Chevrotain.

Son caractere est
De n'avoir point de dents incisives à la mâchoire supérieure, d'en avoir huit à l'inférieure:
D'avoir le pied fourchu:
Point de cornes.

** 1. LE CHEVROTAIN DES INDES.

Tragulus pilis brevibus suprà fulvis, infrà albicantibus... TRAGULUS INDICUS.

Capra pedibus digito humano angustioribus. *Linn. syst. nat. ed. 6. g. 32. sp. 4.*
Tragulus; Cervula parvula Africana ex Guineâ acornis. *Klein. Quadr. p. 22.*
Tragulus, sive Hinnulus, aut Cervus juvencus pergracilis Africanus, cujus pedes auro circumcluduntur. *Klein. Quadr. p. 22.*
Cerva parvula Africana ex Guineâ, rubida, sine cornibus. *Seb. Vol. I. p. 70. Fig. T. 43. Fig. 1. (Fig. bona).*
Hinnulus, seu Cervus juvencus, pergracilis, Africanus. *Seb. Vol. I. p. 70. Fig. T. 43. F. 2. (Fig. bona).*
Cervus juvencus, perpusillus Guineensis. *Seb. Vol. I. p. 70. Fig. T. 43. F. 3. (Fig. bona).*
Chevre de Congo. *Kolbe. Tom. III. p. 39.*

A parte superiore dorsi ad terram usque, 7 pollicum altus est; à vertice ad caudam, 1 circiter pede longus. Caput 3 pollices longum; auriculæ 1 circiter pollice; cauda brevis, pilis longis dispersisque, ex ruffo & albo variegatis, vestita. Diameter crurum in parte strictiore 2 tantùm linearum est. Pilus ei brevis & fulvus in parte superiore capitis,

Il a, depuis la partie supérieure du dos jusqu'à terre, 7 pouces de haut; depuis le sommet de la tête jusqu'à la queue, environ 1 pied. Sa tête a 3 pouces de long; ses oreilles environ 1 pouce. Sa queue est courte, & garnie de poils longs & clair-semés, variés de roux & de blanc. Ses jambes dans l'endroit le plus menu, n'ont que 2 lignes de diamêtre. Son poil eſt court & fauve, mêlé d'un peu de brun dans la partie ſuperieure de la tête, du col & du dos. La gorge, le ventre, & l'intérieur des cuiſſes ſont blancs. Il a en tout 26 dents; ſçavoir, à la mâchoire inférieure 8 dents inciſives, dont les 2 du milieu ſont en forme de ſpatule, & les autres ſont étroites dans toute leur longueur; & 8 molaires, 4 de chaque côté : & à la mâchoire ſupérieure pareil nombre de molaires, & en outre 2 canines, une de chaque côté. On le trouve en *Guinée*, & dans l'*Inde*.

colli & dorſi, ex fuſco admixtus. Guttur, venter, & femorum pars interior albeſcunt. Dentes habet 26, ſcilicet in maxilla inferiore 8 inciſores, quorum duo intermedii ſpatæformes ſunt, cæteri verò per totam longitudinem ſtrictiores; & 8 molares, 4 utrinque : in ſuperiore verò maxillâ molarium parem numerum, & inſuper caninos 2, utrinque unum. Habitat in *Guineâ* & *Indiâ*.

2. Le Chevrotain de Guinée.

Tragulus pilis longiſſimis obſcurè fulvis... Tragulus Guineensis.

Tragulus Guineenſis pilo rubro longiore. *Klein. Quadr. p.* 22.
Cervus Africanus pilo rubro. *Seb. Vol. I. p.* 73. *Fig. T.* 45. *F.* 1. (*Fig. bona*).

Il eſt de la grandeur du précédent; il en différe par ſes jambes, qui ſont plus longues; & par ſon poil, qui eſt plus long, & d'une couleur fauve beaucoup plus foncée. On le trouve vers les confins de la *Guinée*.

Præcedentis magnitudinem æquat : ab eo tamen differt cruribus longioribus; & pilo longiori, coloris fulvi longè obſcurioris. Habitat in oris *Guineæ*.

3. Le Chevrotain de Surinam.

Tragulus ex ruffo luteus, maculis albis variegatus... Tragulus Surinamensis.

Tragulus Surinamenſis ſubrubra : Cervula albis maculis notata. *Klein. Quadr. p.* 22.

Cervula

Cervula Surinamensis subrubra, albis maculis notata. *Seb. vol. I. p.* 71. *Fig. T.* 44. *F.* 2. (*Fig. bona*).

Præcedentes magnitudine circiter æquat. Auriculæ magnæ sunt & longæ; cauda brevis & obtusa. Pilus ex ruffo luteus, in dorso & parte colli superiore maculis albis variegatur. Habitat in *Surinamensi Insulâ.*

Il est à peu près de la grandeur des précedens. Ses oreilles sont grandes; sa queue courte & obtuse. Son poil est d'un roux jaunâtre, tacheté de blanc sur le dos & la partie supérieure du col. On le trouve à *Surinam.*

4. Le Chevrotain d'Afrique.

Tragulus in medio capite fasciculum pilosum erectum gerens.
Tragulus Africanus.

Capra capite fasciculo tophoso, cavitate infrà oculos. *Linn. syst. nat. ed.* 6. *g.* 32. *sp.* 10.
Capra Sylvestris Africana Grimmii. *Raj. Syn. Quadr. p.* 80. *No.* 7.
Tragus, Capra Sylvestris Africana Grimmii. *Klein. Quadr. p.* 19.

Colore est obscurè cinereo. In medio capite fasciculum pilosum erectum gerit. In utroque latere, nasum inter & oculos, duas cavitates exhibet, quæ pinguem & oleosum flavum liquorem continent, qui in nigram materiam coagulatur, odoreque inter castoreum & moschum medio pollet. Habitat in *Africâ.*

La couleur de son poil est un gris foncé. Il porte au milieu du front un bouquet de poils élevé. Entre le nez & les yeux, il a de chaque côté une cavité, qui contient une liqueur jaune, grasse & huileuse, qui devient noire en se coagulant, & qui a à peu près l'odeur du musc. On le trouve en *Afrique.*

5 Le Musc.

Tragulus ad umbilicum folliculum moschiferum gerens.
Moschus.

Animal Moschiferum. *Raj. Syn. Quadr. p.* 127.
Eus. Nieremb. p. 184.
Tragus Moschiferus. Moschus. *Klein. Quadr. p.* 18.
Moschus. *Linn. syst. Nat. ed.* 6. *g.* 30. *sp.* 1.

Moschi Capreolus. *Gesn. Quadr. p.* 786.
Gesn. Icon. Quadr. Fig. p. 52. (*Fig. sat bona*).
Capra Moschi. *Aldro. Quadr. Bis. p.* 743. *Fig. p.* 744 (*Fig. sat bona*).
Jonst. Quadr. p. 55. *Fig. T.* 29. *sub illo nomine*, Capreolus Moschi. (*Fig. sat bona*).
**Charlet. Exer. p.* 10.
Cervus odoratus aliis. *Charlet.*
Hiam, Animal Musci. *Flor. Sin. Fig. p. Z.* (*Fig. sat bona*).
Les Chinois l'appellent HIAM. *Boym.*
Les Italiens, CAPRIOLO DEL MUSCO. *Gesn.*
Les Allemands, BISEMTHIER, *ou* BISEMREECH. *Gesn.*

Il a, depuis le sommet de la tête jusqu'à la queue, 3 pieds de long. La tête a plus d'un demi-pied; le front 3 pouces de large; les oreilles, qui ressemblent à celles de nos *Lapins*, sont longues de 4 pouces; les jambes de devant de 14 pouces; la queue de 2 pouces au plus. Le museau est pointu. Toute la partie supérieure du corps est couverte de poils variés, depuis leur origine jusqu'à leur extrémité, de jaune, de maron, & de blanc. La tête & les jambes sont brunes; le ventre & le dessous de la queue blancs. Auprès du nombril est une espece de petite bourse, qui contient le musc, qui a 3 pouces de long, & 2 pouces de large, & s'éléve au-dessus du ventre d'environ 1 pouce. Elle est garnie de poils extérieurement, & intérieurement d'une pellicule, qui renferme le musc, & qui est garnie de glandes, qui, selon les apparences, servent à en faire la sécrétion. Il a en tout 26 dents; sçavoir, à la mâchoi-

A vertice ad caudam, 3 pedes longus est. Caput semi pedem longitudine superat. Frons 3 pollicum latus. Auriculæ *Cuniculorum* nostratium similes, 4 pollices longæ, & erectæ. Crura anteriora 14 pollices longa. Cauda 2 pollices non excedit. Os valde acutum. Corporis pars superior undique tecta est pilis è luteis, castaneis, & albis portiunculis alternis, à radice ad apicem usque, variis. Pili in capite & cruribus fusci, seu brunnei, in ventre verò & sub caudâ albi sunt. Ad umbilicum folliculus est moscho continendo inserviens, 3 pollices longus, 2 latus, à ventre ad unius circiter pollicis spatium protuberans. Extùs pilosus est; in interiore verò superficie specialem habet pelliculam moschum cingentem, in quâ plures glandulæ, ad moschi procul dubio secretionem inservientes, reperiuntur. Dentes habet 26; scilicet in maxillâ inferiore incisores octo, & molares totidem, 4 utrinque; in superiore verò molarium parem numerum, & insuper caninos duos, unum utrinque. Habitat in *Sinensi* regione.

re inférieure 8 dents incisives, & 8 molaires, 4 de chaque côté; & à la mâchoire supérieure même nombre de molaires, & en outre 2 canines, une de chaque côte. On le trouve à la *Chine*.

ORDRE VI.

LES QUADRUPEDES

Qui ont des dents incisives aux deux mâchoires, & la corne du pied d'une seule piéce.

IL n'y a dans cet Ordre qu'un seul Genre, qui est celui du *Cheval*.

ORDO VI.

QUADRUPEDA

Dentibus incisoribus in utraque maxilla & pede solidungulo donata.

GENUS *Equinum* unicum est ad hunc Ordinem constituendum.

XIV.

Le Genre du Cheval.

Son caractere est

D'avoir six dents incisives à chaque mâchoire :

La corne du pied d'une seule piéce.

XIV.

Genus Equinum.

Hujus character est

Dentes incisores in utrâque maxillâ sex :

Pes solidungulus.

**** 1. LE CHEVAL.**

Equus auriculis brevibus erectis, juba longa... EQUUS.

Equus caudâ undique setosa. Equus. *Linn. syst. nat. ed.* 6. *g.* 27. *sp.* 1.
Faun. Suec. Linn. No. 34.
Equus domesticus, cicuratus. *Klein. Quadr. p.* 4.
Equus. *Raj. Syn. Quadr. p.* 62. No. 1.
Aldro. Quadr. Solid. p. 12. *Fig. p.* 21. (*Fig. bona*).
Gesn. Quadr. p. 442. *Fig. p.* 443. (*Fig. bona*).
Gesn. Icon. Quadr. Fig. p. 19. (*Fig. bona*).
Jonst. Quadr. p. 1. *Fig. T.* 1, 2, 3 & 4. (*Fig. bonis*).
Charlet. Exer. p. 3.
Rzac. Hist. Nat. Pol. p. 240.
Rzac. Auct. p. 332.
Sloane. Vol. II. p. 327.
Cheval. *Hist. Nat. gen. & part. ed. in-4°. Tom. IV. p.* 258. *Fig. Pl. I.* &

ed. in-12. Tom. VII. p. 372. *Fig. Pl. I.* [*Fig. tres bonnes*].

Les François appellent le mâle CHEVAL; *lorsqu'il est coupé*, CHEVAL ONGRE; *la femelle*, JUMENT; *le jeune*, POULAIN.

Les Hébreux, le mâle, SUS; *la femelle*, SUSAH. *Aldro. Gesn.*

Les Chaldéens, SUSUATHA. *Aldro. Gesn.*

Les Grecs, ἵππος.

Les Arabes, BAIEL. *Gesn.*

Les Perses, ASBECHA. *Gesn.*

Les Espagnols, & les Italiens, CAVALLO. *Aldro. Gesn.*

Les Allemands, ROSS. *Aldro. Gesn.*

Les Bohémiens, KUN. *Aldro. Gesn.*

Les Illyriens, KOBYLA. *Aldro.*

Les Polonois, KON. *Aldro. Gesn. Rzac.*

Les Suédois, HÄST. *Linn.*

Les Flamands le mâle, PEERT, *ou* HEINST; *lorsqu'il est coupé*, RUYN; *la femelle*, MERRI. *Aldro.*

Les Anglois, HORSE. *Aldro. Gesn.*

Equus est animal ità notum, ut descriptione non indigeat. Amplissimè describitur in Libro cui titulus, *Histoire Naturelle, Générale & Particuliere, avec la Description du Cabinet du Roi, &c.* Ed. *in-4°. Vol. IV. p. 258. & seq.* & Ed. *in-12. Vol. VII. p.* 372 *& seq.* Habitat ubique terrarum.

Le Cheval est un animal si connu, qu'il n'a pas besoin de description. On le trouvera amplement décrit dans l'*Histoire Naturelle, Générale & Particuliére, avec la Description du Cabinet du Roi, &c.* Ed. *in-4°. Tom. IV. p.* 258 *& suiv.* & Ed. *in-12. Tom. VII. p.* 372 *& suiv.* On le trouve partout.

** 2. LE ZÉBRE, OU L'ANE RAYÉ.

Equus auriculis brevibus erectis, juba brevi, lineis transversis versicolor... ZÉBRA.

Equus lineis transversis versicolor. Zébra. *Linn. syst. nat. ed. 6. g. 27. sp. 3.*

Equus ferus genere suo. Zébra. *Klein. Quadr. p.* 5. *B.*

Zébra. *Raj. Syn. Quadr. p.* 64. *N°.* 4.

Eus. Nieremb. p. 168.

Zébra Indica. *Aldro. Quadr. Solid. p.* 416. *Fig. p.* 417. (*Fig. sat bona*).

Jonst. Quadr. p. 17. *Fig. T.* 5. (*Fig. bona*).

Charlet. Exer. p. 4.

Ane Sauvage. *Kolbe. Tom. III. Fig. p.* 22. [*Fig. bonne*].

Les Portugais l'appellent BURRO DO MATTO. *Klein.*

Il eſt à peu près de la grandeur d'un petit *Cheval*. Ses oreilles ſont un peu plus longues que celles du *Cheval ;* ſa criniere eſt courte. Tout ſon corps eſt rayé de rayes tranſverſales, alternativement noires & jaunes dans le mâle, & alternativement noires & blanches dans la femelle. On le trouve en *Afrique*, & ſur tout au *Cap de Bonne Eſpérance*.

Equum mediocrem magnitudine circiter adæquat. Auriculas habet auriculis *Equinis* paulò longiores; jubam multò breviorem. Per totum corpus lineis tranſverſis, alternatim nigris & flavis in mare, & alternatim nigris & albicantibus in fœminâ, variegatur. Habitat in *Africâ*, & præſertim in *Cap. B. Sp.*.

** 3. L'ANE.

Equus auriculis longis, flaccidis, jubâ brevi... ASINUS.

Equus caudâ extremo ſetosâ. Aſinus. *Linn. ſyſt. nat. ed. 6. g. 27. ſp. 2. Faun. Suec. Linn. N°. 35.*
Aſinus. *Raj. Syn. Quadr. p. 63. N°. 2.*
Klein. Quadr. p. 6. A.
Aldro. Quadr. Solid. p. 295.
Geſn. Quadr. p. 3. Fig. p. 4. (Fig. bona).
Geſn. Icon. Quadr. Fig. p. 20. (Fig. bona).
Jonſt. Quadr. p. 12. Fig. T. 6. [Fig. bona].
Sloane. Vol. II. p. 327.
Aſinus domeſticus. *Charlet. Exer. p. 4.*
Ane. *Hiſt. nat. gen. & part. ed. in-4°. Tom. IV. p. 404. Fig. Pl. XI. & ed. in-12. Tom. VIII. p. 40. Fig. Pl. I. [Fig. tres bonnes].*
Les Hébreux l'appellent CHAMOR. *Aldro. Geſn.*
Les Grecs, Ὄνος.
Les Perſes, CARE. *Aldro. Geſn.*
Les Eſpagnols, ASNO. *Aldro. Geſn.*
Les *Italiens*, LASINO. *Geſn.*
Les Allemands, ESEL. *Aldro. Geſn.*
Les Illyriens, OSEL. *Aldro. Geſn.*
Les Suédois, ÅSNA. *Linn.*
Les Anglois, ASSE. *Aldrov. Geſn.*

Il eſt plus petit qu'un *Cheval* d'une taille ordinaire; il a les oreilles beaucoup plus longues, plus larges, & ordinairement pendantes : ſa criniere eſt très

Minor eſt *Equo* magnitudinis vulgaris; auriculas habet multò longiores, latiores, & flaccidas ; jubam brevem ; caudam caudâ *Equinâ* longiorem, in extremitate tantùm setosam. Asini color vulgaris ex cinereo griseus est. Dantur etiam albi, ruffi, fusci & nigri. Per dorsi longitudinem extenditur linea nigra, alterâ lineâ transversâ etiam nigrâ per scapulas ductâ. Hæ 2 lineæ simul crucem efformant. Habitat ubique, exceptis locis frigidissimis. Amplissimè describitur in Libro cui titulus, *Histoire Naturelle, Générale & Particuliére*, *&c.* Ed. *in*-4°. *Vol. IV. p.* 404 *& seq.* & Ed. *in*-12. *Vol. VIII. p.* 40 *& seq.*

courte: sa queue est plus longue que celle du *Cheval*, & n'est garnie de crins qu'à son extrémité. Sa couleur la plus ordinaire est un gris cendré: il y en a de roux, de bruns, de blancs, & de noirs. Il a une raye ordinairement noire, qui s'étend sur toute la longueur du dos, & qui est coupée transversalement par une seconde, qui descend sur les deux épaules. Ces 2 rayes ensemble forment une croix. On le trouve par tout, excepté dans les Pays froids. On le trouvera amplement décrit dans l'*Histoire Naturelle, Générale & Particuliére, &c.* Ed. *in*-4°. *T. IV. p.* 404 *& suiv.* & Ed. *in*-12. *Tom. VIII. p.* 40 *& suiv.*

** 4. LE MULET.

Equus auriculis longis, erectis, jubâ brevi... MULUS.

Equus caudâ extremo setosâ. Mulus. *Linn. syst. nat. ed.* 6. *g.* 27. *sp.* 2, *b.*
Faun. Suec. Linn. N°. 35. *a.*
Asinus biformis hybridus. Mulus. *Klein. Quadr. p.* 6. *B.*
Mulus. *Raj. Syn. Quadr. p.* 64.
Aldro. Quadr. Solid. p. 358.
Gesn. Quadr. p. 794. *Fig. p.* 793. (*Fig. bona*).
Gesn. Icon. Quadr. Fig. p. 21. [*Fig. bona*].
Jonst. Quadr. p. 15. *Fig. T.* 6. (*Fig. sat bona*).
Charlet. Exer. p. 4.
Sloane. Vol. II. p. 327.
Les François appellent le mâle MULET; *la femelle*, MULE.
Les Hébreux le mâle, PERED; *la femelle*, PIRDAH. *Gesn. Aldrov.*
Les Chaldéens, CUDANA. *Gesn. Aldro.*
Les Grecs, Ἡμίονος.
Les Arabes, BEAL. *Gesn. Aldro.*
Les Espagnols, & les Italiens le mâle, MULO; *la femelle*, MULA. *Gesn.*
Les Allemands, MULTHIER, *ou* MULESEL. *Gesn.*

Les Illyriens, MEZECK. *Gesn. Aldro.*
Les Suédois, MULÅSNA. *Linn.*
Les Anglois, MULE. *Gesn.*

Le Mulet n'est pas une espece certaine & constante qui puisse se reproduire, mais plutôt une bâtarde, qui provient d'un *Ane* & d'une *Jument*. Il ressemble beaucoup au pere par la forme du corps, la longueur des oreilles, & la briéveté de la crinière; mais il ressemble plus à la mere par la grandeur. Comme l'*Ane*, il a la queue longue, & qui n'a des crins qu'à son extrémité. Sa couleur la plus ordinaire est noire, ou d'un brun noir: il a, comme l'*Ane*, sur le dos une croix d'une couleur plus foncée.

Mulus non est certa & constans animalis species; sed hybrida, & spuria ab *Asino Equam* ineunte genita, quæ sibi similem procreare nequit. Quoad formam corporis externam, auricularum longitudinem, jubæ brevitatem patri, quoad magnitudinem matri similis est. Sicut *Asinus* caudam habet longam, in extremitate tantùm setosam. Color ipsius vulgaris est niger, vel ex fusco nigrescens. Crucem saturatioris coloris, sicut *Asinus*, in dorso gerit.

5. L'ANE SAUVAGE.

Equus auriculis longis, jubâ brevi, pelle tuberculis parvis scabra... ONAGER.

Equus caudâ extremo setosâ. Onager. *Linn. syst. nat. ed. 6. g. 27. sp. 2. a.*
Asinus sylvestris; Asiniferus; Onager. *Klein. Quadr. p. 7. C.*
Onagrus, sive Asinus sylvestris. *Gesn. Quadr. p. 19.*
Onager. *Raj. Syn. Quadr. p. 63. No. 3.*
Aldro. Quadr. Solid. p. 352.
Jonst. Quadr. p. 14. Fig. T. 12. [*Fig. cornuta, quod malè*].
Charlet. Exer. p. 4.
Les Grecs l'appellent ὄναγρος.
Les Allemands, WALD EZEL. *Gesn.*
Les Anglois, WILD ASS. *Raj.*

Il ressemble beaucoup à l'*Ane domestique*; il n'en différe que par les petits tubercules dont sa peau est couverte. C'est avec cette peau que l'on fait ce que nous appellons en François le *Chagrin*.

Asino domestico perquàm similis est; in eo tantùm ab illo differt, quòd pellis ejus tuberculis parvis sit scabra, quâ pelle efficitur quod Gallicè *Chagrin* vocatur.

ORDO VII.

ORDO VII.

QUADRUPEDA

Dentibus incisoribus in utrâque maxillâ, & pede bisulco donata.

IN hoc Ordine unicum continetur Genus, scilicet *Suillum* : in quo Genere dentium inciforum numerus sæpissimè variat. Hujus enim Generis QUADRUPEDA dentibus incisoribus, maxillæ superiori, modò 4, modò 5, modò 6; maxillæ verò inferiori modò 4, modò 6, modò 8 donantur. Quæ varietas in numero dentium in errorem inducere nequit, quoniam Genus istud unicum est quod *dentibus incisoribus* in utrâque maxillâ, & simul *pede bisulco* donetur.

XV.

Genus Suillum.

Hujus character est
Dentes incisores in utrâque maxillâ :
Pes bisulcus.

ORDRE VII.

LES QUADRUPEDES

Qui ont des dents incisives aux deux mâchoires, & le pied fourchu.

LE Genre des *Cochons* est le seul qui compose cet Ordre. Il est aussi le seul dont le nombre des dents incisives varie. Les QUADRUPEDES de ce genre ont à la mâchoire supérieure tantôt 4, tantôt 5, tantôt 6 dents incisives; & à la mâchoire inférieure, tantôt 4, tantôt 6, & tantôt 8. Cette variété ne peut point induire en erreur, parce que ce genre est le seul qui ait des *dents incisives* aux deux mâchoires, & en même tems le *pied fourchu.*

XV.

Le Genre du Cochon.

Son caractere est
D'avoir des dents incisives aux deux mâchoires :
Le pied fourchu.

Obs. 1°. Lorsque le nombre des dents incisives est égal dans les deux mâchoires, il est de 4 ou de 6 en chacune.

Obs. 1°. Si dentium incisorum numerus sit æqualis in duobus maxillis, 4 sunt vel 6 dentes in utraque.

Obs. 2°. Lorsqu'il est inégal, le plus grand nombre est toujours à la mâchoire inférieure.

Obs. 2°. Si verò sit inæqualis, maxilla inferior semper majore numero donatur.

Obs. 3°. Le plus grand nombre de dents incisives n'excéde jamais l'autre que de 2 au plus, sçavoir une de chaque côté.

Obs. 3°. Major ille numerus dentium incisorum minorem duobus dentibus tantùm excedit, utrinque uno.

Obs. 4°. Cette variété n'est point propre à faire distinguer les unes des autres les différentes espéces de ce Genre; puisque dans les individus de la même espéce le nombre des dents incisives varie. J'avois cru dabord qu'elle pourroit indiquer au moins le sexe; mais il n'en est rien; car j'ai observé plusieurs *Cochons domestiques* mâles & femelles, & j'ai trouvé dans les deux sexes indifféremment toutes ces variétés.

Obs. 4°. Varius ille dentium incisorum numerus ad distinguendas inter se hujus generis species varias inservire nequit: in diversis enim ejusdem speciei individuis variat ille numerus. Ad sexûs etiam distinctionem nequaquam aptus est; plures enim *Porcos domesticos* mares & fœminas observavi, in quibus in utroque sexu indifferenter omnes illas varietates reperi.

Obs. 5°. Les dents incisives de la mâchoire supérieure sont convergentes; & celles de la mâchoire inférieure, au moins les intermédiaires, sont couchées obliquement, & avancent en avant.

Obs. 5°. Dentes incisores in maxillâ superiore sunt convergentes; in inferiore verò, saltem intermedii, obliquè inclinati & prominentes.

Obs. 6°. Tous les QUADRUPEDES de ce Genre ont le museau allongé, & terminé par un plan arrondi, dans lequel sont les narines.

Obs. 6°. Omnia hujus Generis QUADRUPEDA rostrum habent oblongum, in planum rotundum terminatum, in quo sunt nares.

** 1. LE COCHON DOMESTIQUE.

Sus caudatus, auriculis oblongis, acutis, caudâ pilosâ... SUS DOMESTICUS.

Sus dorso anticè setoso, caudâ pilosâ. Sus, seu Porcus domesticus. *Linn. syst. nat. ed. 6. g. 28. sp. 1. a.*
Faun. Suec. Linn. N°. 36.

Sus seu Porcus domesticus. *Raj. syn. Quadr. p. 92. N°. 1.*
Sloane. Vol. II. p. 328.

Porcus : Sus : Scropha : Verres. *Klein. Quadr. p.* 25.
Sus. *Gesn. Quadr. p.* 982. *Fig. p.* 983. [*Fig. bonis*].
Aldro. Quadr. Bis. p. 937. *Fig. p.* 1006. [*Fig. bona*].
Sus, vel Scropha : Verres. *Gesn. Icon. Quadr. Fig. p.* 24. [*Fig. bonis*].
Sus, Porcus, Scropha, Verres, & Majalis. *Jonst. Quadr. p.* 70. *Fig. T.* 47. (*Fig. bonis*).
Charlet. Exer. p. 13.
Porcus. *Rzac. Hist. Nat. Pol. p.* 243.
Rzac. Auct. p. 333.
Les Fançois l'appellent PORC. *Ils appellent le mâle* VERRAT ; *lorsqu'il est châtré*, COCHON ; *& la femelle*, TRUYE.
Les Latins, SUS. *Ils appellent le mâle* VERRES ; *lorsqu'il est châtré*, MAJALIS ; *la femelle*, SCROPHA ; *le jeune*, PORCELLUS.
Les Hébreux, CHASIR. *Gesn.*
Les Chaldéens, CHASIRA. *Gesn.*
Les Arabes, KANISIR. *Gesn.*
Les Grecs, Ὗς, *ou* Χοῖρος.
Les Perses, MAR, *ou* BUK. *Gesn.*
Les Espagnols, PUERCO. *Gesn.*
Les Italiens, PORCO ; *le mâle*, VERRO ; *lorsqu'il est châtré*, PORCO CASTRATO, *ou* MAIALE ; *la femelle*, SCROPHA, *ou* TROIATA. *Gesn.*
Les Allemands, SAW, *ou* SUW ; SU ; SCHWYN, *ou* SCHWEIN. *Ils appellent le mâle*, ÆBER ; *lorsqu'il est châtré*, BARG ; *la femelle*, MOS, *ou* LOOSS ; *lorsqu'elle est châtrée*, GALTS ; *le jeune*, FÅRLE ; SEUWLE ; *lorsqu'il tette encore*, SPAN FÅRLE. *Gesn.*
Les Polonois, WIEPRZ. *Rzac.*
Les Anglois, HOG ; *le mâle*, BOAR ; *la femelle*, SOW ; *le jeune*, PIG. *Raj. Gesn.*

Sus domesticus est animal satis notum, ut longâ descriptione non indigeat. Pilis rigidis, *setæ* vocatis, toto corpore vestitur. Oculi sunt exigui ; auriculæ oblongæ & acutæ. Color vulgaris albicans, interdum ex nigro variegatus.

Le Cochon est un animal assez commun, pour qu'il n'ait pas besoin d'une longue description. Tout son corps est couvert de poils roides que nous appellons *soyes*. Ses yeux sont petits ; ses oreilles oblongues & pointues. Sa couleur est ordinairement blanchâtre, quelquefois variée de noir.

** 2. Le Cochon de la Chine.

Sus caudatus, ventre ad terram usque propendente, caudâ pilosâ... Sus Sinensis.

Sus dorso anticè setoso, caudâ pilosâ. Sus Chinensis, *Linn. syst. nat. ed. 6. g 28. sp. 1. d.*

Il est plus petit que le précédent; il en différe aussi par ses jambes courtes, & parce que son ventre pend presque jusqu'à terre. Il varie en couleur. Il y en a qui sont variés de noir & de blanc ; d'autres sont de la couleur du *Sanglier*, c'est-à-dire, noirs, mêlés d'un peu de blanchâtre.

Præcedente minor est ; ab illo etiam differt crurum brevitate, & ventre ferè ad terram usque propendente. Colore variat. Dantur ex albo & nigro variegati; dantur etiam colore *Apri*, scilicet è nigro paululùm canescentes.

** 3. Le Sanglier.

Sus caudatus, auriculis brevibus, subrotundis, caudâ pilosâ... Aper.

Sus dorso anticè setoso, caudâ pilosâ. Sus Agrestis, sive Aper. *Linn. syst. nat. ed. 6. g. 28. sp. 1. e.*
Faun. Suec. Linn. No. 36.
Sus Agrestis, sive Aper. *Raj. syn. Quadr. p. 96. No. 2.*
Aper, Porcus sylvestris. *Klein. Quadr. p. 25.*
Aper simpliciter, vel Aper Agrestis : Sus ferus vel sylvaticus. *Gesn. Icon. Quadr. p. 81. Fig. p. 82. (Fig. bona).*
Aper. *Gesn. Quadr. p. 1039. Fig. p. 1040. (Fig. bona).*
Aldro. Quadr. Bis. p. 1013. Fig. p. 1025. (Fig. bona).
Jonst. Quadr. p. 74. Fig. T. 47. & 48. [Fig. bonis].
Charlet. Exer. p. 13.
Aper, seu Verres sylvaticus. *Rzac. Hist. Nat. Pol. p. 213.*
Aper, seu Sus sylvaticus. *Rzac. auct. p. 305.*
Les François appellent le mâle Sanglier; *la femelle*, Laye; *le jeune*, Marcassin.
Les Grecs l'appellent Κάπρος, *ou* Χοῖρος ἄγριος.
Les Espagnols, Puerco sylvestre, *ou* Puerco montes, *ou* Javali. *Gesn.*
Les Italiens, Porco Sylvatico, *ou* Cinghiale, *ou* Cinghiare. *Gesn.*
Les Allemands, Wild Schwein. *Gesn. Rzac.*
Les Illyriens, Weprz. *Gesn.*

Les Polonois, Wieprz Lesny. *Rzac.*
Les Suédois, Will-Swin. *Linn.*
Les Anglois, Wild Boar, *ou* Wild Swine. *Raj.* Bore. *Gesn.*

Suem domesticum magnitudine circiter adæquat. Dentes habet caninos, (Gallicè *Défenses*) multò longiores; auriculas breviores, subrotundas, & nigras; cujus etiam coloris sunt & cauda & pedes. Per totum corpus vestitur pilis rigidis, è nigro paulùm canescentibus. Habitat in sylvis.

Il est à peu près de la grandeur du *Cochon domestique*. Il a les dents canines, (appellées en François, *Défenses*) beaucoup plus longues; les oreilles plus courtes, arrondies & noires, ainsi que les pieds & la queue: tout le reste de son corps est couvert de poils roides & noirs, mêlés d'un peu de blanchâtre. On le trouve dans les forêts.

4. Le Cochon de Guinée.

Sus caudatus, auriculis longis & acuminatis, caudâ nudâ...
Sus Guineensis.

Sus dorso ponè setoso, caudâ nudâ. *Linn. syst. nat. ed. 6. g. 28. sp. 2.*
Porcus Guineensis Marcgravii. *Raj. Syn. Quadr. p. 96. No. 3.*
Porcus Guineensis. *Klein. Quadr. p. 26.*
Jonst. Quadr. p. 73. Fig. T. 46. [*Fig. bona*].
Marcgr. Hist. Br. Fig. p. 230. [*Fig. bona*].

Figurâ est ut nostrates *domestici Sues*: ab eis tamen differt, quòd habeat auriculas longas, planè acutas, & prolongatis acuminibus; & caudam longam usque ad talos propendentem, pilorum expertem. Setis omninò caret; sed totum corpus tegitur pilis brevibus, ruffis splendentibus. Attamen versùs caudam in dorso, & circà collum paulò longiores habet pilos. Habitat in *Guineâ*, & *Brasiliâ*.

Il a la figure de nos *Cochons domestiques*: Il en différe par ses oreilles, qui sont très longues, & terminées par une pointe longue & aiguë; & par sa queue, qui lui descend jusqu'aux talons, & qui est tout à fait dénuée de poils. Il n'a point du tout de soyes; mais tout son corps est couvert de poils courts, d'un roux brillant. Il a aussi quelques poils plus longs sur le dos vers la queue, & vers le col. On le trouve en *Guinée*, & au *Brésil*.

5. Le Sanglier des Indes Orientales.

Sus caudatus, dentibus caninis superioribus ab origine sursùm versis, arcuatis, caudâ floccosâ... Aper Orientalis.

Sus dentibus duobus fronti innatis. *Linn. syst. nat. ed. 6. g. 28. sp. 4.*
Porcus Indicus, Babyroussa dictus. *Raj. syn. Quadr. p. 96. No. 4.*
Porcus Babyroussa. *Klein. Quadr. p. 25.*
Babyroussa, seu Porcus Indicus. *Charlet. Exer. p. 14.*
Babyroussa. *Bont. Ind. Ori. Fig. p. 61.* [*Fig. mala*].
Apet Indicus orientalis, Babi Roesa dictus. *Seb. Vol. I. p. 80. Fig. T. 50. F. 2.* (*Fig. optimâ*).
Les Habitans de l'Isle de Boëro l'appellent Babi-Roesa. *Seba.*

Il est à peu près de la grandeur d'un *Cerf*, & il ressemble assez au *Cochon* par sa figure. Sa tête est oblongue & étroite; son museau long; ses oreilles petites & pointues; ses yeux petits; ses jambes longues & déliées; sa queue longue, frisée, & terminée par un bouquet de poils. Son corps est couvert de poils courts, laineux, & très doux au toucher: ceux qui garnissent le dos sont soyeux, & plus rudes. Sa couleur est ou blanchâtre, ou d'un brun mêlé de gris. Ses dents canines supérieures sont singulieres: elles tendent vers le haut dès leur origine, & ensuite sont courbées en arc. Lorsque l'animal est vieux, elles vont lui percer la peau au dessous des yeux. Ses dents canines inférieures sont très longues & ressemblent aux *défenses* des *Sangliers*. On le trouve dans les *Indes Orientales*.

Cervum magnitudine circiter adæquat, & *Porcum* formâ corporis sat benè imitatur. Caput habet oblongum & angustum; rostrum prolixum; auriculas parvas, & acutas; oculos parvos; crura longa & gracilia; caudam prolixam, crispatam, & in floccum desinentem. Pili breves, quasi lanei, & mollissimi totum ejus corpus obtegunt: rigidiores tamen & magis setosi sunt qui dorsum vestiunt: Color est albicans, aut fuscus & griseus. Dentes habet caninos superiores maximè singulares: ab origine sursùm vertuntur, & deindè arcuantur. Cùm senescit animal, ipsi infrà oculos cutem perforant. Canini inferiores sunt longissimi, & *Aprorum* caninis (Gallicè *défenses* dictis) similes. Habitat in *Indiâ Orientali*.

6. LE SANGLIER DU MÉXIQUE.

Sus ecaudatus, folliculum ichorosum in dorso gerens... APER MEXICANUS.

Sus dorso Cystifero, caudâ nullâ. *Linn. syst. nat. ed.* 6. *g.* 28. *sp.* 3.
Porcus Moschiferus umbilicum in dorso habens. *Klein. Quadr. p.* 25.
Sus umbilicum in dorso habens. *Aldro. Quadr. Bis. p.* 939.
Sus minor umbilico in dorso. *Barr. Hist. Fr. Eq. p.* 161.
Tajacu, seu Aper Mexicanus Moschiferus. *Raj. Syn. Quadr. p.* 97.
Tajacu. *Pison. Hist. nat. Fig. p.* 98. [*Fig. bona, si caudam non haberet*].
Tajacu; Caaigoara Brasiliensibus. *Marcgr. Hist. Br. Fig. p.* 229. (*Fig. eadem, ut suprà*].
Porcus Americanus. *Charlet. Exer. p.* 14.
Zainus. *Jonst. Quadr. p.* 75. *Fig. T.* 46. *sub isto nomine*, Zainus, S. Tajacu, Porcus Sylvester. [*Fig. ut suprà*].
Eus. Nieremb. Fig. p. 170. (*Fig. eadem*).
Aper Indicus, Zainus; aliis Coja-Metl. *Mus. Worm. p.* 340.
Quauhtla Coymatl. Quapizotl. Aper Mexicanus. *Hernand. Hist. Mex. Fig. p.* 637. [*Fig. bona*].
Coyametl, seu Quauhcoyametl. *Fern. Hist. N. Hisp. p.* 8.
Sanglier appellé *Pecaris. Des March. Tom. III. p.* 312.
Les François de la Guiane l'appellent COCHON NOIR. *Barr.*
Les Mexiquains, MUSK-HOG. *Klein.*

Porco domestico magnitudine cedit. Collum habet breve & crassum; auriculas erectas, & acuminatas, 3 circiter pollices longas; oculos parvos; caudam nullam. Corpus undique obsitum est setis *porcinis* crassioribus, è nigro canescentibus, vel è nigro & incano variegatis; quæ setæ in imis lateribus breviores, paulatìm longitudine augentur ad medium usque dorsum, ubi nonnullæ 5 aut 6 digitos longæ sunt. Ab aliis

Il est un peu plus petit que le *Cochon domestique*. Il a le col court & épais; les oreilles droites, pointues, & longues d'environ 3 pouces; les yeux petits. Il n'a point du tout de queue. Tout son corps est couvert de soyes plus grosses que celles des *Cochons ordinaires*, noires, mêlées d'un peu de blanchâtre. Ces soyes sont courtes vers le bas des côtés, & elles sont de plus en plus longues à mesure qu'elles s'approchent du dos, où il y en a qui ont 5 ou 6 doigts de longueur.

Il différe principalement des autres especes de ce genre par une espece de bourse qu'il a sur le dos vers la partie postérieure, d'où découle une liqueur d'une odeur désagréable. On le trouve au *Mexique*, dans la *Guiane*, & au *Brésil*.

hujus generis speciebus præcipuè differt folliculo, quem versùs clunes in dorso gerit, ex quo ingrati odoris liquor emanat. Habitat in *Mexico*, *Guianiâ*, & *Brasiliâ*.

ORDO VIII.

ORDO VIII.

QUADRUPEDA

Dentibus inciſoribus in utrâque maxillâ, & tribus digitis ungulatis in ſingulis pedibus donata.

RHINOCEROS ſolus hunc Ordinem conſtituit.

XVI.

Genus Rhinocerotis.

Hujus characťer eſt
Dentes inciſores in utrâque maxillâ duo, à ſe invicem plurimùm remoti :
In ſingulis pedibus digiti tres ungulati :
Cornu in naſo.

Obſ. Uniuſcujuſque maxillæ pars anterior aliquo modo plana eſt, vel potiùs quaſi quadratim truncata ; & unuſquiſque dens inciſorius in angulis, partibus maxillarum anterioribus & lateralibus conſtitutis, ſitus eſt. Dentes caninos non habet ; ſed 12 ſunt molares in utrâque maxillâ, 6 utrinque.

ORDRE VIII.

LES QUADRUPEDES

Qui ont des dents inciſives aux deux mâchoires, & trois doigts ongulés à chaque pied.

IL n'y a dans cet Ordre qu'un ſeul QUADRUPEDE, qui eſt le *Rhinoceros*.

XVI.

Le Genre du Rhinoceros.

Son caractere eſt
D'avoir à chaque mâchoire deux dents inciſives, très éloignées l'une de l'autre :
Trois doigts ongulés à chaque pied :
Une corne ſur le nez.

Obſ. La partie antérieure de chacune de ſes mâchoires eſt en quelque façon applatie, ou plûtôt comme coupée quarrément, & chacune des dents inciſives eſt placée à peu-près dans un des angles formés par le devant des mâchoires & leurs côtés. Il n'a point de dents canines ; mais il a à chaque mâchoire 12 dents molaires, 6 de chaque côté.

P

** 1. Le Rhinoceros.

RHINOCEROS.

Rhinoceros cornu unico conico. *Linn. ſyſt. nat. ed. 6. g. 25. ſp. 1.*
Rhinoceros. *Raj. Syn. Quadr. p.* 122.
Klein. Quadr. p. 26.
Geſn. Quadr. p. 952. *Fig. p.* 953. (*Fig. mala*).
Geſn. Icon. Quadr. Fig. p. 60. [*Fig. mala*].
Aldro. Quadr. Biſ. p. 878. *Fig. p.* 884. [*Fig. mala*].
Jonſt. Quadr. p. 66. *Fig. T.* 38. (*Fig. mala*).
Muſ. Worm. p. 336.
Charlet. Exer. p. 12.
Abadà, ſive Rhinoceros. *Bont. Ind. Ori. p.* 50. *Fig. p.* 51. [*Fig. ſat bona, ſi digiti ungulati eſſent*].
Naricornis Catelani. *Klein.*
Rhinoceros. *Kolbe. Tom. III, p.* 13. *Fig. p.* 14. (*Fig. mauvaiſe*).
Porte-Corne. *Klein.*
Les Hébreux l'appellent REEM. *Geſn.*
Les Chaldéens, KARAS, *ou* KARASCH. *Geſn.*
Les Grecs, Ῥινόκερως.
Les Perſes, ELKERKEDOM. *Klein.*
Les Italiens, RHINOCEROTE. *Klein.*
Les Polonois, NOZOROZEC; ZEBATI. *Klein.*
Les Suédois, ENHÖRNING. *Linn.*
Les Habitans du Cap de B. Eſp. TUABBA; NABBA. *Klein.*
Les Indiens, SANDA BENAMET. *Geſn.* GOMELA. *Klein.*
Les Habitans de Java, ABADA; NOEMBA. *Klein.*

Il a, depuis la partie ſupérieure du dos juſqu'à terre, environ 6 pieds; depuis le bout du muſeau juſqu'à la queue, environ 12 pieds : le tour de ſon corps eſt égal à ſa longueur. Sa tête eſt oblongue; ſes yeux petits; ſes oreilles ſemblables à celles d'un *Cochon* : ſa lévre ſupérieure, qu'il peut étendre & retirer à volonté, eſt beaucoup plus longue que l'inférieure, & pointue. Il porte une corne ſur le nez; (Quelques Au-

A parte ſuperiore dorſi ad terram uſque, 6 pedes circiter altus eſt; ab extremitate oris ad caudam, 12 pedes circiter longus : ambitus corporis longitudini æqualis. Caput habet oblongum; oculos parvos; auriculas *porcinis* ſimiles; labium ſuperius, quod extendere & contrahere poteſt, inferiore multò longius, & valdè acutum; in naſo cornu unum, (quandoque duo, ſecundùm Authores quoſdam) ; caudam 2 pedes longam. Cutis ex cinereo nigrescit, estque admodum rugosa, cum profundis plicaturis in collo, dorso, lateribus & cruribus. Pilos non habet, nisi in caudâ, & auriculis. Habitat in *Africæ* desertis, inque regnis *Bengalæ*, & *Patanæ Asiæ*.

teurs prétendent qu'il en a quelquefois deux). Sa queue est longue de 2 pieds. Sa peau est d'un gris presque noir, très raboteuse, avec des plis considérables au col, sur le dos, aux côtés, & aux jambes. Il n'a des poils qu'aux oreilles, & à la queue. On le trouve dans les déserts de l'*Afrique*, & dans les Royaumes de *Bengale*, & de *Patane* en *Asie*.

ORDRE IX.

LES QUADRUPEDES

Qui ont deux dents incisives à chaque mâchoire, & quatre doigts ongulés aux pieds de devant, & trois à ceux de derriere.

IL n'y a dans cet Ordre qu'un seul QUADRUPEDE, qui est le *Cabiai*.

XVII.

Le Genre du Cabiai.

Son caractere est
D'avoir deux dents incisives à chaque mâchoire:
Quatre doigts ongulés aux pieds de devant, & trois à ceux de derriere.

Obs. Il n'a point de dents canines; mais ses dents molaires sont singulieres: il en a 8 à chaque mâchoire, 4 de chaque côté, chacune desquelles équivaut à trois; car elles sont fendues à demi, chacune en trois parties, & représentent 3 dents attachées les unes aux autres.

ORDO IX.

QUADRUPEDA

Dentibus incisoribus in utrâque maxillâ duobus, & quatuor digitis ungulatis in pedibus anticis, & tribus in posticis donata.

UNICUM QUADRUPEDEM continet hic Ordo, scilicet, *Hydrocharum*.

XVII.

Genus Hydrochari.

Hujus character est
Dentes incisores in utrâque maxillâ duo:
Quatuor digiti ungulati in pedibus anticis, & tres in posticis.

Obs. Dentibus caninis caret. Dentes verò molares maximè sunt singulares: 8 sunt in quâlibet maxillâ, 4 utrinque: unusquisque dens tribus æquivalet dentibus; tripartitus enim est secundùm dimidiam altitudinem, tresque dentes inseparabiles repræsentat.

1. LE CABIAI.

HYDROCHŒRUS.

Capybara Brasiliensibus : Porcus fluviatilis, Marcgravii. *Raj. Syn. Quadr. p.* 126.
Capybara Brasiliensibus. *Marcgr. Hist. Br. Fig. p.* 230. (*Fig. bona*).
Capybara. *Pison. Hist. nat. Fig. p.* 99. (*Fig. bona*).
Porcus fluviatilis. *Jonst. Quadr. p.* 73. *Fig. T.* 60. (*Fig. bona*).
Sus maximus palustris. *Barr. Hist. Fr. eq. p.* 160.
Cochon d'eau. *Des March. T. III. p.* 314.
Les Européens de la Guiane l'appellent COCHON D'EAU. *Des March.*
Les Guianois, CABIAI, & CABIONARA. *Barr.*
Les Indiens, CAPYBARA. *Des March.*

Bimum *Porcum* magnitudine circiter exæquat. Longitudo corporis, à capite ad anum, circiter 2 pedum est. Caput 7 aut 8 pollices longum, & totidem ferè crassum; os crassum & obtusum; maxilla inferior superiore brevior; oculi magni nigri; auriculæ parvæ, parumper acutæ. Barbam habet *felinam*, pilis longis & rigidis compositam : caudâ caret. In singulis pedibus anterioribus quatuor habet ungulas, quarum media longior est, duæ laterales breviores, & quarta minima; in posterioribus verò pedibus tres tantùm ungulas, quarum media aliis longior. Pilus totius corporis fuscus est, rigidus, brevis, & densus. Habitat in *Guianiâ* & *Brasiliâ*.

Il est à peu près de la grandeur d'un *Cochon* de 2 ans. Il a, depuis la tête jusqu'à l'anus, environ 2 pieds. Sa tête a 7 à 8 pouces de longueur, & presque autant d'épaisseur : son museau est gros & obtus; la mâchoire inférieure plus courte que la supérieure; ses yeux grands & noirs; ses oreilles petites & pointues. Il a des moustaches longues & dures, comme celles d'un *Chat* : il n'a point de queue. Il a à chaque pied de devant 4 ongles : celui du milieu est le plus long, les deux des côtés plus courts, & le quatriéme le plus petit; & aux pieds de derriere trois seulement, dont le milieu est plus long que les deux autres. Tout son corps est couvert d'un poil brun, rude, court, & assez épais. On le trouve dans la *Guiane* & au *Brésil*.

ORDRE X.

LES QUADRUPEDES

Qui ont dix dents incisives à chaque mâchoire, & quatre doigts ongulés aux pieds de devant, & trois à ceux de derriere.

CET Ordre ne contient qu'un seul QUADRUPEDE, sçavoir le *Tapir* ou *Manipouris.*

XVIII.

Le Genre du Tapir, ou Manipouris.

Son caractere est
D'avoir dix dents incisives à chaque mâchoire :
Quatre doigts ongulés aux pieds de devant, & trois à ceux de derriere.

Obs. La partie anterieure de chaque mâchoire se termine en pointe, & est garnie de 10 dents incisives : il n'a point de dents canines ; mais il en a dix grandes molaires à chaque mâchoire, 5 de chaque côté, un peu distantes des incisives : ce qui fait en tout 40 dents.

ORDO X.

QUADRUPEDA

Dentibus incisoribus in utrâque maxillâ decem, & quatuor digitis ungulatis in pedibus anticis, & tribus in posticis donata.

UNICUM est in hoc Ordine QUADRUPES, scilicet *Tapirus.*

XVIII.

Genus Tapiri.

Hujus character est
Dentes incisores in utrâque maxillâ decem :
Quatuor digiti ungulati in pedibus anticis, & tres in posticis.

Obs. Maxillæ ambæ anteriùs fastigatæ sunt, & in qualibet decem sunt dentes incisores ; canini nulli ; molares 10, quinque utrinque, magni, ab incisoribus distantes. Summa dentium 40.

1. Le Tapir, ou Manipouris.

Tapirus.

Tapiierete Brasiliensibus. *Raj. Syn. Quadr. p. 126.*
Klein. Quadr. p. 36.
Jonst. Quadr. p. 74.
Marcgr. Hist. Br. Fig. p. 229. (*Fig. bona*).
Tapiierete. *Pison. Hist. nat. Fig. p.* 101. (*Fig. bona*).
Sus aquaticus multisulcus. *Barr. Hist. Fr. eq. p.* 161.
Les Portugais l'appellent Anta. *Raj. Jonst. Marcgr. Pison.*
Les Guianois, Tapir ; Maypoury, *ou* Manipouris. *Barr.*

Magnitudine *Juvencum* semestrem exæquat. Figurâ corporis quodammodo ad *Porcum* accedit ; capite tamen crassiori, oblongo, superiùs in acumen desinente ; labio superiore quàm inferius multò longiore, præeminente, fissuris oblongis donato, quodque validissimo nervo contrahere & extendere potest. Oculos habet parvos *porcinos* ; auriculas obrotundas, majusculas ; caudam brevissimam, conicam, pilis nudam ; crura vix *porcinis* longiora, at crassiuscula ; in anterioribus pedibus quatuor ungulas nigricantes, quarum media longior est, duæ laterales breviores, & quarta exterior minima ; in posterioribus verò pedibus tres tantùm ungulas, quarum media aliis longior. Pili breves sunt : color ipsorum in junioribus est umbræ lucidæ, maculis albis

Il est de la grandeur d'un *Veau* de 6 mois. Quant à la figure du corps, il approche de celle d'un *Cochon* ; il a cependant la tête plus grosse, oblongue, & dont la partie supérieure se termine en pointe. La lévre supérieure, qu'il peut étendre & contracter à volonté, est beaucoup plus longue que l'inférieure, très élevée, & comme garnie de sillons dans sa longueur. Il a de petits yeux de *Cochon* ; des oreilles arrondies, assez grandes ; la queue très courte, conique & dénuée de poils ; les jambes à peu près de la longueur de celles d'un *Cochon*, mais un peu plus grosses : il a à chacun des pieds de devant 4 ongles noirâtres ; celui du milieu est le plus long, les deux des côtés plus courts, & le quatriéme, qui est extérieur, le plus petit ; & aux pieds de derriere 3 seulement, dont le milieu est plus long que les deux autres. Son poil est court : dans les jeunes ; il est de couleur d'ombre brillante, variée de taches blanches ; & dans les adultes il est brun, ou noirâtre, sans taches. On le trouve dans la *Guiane* & au *Brésil*.

variegatus ; in adultis fuscus ; sive nigricans, sine maculis. Habitat in *Guianiâ* & *Brasiliâ*.

ORDO XI.

ORDO XI.

QUADRUPEDA

Dentibus inciſoribus in utrâque maxillâ, & quatuor digitis ungulatis in ſingulis pedibus donata.

HIC Ordo, ſicut & tres præcedentes, unico QUADRUPEDE conſtituitur, ſcilicet *Hippopotamo.*

XIX.

Genus Hippopotami.

Hujus character eſt

Dentes inciſores in utrâque maxillâ quatuor; ſuperiores per paria remoti; inferiores rectè antrorsùm prominentes, intermedii lateralibus multò longiores:

In ſingulis pedibus digiti quatuor ungulati.

Obſ. Hippopotami dentium numerus 44; ſcilicet inciſores 8, 4 in utrâque maxillâ; canini 4, duo utrinque; omnes cilindrici: canini obliquè truncati: molares 32, octo utrinque in utrâque maxillâ.

ORDRE XI.

LES QUADRUPEDES

Qui ont des dents inciſives aux deux mâchoires, & quatre doigts ongulés à chaque pied.

IL n'y a dans cet Ordre, comme dans les trois précédents, qu'un ſeul QUADRUPEDE, ſçavoir *l'Hippopotame.*

XIX.

Le Genre de l'Hippopotame.

Son caractere eſt

D'avoir à chaque mâchoire quatre dents inciſives; dont les ſupérieures ſont ſéparées par paires, & les inférieures avancent en avant parallélement à la mâchoire, & les deux du milieu ſont beaucoup plus longues que celles des côtés:

Quatre doigts ongulés à chaque pied.

Obſ. L'Hippopotame a en tout 44 dents, ſçavoir 8 inciſives, 4 à chaque mâchoire; 4 canines, 2 de chaque côté; toutes ces dents ſont cilindriques: les canines ſont comme coupées en biſeau: 32 molaires, 8 de chaque côté à chaque mâchoire.

* 1. L'HIPPOPOTAME.

HIPPOPOTAMUS.

Hippopotamus. Bupotamus. *Klein. Quadr. p.* 34. *Fig. T.* 3. (*Fig. mala*).
Hippopotamus. *Raj. Syn. Quadr. p.* 123.
Linn. syst. nat. ed. 6. *g.* 26. *sp.* 1.
Gesn. Icon. Quadr. Fig. p. 82. (*Fig. pessima*).
Gesn. Icon. Aquat. Fig. p. 354. (*Fig. eadem, ut suprà*).
Gesn. Pisc. Fig. p. 494. (*Fig. eadem*).
Aldro. Quadr. Dig. Viv. p. 181. *Fig. p.* 183. & 184. [*Fig. sat bonis*].
Jonst. Quadr. p. 76. *Fig. T.* 49. (*Fig. pessimis*).
Bell. de Aquat. p. 22. *Fig. p.* 23. [*Fig. mala*].
Charlet. Exer. p. 14.
Prosp. Alp. Ægypt. Vol II. p. 246. *Fig. T.* 23. (*Fig. sat bona*).
Hippopotamus Antiquorum. *Colum. Aquat. p.* 28. *Fig. p.* 30. (*Fig. bona*).
Caballus marinus. *Flor. Sin. p. I. Fig. T. I.* (*Fig. bona, exceptis pedibus*).
Cheval marin, ou Hippopotame. *Kolbe. Tom. III. p.* 27. *Fig. p.* 64. *F.* 1.
(*Fig. mauv.*).
Bomarin. *Klein.*
Les Grecs l'appellent Ιπποποταμος.
Les Egyptiens, FORAS FLEBAR. *Aldrov.*
Les Chinois, HAYMA. *Flor. Sin.*
Les Suédois, BEHEMOT. *Linn.*

Il a, depuis la tête jusqu'à la la queue, 13 pieds de long : le diametre vertical de son corps a 3 ½ pieds, & le diametre horizontal 4 ½ pieds. Le tour de son corps est de 13 pieds. Sa tête a 2 ½ pieds de large, & 3 pieds de de long ; l'ouverture de la bouche 1 pied ; ses jambes 3 ½ pieds de long depuis le ventre jusqu'à terre, & 3 pieds de tour. Son museau est gros & charnu ; ses yeux petits ; ses oreilles minces, & longues de 3 pouces. Sa queue, qui a un pied de long, est grosse à son origine, & se termine tout à coup en pointe.

Longitudo corporis, à capite ad caudam, 13 pedum est : corporis diameter verticalis 3 ½ pedum, diameter horizontalis 4 ½ pedum. Ambitus corporis longitudini æqualis ; caput 2 ½ pedes latum, 3 pedes longum ; oris rictus 1 pedem ; crura à terrâ ad ventrem 3 ½ pedes longa ; crurum ambitus 3 pedes. Rostrum crassum & carnosum ; oculi parvi ; auriculæ 3 uncias longæ, & tenues. Cauda 1 pede longa, ab origine crassa, & statim in acutum desinens. Cutis admodum crassa, dura, & colore obscuro. Pilos non habet, nisi in extremitate caudæ, & in rostro, in quo est barba *Leoninæ* & *Felinæ* similis. Habitat in *Africâ*, & in *Indo Indiæ* fluvio.

Sa peau est très épaisse, dure, & d'une couleur obscure. Il n'a point de poil, excepté au bout de la queue, & au museau, où il a une moustache pareille à celle des *Lions* & des *Chats*. On le trouve en *Afrique*, & dans l'*Inde* sur le fleuve *Indus*.

ORDRE XII.

LES QUADRUPEDES

Qui ont deux dents incisives à chaque mâchoire, & les doigts onguiculés.

LE plus grand nombre des QUADRUPEDES de cet Ordre n'a point de dents canines; quelques uns en ont. Parmi les uns & les autres, il y en a qui ont des piquans sur le corps, les autres n'ont que du poil. Ils se divisent en quatre Sections. La premiere contient ceux qui n'ont point de dents canines, & qui ont des piquans sur le corps, comme le *Porc-Epic*. La seconde ceux qui n'ont ni dents canines, ni piquans sur le corps, mais qui l'ont seulement couvert de poils, comme le *Castor*, le *Liévre*, le *Rat*, &c. La troisiéme ceux qui ont des dents canines, & qui n'ont point de piquans sur le corps, comme la *Musaraigne*: & la quatriéme ceux qui ont des dents canines, & des piquans sur le corps, comme le *Hérisson*.

ORDO XII.

QUADRUPEDA

Dentibus incisoribus in utrâque maxillâ duobus, & digitis unguiculatis donata.

PLeraque hujus Ordinis QUADRUPEDA dentibus caninis carent; quædam verò illis dentibus donantur. Ex utrisque quædam habent corpus aculeatum, vel aculeis tectum, alia sunt corpore tantummodò piloso. In quatuor Sectiones dividuntur. Prima continet ea quæ dentibus caninis carent, quæque corpus aculeatum habent, sicut *Hystrix*. Secunda ea quæ nec dentes caninos, nec corpus aculeatum, sed tantummodò pilosum habent, sicuti *Castor*, *Lepus*, *Mus*, &c. Tertia ea quæ dentibus caninis donantur, & corpus aculeis destitutum habent, ut *Musaraneus*. Quarta denique ea quæ dentes caninos habent, & corpus aculeatum, vel aculeis tectum, sicut *Erinaceus*.

SECTIO I.

Ea quæ dentibus caninis carent; quæque corpus aculeatum habent.

UNICO Genere, scilicet *Hystricis*, constituitur hæc Sectio.

XX.

Genus Hystricis.

Hujus character est
Dentes incisores in utrâque maxillâ duo:
Canini nulli:
Digiti unguiculati:
Corpus aculeatum.

Obs. Omnium hujus Generis specierum dentes incisores contigui sunt & cultrati.

SECTION I.

Ceux qui n'ont point de dents canines, & qui ont des piquants sur le corps.

IL n'y a dans cette Section qu'un seul genre, sçavoir celui du *Porc-Epic.*

XX.

Le Genre du Porc-Epic.

Son caractere est
D'avoir deux dents incisives à chaque mâchoire :
Point de dents canines :
Les doigts onguiculés :
Des piquans sur le corps.

Obs. Les dents incisives de toutes les espéces de ce Genre sont contigues & tranchantes.

** 1. LE PORC-EPIC.

Hystrix, capite cristato... HYSTRIX.

Hystrix manibus tetradactylis, plantis pentadactylis, capite cristato. *Linn. syst. nat. ed. 6. g. 17. sp. 1.*
Hystrix. *Gesn. Quadr. p. 631. Fig. p. 632. (Fig. bona, exceptis dentibus).*
Gesn. Icon. Quadr. Fig. p. 87. (Fig. eadem, ut supra).
Aldrov. Quadr. Dig. Viv. p. 471. Fig. p. 474. (Fig. at bona).
Jonst. Quadr. p. 119. Fig. T. 68. (Fig. bona).
Raj. Syn. Quadr. p. 206.
Charlet. Exer. p. 19.
Mus. Worm. p. 335.
Hystrix Orientalis cristata. *Seb. Vol. I. p. 79. Fig. T. 50. F. 1. [Fig. bona].*
Acanthion cristatus. *Klein. Quadr. p. 66.*
Porc-Epic. *Kolbe. T. III. p. 44. Fig. p. 64. F. 2. [Fig. bonne].*
Hist. de l'Acad. T. III. Part. 1. p. 33. Fig. Pl. 41. (Fig. bonne).

Les Grecs l'appellent ὕστριξ.
Les Espagnols, PUERCO-ESPIN. *Gesn. Aldro.*
Les Italiens, HISTRICE, *ou* PORCO SPINOSO. *Gesn. Aldro.*
Les Anglois, PORCUPINE. *Raj.* PORTEPYNE. *Gesn. Aldro.*
Les Illyriens, PORCO SPINO. *Gesn. Aldro.*
Les Allemands, MEERSCHWEYN; DORNSCHWEYN; STACHELSCHWEYN; PORCOPICT; TARAN. *Gesn.*
Les Suédois, PIGG SWIN. *Linn.*

Il a 2 ½ pieds de long, depuis le museau jusqu'à l'anus. Ses jambes sont fort courtes : celles de devant n'ont que quatre pouces depuis le ventre jusquà terre, & celles de derriere 6. Sa tête a 5 pouces de long. Sa lévre supérieure est fendue comme celle d'un *Liévre* : ses yeux sont petits ; ses oreilles ressemblent à celles de l'homme. Il n'a point de queue. Il a à chaque pied 5 doigts (*a*) : il y en a un de ceux de devant qui est fort petit, & dont il n'y a que l'ongle qui paroît au dehors. Le dos & les côtés sont couverts de piquans un peu courbés comme des alênes, pointus, de différentes longueurs & différentes grosseurs, variés de blanc, & de brun noirâtre. Il y en a de tout à fait blancs. Les plus gros sont les moins longs ; ils ont depuis 6 jusqu'à 12 pouces : les autres ont 15 pouces, & sont flexibles. Il

(*a*) Plusieurs Auteurs ne lui donnent que 4 doigts aux pieds de devant. J'ai vû au *Cabinet du Roi* 2 squélétes de cet Animal, dont un avoit 5 doigts aux pieds de devant, & l'autre n'en avoit que 4.

Longitudo corporis, ab ore ad anum, 2 ½ pedum est. Crura brevissima ; anteriora à ventre ad terram 4 tantùm pollices, posteriora verò 6 longa sunt. Caput 5 pollices longum. Labium superius, ut in *Lepore*, fissum : oculi parvi : auriculæ auriculis humanis similes : cauda nulla. In singulis pedibus 5 sunt digiti (*a*), quorum unus pedum anteriorum minimus, ungue tantummodò exteriùs apparente. Dorsum & latera teguntur aculeis ad instar subularum parumper incurvis, acuminatis, longitudine & crassitie variis, ex nigro, fusco, & albo distinctis : dantur etiam omninò albi. Crassiores longitudine sunt minores ; 6 inter & 12 pollices longi sunt ; tenuiores verò 15 pollicum longitudinem attingunt, & flexibiles sunt. In

(*a*) Secundùm Authores plurimos 4 sunt tantùm in pedibus anterioribus digiti. 2 Hystricis sceleta in *Museo Regio* vidi, quorum alter in pedibus anterioribus 5 digitis, alter verò 4 tantùm donabatur.

parte posteriore capitis & colli pulchra est quasi crista, conflata plurimis aculeis tenuissimis, & flexibilibus, setis *Apri* similibus, longitudine inæqualibus, aliis unius pedis, aliis minùs longis; quorum medietas versùs originem alba est in aliquibus, alterâ medietate cinereâ, in aliis verò viceversâ. Pectus & venter similibus ornantur setis. Habitat in *Africâ*, *Sumatrâ*, & *Javâ*.

a sur le derriere de la tête & du col une espece de panache, formée de quantité de piquans fort déliés & flexibles, assez semblables aux soies du *Sanglier*, & de longueur inégale, quelques uns ayant un pied de long, dont la moitié vers la racine est blanche dans quelques uns & le reste gris, & dans d'autres tout au contraire. La poitrine & le ventre sont couverts de soyes à peu près pareilles. On le trouve en *Afrique*, à *Sumatra*, & à *Java*.

2. Le Porc-Epic de la Nouvelle Espagne.

Hystrix aculeis apparentibus, caudâ brevi & crassâ... Hystrix Novæ Hispaniæ.

Hoitzlacuatzin, seu Tlacuatzin spinosum. Hystrix Novæ Hispaniæ. *Hernand. Hist. Mex. Fig. p.* 322. (*Fig. sat bona*).
Hoitzlaquatzin. *Eus. Nieremb. Fig. p.* 154. (*Fig. sat bona*).

Canis mediocris magnitudinem adæquat. Totum corpus, exceptis ventre & cruribus, tegitur aculeis peracutis, 3 pollices longis, tenuibus, candentibus & luteis, sed mucronibus nigricantibus; pilis tamen quibusdam mollibus, atris, sed circa exortum candentibus, si caput excipias, intermixtis. Cauda brevis est & crassa, aculeorum à media parte usque ad extremum expers. Hæc caudæ medietas, sicut & venter & crura, pilis tantùm teguntur nigris. Habitat in *Novâ*

Il est de la grandeur d'un *Chien* d'une moyenne taille. Tout son corps, excepté le ventre & les jambes, est couvert de piquans très aigus, longs de 3 pouces, menus, variés de blanc & de jaune, avec la pointe noire. Parmi ces piquans, exceptez à la tête, sont quelques poils noirs, terminés par un peu de blanc, & doux au toucher. La queue est courte & grosse; elle n'a point de piquans depuis la moitié de sa longueur jusqu'à son extrémité: cette partie est seulement couverte de poils noirs, ainsi que le ventre & les jambes. On le trouve dans la *Nouvelle Espagne*, le plus souvent sur les montagnes.

Hispaniâ, ac montosis gaudet locis.

3. Le Porc-Epic de la Baye de Hudson.

Hystrix aculeis sub pilis occultis, caudâ brevi & crassâ... Hystrix Hudsonis.

Cavia Hudsonis. *Klein. Quadr. p.* 51.
Porc-Epic de la Baye de Hudson. *Voy. de la B. de Hud. Tom. I. p.* 56. *Fig. p.* 58. (*Fig. bonne*).
Edwards. Tom. I. Fig. p. 52. (*Fig. bonne*).
Porc-Epic de l'Amérique Septentrionale. *Cat. App. p.* 30.

Il ressemble beaucoup au *Castor* par sa taille & sa grosseur. Sa tête est allongée, comme celle d'un *Liévre*. Il a le nez plat, & tout à fait couvert de poils courts; les oreilles très courtes, & qui paroissent à peine au-dessus de la fourrure; les jambes courtes; des ongles longs & pointus, 4 aux pieds de devant, & 5 à ceux de derriere; la queue d'une longueur médiocre, & assez grosse, plus épaisse vers le corps qu'à son extrémité, qui est blanche en dessous. Tout son corps est couvert de poils d'un brun obscur, assez doux au toucher, longs de 4 pouces, plus courts cependant autour de la tête & proche des pattes, & un peu plus longs sur le derriere de la tête. Sous ces poils sur la partie supérieure de la tête, du corps & de la queue, sont cachés des piquans blancs, dont les pointes sont noires & très aiguës, & dont les plus

Quoad magnitudinem & crassitiem *Castorem* æmulatur. Caput habet oblongum, *Leporis* capiti simile; nasum planum, pilis brevibus omninò tectum; auriculas brevissimas, sub pilis ferè occultas; crura brevia; digitos 4 in pedibus anterioribus, 5 in posterioribus, longis & acutis unguibus munitos; caudam mediocris longitudinis, & crassam, crassiorem tamen ad originem quàm in extremitate, quæ infrà est alba. Per universum corpus vestitur pilis sordidè fuscis, parumper mollibus, 4 pollicum longis, brevioribus tamen circà caput & propè crura, & paulò longioribus in parte capitis posteriore; sub quibus pilis in parte superiore capitis, corporis & caudæ, occultantur aculei candentes, mucronibus nigris & peracutis, quorum majores

3 pollices

3 pollices æquant. Præter prædictos pilos molles, quidam sunt intermixti multò longiores, rigidi, & rari, sordidè albo terminati; quibus ope quibusdam in locis aliquid cinerei apparet. Habitat in freto *Hudsonis*, & etiam in omni *Americæ Septentrionali regione*.

longs le sont de 3 pouces. Outre ces poils doux, il y en a quelques uns de beaucoup plus longs, roides & clair-semés, dont le bout est d'un blanc sale; ce qui fait paroître la fourure un peu grisâtre en quelques endroits. On le trouve à la *Baye de Hudson*, & même dans toute la partie *Septentrionale* de l'*Amérique*.

4. LE PORC-EPIC D'AMERIQUE.

Hystrix caudâ longissimâ, tenui, medietate extremâ aculeorum experte... HYSTRIX AMERICANUS.

Hystrix pedibus tetradactylis, caudâ exsertâ prehensili seminudâ. *Linn. syst. nat. ed. 6. g. 17. sp. 2.*
Hystrix Americanus. *Raj. Syn. Quadr. p. 208.*
Hystrix minor leucophæus. *Barr. Hist. Fr. eq. p. 153.*
Cuandu. *Jonst. Quadr. Fig. T. 60.* (*Fig. bona*).
Pison. Hist. Nat. Fig. p. 99. (*Fig. bona*).
Cuandu Brasiliensibus. *Marcgr. Hist. Br. Fig. p. 233.* (*Fig. bona*).
Chat épineux. *Des March. T. III. p. 303.*
Les Portugais l'appellent OURICO CACHEIRO. *Pison. Marcgr. Des March.* ESPINHO. *Pison.*
Les Indiens, CUANDU. *Des March.*
Les Habitans de la Guiane, GOUANDOU. *Barr.*

Corporis longitudo, ab occipitio ad initium caudæ, 1 pedis est; caudæ autem 1 pedis & 5 pollicum; crurum anteriorum circiter 4 pollicum, posteriorum paulò major. Caput habet parvum; rostrum oblongum; oculos rotundos, prominentes, instar carbunculi, fulgidos; auriculas parvas, sub aculeis ferè latitantes; nares patentes; pedes pedibus *Simiarum*

La longueur de son corps, depuis l'occiput jusqu'à la queue, est d'environ 1 pied; celle de sa queue d'un pied 5 pouces; celle des jambes de devant d'environ 4 pouces, & celle des jambes de derriere un peu plus. Sa tête est petite; son museau allongé; ses yeux ronds, élevés & brillants comme des charbons ardents; ses oreilles petites & presque cachées sous les piquans; les narines ouvertes. Ses pieds approchent de ceux du *Singe* ; il n'a cependant que 4 doigts à chaque pied, & point de pouce. Tout son corps, exceptez ses pieds, est couvert de piquans de 3 ou 4 pouces de longueur, jaunes depuis leur origine jusqu'à la moitié de leur longueur, l'autre moitié noire ou d'un brun roux, terminée par une pointe blanche & très aiguë. Les piquans qui couvrent la tête & les jambes, sont moins longs. Il a autour des narines des poils longs de 3 ou 4 pouces, qui lui font une barbe semblable à celle des *Chats*. Sa queue n'a des piquans que depuis son origine jusqu'à la moitié de sa longueur ; l'autre moitié n'est couverte que de quelques poils semblables aux soyes de *Cochon*, & très clair-semés. On le trouve en *Amérique*.

ferè similes, sed 4 tantummodò digitis constantes ; nam pollice caret. Totum corpus, pedibus exceptis, munitum est aculeis 3 aut 4 pollicum longis, ab insitione in cutem ad dimidiam ferè longitudinem flavescentibus, alterâ medietate nigrâ, aut ex rufo fuscâ, cuspide albo & peracuto. Aculei, quibus caput & crura cooperiuntur, minore longitudine donantur. Pilos habet circum nares 3 aut 4 pollicum longos, qui barbam *felinam* ipsi faciunt. Cauda, ab exortu suo ad medietatem tantùm, aculeis munitur, alterâ medietate raris setis, *Porcorum* instar, obsitâ. Habitat in *Americâ*.

5. Le Grand Porc-Epic d'Amerique.

Hystrix caudâ longissimâ, tenui, medietate extrema aculeorum experte... Hystrix Americanus major.

Hystrix longiùs caudatus, brevioribus aculeis. *Barr. Hist. Fr. eq. p.* 153.
Hystrix. *Bont. Ind. Ori. Fig. p.* 54. (*Fig. bona*).
Cuandu major. *Pison. Hist. Nat. p.* 324. *Fig. p.* 325. (*Fig. bona*).
Les Portugais l'appellent Ouico Cachero, & Espinho. *Pison.*

Il ne différe du précédent, que parce qu'il est plus grand. On le trouve aussi en *Amérique*.

Magnitudine tantùm, quâ eum antecellit, à præcedente differt. Habitat etiam in *Americâ*.

6. LE PORC-EPIC DES INDES ORIENTALES.

Hystrix caudâ longissimâ, aculeis undique obsitâ, in extremo panniculatâ... HYSTRIX ORIENTALIS.

Hystrix pedibus pentadactylis, caudâ exsertâ. *Linn. syst. nat. ed. 6. g. 17. sp. 3.*

Porcus aculeatus sylvestris, sive Hystrix Orientalis singularis. *Seb. Vol. I. p. 84. Fig. T. 52. F. 1. (Fig. optima).*

Acanthion caudâ prælongâ acutis pilis horridâ, in exitu quasi panniculatâ. *Klein. Quadr. p. 67.*

Corpus habet crassum & breve; caput crassum; labium superius, ut in *Lepore*, fissum; oculos magnos splendentes; auriculas parvas, rotundas, intùs omninò nudas; barbam pilis longis & acutissimis conflatam. In singulis pedibus 5 digitis, unguibus crassis & acuminatis munitis, donatur. Pedes posteriores anterioribus sunt longiores, & *Ursinis* similes. Totum corpus, ad extremos usque pedes, tenuissimis & acutissimis munitum est aculeis, quorum, qui supinam corporis partem vestiunt, varios reflectunt colores, pro vario, quo lucis radii incidunt, modo. Caudam habet longissimam, undique obsitam aculeis, quorum, qui extremitatem caudæ cooperiunt, maximè singulares sunt; ex nodis enim veluti articulatis conflati videntur. Horum aculeorum singuli non unius sunt

Il a le corps gros & court; la tête grosse; la lévre supérieure fendue, comme celle d'un *Liévre*; les yeux grands & brillants; les oreilles petites, rondes, & nues intérieurement; une moustache composée de poils longs & très pointus. Il a à chaque pied 5 doigts, armés d'ongles gros & aigus. Ses pieds de derriere sont plus longs que ceux de devant, & ressemblent à ceux de l'*Ours*. Tout son corps est hérissé, jusqu'au bout des pieds, de piquans très déliés & très aigus: ceux du dessous du corps paroissent de couleur différente, selon qu'ils reçoivent les rayons de lumiere. Sa queue est très longue, & couverte d'un bout à l'autre de piquans, dont ceux de l'extrémité sont singuliers; car ils semblent composés de nœuds attachés bout à bout les uns des autres. Ces piquans ne sont pas tous de la même longueur, ni de la même grosseur; mais joints ensemble, ils forment comme une espece d'épi. On le trouve dans les *Indes Orientales*.

longitudinis, nec crassitiei; sed omnes adunati, quasi panniculam referunt. Habitat in *Indiâ Orientali*.

SECTION II.

Ceux qui n'ont ni dents canines, ni piquans sur le corps.

CEtte Section est composée de 6 genres différents, qui se distinguent les uns des autres par la forme de la queue. Les uns l'ont tout à fait platte & écailleuse, comme le *Castor*; d'autres, ou l'ont très courte, ou n'en ont point du tout; & ceux là, ou ont les oreilles longues, comme le *Liévre*, ou ont les oreilles courtes, ou n'en ont point du tout, comme les *Lapins*; d'autres l'ont longue & couverte de poils rangés de façon qu'elle paroît platte, comme l'*Ecureuil*; d'autres l'ont de même longue & couverte de poils, mais rangés de façon qu'elle paroît ronde, comme le *Loir*; d'autres enfin l'ont nue, ou couverte de poils clair semés, comme le *Rat*.

Obs. Les dents incisives de tous les QUADRUPEDES de cette Section, ainsi que de ceux du Genre précédent, sont contigues & tranchantes.

SECTIO II.

Ea quæ dentibus caninis carent, & corpus aculeis destitutum habent.

HÆc Sectio constituitur 6 generibus, formâ caudæ à se invicem discrepantibus: alia enim caudâ donantur omninò planâ & squamosâ, sicut *Castor*; alia vel caudâ brevissimâ, vel caudâ nullâ; inter quæ alia auriculis longis, ut *Lepus*; alia auriculis brevibus, vel nullis, ut *Cuniculus*, prædita sunt; alia caudâ longâ vestitâ pilis ità dispositis, ut caudam planam efficiant, ut *Sciurus*; alia caudâ etiam longâ & vestitâ pilis; sed ità dispositis, ut caudam rotundam efficiant, ut *Glis*; alia denique caudâ nudâ aut raris pilis obsitâ, ut *Mus*.

Obs. Omnium hujus Sectionis QUADRUPEDUM, sicut eorum Generis præcedentis, dentes incisores contigui sunt & cultrati.

XXI.

Genus Castoris.

Hujus character est
Dentes incisores in utrâque maxillâ duo :
Canini nulli :
Digiti unguiculati :
Corpus aculeis destitutum :
Cauda plana & squamosa.

Obs. In aliquibus hujus Generis QUADRUPEDIBUS cauda horizontaliter plana est ; in aliis verò verticaliter.

XXI.

Le Genre du Castor.

Son caractere est
D'avoir deux dents incisives à chaque mâchoire :
Point de dents canines :
Les doigts onguiculés :
Point de piquans sur le corps :
La queue platte & écailleuse.

Obs. Parmi les QUADRUPEDES de ce Genre les uns ont la queue platte horizontalement ; les autres l'ont platte verticalement.

** 1. LE CASTOR, OU LE BIÉVRE.

Castor castanei coloris, caudâ horizontaliter planâ... CASTOR, SIVE FIBER.

Castor caudâ ovatâ planâ. Fiber. *Linn. Syst. nat. ed.* 6. *g.* 20. *sp.* 1.
Faun. Suec. Linn. N°. 23.
Castor sive Fiber. *Raj. Syn. Quadr. p.* 209.
Rzac. auct. p. 406.
Castor. Fiber. *Klein. Quadr. p.* 91.
Fiber ; Castor ; Canis Ponticus. *Gesn. Icon. Aquat. p.* 352. *Fig. p.* 353. (*Fig. bona*).
Castor. *Gesn. Quadr. Fig. p.* 336. (*Fig. bona*).
Gesn. Icon. Quadr. Fig. p. 83. (*Fig. mala*). *& p.* 84. (*Fig. bona*).
Gesn. Pisc. p. 219. *Fig. p.* 220. (*Fig. mala*).
Aldro. Quadr. Dig. Viv. p. 276. *Fig. p.* 279. (*Fig. bona*).
Jonst. Quadr. p. 102. *Fig. T.* 68. [*Fig. bona*].
Mus. Worm. p. 320.
Charlet. Exer. p. 18.
Rzac. Hist. Nat. Pol. p. 215.
Fiber. *Bell. de aquat. p.* 28. *Fig. p.* 30. (*Fig. bona*).
Castor. *Hist. de l'Acad. Tom. III. part.* 1. *p.* 137. *Fig. Pl.* 19. (*Fig. bonne*).
Hist. de l'Acad. an. 1704. *p.* 48.
Cat. App. p. 29.
Les Grecs l'appellent Καστωρ.
Les Espagnols, BEVARO. *Charlet.*
Les Italiens, BIVARO, *ou* BEVERO. *Gesn. Aldro.*

Les Allemands, BIBER. *Gesn. Aldro. Rzac.*
Les Illyriens, & les Polonois, BOBR. *Gesn. Aldro. Rzac.*
Les Suédois, BÄFFWER. *Linn.*
Les Flamands, [illegible]VER. *Charlet.*
Les Anglois, BEAVER. *Raj.* BEVER. *Gesn. Aldro.*

Il a environ 2 ½ pieds, depuis le bout du museau jusqu'à l'origine de la queue : le tour de son corps a aussi 2 ½ pieds. Sa queue, qui est plate horizontalement, a 11 pouces de long, & 3 pouces de large vers son milieu, & finit en ovale. Sa tête est ronde, & a 5 ½ pouces, depuis les narines jusqu'à l'occiput. Ses yeux sont petits & noirâtres ; ses oreilles rondes & très courtes, revetues de poil en dehors, & presque nues en dedans ; son col court & épais ; ses jambes très courtes. Il a à chaque pied 5 doigts séparés les uns des autres dans les pieds de devant, & joints ensemble par une forte membrane dans ceux de derriere. Les pieds de devant sont plus petits que ceux de derriere, & représentent une main, dont les ongles sont longs & pointus : ceux des pieds de derriere sont larges & obtus. Tout son corps, excepté sa queue, qui est couverte d'écailles, entre lesquelles sortent quelques petits poils, mais très clair semés, est couvert de poils doux & épais, d'un maron plus foncé dans quelques uns, & plus

Longitudo corporis, ab extremitate rostri ad initium caudæ, 2 ½ pedum; ambitus corporis totidem. Cauda, quæ horizontaliter plana est, 11 pollices longa, 3 pollicum lata circa medium, in ovalem figuram desinit. Caput rotundum, à naribus ad occipitium 5 ½ pollices longum. Oculi parvi, subnigri; auriculæ rotundæ, breves, extrorsùm pilosæ, intùs ferè nudæ; collum breve & crassum; crura brevia. In singulis pedibus 5 sunt digiti, omnes in anterioribus à se invicem separati, in posterioribus verò validissimâ membranâ inter se connexi. Pedes anteriores posterioribus minores, manum quodammodo referunt. Ungues pedum anteriorum longi sunt & acuti, posteriorum verò lati & obtusi. Totum corpus, exceptâ caudâ, quæ squamis undique tegitur, pilis quibusdam rarissimis intermixtis, vestitur pilis densissimis & mollissimis, in aliquibus saturatioris, in aliis dilutioris castanei coloris (*a*). Habitat in *Occitaniâ*, & in Regionibus *Europæ* & *Americæ Septentrionalibus*.

clair dans d'autres (*a*). On le trouve en *Languedoc*, & dans la partie *Septentrionale* de l'*Europe* & de l'*Amérique*.

** 2. LE CASTOR BLANC.

Castor albus, caudâ horizontaliter planâ... CASTOR ALBUS.

A præcedente differt colore, qui albus est, cum magnâ maculâ cinereâ, ex rufo paululùm mixtâ, in parte superiore colli, & maculâ simili, sed minori, versus clunes. Pili quoque circà caudæ originem ex flavo rufescunt. Habitat in *Norvegia* & *Canadâ*. Ex Museo *Realmuriano*.

Il différe du précédent par sa couleur. Il est blanc, avec une grande tache grise, mêlée d'un peu de roux, sur la partie supérieure du col, & une pareille, mais plus petite, vers le derriere. Il a aussi plusieurs poils d'un jaune roux autour de l'origine de la queue. On le trouve en *Norvége* & en *Canada*, d'où il a été apporté à M. de *Reaumur*.

** 3. LE RAT MUSQUÉ.

Castor caudâ verticaliter planâ, digitis omnibus membranis inter se connexis... MUS MOSCHIFERUS.

Castor caudâ longâ, lanceolatâ, planâ. *Linn. syst. nat. ed. 6. g. 20. sp. 2.*
Faun. Suec. Linn. N°. 24.
Glis moschiferus. *Klein. Quadr. p.* 57.
Mus Aquaticus Exoticus Clusii. *Raj. Syn. Quadr. p.* 217.
Mus Aquatilis Clusii. *Aldro. Quadr. Dig. Viv. Fig. p.* 448. (*Fig. sat bona*).
Mus Aquaticus Clusii. *Mus. Worm. p.* 334.
Mus Aquaticus. *Jonst. Quadr. Fig. T.* 73. (*Fig. sat bona*).
Clus. Exot. Fig. p. 375. (*Fig. sat bona*).
Sorex Moscoviticus, sive odoriferus. *Charlet. Exer. p.* 25.
Animal ex Moscoviâ. *Gaz. Rup. Besl. Fig. T.* 15.) *Fig. bona*).
Les Anglois l'appellent MUSCOVY, ou MUSK-RAT. *Raj.*
Les Suédois, DESMAN. *Linn.*

(*a*) Quidam sunt omninò nigri in *Septentrionalibus* regionibus: & eò saturatior est color quò frigidior est regio quâ inhabitant.

(*a*) Il y en a de tout a fait noirs dans les pays les plus *Septentrionaux*: & en general plus le pays qu'ils habitent est froid, plus leur couleur est foncée.

Il a, depuis le bout du museau jusqu'à l'origine de la queue, 9 pouces: le tour de son corps est de 7 pouces. Sa tête est petite à proportion du corps: la partie superieure de son museau est allongée, comme celle de la *Taupe*; l'ouverture de sa bouche petite; ses yeux très petits, & à peine visibles. Sa queue, qui est platte verticalement, a 6 ½ pouces de long, & 8 lignes de large, & se termine en pointe obtuse: elle est couverte de très petites écailles, entre lesquelles poussent quelques poils. Ses jambes sont courtes. Il a à chaque pied 5 doigts, tous joints ensemble par de fortes membranes, armés d'ongles longs & forts: les pieds de derriere sont plus grands que ceux de devant. Tout son corps est couvert de poils très doux & très épais, d'un brun brillant sur le dos, & d'un gris blanchâtre & brillant sous le ventre. Il a une forte odeur de musc. On le trouve en *Russie*, en *Moscovie*, & en *Laponie*.

Longitudo corporis, ab extremitate rostri ad caudæ originem, 9 pollicum: ambitus 7 pollicum. Caput habet, pro corporis mole, parvum; partem rostri superiorem, instar *Talpæ*, prominulam; oris rictum parvum; oculos valdè exiguos, & vix conspicuos; caudam verticaliter planam, 6 ½ pollices longam, 8 lineas latam, in apicem obtusum desinentem, squamis minimis, pilis quibusdam intermixtis, tectam; crura brevia. Pedes singuli in 5 digitos sunt divisi, omnes validis membranis inter se connexos, longis & validis unguibus munitos: pedes posteriores anterioribus sunt majores. Totum corpus vestitur pilis mollissimis & densissimis, fuscis & splendentibus in dorso, & ex albo cinerascentibus & splendentibus in ventre. Moschum maximè redolet. Habitat in *Russiâ*, *Moscoviâ* & *Laponiâ*.

** 4. LE RAT MUSQUÉ DE CANADA.

Castor caudâ verticaliter planâ, digitis omnibus à se invicem separatis... MUS MOSCHIFERUS CANADENSIS.

Rat musqué. *Hist. de l'Acad. an.* 1725. *p.* 323. *Fig. Pl.* 11. [*Fig. assez bonne*].

Il a, depuis le bout du museau jusqu'à l'origine de la queue,

Longitudo corporis, ab extremitate rostri ad caudæ initium,

initium, 1 pedis; ambitus 10 circiter pollicum. Caput habet oblongum, à naribus ad occipitium 2 ½ pollices longum; oculos magnos; auriculas brevissimas; caudam verticaliter planam, 9 pollices longam, & 10 circiter lineas latam, in apicem obtusum desinentem, squamis minimis tectam, pilis quibusdam intermixtis; crura brevia. Pedes singuli in 5 digitos sunt divisi, omnes à se invicem separatos, validis unguibus munitos, pollice distincto: pedes posteriores anterioribus majores. Totum corpus vestitur pilis mollissimis & densissimis, in parte corporis superiore & in thorace rufis, sed saturatiùs in dorso, in gutture & ventre ex albo flavicantibus. Moschum maximè redolet. Habitat in *Canadâ*.

1 pied: le tour de son corps est d'environ 10 pouces. Sa tête est oblongue, & a, depuis les narines jusqu'à l'occiput, 2 ½ pouces: ses yeux sont grands; ses oreilles très courtes. Sa queue, qui est platte verticalement, a 9 pouces de long, & environ 10 lignes de large, & se termine en pointe obtuse: elle est couverte de très petites écailles, parmi lesquelles poussent quelques poils: ses jambes sont courtes. Il a à chaque pied 5 doigts, tous séparés les uns des autres, armés d'ongles forts, le pouce bien distinct: ses pieds de derriere sont plus grands que ceux de devant. Tout son corps est couvert de poils très doux & très épais: toute la partie supérieure du corps, ainsi que la poitrine, est d'un roux, plus foncé sur le dos qu'ailleurs: la gorge & le ventre sont d'un blanc jaunâtre. Il a une forte odeur de musc. On le trouve en *Canada*.

XXII.

Genus Leporum.

Hujus character est

Dentes incisores in utrâque maxillâ duo:

Canini nulli:

Digiti unguiculati:

Corpus aculeis destitutum:

Cauda brevissima, vel nulla:

Auriculæ longæ.

XXII.

Le Genre du Liévre.

Son caractere est

D'avoir deux dents incisives à chaque mâchoire:

Point de dents canines:

Les doits onguiculés:

Point de picquants sur le corps:

La queue très courte, ou point de queue:

Les oreilles longues.

** 1. Le Liévre.

Lepus caudatus, ex cinereo rufus... Lepus.

Lepus caudâ abrupta, pupillis atris. Lepus. *Linn. syst. nat. ed. 6. g. 19. sp. 2.*
Faun. Suec. Linn. N°. 19.
Lepus vulgaris cinereus. *Klein. Quadr. p. 51.*
Lepus. *Raj. Syn. Quadr. p. 204.*
Gesn. Quadr. Fig. p. 681. (Fig. bona).
Gesn. Icon. Quadr. Fig. p. 104. (Fig. bona).
Aldro. Quadr. Dig. Viv. p. 347.
Jonst. Quadr. p. 109. Fig. T. 65. (Fig. bona).
Mus. Worm. p. 321.
Charlet. Exer. p. 23.
Rzac. Hist. Nat. Pol. p. 219.
Rzac. auct. p. 311.
Liévre. *Kolbe. Tom. III. p. 62.*
Les François appellent le mâle Liévre; *la femelle*, Hase; *le jeune*, Levraut.
Les Hébreux l'appellent Arnebet. *Gesn. Aldro.*
Les Chaldéens, Arneba. *Gesn. Aldro.*
Les Grecs, Λαγωσ.
Les Arabes, Ernab. *Gesn. Aldro.*
Les Sarrasins, Arneph. *Gesn. Aldro.*
Les Perses, Kargos. *Gesn. Aldro.*
Les Espagnols, Liébre. *Gesn. Aldro.*
Les Italiens, Lepre, *ou* Lievora. *Gesn. Aldro.*
Les Illyriens, Zagicz. *Gesn. Aldro.*
Les Allemands, Hass, *ou* Haas. *Gesn. Aldro.* Hase. *Rzac.*
Les Polonois, Zaiac. *Rzac.*
Les Suédois, Hare. *Linn.*
Les Anglois, Hare. *Raj. Gesn.*

Il a, depuis le bout du museau jusqu'à la queue, environ 1 pied 9 pouces: le tour de son corps est d'environ 14 pouces. Sa tête est oblongue, & a depuis les narines jusqu'à l'occiput 3 ½ pouces; ses oreilles 4 pouces; sa queue 2 ½ pouces, & est noire en dessus, & blanche en dessous. Sa lévre supérieure est fendue:

Longitudo corporis, ab extremitate rostri ad caudæ initium, circiter 1 pedis & 9 pollicum; ambitus circiter 14 pollicum. Caput habet oblongum, à naribus ad occipitium 3 ½ pollices longum; auriculas 4 pollices; caudam suprà nigram, infrà albicantem, 2 ½ pollicibus longam; labium superius fissum; oculos magnos; crura posteriora anterioribus longiora; in pedibus anterioribus digitos 5, in posterioribus 4, omnes validis unguibus munitos; plantam pedum villosam. Totum corpus vestitur pilis mollibus & densis, ex cinereo rufis, excepto in ventre, ubi albicant. Habitat in totâ *Europâ*.

ses yeux sont grands; ses jambes de derriere plus longues que celles de devant. Il a 5 doigts aux pieds de devant, & 4 à ceux de derriere, tous armés d'ongles forts; le dessous des pieds velu. Tout son corps est couvert de poils doux & épais, variés de roux & de gris, excepté sous le ventre, où ils sont blancs. On le trouve dans toute l'*Europe*.

** 2. LE LIÉVRE BLANC.

Lepus caudatus, planè candidus... LEPUS ALBUS.

Lepus albissimus, toto nitens in corpore candor. *Klein. Quadr. p.* 51.
Lepus albus. *Aldro. Quadr. Dig. Viv. p.* 349.
Lepus candidus. *Jonst. Quadr. p.* 111.

Æstate præcedenti simillimus est; hieme verò in toto corpore candidus. Habitat in *Alpibus* & *Septentrionalibus* regionibus.

Il ressemble au précédent pendant l'été; & l'hyver il est tout blanc. On le trouve dans les *Alpes*, & dans les Pays du *Nord*.

3. LE LIÉVRE NOIR.

Lepus caudatus, planè niger... LEPUS NIGER.

Lepus niger. *Klein. Quadr. p.* 52.
Lepus planè niger. *Musf. Worm. p.* 321.

A *Lepore vulgari* non differt, nisi quod totus sit niger, exceptis pedum extremitatibus, quæ ad cœruleum tendunt.

Il ne différe du *Liévre ordinaire* qu'en ce qu'il est tout noir, excepté l'extrémité des pieds, qui est bleuâtre.

** 4. LE LAPIN DE NOTRE PAYS.

Lepus caudatus, obscurè cinereus... CUNICULUS NOSTRAS.

Lepus caudâ abruptâ, pupillis rubris. Cuniculus. *Linn. syst. nat. ed. 6. g. 19. sp. 3.*
Faun. Suec. Linn. N°. 20.
Lepusculus : Cuniculus, terram fodiens. *Klein. Quadr. p. 52.*
Cuniculus. *Raj. Syn. Quadr. p. 205.*
Gesn. Quadr. Fig. p. 394. (Fig. bona).
Gesn. Icon. Quadr. Fig. p. 105. (Fig. bona).
Aldro. Quadr. Dig. Viv. p. 382. Fig. p. 385. (Fig. bona).
Jonst. Quadr. p. 111. Fig. T. 65. (Fig. bona).
Charlet. Exer. p. 23.
Rzac. Hist. Nat. Pol. p. 240.
Lapin. *Kolbe. Tom. III. p. 62.*
Les Hébreux l'appellent SAPHAN. *Gesn. Aldro.*
Les Chaldéens, THAPSA. *Gesn.*
Les Grecs, Δασύπους.
Les Arabes, VEBAR. *Gesn.*
Les Perses, BESANGERAH. *Gesn.*
Les Espagnols, CONÉIO. *Gesn. Aldro.*
Les Italiens, CONIGLIO. *Gesn. Aldro.*
Les Illyriens, KRALIK, *ou* KROLYK. *Gesn. Aldro.*
Les Allemands, KÜNIGLE ; KÜNELE ; KÜNLEIN. *Gesn. Aldro.*
Les Polonois, KROLIK. *Rzac.*
Les Suédois, KANIN. *Linn.*
Les Flamands, KONIIN. *Charlet.*
Les Anglois, RABIT, *ou* CONY. *Raj. Gesn. Aldro.*
Les François appellent le jeune LAPREAU.

Il ressemble au *Liévre* par la forme du corps ; mais il est plus petit. Il a, depuis le bout du museau jusqu'à la queue, 1 ½ pied : le tour de son corps est d'environ 1 pied. Sa tête a, depuis les narines jusqu'à l'occiput, 3 ½ pouces ; ses oreilles autant ; sa queue, qui est noire en dessus & blanche en dessous, 2 ½ pouces. Il a, comme le *Liévre*, la lévre supérieure fendue ; les

Formâ corporis externâ *Leporem vulgarem* refert ; sed illo minor est. Ab extremitate rostri ad caudæ initium, 1 ½ pede longus est : ambitus corporis 1 circiter est pedis. Caput, à naribus ad occipitium, 3 ½ pollices longum ; auriculæ totidem ; cauda, quæ suprà nigra est infrà candida, 2 ½ pollices longa. Labium superius habet, ut in *Lepore*, fissum; oculos magnos; crura posteriora anterioribus longiora; in pedibus anterioribus digitos 5, in posterioribus 4; plantas pedum villosas. Per universum corpus vestitur pilis mollibus & densis, ex cinereo fuscis, excepto ventre, in quo albicant. Habitat in totâ *Europâ*.

yeux grands; les jambes de derriere plus longues que celles de devant; 5 doigts aux pieds de devant, & 4 à ceux de derriere; le dessous du pied velu. Tout son corps est couvert de poils doux & épais, variés de brun & de gris, excepté sous le ventre, où ils sont blancs. On le trouve en toute l'*Europe*.

** 5. LE RICHE.

Lepus caudatus, dilutè cinereus.

Colore à præcedente differt: pilis dilutè cinereis per universum corpus vestitur. Ex museo *Realmuriano*.

Il différe du précédent par sa couleur: tout son corps est couvert de poils d'un très joli petit-gris. Il est dans le Cabinet de M. *de Reaumur*.

** 6. LE LAPIN D'ANGORA.

Lepus caudatus, pilis tenuissimis & longissimis toto corpore vestitus... CUNICULUS ANGORENSIS.

Pilis tenuissimis & longissimis ab aliis hujus generis speciebus distinguitur. Habitat in *Angora*. Ex museo *Realmuriano*.

Il différe des autres especes de son genre par la longueur & la finesse de ses poils. On le trouve à *Angora*, d'où il a été apporté à M. *de Reaumur*.

7. LE LIÉVRE DU BRÉSIL.

Lepus ecaudatus... LEPUS BRASILIANUS.

Lepus caudâ nullâ. *Linn. syst. nat. ed. 6. g. 19. sp. 1.*
Cuniculus Brasiliensis Tapeti dictus. *Raj. Syn. Quadr. p. 205.*
Tapeti Brasiliensibus. *Marcgr. Hist. Br. p. 223. Fig. p. 224.* (*Fig. bona, si caudam non haberet*).
Tapeti. *Pison. Hist. Nat. Fig. p. 102.* [*Fig. eadem ut suprà*].
Cavia Cobaya, Cuniculi Brasiliensis species. *Jonst. Quadr. Fig. T. 63.* (*Fig. eadem*).

Il reſſemble à *notre Liévre* par la forme du corps : il eſt de la même couleur ; cependant un peu plus brun. Il a un peu de roux ſur le front ; & la gorge, la poitrine, & le ventre ſont blancs. Quelques uns ont un cercle blanc autour du col. Il n'a point de queue. On le trouve au *Bréſil.*

Quoad formam corporis externam *Lepori vulgari* ſimilis eſt : iiſdem ac ille pilis & colore, ſed paulò fuſciore. In fronte rufeſcit paululùm ; ſub gutture, pectore, & ventre albicat. Quidam circulum album habent circà collum. Caret caudâ. Habitat in *Braſiliâ.*

XXIII.

Le Genre du Lapin.

Son caractere eſt
D'avoir deux dents inciſives à chaque mâchoire :
Point de dents canines :
Les doigts onguiculés :
Point de picquants ſur le corps :
La queue très courte, ou point de queue :
Les oreilles courtes, ou point d'oreilles.

XXIII.

Genus Cuniculi.

Hujus character eſt
Dentes inciſores in utrâque maxillâ duo :
Canini nulli :
Digiti unguiculati :
Corpus aculeis diſtitutum :
Cauda breviſſima, vel nulla :
Auriculæ breves, vel nullæ.

1. Le Lapin de Java.

Cuniculus caudatus, auritus, rufeſcens, fuſco admixto... CUNICULUS JAVENSIS.

Cavia Javenſis. *Klein. Quadr. p.* 50.
Liévre de Java. *Cat. App. Fig. p.* 18. [*Fig. bonne*].

Il eſt de la groſſeur d'un *Liévre.* Il a la tête petite à proportion du corps ; les yeux grands & ſortants ; les oreilles ſemblables à celles d'un *Rat* ; toute la partie poſtérieure du corps groſſe & épaiſſe ; les jambes longues. Tout ſon corps eſt couvert d'un

Leporis magnitudinem attingit. Caput habet pro mole corporis parvum ; oculos magnos & prominentes ; auriculas auriculis *Murinis* ſimiles ; poſteriorem corporis partem craſſam ; crura longa. Per univerſum corpus vestitur pilis rufescentibus, paululùm fusco admixto. In pedibus anterioribus 4 digitis, exteriore brevissimo, in posterioribus verò tribus tantùm donatur. Habitat in *Javâ* & *Sumatrâ*.

poil roussâtre, mêlé d'un peu de brun. Il a aux pieds de devant 4 doigts, dont l'extérieur est fort court, & 3 à ceux de derriere. On le trouve à *Java* & à *Sumatra*.

** 2. L'AGOUTY.

Cuniculus caudatus, auritus, pilis ex rufo & fusco mixtis, rigidis vestitus.

Cuniculus omnium vulgatissimus, Aguti vulgò. *Barr. Hist. Fr. eq. p.* 153.
Mus sylvestris Americanus Cuniculi magnitudine, Porcelli pilis & voce. *Raj. Syn. Quadr. p.* 226.
Cavia Aguti, vel Acuti Brasiliensibus. *Klein. Quadr. p.* 50.
Aguti, vel Acuti Brasiliensibus. *Marcgr. Hist. Br. Fig. p.* 224. [*Fig. bona*].
Aguti, vel Acuti, Cuniculi Brasiliensis species. *Jonst. Quadr. Fig. T.* 63. [*Fig. bona*].
Acuti, sive Agouti. *Jo. de Laet. p.* 551.
Aguti. *Pison. Hist. nat. Fig. p.* 102. (*Fig. bona*).
Les Brasiliens l'appellent vulgairement COTIA. *Marcgr. Pison.*
Les Habitans de la Guiane, AGOUTY. *Barr.*

Magnitudine & formâ *Cuniculum nostratem* æmulatur; auriculas tamen habet breves & rotundas; os acutum; maxillam inferiorem superiore breviorem; labium superius fissum; oculos nigros; caudam brevissimam, & ferè glabram; crura anteriora posterioribus paulò breviora. In pedibus anterioribus 4 habet digitos, in posterioribus 3 tantùm, acutis unguibus munitos. Per universum corpus vestitur pilis rigidis, splendentibus, ex rufo & fusco mixtis, cum pauxillo

Il est de la grandeur & de la forme de *notre Lapin*; mais il a les oreilles rondes & courtes; le museau pointu; la mâchoire inférieure plus courte que la supérieure; la lévre supérieure fendue; les yeux noirs; la queue extrémement courte, & presque sans poils; les jambes de devant un peu plus courtes que celles de derriere. Il a aux pieds de devant 4 doigts, & 3 à ceux de derriere, armés d'ongles aigus. Tout son corps est couvert de poils rudes au toucher, brillants, mêlés de roux & de brun avec un peu de noir ſur le dos, & un peu plus jaunâtres ſous le ventre. On le trouve dans la *Guiane* & au *Bréſil*.

nigro in dorſo; in ventre autem magis flaveſcentibus. Habitat in *Guianiâ* & *Braſiliâ*.

3. Le Lapin d'Amerique.

Cuniculus caudatus, auritus, pilis rufis rigidis veſtitus... Cuniculus Americanus.

Cuniculus Americanus. *Seb. Vol. I. p. 67. Fig. T.* 41. *F.* 2. (*Fig. bona*).
Cavia Surinamenſis. *Klein. Quadr. p.* 50.

Il eſt un peu plus petit que *notre Lapin*. Il a les oreilles courtes & rondes; la tête groſſe; le col long; & la queue très courte. Ses pieds ſont fendus en 4 doigts, armés d'ongles pointus & recourbés. Tout ſon corps eſt couvert de poils roux, rudes, & picquants comme des *ſoyes*, ſurtout ceux du dos. On le trouve en *Amerique*.

Noſtrate Cuniculo paulò minor eſt. Auriculas habet breves & rotundas; caput craſſum; collum longum; caudam breviſſimam. Pedes in 4 fiſſi ſunt digitos, acutis & incurvis unguibus munitos. Totum corpus tegitur pilis rufis, rigidis, *ſetarum* inſtar, pungentibus, præcipuè per dorſum. Habitat in *Americâ*.

** 4. Le Pak.

Cuniculus caudatus, auritus, pilis obſcurè fulvis, rigidis, lineis ex albo flaveſcentibus ad latera diſtinctis... Paca.

Cuniculus major paluſtris, faſciis albis notatus. *Barr. Hiſt Fr. eq. p.* 152.
Mus Braſilienſis magnus Porcelli pilis & voce, *Paca* dictus, Marcgravii. *Raj. Syn. Quadr. p.* 226.
Cavia Paca Marcgravii. *Klein. Quadr. p.* 50.
Paca Braſilienſibus. *Marcgr. Hiſt. Br. Fig. p.* 224. (*Fig. bona*).
Paca Cuniculi Braſilienſis ſpecies. *Jonſt. Quadr. p.* 111. *Fig. T.* 63. [*Fig. bona*].
Paca. *Piſon. Hiſt. nat. Fig. p.* 101. (*Fig. bona*).
Jo. de Laet. p. 551.
Les Habitans de la Guiane l'appellent Ourana, & Pak. *Barr.*

Il a, depuis le bout du muſeau juſqu'à la queue, environ

Longitudo corporis, ab extremitate roſtri ad caudæ initium,

initium, 1 circiter pedis est; caput, à naribus ad occipitium, 4 pollices longum, crassum; maxilla inferior superiore brevior. Barbam habet prolixam *Leporinam*; auriculas breves & acutas; caudam brevissimam; crura anteriora posterioribus paulò breviora; in singulis pedibus digitos 5, quorum interior pedum anteriorum minimus est, & ab aliis 4 remotus: posteriorum pedum digiti 3 intermedii majores, exterior parvus, & à 3 intermediis parumper remotus, interior verò minimus, à 3 intermediis adhuc remotior. Totum corpus vestitur pilis brevibus, rigidis, supernè obscurè fulvis, tribus lineis longitudinalibus ex albo flavescentibus ad latera distinctis, infernè verò ex albo flavescentibus. Habitat in *Guianiâ* & *Brâsiliâ*.

1 pied de long: sa tête est grosse, & a, depuis les narines jusqu'à l'occiput, 4 pouces: sa mâchoire inférieure est plus courte que la supérieure. Il a une grande barbe de *Liévre*; des oreilles pointues, & tres courtes, ainsi que sa queue; les jambes de devant un peu plus courtes que celles de derriere; 5 doigts à chaque pied, dont l'intérieur des pieds de devant est tres petit, & articulé plus haut que les 4 autres: les 3 doigts du milieu des pieds de derriere sont les plus grands, l'extérieur est petit, & articulé un peu plus haut que les 3 du milieu, l'intérieur est encore plus petit, & articulé plus haut que l'extérieur. Son corps est couvert de poils courts, rudes au toucher, d'un fauve foncé en dessus, avec de chaque côté 3 bandes étroites longitudinales d'un blanc jaunâtre, & en dessous de ce même blanc jaunâtre. On le trouve dans la *Guiane* & au *Brésil*.

5. Le Lapin de Norvege.

Cuniculus caudatus, auritus, ex flavo, rufo & nigro variegatus... Cuniculus Norvegicus.

Mus caudâ abruptâ, corpore fulvo nigroque vario. *Linn. syst. nat. ed. 6. g. 21. sp. 2.*
Faun. Suec. Linn. N°. 26.
Mus Lemingus, Norvagicus, Olai magni, Wormii Musei. *Klein. Quadr. p. 58.*
Mus Norvagicus, vulgò *Leming*, Wormii Musei. *Raj. Syn. Quadr. p. 227.*

Muf. Worm. p. 322. *Fig. p.* 325. [*Fig. optimâ*].
Mus Norvegicus. *Charlet. Exer. p.* 25.
Leem. *Aldro. Quadr. Dig. Viv. p.* 436.
Jonft. Quadr. p. 116.
Les Suédois l'appellent FIÄLLMUS; SABELMUS. *Linn.*
Les Lapons, LUMMICK. *Linn.*

Il reffemble à un *Rat* par la forme du corps; mais il en différe en ce qu'il a la queue extrémement courte, & couverte de poils. Il a, depuis le bout du mufeau jufqu'à la queue, environ 5 pouces de long. Son mufeau eft pointu; fes yeux font petits & noirs; fes oreilles courtes, obtufes, & un peu inclinées vers le dos. Il a autour du mufeau des poils longs & roides, qui lui font une efpece de mouftache. Ses jambes de devant font beaucoup plus courtes que celles de derriere : il a à chaque pied 5 doigts, armés d'ongles aigus & recourbés, dont le milieu eft plus long que les autres, qui font d'autant plus courts qu'ils en font plus éloignés. La couleur de fon poil eft variée de noir, de jaune & de roux : la partie antérieure de fa tête eft noire; le fommet eft jaune; le col & les épaules noires; le refte du corps eft roux, marqué de quelques taches noires de différentes figures; le ventre eft d'un blanc jaunâtre : l'ordre, la figure, & la grandeur des taches varient dans les différents individus. Il a en tout 16 dents, fça-

Formâ corporis *Rattum* repræfentat; ab eo tamen differt cauda breviffimâ & pilosâ. Longitudo corporis, ab extremitate oris ad caudæ initium, eft 5 circiter pollicum. Os habet acuminatum; oculos parvos, nigros; auriculas breves, & obtufas, paululùm in dorfum reclinantes. Os cingunt pili multi longi & rigidi, myftacis inftar. Crura anteriora pofterioribus multò funt breviora : pedes finguli 5 præditi funt digitis, acutis & incurvis unguibus munitis, quorum medius longiffimus, reliquis utrinque ab hâc longitudine eò magis difcedentibus, quò magis funt à medio remoti. Pilorum color ex nigro, flavo, & rufo variegatur : capitis pars anterior nigricat; vertex flavefcit; hinc collum & fcapulæ nigræ; corpus reliquum rufefcit, intermixtis quibufdam maculis nigris variarum figurarum; venter eft albicans ad flavedinem tendens: in variis autem individuis macularum ordo figura, & magnitudo variant. 16

dentibus donatur, 4 scilicet incisoribus, 2 in utrâque maxillâ, & 12 molaribus, 6 etiam in utrâque maxillâ, 3 utrinque. Habitat in *Norvegiâ* & *Laponiâ*.

voir 4 incisives, 2 à chaque mâchoire, & 12 molaires, 6 à chaque mâchoire, 3 de chaque côté. On le trouve en *Norvege*, & en *Laponie*.

6. LE LAPIN D'ALLEMAGNE.

Cuniculus caudatus, auriculis nullis, cinereus... CUNICULUS GERMANICUS.

Mus caudâ brevi, capite inauri. *Linn. syst. nat. ed. 6. g. 21. sp. 3.*
Mus Noricus, vel Citellus. *Raj. Syn. Quadr. p.* 220.
Klein. Quadr. p. 56. *Not.* 48.
Gesn. Quadr. p. 835.
Gesn. Icon. Quadr. p. 113.
Mus Noricus Agricolæ. *Rzac. Hist. Nat. Pol. p.* 235.
Rzac. auct. p. 327.
Mus Citellus. *Aldro. Quadr. Dig. Viv. p.* 436.
Les Allemands l'appellent ZYSEL. *Gesn. Aldro.* ZIESEL. *Rzac.*
Les Bohémiens, SISEL. *Rzac.*
Les Polonois, SUSEL. *Rzac.*

Corpus habet, ut *Mustela vulgaris*, longum & tenue. Caret auriculis; sed non caret foraminibus, quibus sonum recipit. Caudâ brevissimâ donatur. Color pilorum cinereus est. Habitat in *Bohemiâ*, *Austriâ*, *Hungariâ*, & *Poloniâ*.

Il a le corps long & effilé, comme la *Belette*. Il n'a point d'oreilles; mais il a, à leur place, des trous, par lesquels il entend. Sa queue est tres courte. La couleur de son poil est grise. On le trouve en *Bohëme*, en *Autriche*, en *Hongrie*, & en *Pologne*.

**7. LE LAPIN DES INDES.

Cuniculus ecaudatus, auritus, albus aut rufus, aut ex utroque variegatus... CUNICULUS INDICUS.

Cuniculus Indus. *Gesn. Icon. Quadr. Fig. p.* 106. [*Fig. sat bona, si tantùm numerum digitorum non haberet*].
Cuniculus Indicus. *Jonst. Quadr. Fig. T.* 63. [*Fig. sat bona*].
Eus. Nieremb. Fig. p. 160. (*Fig. Gesneri*).

Porcellus Indicus. *Aldro. Quadr. Dig. Viv. Fig. p.* 391. [*Fig. Gesneri*]. *Jonst. Quadr. p.* 112. *Fig. T.* 64. (*Fig. bona*). *Rzac. auct. p.* 333.
Porcellus Indicus, sivè Guineensis. *Charlet. Exet. p.* 24.
Mus cauda abrupta, palmis tetradactylis, plantis tridactylis. *Linn. syst. nat. ed.* 6. *g.* 21. *sp.* 1.
Mus, seu Cuniculus Americanus & Guineensis, Porcelli pilis & voce, *Cavia Cobaya* Brasiliensibus dictus, Marcgravii. *Raj. Syn. Quadr. p.* 223.
Cavia Cobaya Brasiliensibus : quibusdam Mus Pharaonis ; Tatu pilosus, Porcellus, Mus Indicus. *Klein. Quadr. p.* 49.
Cavia Cobaya Brasiliensibus. *Marcgr. Hist. Br. Fig. p.* 224. (*Fig. sat bona*).
Cavia Cobaya. *Pison. Hist. Nat. Fig. p.* 102. (*Fig. sat bona*).
Les François l'appellent COCHON D'INDE.
Les Allemands, INDIANISCH KÜNELE, *ou* INDISCH SEÜLE. *Gesn.* MEER-FERCKEL ; MEER-SCHWEIN. *Rzac.*
Les Polonois, SWINKA ZAMORSKA. *Rzac.*
Les Suédois, MARSWIN. *Linn.*
Les Anglois, GUINY PIG. *Raj.*

Il a, depuis le bout du museau jusqu'à l'anus, 9 ½ pouces ; depuis les narines jusqu'à l'occiput, 2 pouces 4 lignes : le tour de son corps est de 8 pouces. Il a la lévre supérieure fendue, comme le *Liévre* ; l'ouverture de la bouche petite ; les oreilles courtes, rondes, ouvertes, transparantes, & presque dénuées de poils ; les jambes courtes : il ne lui paroît point de queue. Il a 4 doigts aux pieds de devant, & 3 à ceux de derriere. Ses poils sont doux au toucher : leur couleur est différente dans différents individus : les uns sont tout à fait blancs ; d'autres tout à fait roux ; d'autres variés de blanc & de roux ; quelques uns ont des taches noires. On le trouve en *Europe* dans les maisons, en *Guinée*, & au *Brésil*.

Longitudo corporis, ab extremitate rostri ad anum usque, 9 ½ pollicum ; ambitus 8 pollicum ; caput, à naribus ad occipitium, 2 pollices cum 4 lineis longum. Labium superius, ut in *Lepore*, fissum est ; oris rictus parvus ; auriculæ breves, subrotundæ, patulæ, pellucidæ, & glabræ ferè ; crura brevia ; caudæ vestigium nullum. Pedes anteriores in 4, posteriores verò in 3 digitos divisi. Pili ad tactum molles : color in individuis variis varius : alia omninò alba sunt ; alia omninò rufa ; alia ex albo & rufo variegata ; quædam ex nigro maculata. Habitat in *Europâ* domesticus, in *Guineâ*, & *Brasiliâ*.

8. LE LAPIN DU BRÉSIL.

Cuniculus ecaudatus, auritus, ex cinereo rufus... CUNICULUS BRASILIENSIS.

Cuniculus Brasiliensis, *Aperea* dictus, Marcgravii. *Raj. Syn. Quadr. p.* 206.
Cuniculus Indicus. *Aldro. Quadr. Dig. Viv. Fig. p.* 393. (*Fig. bona*).
Cavia Aperea. *Klein. Quadr. p.* 50.
Aperea, Cuniculi species. *Jonst. Quadr. Fig. T.* 63. [*Fig. bona*].
Aperea Brasiliensibus. *Marcgr. Hist. Br. Fig. p.* 213. (*Fig. bona*).
Aperea. *Pison. Hist. Nat. Fig. p.* 103. (*Fig. bona*).
Les Flamands l'appellent VELDRATTE, *ou* BOSCHRATTE. *Marcgr.*

Corporis longitudo, ab extremitate rostri ad anum usque, 1 est circiter pedis: diameter 7 digitorum. Barbam habet *Leporinam*; labium superius fissum; auriculas breves & subrotundas. Caret caudâ. Crura anteriora 3 circiter digitos longa sunt; posteriora paulò longiora. 4 habet in pedibus anticis digitos unguibus parvis munitos, in posterioribus 3, quorum medius reliquis longior. Color totius corporis, excepto ventre, in quo albicat, *Leporinus*. Habitat in *Brasiliâ*.

Il a, depuis le bout du museau jusqu'à l'anus, environ 1 pied : le diametre de son corps est de 7 doigts. Il a, comme le *Liévre*, une moustache, & la lévre supérieure fendue. Ses oreilles sont courtes & rondes. Il n'a point de queue. Ses jambes de devant ont environ 3 doigts de long, & celles de derriere un peu plus. Il a 4 doigts aux pieds de devant, armés de petits ongles, & 3 à ceux de derriere, dont le milieu est le plus long. La couleur de ses poils, exceptez ceux du ventre, qui sont blancs, est la même que celle de nos *Liévres ordinaires*. On le trouve au *Brésil*.

XXIV.

Genus Sciuri.

Hujus character est
Dentes incisores in utrâque maxillâ duo:

XXIV.

Le Genre de l'Ecureuil.

Son caractere est
D'avoir deux dents incisives à chaque mâchoire :

Point de dents canines: Les doigts onguiculés: Point de picquants sur le corps: La queue longue, & couverte de poils rangés de façon qu'elle paroît platte.

Canini nulli: Digiti unguiculati: Corpus aculeis destitutum: Cauda longa, vestita pilis ità dispositis ut caudam planam efficiant.

** 1. L'ECUREUIL.

Sciurus rufus, quandoque griseo admixto... SCIURUS VULGARIS.

Sciurus palmis solis saliens. *Linn. syst. nat. ed. 6. g. 18. sp. 1. Faun. Suec. Linn. No. 21.*
Sciurus vulgaris. *Raj. Syn. Quadr. p.* 214.
Sciurus vulgaris rubicundus. *Klein. Quadr. p.* 53.
Sciurus. *Gesn. Quadr. p.* 955. *Fig. p.* 956. (*Fig. bona*).
Gesn. Icon. Quadr. Fig. p. 110. (*Fig. bona*).
Aldro. Quadr. Dig. Viv. p. 396. *Fig. p.* 398. [*Fig. sat bona*].
Jonst. Quadr. p. 113. *Fig. T.* 66. (*Fig. bona*).
Charlet. Exer. p. 24.
Rzac. Hist. Nat. Pol. p. 224.
Rzac. auct. p. 320.
Pirolus, Spiriosus, Scurulus quorumdam. *Klein.*
Les Grecs l'appellent Σκίουρος.
Les Espagnols, HARDA, *ou* ESQUILO. *Gesn. Aldro.*
Les Italiens SCHIRIVOLO. *Gesn.* SCHIRATO, *ou* SCHIRATOLO. *Aldro.*
Les Allemands, EYCHORN, *ou* EYCHHORN, *ou* EICHHERMLIN. *Gesn. Aldro. Rzac.*
Les Illyriens, WEWERKA. *Gesn. Aldro.*
Les Polonois, WYEWYORKA. *Gesn. Aldro. Rzac.*
Les Suedois, IKORN. *Linn.*
Les Anglois, SQUYRRELL. *Gesn. Aldro.*

Il a, depuis le bout du museau jusqu'à la queue, 7 ½ pouces: sa tête, depuis les narines jusqu'à l'occiput, est longue de 2 pouces; sa queue de 8 pouces. Ses oreilles sont courtes & couvertes de poils très longs. Il a 4 doigts aux pieds de devant, & 5 à ceux de derriere, tous armés

Longitudo corporis, ab extremitate rostri ad caudam usque, 7 ½ pollicum; capitis, à naribus ad occipitium, 2 pollicum; caudæ 8 pollicum. Auriculæ breves sunt & pilis longissimis ornatæ. 4 sunt in pedibus anterioribus digiti, in posterioribus verò 5, omnes longis, incurvis, & acutis unguibus muniti: loco pollicis, quo caret pes anterior, unguis est brevissimus & obtusus. Universum corpus, exceptis gutture & ventre albicantibus, vestitur pilis omninò rufis, vel cum pauco griseo admixto. Caudam habet pilis longissimis ornatam, quâ suprà dorsum reflexâ, se tegit & inumbrat. Habitat in *Europâ*.

d'ongles longs, recourbés, & aigus: à la place du pouce, qui manque aux pieds de devant, est un ongle très court & obtus. Tout son corps est couvert de poils roux, ou d'un roux mêlé de gris, exceptez la gorge & le ventre, qui sont blancs. Sa queue est ornée de poils très longs; & lorsqu'il la releve par dessus son dos, elle lui couvre tout le corps. On le trouve en *Europe*.

** 2. L'ECUREUIL BLANC DE SIBERIE.

SCIURUS ALBUS, SIBERICUS.

Sciurum vulgarem magnitudine circiter æquat: ab eo autem differt colore, qui per universum corpus albus est. Habitat in *Siberia*. Ex museo *Realmuriano*.

Il est à peu près de la grandeur de l'*Ecureuil ordinaire*: il en différe en ce qu'il est tout blanc. On le trouve en *Siberie*, d'où il a été envoyé à M. *de Reaumur*.

3. L'ECUREUIL NOIR.

SCIURUS NIGER.

Sciurus niger. *Klein. Quadr. p.* 53.
Quauhtechallotl. *Fern. Hist. N. Hisp. p.* 8.
Quauhtechallotl Thlilric. Sciurus Mexicanus. *Hernand. Hist. Mex. Fig. p.* 582. (*Fig. sat bona*).
Quauhtechallotl Thlilric, sivè Tlilocotequillin dictus. *Jonst. Quadr. p.* 113.
Ecureuil noir. *Cat. Tom. II. Fig. p.* 73. [*Fig. très bonne*].

Præcedentes magnitudine superat: ab eis etiam colore differt: multi sunt omninò nigri; alii vel naso, vel pedibus, vel caudæ apice, vel

Il est plus grand que les précédents: il en différe encore par sa couleur: plusieurs sont tout noirs; quelques uns ont le nez blanc; d'autres les pieds; d'autres le bout de la queue; d'autres ont un collier blanc. On le trouve au *Mexique*.

denique torque albis donantur. Habitat in *Mexico*.

4. L'Ecureuil varié.

Sciurus ex candido cinereus... Sciurus varius.

Sciurus varius, *Varus* vulgò dictus. *Aldro. Quadr. Dig. Viv. p.* 403. *Fig. p.* 405. (*Fig. sat bona*).
Sciurus Scythicus. *Gesn. Icon. Quadr. p.* 111.
Sciurus, sive Mus Ponticus. *Charlet. Exer. p.* 24.
Mus Ponticus, seu Venetus, vulgò *Varius. Gesn. Quadr. Fig. p.* 839. (*Fig. bona*).
Rzac. Auct. p. 318.
Mus Ponticus, *Varius* dictus. *Jonst. Quadr. p.* 113.
Mus Lassicus Mathioli. *Aldro. Jonst.*
Les Italiens l'appellent Vare. *Gesn.*
Les Allemands, Fech, *ou* Vech. *Gesn. Aldro.* Grau-Werck. *Rzac.*
Les Polonois, Popielitza. *Aldro. Jonst. Rzac.*

Il ressemble à l'*Ecureuil ordinaire* par sa grandeur & sa figure; mais il en différe par sa couleur, qui est variée de blanc & de gris, & par les poils de sa queue, qui ne sont pas si longs. On le trouve en *Europe*.

Magnitudine & figurâ *Sciurum vulgarem* æmulatur; ab eo autem differt colore, qui in candido cinereus est, & caudâ non adeo amplâ. Habitat in *Europâ*.

**5. L'Ecureuil d'Amerique.

Sciurus obscurè cinereus... Sciurus Americanus.

Sciurus caudâ teretiusculâ, auribus subrotundis, nudis. *Linn. syst. nat. ed.* 6. *g.* 18. *sp.* 3.
Sciurus Americanus. *Klein. Quadr. p.* 54.
Seb. Vol. I. p. 78. *Fig. T.* 48. *F.* 5. (*Fig. optima*).

Il est un peu plus petit que l'*Ecureuil ordinaire*: il en différe encore par sa couleur, qui est un gris obscur dans la partie supérieure du corps, & un gris blanc dans la partie inférieure; & par

Sciuro vulgari magnitudine cedit: ab eo etiam differt colore, qui obscurè cinereus est in parte corporis superiore, in inferiore verò ex cinereo albus; & pilis caudæ brevioribus,

brevioribus, & ad rufum accedentibus. Habitat in *Americâ*.

les poils de sa queue, qui sont plus courts, & un peu roussâtres. On le trouve en *Amerique*.

** 6. L'ECUREUIL DE VIRGINIE.

Sciurus cinereus, auriculis ex albo flavicantibus... SCIURUS VIRGINIANUS.

Sciurus Virginianus cinereus major. *Raj. Syn. Quadr. p.* 215. *Klein. Quadr. p.* 53.
Grand Ecureuil gris. *Cat. Tom. II. Fig p.* 74. [*Fig. bonne*].
Les Anglois l'appellent GREAT GREY VIRGINIA SQUIRREL. *Raj.*

Longitudo corporis, ab extremitate rostri ad caudæ initium, 11 circiter pollicum. Corpus habet & membra corpore & membris *Sciuri vulgaris* crassiora; caput & auriculas breviores; 4 in pedibus anterioribus digitos, in posterioribus verò 5; auriculas intùs nudas, extùs verò pilis ex albo flavicantibus vestitas. Partes corporis superior & crurum exterior sunt cinereæ; corporis verò inferior & crurum interior ex cinereo candidæ: diversi illi colores separantur tæniis longitudinalibus rufis, in lateribus utrinque sitis. Cauda, quæ vestitur pilis longissimis cinereis, versùs extremum ex nigro & albo variis, in dorsum reflexa, totum corpus cooperit. Habitat in *Virginiâ* & *Carolinâ*.

La longueur de son corps, depuis le bout du museau jusqu'à la queue, est d'environ 11 pouces. Il a le corps & les membres plus épais que nos *Ecureuils ordinaires*; la tête & les oreilles plus courtes; 4 doigts aux pieds de devant, & 5 à ceux de derriere. Ses oreilles sont nuës intérieurement, & extérieurement couvertes de poils d'un blanc jaunâtre. La partie supérieure de son corps, & l'extérieur de ses jambes sont d'un joli gris; la partie inférieure du corps, & l'intérieur des jambes d'un gris blanc: une bande rousse s'étend de chaque côté selon leur longueur, & sépare ces deux couleurs. Sa queue est revetue de très longs poils gris, variés de noir & de blanc vers leur extrémité; & lorsqu'elle est relevée vers le dos, elle couvre tout le corps. On le trouve à la *Virginie* & à la *Caroline*.

7. L'Ecureuil du Brésil.

Sciurus coloris ex flavo & fuſco mixti, tæniis in lateribus albis... Sciurus Brasiliensis.

Sciurus Braſilienſis. *Marcgr. Hiſt. Br. p.* 230.

Il eſt de la grandeur & de la figure de l'*Ecureuil ordinaire*. Sa queue eſt auſſi longue que ſon corps, & lorſqu'elle eſt relevée vers le dos, elle peut le couvrir entiérement. Il a la prunelle de l'œil bleuâtre; les oreilles courtes & rondes; 4 doigts aux pieds de devant, & 5 à ceux de derriere, tous armés d'ongles longs & aigus, dont ceux du milieu ſont plus longs que les autres: à la place du pouce, qui manque aux pieds de devant, eſt un petit ongle noir. La couleur de tout ſon corps, exceptez la gorge & le ventre, qui ſont blancs, eſt mêlée de jaune pâle, & de brun: il a outre cela de chaque côté une bande étroite longitudinale blanche. Sa queue eſt revêtue de longs poils variés de noir & de blanc. On le trouve au *Bréſil*.

Longitudine & figurâ *Sciurum vulgarem* æmulatur. Caudam habet ejuſdem cum corpore longitudinis, quâ in dorſum reflexâ, corpus cooperiri poteſt; oculorum pupillam cœruleſcentem; auriculas breves & obrotundas; 4 in anterioribus pedibus digitos, in poſterioribus 5, omnes longis & acutis unguibus munitos, quorum medii reliquis longiores: loco pollicis, quo caret pes anterior, unguis eſt parvulus & niger. Color totius corporis, exceptis gutture & ventre albis, eſt ex pallidè flavo, & fuſco mixtus: in utroque latere tæniam habet longitudinalem albam. Cauda pilis longis veſtitur ex nigro & albo mixtis. Habitat in *Braſiliâ*.

8. L'Ecureuil de la Nouvelle Espagne.

Sciurus obſcurè cinereus, tæniis in dorſo albicantibus... Sciurus Novæ Hispaniæ.

Sciurus rariſſimus, ex Novâ Hiſpaniâ, tæniis albis. *Klein. Quadr. p.* 53.
Seb. Vol. I. p. 76. *Fig. T.* 47. *Mas F.* 2. *Fæm. F.* 3. (*Fig. bonis*).

Longitudo corporis, ab extremitate rostri ad caudæ initium, 5 ½ circiter pollicum: cauda longitudine corpus antecellit. Auricularum ambitus pilis destituitur. Color totius corporis, exceptis ore & inferiore corporis parte cinereis, est obscurè *Murinus*. Dorsum albicantes 7 in mare, 5 tantùm in fœminâ percurrunt tæniæ longitudinales, indè & per caudam quoque, quæ longis diffusisque pilis tegitur, extensæ: harum albedinem nigricantes pili intermixti variegant. Habitat in *Novâ Hispaniâ*.

Il a, depuis le bout du museau jusqu'à la queue, environ 5 ½ pouces: sa queue est plus longue que tout son corps. Le contour de ses oreilles est denué de poils. Sa couleur, exceptez son museau & la partie inférieure de son corps, qui sont d'une couleur cendrée, est un gris de *Souris* foncé. Le mâle a sur le dos 7, & la femelle seulement 5 bandes longitudinales blanchâtres, entremêlées de poils presque noirs: ces bandes s'étendent aussi sur la queue, qui est garnie de grands poils clair semés. On le trouve dans la *Nouvelle Espagne*.

9. L'ECUREUIL DE LA CAROLINE.

Sciurus rufus, tæniis in dorso nigris, tæniis ex albo flavicantibus intermixtis... SCIURUS CAROLINENSIS.

Sciurus striatus. *Klein. Quadr. p.* 53.
Sciurus Lysteri. *Raj. Syn. Quadr. p.* 216.
Ecureuil de Terre. *Cat. Tom. II. Fig. p.* 75. (*Fig. bonne*).

Dimidio minor est *Sciuro vulgari*. Oculos habet magnos & nigros; auriculas obrotundas: cauda pilis, quàm in aliis speciebus multò brevioribus, & rufis vestitur: corpus ejusdem coloris est. In medio dorso tænia longitudinalis extenditur nigra, & insuper in utroque latere duæ tæniæ etiam nigræ, tertiâ tæniâ ex albo flavicante in

Il est plus petit de moitié que l'*Ecureuil ordinaire*. Il a les yeux grands & noirs; les oreilles arrondies; les poils de la queue beaucoup plus courts que dans les autres especes, & roux, ainsi que ceux du corps: il a en outre une bande longitudinale noire placée sur le milieu du dos; & de chaque côté deux autres de même couleur, entre lesquelles est une troisiéme bande d'un blanc jaunâtre. On le trouve dans les bois de la *Caroline*, & de la *Virginie*.

illis inclusâ. Habitat in *Carolinæ* & *Virginiæ* sylvis.

** 10. L'Ecureuil Palmiste, *vulgairement*, Rat Palmiste.

Sciurus coloris ex rufo & nigro mixti, tæniis in dorso flavicantibus... Sciurus Palmarum; Mus Palmarum *vulgò*.

Mustela Africana. *Raj. Syn. Quadr. p.* 216.
Clus. Exot. Fig. p. 112. [*Fig. sat bona*].
Jonst. Quadr. p. 105.
Eus. Nieremb. Fig. p. 172. (*Fig. sat bona*).
An Mus Indicus arboreus striatus? *Raj. Syn. Quadr. p.* 230.

Il a, depuis le bout du museau jusqu'à l'origine de la queue, 5 pouces : sa tête a, depuis les narines jusqu'à l'occiput, 1 pouce 5 lignes de long; & sa queue environ 6 pouces, & se termine en pointe. Ses oreilles sont courtes & arrondies. Il a 4 doigts aux pieds de devant, & 5 à ceux de derriere. Tous les poils de son corps sont variés de roux & de noir; ceux de sa queue de noir & de jaunâtre en dessus, & en dessous ils sont d'un jaune roux, ayant de chaque côté 2 bandes étroites longitudinales noires, & terminées par une bande longitudinale blanchâtre : il a aussi sur le dos 3 bandes jaunâtres, qui s'étendent dans toute sa longueur; sçavoir une de chaque côté, & l'autre au milieu. On le trouve en *Asie*, en *Afrique*, & en *Amerique*.

Longitudo corporis, ab extremitate rostri ad caudæ initium, 5 pollicum; capitis, à naribus ad occipitium, 1 pollicis & 5 linearum; caudæ, quæ in acumen desinit, 6 circiter pollicum. Auriculas habet breves & subrotundas; 4 in pedibus anticis digitos, 5 verò in posticis. Pili corporis ex rufo & nigro variegantur : pili caudæ suprà ex nigro & flavicante, infrà verò sunt ex flavo rufi, cum duobus tæniis longitudinalibus in utroque latere nigris, alterâ tæniâ etiam longitudinali albicante utrinque terminati : 3 sunt insuper in dorso secundùm ipsius longitudinem tæniæ flavicantes, in utroque scilicet latere una, altera in medio dorso. Habitat in *Asiâ*, *Africâ*, & *Americâ*.

11. L'Ecureuil de Barbarie.

Sciurus coloris ex rufo & nigro mixti, tæniis in lateribus alternatim albis, & fuscis aut nigris... Sciurus Getulus.

Sciurus Getulus Caii apud Gesnerum. *Raj. Syn. Quadr. p.* 216. *Klein. Quadr. p.* 54.
Sciurus Getulus. *Gesn. Icon. Quadr. Fig. p.* 112. (*Fig. bona*). *Aldrov. Quadr. Dig. Viv. p.* 405. *Fig. p.* 406. (*Fig. bona*). *Jonst. Quadr. p.* 113. *Fig. T.* 67. *Fig. bona*).
Sciurus, sive Mus Getulus. *Charlet. Exer. p.* 24.

Sciuri vulgaris magnitudinem non attingit; nec auriculas exstantes habet, ut ille, sed depressas magis, breviores & orbiculares. Pilorum color, excepto in ventre, in quo ex cinereo albus, ex rufo & nigro mixtus est. Eum, ab armis ad caudam, per latera albæ fuscæque tæniæ in aliquibus, & albæ & nigræ in aliis alternatim decentissimè pingunt, respondentibus etiam in caudâ tæniis, nisi siquando expansâ caudâ, propter pilorum raritatem eædem disppareant. Habitat in *Barbariâ*.

Il est un peu plus petit que l'*Ecureuil ordinaire*: il n'a pas les oreilles si relevées, mais plus basses, plus courtes, & arrondies. La couleur de ses poils, exceptez ceux du ventre, qui sont gris-blancs, est mêlée de roux & de noir. Il a sur les côtés, depuis les épaules jusqu'à la queue, des bandes alternativement blanches & brunes dans quelques uns, & alternativement blanches & noires dans d'autres : ces bandes s'étendent aussi sur la queue; mais lorsqu'elle est étendue, elles disparoissent, parce que les poils sont trop clair-semés. On le trouve en *Barbarie*.

** 12. L'Ecureuil volant.

Sciurus obscurè cinereus aut rufescens, cute ab anticis cruribus ad postica membranæ in modum extensâ, volans... Sciurus volans.

Sciurus hypocondriis prolixis volitans. *Linn. syst. nat. ed.* 6. *g.* 18. *sp.* 2.
Faun. Suec. Linn. N°. 22.

Sciurus Americanus volans. *Raj. Syn. Quadr. p.* 215.
Sciurus petaurista volans. *Klein. Quadr. p.* 54.
Sciurus volans. *Seb. Vol. I. p.* 67. *Fig. T.* 41. *F.* 3. (*Fig. optima*).
Mus Ponticus aut Scythicus, Sciurus-ve alius, quem volantem cognominant. *Gesn. Icon. Quadr. Fig. p.* 111. (*Fig. sat bona*).
Mus Ponticus, Scythicus, volans. *Rzac. auct. p.* 315.
Quimichpatlan, seu Mus volans. *Jonst. Quadr. p.* 114.
Assapanick à Barbaris dictus. *Jo. de Laet. p.* 82.
Ecureuil volant. *Cat. Tom. II. Fig. p.* 76. & 77. (*Fig. très bonnes*).
Ecureuil volant, connu sous le nom de *Rat de Pont* ou *de Tartarie* de Gesner. *Transf. Phil. an.* 1733. *p.* 35. *Fig. Pl.* 1. (*Fig. très bonne*).
Les Polonois l'appellent WIEWIORKA LATAIACA. *Rzac.*
Les Moscovites, LETAGA. *Rzac.*
Les Russes, POLATUCHA. *Rzac.*
Les Suédois, FLYGANDE IKORN. *Linn.*
Les Anglois, FLYING SQUIRREL. *Raj.*

La longueur de son corps, depuis le bout du museau jusqu'à l'origine de la queue, est d'environ 5 pouces; celle de sa tête, depuis les narines jusqu'à l'occiput, de 15 lignes; celle de ses oreilles de 5 lignes; & celle de sa queue de 5 pouces 3 lignes. Il a les oreilles rondes; les yeux grands & noirs; une moustache composée de poils noirs longs d'un pouce & demi; 4 doigts aux pieds de devant, & 5 à ceux de derriere, tous garnis d'ongles pointus & recourbés. La peau des côtés, qui est attachée aux jambes de devant & à celles de derriere selon leur longueur, peut être étendue comme une membrane : c'est par son moyen qu'il peut parcourir en l'air un grand espace; car il vole la longueur de 40 toises : il ne peut en volant ni s'élever, ni garder la ligne horizontale; mais il des-

Corporis longitudo, ab extremitate rostri ad caudæ initium, est circiter 5 pollicum; capitis, à naribus ad occipitium, 15 linearum; auricularum 5 linearum; caudæ 5 pollicum cum 3 lineis. Auriculas habet rotundas; ingentes & nigros oculos; mystacem pilis nigris 1 ½ pollicem longis conflatum; 4 in pedibus anterioribus digitos, in posterioribus verò 5, omnes acutis & incurvis unguibus munitos. Laterum cutis, quæ cruribus anterioribus & posterioribus secundùm ipsorum longitudinem connectitur, instar membranæ extendi potest : ope illius loca maximè à se distantia facilè saltu attingit; 40 enim sexpedarum longitudinem volatu, vel potiùs saltu percurrit. Volando aut sursùm tendere, aut horizontaliter aerem percurrere nequit, sed deorsùm obliquè tendit. Pili densissimi sunt & mollissimi, suprà corpus aut obscurè cinerei aut rufescentes, infrà verò albicantes: pili caudæ ejusdem ferè coloris ac corporis pars superior. Habitat in *Poloniâ*, *Laponiâ*, *Finlandiâ*, *Novâ Hispaniâ*, *Virginiâ*, & *Canadâ*.

cend obliquement. Ses poils, qui sont tres épais & tres doux au toucher, sont d'un gris obscur ou roussâtres en dessus du corps, & blanchâtres en dessous: ceux de sa queue sont à peu près de la même couleur que le dessus du corps. On le trouve en *Pologne*, en *Laponie*, en *Finlande*, dans la *Nouvelle Espagne*, en *Virginie*, & en *Canada*.

** 13. L'ECUREUIL VOLANT DE SIBERIE.

Sciurus dilutè cinereus, cute ab anticis cruribus ad postica membranæ in modum extensâ, volans... SCIURUS SIBERICUS VOLANS.

A præcedente differt magnitudine quâ eum antecellit, cauda breviori, & colore per universum corpus dilutè cinereo. Habitat in *Siberiâ*. Ex Museo *Realmuriano*.

Il différe du précédent en ce qu'il est un peu plus grand, qu'il a la queue plus courte, & par sa couleur, qui est partout le corps d'un joli petit gris. On le trouve en *Siberie*, d'où il a été envoyé à M. *de Reaumur*.

14. L'ECUREUIL VOLANT DE VIRGINIE.

Sciurus, cute à capite ad anum membranæ in modum lateraliter extensâ, volans... SCIURUS VIRGINIANUS VOLANS.

Sciurus cute à capite ad caudam relaxatâ volans. *Linn. syst. nat. ed.* 4. *g.* 20. *sp.* 4.
Sciurus Virginianus petaurista. *Klein. Quadr. p.* 55.
Sciurus Virginianus volans. *Seb. Vol. I. p.* 72. *Fig. T.* 44. *F.* 3. (*Fig. optima*).

Corporis longitudo, ab extremitate rostri ad caudæ initium, est circiter $5\frac{1}{2}$ polli-

La longueur de son corps, depuis le bout du museau jusqu'à l'origine de la queue, est d'environ 5 ½ pouces; celle de sa tête, depuis les narines jusqu'à l'occiput, d'environ 15 lignes; celle de ses oreilles de 8 lignes; & celle de sa queue de 4 ½ pouces. Il a à chaque pied 5 doigts, armés de petits ongles pointus & crochus; le pouce est séparé des autres doigts. Il peut voler à l'aide de la peau des côtés, qui peut s'étendre comme une membrane : elle commence à avoir cette faculté sous la gorge, de là au sommet de la tête, ensuite aux jambes de devant, & à celles de derriere, & de là à l'anus auprès de l'origine de la queue. La partie supérieure de son corps est rousse, & l'inférieure est d'un cendré qui tire sur le jaune. On le trouve en *Virginie*.

cum; capitis, à naribus ad occipitium, 15 circiter linearum; auricularum 8 linearum; caudæ 4 ½ pollicum. Pedes singuli in 5 digitos, acutis & incurvis unguiculis munitos, fissi sunt, pollice ab aliis digitis remoto. Ope cutis laterum, quæ à gutture ad cervicem protenditur, indè ad anteriora crura, deindè etiam ad posteriora, & tandem ad anum usque propè caudæ exortum, quæque membranæ instar extendi potest, aerem percurrit. In parte corporis superiore rufescit; in inferiore verò ex cinereo flavescit. Habitat in *Virginiâ*.

XXV.

Le Genre du Loir.

Son caractere est
D'avoir deux dents incisives à chaque mâchoire :
Point de dents canines :
Les doigts onguiculés :
Point de picquants sur le corps :
La queue longue, & couverte de poils rangés de façon qu'elle paroît ronde.

XXV.

Genus Gliris.

Hujus character est
Dentes incisores in utrâque maxillâ duo :
Canini nulli :
Digiti unguiculati :
Corpus aculeis destitutum :
Cauda longa, vestita pilis ità dispositis ut caudam rotundam efficiant.

1. Le Loir.

Glis suprà obscurè cinereus, infrà ex albo cinerascens... Glis.

Glis Gesneri & aliorum. *Raj. Syn. Quadr. p.* 229.

Glis. *Gesn. Quadr. Fig. p.* 619. (*Fig. mala*).

Gesn.

Gesn. Icon. Quadr. Fig. p. 109. (*Fig. mala*).
Charlet. Exer. p. 25.
Sciurus Epilepticus. *Klein. Quadr. p.* 54.
Loir. *Hist. de l'Acad. Tom. III. Part.* 3. *p.* 40. *Fig. Pl.* 7. (*Fig. assez bonne*).
Les Hébreux l'appellent AKBAR. *Gesn.*
Les Chaldéens, AKBERA. *Gesn.*
Les Arabes, PIR, *ou* PHIR. *Gesn.*
Les Espagnols, LIRON. *Gesn.*
Les Italiens, GALERO, GLIERO; *ou* GHIRO. *Gesn.*
Les Suisses, RELL, *ou* RELLMUSS, *ou* GROSSE HASSELMUSS. *Gesn. Raj.*
Les Allemands, GREUL. *Gesn.*
Les Polonois, SCZUZEK. *Gesn.*

Corporis longitudo, ab extremitate rostri ad caudæ initium, 4 ½ pollicum ; caudæ 3 ½ pollicum. Oculos habet magnos ; auriculas longas ; pedes pedibus *Ratti* similes. Pili in parte corporis superiore sunt obscurè cinerei, in inferiore verò ex albo cinerascentes. Habitat in sylvis.

Il a, depuis le bout du museau jusqu'à l'origine de la queue, 4 ½ pouces : sa queue est longue de 3 ½ pouces. Ses yeux sont grands ; ses oreilles longues ; ses pieds semblables à ceux du *Rat*. La couleur de son poil est un gris obscur dans la partie supérieure de son corps, & un blanc gris dans la partie inférieure. On le trouve dans les forêts.

** 2. LE LÉROT.

Glis suprà obscurè cinereus, infrà ex albo cinerascens, maculâ ad oculos nigrâ.

Mus Avellanarum major. *Raj. Syn. Quadr. p* 219.
Klein. Quadr. p. 56. *Not.* 48.
Aldro. Quadr. Dig. Viv. p. 439.
Jonst. Quadr. p. 116.
Mus Avellanarum. *Gesn. Quadr. Fig. p.* 833. (*Fig. bona*).
Rzac. Auct. p. 315.
Mus Avellanarius. *Jonst. Quadr. Fig. T.* 66. (*Fig. bona*).
Charlet. Exer. p. 25.
Sorex Plinii. *Gesn. Quadr. p.* 834.
Gesn. Icon. Quadr. Fig. p. 115. (*Fig. bona*).
Les Espagnols l'appellent SORCE, *ou* RATON PEQUENNO. *Gesn.*
Les Allemands, HASERMUSS. *Gesn.* HASELMAUS. *Rzac.*
Les Polonois, MYSZORZECHOWA; KOSZALKA. *Rzac.*

Les Flamands, SLAEP RATTE. *Gesn.*
Les Anglois, GREATER DORMOUSE, *ou* SLEEPER. *Rj.*

La longueur de son corps, depuis le bout du museau jusqu'à l'origine de la queue, est de 5 ½ pouces; celle de sa tête, depuis les narines jusqu'à l'occiput, de 15 lignes; celle de ses oreilles de 6 lignes; celle de sa queue de 4 pouces. Il a les yeux grands & noirs; les oreilles arrondies, transparentes, & couvertes de poils extrêmement courts; une moustache composée de poils partie noirs & partie blancs; 4 doigts aux pieds de devant, & 5 à ceux de derriere. La couleur de son poil est un gris obscur dans la partie supérieure du corps, & un blanc gris dans la partie inférieure: autour des yeux est une tache noire, & une autre audessous des oreilles. Sa queue, depuis son origine jusqu'à la moitié de sa longueur, est couverte en dessus de poils variés de roux & de noir, & en dessous d'un roux blanchâtre: dans le reste de sa longueur elle est noire en dessus, & blanche en dessous. On le trouve dans les bois, & dans les endroits où il y a des fruits.

Corporis longitudo, ab extremitate rostri ad caudæ exortum, 5 ½ pollicum; capitis, à naribus ad occipitium, 15 linearum; auricularum 6 linearum; caudæ 4 pollicum. Oculos habet ingentes & nigros; auriculas subrotundas, pellucidas, & pilis brevissimis obsitas; mystacem partìm nigris partìm albis pilis constitum; 4 in pedibus anterioribus digitos, in posterioribus 5. Pili in parte corporis superiore sunt obscurè cinerei, in inferiore ex albo cinerascentes: macula est circà oculos nigra, altera macula ejusdem coloris infrà auriculas. Cauda, ab exortu ad mediam longitudinem usque, obsita est in parte superiore pilis ex rufo & nigro variis, in inferiore pilis ex rufo albicantibus, alterâ medietate supernè nigrâ, infernè albâ. Habitat in sylvis, & in locis in quibus fructus crescunt.

** 3. LE CROQUE-NOIX.

Glis suprà rufus, infrà albicans.

Mus caudâ longâ pilosâ, corpore rufo, gulâ albicante. *Linn. syst. nat. ed.* 6. *g.* 21. *sp.* 9.

Faun. Suec. Linn. N°. 32.

Mus Avellanarum minor. *Raj. Syn. Quadr. p.* 220.

Aldro. Quadr. Dig. Viv. p. 439. *Fig. p.* 440. (*Fig. bona*).

Jonst. Quadr. p. 116.

Les Italiens l'appellent MOSCARDINO. *Aldro.*

Les Suédois, SKOGSMUS. *Linn.*

Les Anglois, DORMOUSE, *ou* SLEEPER. *Raj.*

Soricem magnitudine æmulatur. Caudam habet corpore paulò longiorem; auriculas breves & rotundas; ingentes & nigros oculos; myſtacem pilis nigris & raris conflatum; 4 in pedibus anterioribus digitos, in poſterioribus 5, omnes acutis & incurvis unguibus munitos, excepto pollice pedum poſteriorum, qui caret ungue, & ab aliis digitis eſt remotus. Pili in parte corporis ſuperiore ſunt rufi, in inferiore verò albicantes, paulùlum flavicante admixto. Habitat in *Europæ* ſylvis.

Il eſt de la grandeur d'une *Souris*. Il a la queue un peu plus longue que le corps; les oreilles courtes & rondes; les yeux grands & noirs; une mouſtache compoſée de poils noirs, & clair-ſemés; 4 doigts aux pieds de devant, & 5 à ceux de derriere, armés d'ongles crochus & pointus: le pouce des pieds de derriere eſt ſéparé des autres doigts, & n'a point d'ongle. La couleur de ſon poil eſt rouſſe dans la partie ſupérieure du corps, & blanche, mêlée d'un peu de jaunâtre, dans la partie inférieure. On le trouve en *Europe* dans les bois.

4. LA MARMOTTE DE BAHAMA.

Glis fuſcus... MARMOTA BAHAMENSIS.

Cavia Bahamenſis. *Klein. Quadr. p.* 50.

Lapin de Bahama. *Cat. Tom. II. Fig. p.* 79. (*Fig. bonne*).

Noſtrate Cuniculo paulò minor eſt. Auriculas habet & pedes auriculis & pedibus *Murinis* ſimiles. Color pilorum fuſcus. Habitat in *Bahamâ*.

Elle eſt un peu plus petite que notre *Lapin*. Elle a les oreilles & les pieds ſemblables à ceux du *Rat*. La couleur de ſes poils eſt brune. On la trouve à *Bahamâ*.

5. La Marmotte d'Amérique.

Glis fuſcus, roſtro è cinereo cœruleſcente... Marmota Americana.

Glis Marmota, Americanus. *Klein. Quadr. p.* 56.
Monax, ou Marmotte d'Amérique. *Edwards. Tom. II. Fig. p.* 104. (*Fig. tres bonne*).
Marmotte Amériquaine. *Cat. app. p.* 28.

Elle eſt environ de la groſſeur de *notre Lapin*. Elle a les yeux noirs & à fleur de tête; les oreilles courtes & rondes; une mouſtache compoſée de poils roides comme des *ſoyes*, & en outre de pareils poils de chaque côté de la tête, un peu au-delà des coins de la bouche; 4 doigts aux pieds de devant, & 5 à ceux de derriere, tous très longs, & armés d'ongles longs & pointus. Tout ſon corps eſt couvert de poils d'un brun plus foncé ſur le dos, un peu plus clair ſur les côtés, & encore plus clair ſur le ventre. Le muſeau eſt d'un cendré clair & bleuâtre : les ongles, les doigts & les pieds juſqu'au talon ſont noirs. La queue, qui a plus de la moitié de la longueur du corps, eſt couverte de poils bruns & noirâtres. On la trouve en *Amérique*, & ſurtout à *Maryland*.

Noſtratis Cuniculi magnitudinem circiter æquat. Oculos habet exſtantes & nigros; auriculas breves & rotundas; myſtacem pilis *ſetarum* inſtar rigidis conflatum, & prætereà ſimiles pilos in utroque capitis latere ultrà oris angulos; 4 in pedibus anterioribus digitos, in poſterioribus 5, omnes longiſſimos, longis & acutis unguibus munitos. Per univerſum corpus veſtitur pilis fuſcis ſaturatiùs in dorſo, dilutè in lateribus, in ventre dilutiùs. Roſtrum ex dilutè cinereo cœruleſcit : ungues, digiti, & pedes ad talum uſque nigricant. Cauda, quæ pluſquam mediam corporis longitudinem attingit, pilis veſtitur fuſcis & nigreſcentibus. Habitat in *Americâ*, & præſertim in *Marglandiâ*.

** 6. LA MARMOTTE DE POLOGNE.

Glis flavicans, capite rufescente... MARMOTA POLONICA.

Mus Alpinus. *Rzac. Hist. Nat. Pol. p.* 233.
Rzac. Auct p. 327.
Mus Montanus quorumdam. *Rzac.*
Les Italiens l'appellent MARMONTANA. *Rzac.*
Les Allemands, MURMELTHIER. *Rzac.*
Les Polonois, BOBAK; SWISZEZ. *Rzac.*

Corporis longitudo, ab extremitate rostri ad caudæ exortum, 1 ½ pedis est; capitis, à naribus ad occipitium, 4 pollicum; caudæ totidem. Auriculas habet brevissimas & rotundas; 4 in pedibus anterioribus digitos, in posterioribus 5: loco pollicis, quo caret pes anterior, unguis est brevissimus & obtusus: pedum posteriorum digiti 3 intermedii duobus lateralibus sunt longiores. Universum corpus pilis flavicantibus vestitur, capite tamen & caudâ paululùm rufescentibus. Habitat in *Poloniâ*.

Elle a, depuis le bout du museau jusqu'à l'origine de la queue, 1 ½ pied: sa tête, depuis les narines jusqu'à l'occiput, est longue de 4 pouces: sa queue est de la même longueur. Ses oreilles sont très courtes & rondes. Elle a 4 doigts aux pieds de devant, & 5 à ceux de derriere; à la place du pouce, qui manque aux pieds de devant, est un ongle très court & obtus: les 3 doigts du milieu des pieds de derriere sont plus longs que les 2 autres. Tout son corps est couvert de poils jaunâtres: sa tête est un peu rousse, ainsi que sa queue. On la trouve en *Pologne*.

** 7. LA MARMOTTE DES ALPES.

Glis pilis è fusco & flavicante mixtis vestitus... MARMOTA ALPINA.

Glis, Marmota Italis. Mus Alpinus Plinii. *Klein. Quadr. p.* 56.
Mus caudâ elongatâ nudâ, corpore rufo. Marmota. *Linn. syst. nat. ed.* 6. *g.* 21. *sp.* 11.
Mus Alpinus Plinii, Marmota Italis. *Raj. Syn. Quadr. p.* 221.
Mus Alpinus, sive Marmota. *Aldro. Quadr. dig. viv. Fig. p.* 445. [*Fig. sat bona*].

Charlet. Exer. p. 19.
Mus Alpinus. *Gesn. Quadr. p.* 840. *Fig. p.* 841. (*Fig. bona*).
Gesn. Icon. Quadr. Fig. p. 108. (*Fig. bona*).
Jonst. Quadr. p. 117. *Fig. T.* 67. [*Fig. bona*].
Marmotte. *Hist. de l'Acad. Tom. III. Part.* 3. *p.* 33. *Fig. Pl.* 7. [*Fig bonne*].
Les Italiens l'appellent MURMONT; MARMOTA; MARMONTANA; VAROZA. *Gesn.*
Les Grisons, MONTANELLA. *Gesn.*
Les Allemands & les Suisses, MURMELTHIER; MURMENTLE; MISTBELLERLE. *Gesn.*
Les Suédois, MORMELDIUR. *Linn.*

La longueur de son coprs, depuis le bout du museau jusqu'à l'origine de la queue, est de 1 ½ pied; celle de sa tête, depuis les narines jusqu'à l'occiput, de 3 pouces 9 lignes; celle de ses oreilles de 7 lignes; & celle de sa queue, depuis son origine jusqu'au bout des poils, qui sont fort longs, de 6 pouces. Elle a 4 doigts aux pieds de devant, & 5 à ceux de derriere, dont les 3 du milieu sont plus longs que les 2 lateraux. Tout son corps est couvert de poils rudes, variés de brun & de jaunâtre dans la partie supérieure du corps, & tout à fait jaunâtres dans la partie inférieure : ceux de la queue sont variés de noir & de jaunâtre. On la trouve dans les *Alpes*.

Corporis longitudo, ab extremitate rostri ad caudæ initium, 1 ½ pedis est; capitis, à naribus ad occipitium, 3 pollicum cum 9 lineis; auricularum 7 linearum; caudæ, ab exortu ad extremitatem usque pilorum, qui longissimi sunt, 6 pollicum. Pedes anteriores in 4 digitos fissi sunt, posteriores verò in 5, quorum 3 intermedii duobus lateralibus sunt longiores. Universum corpus vestitur pilis rigidis, ex fusco & flavicante variegatis in parte corporis superiore, in inferiore verò flavicantibus : pili caudæ ex nigro & flavicante variegantur. Habitat in *Alpibus*.

8. LA MARMOTTE DE STRASBOURG.

Glis ex cinereo rufus in dorso, in ventre niger, maculis tribus ad latera albis... MARMOTA ARGENTORATENSIS.

Mus caudâ elongatâ, corpore cinereo, rutilo nigroque longitudinaliter vario. *Linn. syst. nat. ed.* 6. *g.* 21 *sp.* 10.

Glis Cricetus, Gesneri. *Klein. Quadr. p.* 56.
Cricetus Gesneri. *Raj. Syn. Quadr. p.* 221.
Rzac. Hist. Nat. Pol. p. 232.
Rzac. auct. p. 316.
Cricetus. *Gesn. Quadr. Fig. p.* 836.
Gesn. Icon. Quadr. Fig. p. 113.
Arctomys Palestinæ secundùm Gelenium. *Raj. Gesn.*
Porcellus frumentarius Schwenckfeldii. *Rzac.*
Mus magnus campi quorumdam. *Rzac.*
Auprès de Strasbourg on l'appelle KORNFÄRLE. *Gesn.*
Les Polonois l'appellent SKRZECZEK; CHOMIK. *Rzac.*
Les Allemands, HAMSTER, *ou* HAMESTER. *Gesn. Rzac.*

Quoad magnitudinem *Rattum* inter & *nostratem Cuniculum* medio pollet. Pedes habet admodùm breves; caudam 8 circiter pollices longam. Capitis pars superior, dorsum, & cauda ex cinereo rufescunt : tempora rutila sunt, sicut & latera : venter est niger, & guttur candidum; & insuper utrumque latus maculis albis tribus numero distinguitur. Habitat in agris circà *Argentoratum*, in *Turingiâ*, *Misniâ* & *Poloniâ*.

Sa grandeur tient le milieu entre le *Rat* & *notre Lapin*. Elle a les pieds très courts, & la queue longue d'environ 8 pouces. Le dessus de la tête, le dos, & la queue sont d'un gris roux : les temples & les côtés sont roux : la gorge est blanche, & le ventre noir; de plus les côtés sont marqués chacun de 3 taches blanches. On la trouve auprès de *Strasbourg*, dans la *Turinge*, la *Misnie*, & la *Pologne*.

XXVI.

Genus Muris.

Hujus character est
Dentes incisores in utrâque maxillâ duo :
Canini nulli :
Digiti unguiculati :
Corpus aculeis destitutum :
Cauda nuda, aut raris pilis obsita.

XXVI.

Le Genre du Rat.

Son caractere est
D'avoir deux dents incisives à chaque mâchoire :
Point de dents canines :
Les doigts onguiculés :
Point de picquants sur le corps :
La queue nuë, ou couverte de poils clair semés.

Obs. 1°. Les especes de ce Genre se distinguent entr'elles par la longueur de leur queue, & par leurs couleurs: les unes ont la queue plus longue que le corps; d'autres ont la queue à peu près de la longueur du corps; & d'autres l'ont beaucoup plus courte. J'appelle la premiere *queue très longue*; la seconde *queue longue*; & la troisiéme *queue courte*. J'entends par la longueur du corps, la distance qu'il y a depuis l'occiput jusqu'à l'origine de la queue.

Obs. 2°. Toutes les especes de *Rats* ont les pieds de derriere plus longs que ceux de devant.

Obs. 1°. Hujus Generis species coloribus & caudæ longitudine inter se distinguntur: aliæ caudam habent corpore longiorem; aliæ caudam corporis circiter longitudine; aliæ caudam corpore multò breviorem. Primam *caudam longissimam*; secundam *caudam longam*; tertiam denique *caudam brevem* vocavi. Per corporis longitudinem, intelligo distantiam occipitium inter & caudæ exortum.

Obs. 2°. Omnes hujus Generis species pedes habent posteriores anterioribus longiores.

** 1. Le Rat.

Mus caudâ longissimâ, obscurè cinereus... Rattus.

Mus caudâ longâ, subnudâ, corpore fusco cinerascente. *Linn. syst. nat. ed. 6. g. 21. sp. 6.*
Faun. Suec. Linn. N°. 28.
Mus, Rattus domesticus. *Klein. Quadr. p.* 57.
Mus domesticus major, sive Rattus. *Raj. Syn. Quadr. p.* 217.
Sloane. Vol. II. p. 330.
Gesn. Quadr. Fig. p. 829. [*Fig. sat bona*].
Gesn. Icon. Quadr. p. 114. *Fig. p.* 115. (*Fig. sat bona*).
Aldro. Quadr. dig. viv. p. 415.
Jonst. Quadr. p. 115. *Fig. T.* 66. *sub isto nomine*, Glires. (*Fig. bonis*).
Sorex. *Charlet. exer. p.* 25.
Guabiru Brasiliensibus. *Marcgr. Hist. Br. p.* 229.
Les Grecs l'appellent Μῦς.
Les Espagnols, Raton. *Gesn. Aldro.*
Les Portugais, Rato da Casa. *Marcgr.*
Les Italiens, Rato di Casa; Pantegana; Sourco. *Gesn.*
Les Allemands, Ratz. *Gesn. Aldro.*
Les Polonois, Sezurez. *Aldro.*
Les Anglois, Rat; Ratte. *Raj. Gesn. Aldro.*

La longueur de son corps, depuis le bout du museau jusqu'à l'origine de la queue, est d'environ 7 pouces; celle de sa tête,

Longitudo corporis, ab extremitate rostri ad caudæ exortum, 7 circiter pollicum; capitis, à naribus ad occipitium,

tium, 2 circiter pollicum. Caudam habet corpore longiorem; auriculas magnas subrotundas, & pellucidas; 4 in pedibus anterioribus digitos, in posterioribus 5: loco pollicis, quo caret pes anterior, unguiculus est brevissimus. Per universum corpus vestitur pilis obscurè cinereis; cauda verò squamis minimis, pilis quibusdam rarissimis intermixtis, tegitur. Dantur & toti albi. Habitat in domibus.

depuis les narines jusqu'à l'occiput, d'environ 2 pouces. Sa queue est plus longue que le corps: ses oreilles sont grandes, arrondies & transparentes. Il a 4 doigts aux pieds de devant, & 5 à ceux de derriere: à la place du pouce, qui manque aux pieds de devant, est un petit ongle tres court. Tout son corps est couvert de poils d'un brun obscur, & sa queue de tres petites écailles, entre lesquelles sont quelques poils tres clair-semés. Il y en a qui sont tout à fait blancs. On le trouve dans les maisons.

** 2. La Souris.

Mus caudâ longissimâ, obscurè cinereus, ventre subalbescente... Sorex.

Mus caudâ nudiusculâ, corpore cinereo-fusco, abdomine subalbescente. *Linn. syst. nat. ed. 6. g. 21. sp. 8.*
Faun. Suec. Linn. N°. 31.
Mus minor; Musculus vulgaris domesticus, caudâ tereti longâ. *Klein. Quadr. p. 57.*
Mus domesticus vulgaris, seu minor. *Raj. Syn. Quadr. p. 218.*
Sloane. Vol. II. p. 330.
Mus domesticus communis vel minor. *Gesn. Icon. Quadr. Fig. p. 114. (Fig. sat bona).*
Mus domesticus minor. *Aldro. Quadr. dig. viv. p. 415. Fig. p. 417. (Fig. sat bona).*
Jonst. Quadr. p. 115. Fig. T. 66. sub isto nomine, Mures. *(Fig. sat bonis).*
Mus. *Gesn. Quadr. Fig. p. 808. (Fig. sat bona).*
Sorex domesticus. *Charlet. exer. p. 25.*
Carucvoca Brasiliensibus. *Marcgr. Hist. Br. p. 229.*
Les Hebreux l'appellent Acbar. *Gesn. Aldro.*
Les Chaldéens, Acbera. *Gesn. Aldro.*
Les Grecs, Μυάριον, *ou* Μυσκος.
Les Arabes, Phir, *ou* Phar. *Gesn. Aldro.*

Les Sarrasins, Farra. *Gesn. Aldro.*
Les Espagnols, Rat. *Gesn. Aldro.*
Les Italiens, Topo; Sorice; Sorgio di Casa. *Gesn. Aldro.*
Les Allemands, Musz. *Gesn. Aldro.*
Les Polonois & les Illyriens, Myss. *Gesn. Aldro.*
Les Suédois, Mus. *Linn.*
Les Anglois, Mows. *Gesn. Aldro.* Mouse. *Raj. Gesn. Aldro.*

La longueur de son corps, depuis le bout du museau jusqu'à la queue, est de 2 pouces 9 lignes; celle de sa tête de 11 lignes; celle de ses oreilles de 5 lignes; & celle de sa queue de 3 pouces 4 lignes. Elle a les oreilles larges, arrondies & transparentes; les yeux grands & à fleur de tête; & le même nombre de doigts que le précédent. La couleur de ses poils est un gris obscur dans la partie supérieure de son corps, & un peu blanchâtre dans la partie inférieure. Quelques unes sont tout à fait blanches. On la trouve dans les maisons.

Longitudo corporis, ab extremitate rostri ad caudæ initium, 2 pollicum cum 9 lineis; capitis 11 linearum; auricularum 5 linearum; caudæ 3 pollicum cum 4 lineis. Auriculas habet latas, subrotundas & pellucidas; oculos magnos exstantes; pedum digitos, ut in præcedente. Pili in parte corporis superiore obscurè sunt cinerei; in inferiore verò paululùm subalbescentes. Dantur & toti albi. Habitat in domibus.

** 3. Le Rat de bois.

Mus caudâ longissimâ, suprà dilutè fulvus, infrà albicans.
Mus Sylvestris.

Il a, depuis le bout du museau jusqu'à l'origine de la queue, 7½ pouces : sa tête, depuis les narines jusqu'à l'occiput, est longue de 2 pouces; & sa queue de 7½ pouces : elle est, comme celle du *Rat*, couverte de tres petites écailles, entre lesquelles sont quelques poils tres clair-se-

Longitudo corporis, ab extremitate rostri ad caudæ exortum, 7½ pollicum; capitis, à naribus ad occipitium, 2 pollicum; & caudæ 7 pollicum. Cauda verò, sicuti & cauda *Ratti*, squamis minimis, pilis quibusdam rarissimis intermixtis, tegitur. Auriculas habet auriculis *Ratti* similes. Pedes anteriores in 4, posteriores in 5 digitos fissi sunt : & loco pollicis, quo caret pes anterior, unguis brevis & obtusus extat. Corporis pars superior, sicut & crurum exterior, sunt dilutè fulvæ ; inferior verò corporis pars, & crurum interior albæ. Habitat in sylvis. Ex Museo *Realmuriano*.

més. Ses oreilles sont semblables à celles du *Rat*. Il a 4 doigts aux pieds de devant, & 5 à ceux de derriere : à la place du pouce, qui manque aux pieds de devant, est un ongle tres court & obtus. Toute la partie supérieure du corps, & l'extérieure des jambes sont d'un fauve clair ; & la partie inférieure du corps, & l'intérieure des jambes sont blanches. On le trouve dans les bois. Il est dans le cabinet de M. *de Reaumur*.

4. LE GRAND RAT DES CHAMPS.

Mus caudâ longissimâ, fuscus, ad latera rufus... MUS CAMPESTRIS MAJOR.

Mus agrestis major, Macrouros Gesneri. *Raj. Syn. Quadr. p.* 219. *Klein. Quadr. p.* 57. *Not.* 50.
Mus agrestis major. *Gesn. Quadr. p.* 830. *Fig. p.* 1104. (*Fig. sat bona*). *Gesn. Icon. Quadr. Fig. p.* 116. [*Fig. sat bona*]. *Aldro. Quadr. dig. viv. p.* 436.
Mus agrestis. *Rzac. auct. p.* 328.
Les Italiens l'appellent CAMPAGNOLI. *Aldro.*
Les Allemands, FELDMUSZ ; ERDMUSZ ; NÜLMUSZ, *ou* NIELMUSZ. *Gesn. Rzac.*
Les Anglois, FELDMUSZ. *Gesn.*
Les Polonois, MYSS POLNA. *Rzac.*

Ratti magnitudinem circiter attingit. Caudam, ut ille, longam habet & crassam ; auriculas rotundas ; caput magnum & rotundum. Pilorum color per universum corpus fuscus est, exceptis lateribus, in quibus rufus. Habitat in agris.

Il est à peu-près de la grandeur d'un *Rat*. Il a, comme lui, la queue longue & grosse : ses oreilles sont rondes ; sa tête grosse & arrondie. Tout son corps est couvert de poils bruns, excepté aux côtés, où ils sont roux. On le trouve dans les champs.

5. La Souris d'Amérique.

Mus caudâ longissimâ, dilutè spadiceus... Sorex Americanus.

Mus Americanus pilis dilutè spadiceis vestitus. *Seb. Vol. I. p.* 177. *Fig. T.* 111. *F.* 6. (*Fig. optimâ*).

La longueur de son corps, depuis le bout du museau jusqu'à l'origine de la queue, est d'environ 3 pouces; celle de sa tête, depuis les narines jusqu'à l'occiput, d'un pouce; & celle de sa queue de 3 pouces 8 lignes. Elle a le museau un peu pointu; & les oreilles grandes & larges. Tout son corps est couvert de poils d'un bay-rouge clair. On la trouve en *Amérique*.

Corporis longitudo, ab extremitate rostri ad caudæ exortum, 3 circiter pollicum; capitis, à naribus ad occipitium, 1 pollicis; & caudæ 3 pollicum cum 8 lineis. Rostrum paulò acutum est; auriculæ magnæ & latæ. Pili dilutè spadicei universum corpus vestiunt. Habitat in *Americâ*.

6. Le Rat d'Amérique.

Mus caudâ longissimâ, suprà ex rufò flavescens, infrà albicans, auriculis retrorsùm sitis... Rattus Americanus.

Mus Americanus. *Klein. Quadr. p.* 58.
Seb. Vol. II. p. 30. *Fig. T.* 29. *F.* 2. (*Fig. bona*).

Il a, depuis le bout du museau jusqu'à l'origine de la queue, environ 3 ½ pouces: sa tête, depuis les narines jusqu'à l'occiput, a environ 15 lignes de long; & sa queue 4 pouces: elle est blanchâtre, & hérissée de quelques poils. Ses oreilles sont assez grandes, blanchâtres, & placées plus en arriere que dans les autres especes de ce genre. Ses pieds de derriere sont plus grands & plus

Corporis longitudo, ab extremitate rostri ad caudæ initium, 3 ½ circiter pollicum; capitis, à naribus ad occipitium, 15 circiter linearum; caudæ 4 pollicum. Caudam habet albescentem, pilis quibusdam raris hispidam; auriculas sat magnas, albescentes, plus retrorsùm sitas quàm in aliis hujus generis speciebus; pedes posteriores anterioribus majores & crassiores. Dorsum & capitis pars superior ex rufo flavescunt: pedes 4 & venter albicant. Habitat in *Americâ*.

gros que ceux de devant. Son dos & la partie supérieure de sa tête sont d'un roux jaunâtre; le ventre & les 4 pieds sont blancs. On le trouve en *Amérique*.

7. LE RAT BLANC DE VIRGINIE.

Mus caudâ longâ, albus, mystace nigricante... MUS ALBUS VIRGINIANUS.

Mus agrestis Virginianus albus. *Klein. Quadr. p.* 57.
Seb. Vol. I. p. 76. *Fig. T.* 47. *F.* 4. (*Fig. optimâ*).

Corporis longitudo, ab extremitate rostri ad caudæ initium, 3 ½ circiter pollicum; capitis, à naribus ad occipitium, 15 linearum; caudæ 2 pollicum cum 9 lineis. Caput habet acuminatum, & mystacem pilis longis nigricantibus conflatum; caudam in exortu crassam, in acumen desinentem, pilisque longis & raris obsitam. Per universum corpus vestitur pilis brevibus albis. Habitat in *Virginiâ*.

La longueur de son corps, depuis le bout du museau jusqu'à l'origine de la queue, est d'environ 3 ½ pouces; celle de sa tête, depuis les narines jusqu'à l'occiput, de 15 lignes; & celle de sa queue de 2 pouces 9 lignes. Il a la tête oblongue, & une moustache composée de poils longs & noirâtres. Sa queue, qui est grosse à son origine, se termine en pointe, & est garnie de poils longs & clairsemés. Tout son corps est couvert de poils blancs & courts. On le trouve en *Virginie*.

8. LE RAT DE NORVÉGE.

Mus caudâ longâ, ex dilutè cinereo fuscus... MUS NORVEGICUS.

Mus ex Norvagiâ cinereo fuscus. *Seb. Vol. II. p.* 64. *Fig. T.* 63. *F.* 5.
[*Fig. bona*].
Glis Norvagicus. *Klein. Quadr. p.* 56.

Corporis longitudo, ab extremitate rostri ad caudæ ex-

Il a, depuis le bout du museau jusqu'à l'origine de la queue, environ 4 $\frac{1}{2}$ pouces ; depuis les narines jusqu'à l'occiput, 1 $\frac{1}{2}$ pouce : sa queue a 3 $\frac{1}{2}$ pouces de long. Il a une moustache composée de longs poils. Ses oreilles sont courtes & larges ; son dos large & courbé ; son ventre pendant ; ses cuisses grosses ; ses doigts longs, & armés d'ongles pointus. Tout son corps est couvert de poils d'un cendré clair, tirant sur le brun. On le trouve en *Norvége*.

ortum, 4 $\frac{1}{2}$ circiter pollicum ; capitis, à naribus ad occipitium, 1 $\frac{1}{2}$ pollicis ; caudæ 3 $\frac{1}{2}$ pollicum. Mystacem habet longis pilis conflatum ; auriculas breves & latas ; dorsum latum, incurvum ; ventrem pendulum ; femora crassa ; digitos longos, acutis unguibus munitos. Per universum corpus vestitur pilis ex dilutè cinereo fuscis. Habitat in *Norvegiâ*.

** 9. LE MULOT.

Mus caudâ longâ, suprà è fusco flavescens, infrà ex albo cinerascens.

Mus caudâ longâ, corpore nigro flavescente, abdomine albo. *Linn. syst. nat. ed. 6. g. 21. sp. 7.*
Faun. Suec. Linn. N°. 30.
Mus domesticus medius. *Raj. Syn. Quadr. p. 218.*

La longueur de son corps, depuis le bout du museau jusqu'à l'origine de la queue, est de 4 $\frac{1}{2}$ pouces ; celle de sa tête de 15 lignes ; & celle de sa queue de 3 $\frac{1}{2}$ pouces. Il a les yeux grands, & à fleur de tête ; les oreilles larges, rondes & transparentes ; 4 doigts aux pieds de devant, & 5 à ceux de derriere : à la place du pouce, qui manque aux pieds de devant, est un ongle court & obtus. La couleur de ses poils est un brun jaunâtre dans la partie supérieure de son corps, &

Corporis longitudo, ab extremitate rostri ad caudæ exortum, 4 $\frac{1}{2}$ pollicum ; capitis 15 linearum ; caudæ 3 $\frac{1}{2}$ pollicum. Oculos habet magnos & prominentes ; auriculas latas, rotundas, & pellucidas ; 4 in pedibus anterioribus digitos, in posterioribus 5 : loco pollicis, quo caret pes anterior, unguis est brevis & obtusus. Pili in parte corporis superiore ex fusco flavescunt ; in inferiore ex albo cinerascunt ; in lateribus capitis rufescunt. Habitat in sylvis, agris, & hortis.

un blanc tirant sur le gris dans l'inférieure : il y a un peu de roussâtre à chaque côté de la tête. On le trouve dans les bois, les champs & les jardins.

10. LE RAT ORIENTAL.

Mus caudâ longâ, rufus, lineis in dorso albicantibus, margaritarum æmulis... MUS ORIENTALIS.

Mus Orientalis. *Klein. Quadr. p.* 57.
Seb. Vol. II. p. 22. *Fig. T.* 21. *F.* 2. (*Fig. optimâ*).

Corporis longitudo, ab extremitate rostri ad caudæ initium, 2 est pollicum; capitis, à naribus ad occipitium, 8 aut 9 linearum; caudæ, 1 ½ pollicis. Auriculas habet brevissimas, sicut & crura; pedes latos; caudam crassam. Pilorum color rufus est, lineis albicantibus margaritarum æmulis per dorsum distinctus. Habitat in *Indiâ Orientali*.

Il a, depuis le bout du museau jusqu'à l'origine de la queue, environ 2 pouces. Sa tête, depuis les narines jusqu'à l'occiput, a 8 ou 9 lignes de long; & sa queue 1 ½ pouce. Il a les oreilles & les jambes tres courtes; les pieds assez larges, & la queue grosse. La couleur de son poil est rousse. Il a sur le dos des rayes blanchâtres, qui paroissent perlées. On le trouve dans les *Indes Orientales*.

** 11. LE RAT D'EAU.

Mus caudâ longâ, pilis suprà ex nigro & flavescente mixtis, infrà cinereis vestitus... MUS AQUATICUS.

Mus major aquaticus; sive Rattus aquaticus. *Raj. Syn.* Q[illegible] *p.* 217.
Mus, Rattus aquatilis. *Klein. Quadr. p.* 57.
Mus aquatilis, QUADRUPES Bellonii. *Gesn. Icon. aquat. Fig. p.* 354. [*Fig. mala*].
Mus aquatilis. *Aldro. Quadr. dig. viv. p.* 447.
Mus aquaticus. *Gesn. Quadr. p.* 830.
Jonst. Quadr. p. 117.
Bell. de aquat. p. 35. *Fig. p.* 36. (*Fig. mala*).
Rzac. auct. p. 328.

Sorex aquaticus. *Charlet. exer. p.* 25.

Castor caudâ lineari tereti. Rattus aquaticus. *Linn. syst. nat. ed.* 6. *g.* 20. *sp.* 3.

Faun Suec. Linn. No. 25.

Les Grecs l'appellent Μῦς ἔνυδρος.

Les Italiens, SORGO MORGANGE. *Gesn. Aldro.*

Les Polonois, MYSS WODNA. *Rzac.*

Les Allemands, WASSER-MUSZ. *Gesn. Aldro. Rzac.* WASSER-RATZ. *Gesn.*

Les Suédois, WATN-ROTTA. *Linn.*

Les Anglois, WATTER-RATTE. *Gesn. Aldro.*

La longueur de son corps, depuis le bout du museau jusqu'à l'origine de la queue, est de 6 pouces; celle de sa tête, depuis les narines jusqu'à l'occiput, de 2 pouces; celle de sa queue de 4 pouces 3 lignes : le tour de son corps est de 4 ½ pouces. Il a les yeux assez grands; les oreilles courtes, rondes & presque cachées dans ses poils; 4 doigts aux pieds de devant & 5 à ceux de derriere: à la place du pouce, qui manque aux pieds de devant, est un ongle court & obtus. Ses poils sont mêlés de noir & de jaunâtre dans la partie supérieure de son corps, & dans la partie inférieure ils sont cendrez, & mêlez d'un peu de jaunâtre. On le trouve dans des endroits aquatiques.

Corporis longitudo, ab extremitate rostri ad caudæ initium, 6 pollicum; capitis, à naribus ad occipitium, 2 pollicum; caudæ 4 pollicum cum 3 lineis; ambitus corporis 4 ½ pollicum. Oculos habet sat magnos; auriculas breves, rotundas, & ferè in pilis occultas; 4 in pedibus anterioribus digitos, in posterioribus 5: loco pollicis, quo caret pes anterior, unguis est brevis & obtusus. Pilorum color in parte corporis superiore ex nigro & flavescente mixtus est, in inferiore cinereus, cum pauco flavescente admixto. Habitat in aquosis locis.

LE PETIT RAT DES CHAMPS.

Mus caudâ brevi, pilis è nigricante & sordidè luteo mixtis in dorso, & saturatè cinereis in ventre vestitus... MUS CAMPESTRIS MINOR.

Mus caudâ brevi, corpore nigro fusco, abdomine cinerascente. *Linn. syst. nat. ed.* 6. *g.* 21. *sp.* 4.

Faun.

Faun. Suec. Linn. No. 27.
Mus agrestis capite grandi brachiuros. *Raj. Syn. Quadr. p.* 218.
Mus agrestis capite grandi. *Klein. Quadr. p.* 57. *Not.* 50.
Mus agrestis minor. *Gesn. Quadr. p.* 830.
Gesn. Icon. Quadr. p. 116.
Aldro. Quadr. dig. viv. p. 436.
Les Italiens l'appellent Campagnoli. *Aldro.*

Soricem magnitudine superat. Corpus habet longius; caput grande; rostrum breve, obtusum; oculos parvos; auriculas breves, latas, subrotundas, in pilis, qui longiores sunt quam in *Sorice*, penè occultatas; caudam pollicis longitudinem non multùm superantem, & pilis quam in *Ratto* crebrioribus, non tamen densis, vestitam; crura perbrevia. Pilorum color è nigricante & sordidè luteo mixtus est in dorso, & saturatè cinereus in ventre. Habitat in agris, in messe frequens.

Il est plus grand que la *Souris*. Il a le corps allongé; la tête grosse; le museau court & obtus; les yeux petits; les oreilles courtes, larges, arrondies, & presque cachées dans ses poils, qui sont un peu plus longs que ceux de la *Souris*. Sa queue n'a gueres plus d'un pouce de long: elle est plus couverte de plois que celle du *Rat*, quoiqu'ils soient encore clair semez. Ses jambes sont courtes. La couleur de ses poils est mêlée de noirâtre & de vilain jaune sur le dos, & d'un gris foncé sur le ventre. On le trouve dans les champs, & sur tout pendant la moisson.

SECTIO III.

Ea quæ dentibus caninis donantur, & corpus aculeis destitutum habent.

Unico Genere, scilicet *Musaranei*, constituitur hæc Sectio.

SECTION III.

Ceux qui ont des dents canines, & qui n'ont point de picquants sur le corps.

Cette Section ne contient qu'un seul Genre, qui est celui de la *Musaraigne*.

XXVII.

Le Genre de la Musaraigne.
(Fig. 2.).

Son caractere est
D'avoir deux dents incisives (Fig. 2. a. b.) à chaque mâchoire :
Des dents canines : (Fig. 2, c.)
Les doigts onguiculés :
Point de picquants sur le corps.

XXVII.

Genus Musaranei.
(Fig. 2.).

Hujus character est
Dentes incisores in utrâque maxillâ duo : (Fig. 2. a, b.)
Canini præsentes : (Fig. 2. c.)
Digiti unguiculati :
Corpus aculeis destitutum.

** 1. LA MUSARAIGNE.

Musaraneus suprà ex fusco rufus, infrà albicans.... MUSARANEUS.

Musaraneus, rostro productiore. Mus venenosus. *Klein. Quadr. p.* 58.
Musaraneus. *Raj. Syn. Quadr. p.* 239.
Gesn. Quadr. Fig. p. 844. (*Fig. sat bona*).
Aldro. Quadr. dig. viv. p. 441. *Fig. p.* 442. [*Fig. mala*].
Jonst. Quadr. p. 116. *Fig. T.* 66. (*Fig. sat bona*).
Charlet. Exer. p. 25.
Musaraneus; Mus cæcus; Mygale. *Gesn. Icon. Quadr. Fig. p.* 116. (*Fig. sat bona*).
Sorex. Musaraneus. *Linn. syst. nat. ed.* 6. *g.* 22. *sp.* 1.
Faun. Suec. Linn. No. 33.
Les Bourguignons l'appellent SERY. *Gesn. Aldro.*
Les Grecs, Μυγαλή.
Les Espagnols, RATON PEQUÉNNO. *Gesn.* MURGANHO. *Aldro.*
Les Italiens, TOPORAGNO. *Aldro.*
Les Grisons, MUSERAING. *Gesn. Aldro.*
Les Savoyards, MUSET, *ou* MUSETTE. *Aldro.*
Les Suisses, MUTZET. *Gesn. Aldro.*
Les Allemands, SPITZMUSS. *Gesn. Aldro.*
Les Silésiens, BISEM-MUSS. *Gesn.*
Les Illyriens, NIEMEGKA-MYSS. *Gesn.*
Les Polonois, KERET. *Gesn.*
Les Suédois, NÅBBMUS. *Linn.*
Les Anglois, SHREW *Raj. Gesn. Aldro.* SHREW-MOUSE, *ou* HARDY-SHREW. *Raj.*

La longueur de son corps, depuis le bout du museau jus-

Longitudo corporis, ab extremitate rostri ad caudæ

exortum, 2 ½ pollicum; capitis, à naribus ad occipitium, 9 linearum; caudæ 15 linearum. Nasum habet ultrà maxillam inferiorem multò prominentem, & acutissimum; oculos minimos & nigros; auriculas breves, sicut & crura; in singulis pedibus digitos 5, quorum 3 intermedii pedum posteriorum duobus lateralibus sunt longiores; caudam pilis brevibus vestitam. Pilorum color in parte corporis superiore ex fusco rufus est, in inferiore, sicut & in 4 pedibus, albicans. Dentes habet incisores in utrâque maxillâ binos, acutos; superiores (*Fig.* 2. *a.*) bifidos & uncinatos; inferiores (*Fig.* 2. *b.*) rectè antrorsùm prominentes, apice recurvos: sunt insuper dentes canini in maxillâ superiore 3 utrinque, quorum primus duobus aliis major; & in maxillâ inferiore duo utrinque, quorum primus sequente minor est; dentes molares in maxillâ superiore 4 utrinque, quorum ulterior parvus; & in maxillâ inferiore 3 utrinque: summa dentium 28. Habitat in agris.

qu'à l'origine de la queue, est de 2 ½ pouces; celle de sa tête, depuis les narines jusqu'à l'occiput, de 9 lignes; celle de sa queue de 15 lignes. Son nez avance beaucoup au delà de la mâchoire inférieure, & est très pointu. Elle a les yeux très petits & noirs; les oreilles & les jambes courtes; à chaque pied 5 doigts, dont les 3 du milieu des pieds de derriere sont plus longs que les 2 lateraux. Sa queue est couverte de poils courts. Toute la partie supérieure de son corps est d'un brun roux, & l'inférieure est blanchâtre, ainsi que les 4 pieds. Elle a à chaque mâchoire 2 dents incisives pointues: les supérieures (*Fig.* 2. *a.*) sont échancrées & crochues; les inférieures (*Fig.* 2. *b.*) avancent droit en avant, & sont un peu courbées vers le bout: elle a en outre 3 dents canines de chaque côté à la mâchoire supérieure, dont la premiere est plus grande que les 2 autres; & 2 de chaque côté à la mâchoire inférieure, dont la premiere est plus petite que la suivante: de plus 4 dents molaires de chaque côté à la mâchoire supérieure, dont la derniere est petite; & 3 de chaque côté à la mâchoire inférieure: en tout 28 dents. On la trouve dans les champs.

2. LA MUSARAIGNE DU BRÉSIL.

Musaraneus fuscus, tribus tæniis in dorso nigris... MUSARANEUS BRASILIENSIS.

Musaraneus. *Marcgr. Hist. Br. p.* 229.

La longueur de son corps, depuis l'extrêmité du museau jusqu'à l'origine de la queue, est d'environ 5 doigts; & celle de sa queue d'environ 2 doigts. Son museau est très pointu. Sa couleur est brune; & elle a 3 bandes noires qui s'étendent sur le dos, selon sa longueur, depuis la tête jusqu'à la queue. On la trouve au *Brésil.*

Corporis longitudo, ab extremitate oris ad caudæ exortum, circiter 5 digitorum; caudæ ferè 2. Os habet acutum. Color ipsius est fuscus; & in dorso, secundùm longitudinem, à capite ad caudam, 3 tænias habet nigras. Habitat in *Brasiliâ.*

SECTION IV.

Ceux qui ont des dents canines, & le corps couvert de picquants.

IL n'y a dans cette Section qu'un seul Genre, sçavoir celui du *Hérisson.*

XXVIII.

Le Genre du Hérisson. (Fig. 3.)

Son caractere est

D'avoir deux dents incisives (Fig. 3. a, b.) à chaque mâchoire:

Des dents canines:

Les doigts onguiculés:

Le corps couvert de picquants.

SECTIO IV.

Ea quæ dentibus caninis donantur, & corpus aculeatum habent.

UNICUM Genus, scilicet *Erinacei,* continet hæc Sectio.

XXVIII.

Genus Erinacei. (Fig. 3.)

Hujus character est

Dentes incisores in utrâque maxillâ duo: (Fig. 3. a, b.)

Canini præsentes:

Digiti unguiculati:

Corpus aculeatum.

** 1. LE HÉRISSON.

Erinaceus auriculis erectis... ERINACEUS.

Erinaceus auriculatus. Echinus terrestris. *Linn. syst. nat. ed. 6. g. 11. sp. 1.*
Faun. Suec. Linn. No. 16.
Echinus, sivè Erinaceus terrestris. *Raj. Syn. Quadr. p. 231.*
Echinus vel Herinaceus. *Gesn. Icon. Quadr. p. 106. Fig. p. 107. (Fig. bona).*
Echinus terrestris. *Gesn. Quadr. p. 399. Fig. p. 400 [Fig. bona].*
Aldro. Quadr. dig. viv. p. 459.
Jonst. Quadr. p. 119. Fig. T. 68. sub isto nomine, Herinaceus. *(Fig. bona).*
Mus. Worm. p. 334.
Erinaceus nostras. *Seb. Vol. I. p. 78. Fig. T. 49. F. 1. & 2. (Fig. optimis).*
Erinaceus. *Charlet. Exer. p. 19.*
Herinaceus. *Rzac. Hist. Nat. Pol. p. 233.*
Rzac. auct. p. 326.
Hericius, Herix Sipontino. *Rzac.*
Acanthion vulgaris nostras. Herinaceus: Echinus. *Klein. Quadr. p. 66.*
Acanthio terrestris Galeni. *Rzac.*
Les Hébreux l'appellent KIPOD. *Gesn. Aldro.*
Les Chaldéens, KOPEDA. *Gesn.*
Les Grecs, Ἐχῖνος.
Les Espagnols, ERIZO. *Gesn. Aldro.*
Les Portugais, OURISO, *ou* ORICO CACHERO. *Gesn. Aldro.*
Les Italiens, RICCIO, *ou* RIZO. *Gesn. Aldro.*
Les Allemands, IGEL. *Gesn. Aldro. Rzac.*
Les Illyriens, GESS, *ou* MALOX, *ou* TZWIJERZATKO, *ou* OTZIJSCHAK. *Gesn.*
Les Polonois, JEZ; ZIEMUY. *Rzac.*
Les Suédois, IGELKOTT. *Linn.*
Les Hollandois, YSEREN VEREKEN. *Gesn.*
Les Anglois, URCHIN, *ou* HEDGEHOG. *Raj. Gesn. Aldrov.*

Corporis longitudo, ab extremitate rostri ad caudæ initium, 9 pollicum; capitis, à naribus ad occipitium, 2 ½ pollicum; caudæ 1 pollicis. Oculos habet parvos & extantes; auriculas latas, rotundas, & erectas; nares crif-

La longueur de son corps, depuis le bout du museau jusqu'à l'origine de la queue, est de 9 pouces; celle de sa tête, depuis les narines jusqu'à l'occiput, de 2 ½ pouces; celle de sa queue d'un pouce. Ses yeux sont petits & à fleur de tête; ses oreilles larges, rondes & élevées; ses narines dentelées comme la crête d'un *Coq*. Il a à chaque pied 5 doigts armés d'ongles: le pouce est plus court que les autres. Tout le dessus du corps, sçavoir le dos, les côtés, & le sommet de la tête sont couverts de picquants durs & pointus, variés de brun & de blanchâtre, dont les plus longs ont environ 1 ½ pouce: & la tête, si l'on en excepte le sommet, la gorge, le ventre, les pieds & la queue sont couverts de poils bruns ou blanchâtres. Il a à chaque mâchoire 2 longues dents incisives; les supérieures (*Fig.* 3. *a.*) sont éloignées l'une de l'autre, & les inférieures (*Fig.* 3. *b.*) presque contigues: & en outre de chaque côté de la mâchoire supérieure sont 4 petites dents canines séparées par paires, & 5 molaires, dont la premiere & la derniere sont plus petites que les 3 du milieu; & de chaque côté de la mâchoire inférieure 3 petites dents canines contigues, & couchées obliquement en avant, & 4 molaires, dont la derniere est plus petite que les 3 autres: en tout 36 dents. On le trouve dans les bois.

tæ *Galli* instar dentatas; in singulis pedibus digitos 5 unguibus munitos, pollice aliis digitis breviore. Corporis pars superior, dorsum scilicet, latera, & vertex capitis, aculeis teguntur rigentibus & acutis, ex fusco & albido variis, majoribus 1 ½ pollicem circiter longis: caput verò, vertice excepto, gutturem, ventrem, pedes, & caudam pili aut fusci aut albidi cooperiunt. Dentes sunt incisores in utrâque maxillâ duo longi, superiores (*Fig.* 3. *a.*) à se invicem distantes, inferiores (*Fig.* 3. *b.*) ferè contigui: canini in maxillâ superiore 4 utrinque parvi, per paria remoti; in inferiore 3 utrinque parvi, contigui, obliquè antrorsùm inclinati: molares in maxillâ superiore 5 utrinque, quorum anterior & ulterior parvi sunt, intermediis majoribus; in inferiore 4 utrinque, quorum 3 anteriores majores, & ulterior parvus: summa dentium 36. Habitat in sylvis.

2. LE HÉRISSON DE SIBERIE.

Erinaceus auriculis planis... ERINACEUS SIBERICUS.

Erinaceus Sibericus. *Seb. Vol. I. p.* 79. *Fig. T.* 49. *Mas F.* 5. *& fæmina F.* 4. (*Fig. optimis*).

Acanthion echinatus. Echinus Sibiricus. *Klein. Quadr. p.* 66.

Si figura, quam istius speciei *Seba* dedit, magnitudinem naturalem æquet, ab extremitate rostri ad caudæ initium, non ultrà 6 pollices longus est. Auriculas habet breves & planas ; rostrum breve, sicut & caudam, quæ 6 linearum longitudinem non superat; in singulis pedibus 5 digitos, pollice aliis breviore. Corporis pars superior vestitur aculeis crassis, brevibus, acuminatis, saturatè rufis, apicibus auro quasi obductis: venter verò tegitur pilis tenuissimis, laneis, dilutè cinereis, & auro quasi obductis. Habitat in *Siberiâ*.

Si la figure, qu'en a donné *Séba*, est de grandeur naturelle, il ne paroît pas avoir plus de 6 pouces, du bout du museau jusqu'à l'origine de la queue. Il a les oreilles courtes & applaties ; le museau court, ainsi que la queue, qui a tout au plus 6 lignes de long; à chaque pieds 5 doigts, dont le pouce est plus court que les autres. Toute la partie supérieure de son corps est couverte de picquants gros, courts, pointus, d'un roux foncé, & dont le bout paroît d'un jaune doré : son ventre est garni de poils fins, laineux, d'un cendré clair, & qui semblent dorés. On le trouve en *Siberie*.

3. Le Hérisson de Malacca.

Erinaceus auriculis pendulis... ERINACEUS MALACCENSIS.

Acanthion aculeis longissimis. Hystrix genuina; Porcus aculeatus, Malaccensis. *Klein. Quadr. p. 66.*

Hystrix pedibus pentadactylis, cauda truncata. *Linn. syst. nat. ed. 6. g. 17. sp. 4.*

Porcus aculeatus, seu Hystrix Malaccensis. *Seb. Vol. I. p. 81. Fig. T. 51. F. 1. & 2.*

Corporis longitudo, ab extremitate rostri ad anum usque, 8 circiter pollicum ; capitis, à naribus ad occipitium, 2 ½ pollicum. Oculos habet magnos & lucidos ; auriculas nudas ferè, & pendulas; in singulis pedibus 5 digitos unguibus brevibus munitos. Corporis pars supe-

Il a, depuis le bout du museau jusqu'à l'anus, environ 8 pouces : sa tête, depuis les narines jusqu'à l'occiput, est longue de 2 ½ pouces : ses yeux sont grands & brillants; ses oreilles presque dénuées de poils, & pendantes : il a à chaque pied 5 doigts, armés d'ongles courts. Tout le dessus de son corps est hérissé de picquants droits & pointus, comme des *alênes*, de différente longueur, sçavoir depuis un pouce jusqu'à 6, variés en partie de blanc & de noir, & en partie de blanc & de roussâtre : les espaces qui sont entre ces picquants, sont remplis de poils déliés, longs & soyeux : sa tête est couverte de poils courts : ceux de son ventre, de ses jambes, & de ses pieds sont déliés, courts, picquants, épais, & roux. On le trouve à *Java*, à *Sumatra*, & surtout à *Malacca*.

rior rectis & *subularum* instar acuminatis horret aculeis, à pollicari ad sesquipedalem usque mensuram variæ longitudinis, partìm ex albo & nigro, partìm ex albo & subrufo variegatis : horum interstitia pilis replentur tenuibus, longis, & *setarum* æmulis : caput brevibus pilis obsitum est : venter, crura, & pedes pilis rufis, brevibus, tenuibus, acuminatis, & densis. Habitat in *Javâ*, *Sumatrâ*, & præsertim *Malaccâ*.

4. LE HÉRISSON D'AMÉRIQUE.

Erinaceus auriculis nullis... ERINACEUS AMERICANUS.

Erinaceus subauriculatus. *Linn. syst. nat. ed. 6. g. 11. sp. 2.*
Erinaceus Americanus albus. *Seb. Vol. I. p. 78. Fig. T. 49. F. 3.* [*Fig. optima*].
Echinus Indicus albus. *Raj. Syn. Quadr. p. 232.*
Acanthion echinatus; Erinaceus Americanus albus, Surinamensis. *Klein. Quadr. p. 66.*

Il a, depuis le bout du museau jusqu'à l'origine de la queue, environ 8 pouces de long. Sa tête est grosse & courte : son col est court, ainsi que sa queue, qui est couverte de très peu de poils. Il ne luy paroît point d'oreilles ; mais il a à leur place des trous, par lesquels il entend. Ses pieds ont chacun 5 doigts armés d'ongles longs, aigus & crochus. Toute la partie supérieure de son corps est couverte de

Corpus, ab extremitate rostri ad caudæ initium, 8 circiter pollices longum est. Caput breve & crassum ; collum breve, sicut & cauda, quæ raris obsita est pilis. Auricularum nullum apparet vestigium ; sed loco ipsarum foramina sunt aperta, quibus sonum recipit. Pedes singuli in 5 fissi sunt digitos longis, acutis, & incurvis unguibus munitos. Corporis pars superior

perior

perior aculeis tegitur brevibus, crassis, rigidis, ex cinereo dilutè flavescentibus: capitis pars anterior, venter & pedes vestiuntur pilis setaceis albicantibus: qui ventrem cooperiunt, longiores & molliores sunt, quam qui *Erinacei nostratis* ventrem obtegunt: suprà oculos breves sunt pili obscurè fusci, ad latera verò retrorsùm longi nigricantes. Habitat in *America.*

picquants courts, gros, durs, & d'un cendré tirant sur le jaune passe: le devant de sa tête, son ventre & ses pieds sont couverts de poils soyeux & blanchâtres: ceux qui couvrent son ventre, sont plus longs, & moins rudes, que ceux qui couvrent le ventre de nos *Hérissons ordinaires*: il a au dessus des yeux des poils courts d'un brun foncé, & aux côtés vers le derriere des poils longs & noirâtres. On le trouve en *Amérique.*

ORDRE XIII.

LES QUADRUPEDES

Qui ont quatre dents incisives à chaque mâchoire, & les doigts onguiculés.

PARMI les QUADRUPEDES de cet Ordre, les uns ont tous les doigts separés les uns des autres: les autres ont ceux des pieds de devant joints ensemble par une membrane étendue en aîles. Ils se divisent en deux Sections: dans la premiere sont ceux qui ont tous les doigts separés les uns des autres, comme les *Singes*: dans la seconde sont ceux dont les doigts des pieds de devant sont joints ensemble par une membrane étendue en aîles, comme la *Roussette*.

ORDO XIII.

QUADRUPEDA

Dentibus incisoribus in utrâque maxillâ quatuor, & digitis unguiculatis donata.

HUJUS Ordinis QUADRUPEDUM alia sunt quorum digiti omnes à se invicem omninò sunt separati: alia quorum digiti pedum anteriorum membranâ in alas expansâ inter se connectuntur. In duas Sectiones dividuntur: prima continet ea quorum omnes digiti à se invicem separati sunt, sicut *Simiæ*: secunda ea quorum digiti pedum anteriorum membranâ in alas expansâ inter se connectuntur, sicut *Pteropus*.

SECTION I.

Ceux dont tous les doigts sont separés les uns des autres.

IL n'y a dans cette Section qu'un seul Genre, qui est celui des *Singes*.

SECTIO I.

Ea quorum digiti omnes à se invicem separati sunt.

UNICUM in hac Sectione continetur Genus, scilicet *Simiarum*.

XXIX.

Genus Simiæ.

Hujus character est
Dentes incisores in utrâque maxillâ quatuor:
Digiti unguiculati,
Omnes à se invicem separati:
Pollex distinctus.

Obs. 1°. Omnes Simiarum species ciliis in utraque palpebra donantur: 2 habent in pectore mammas; & anteriora & posteriora crura brachiis & cruribus *hominum* similia. Pedes anteriores manus *hominum* referunt, & manuum officium præstant: posteriores sunt velut manus majusculæ, & digitis, ut manus, constant, medio longiore; officiumque duplex, tum manuum scilicet, tum pedum præstant.

Obs. 2°. Quædam nullam habent caudam; aliæ caudatæ sunt: ex utrisque aliæ sunt rostro brevi, aliæ rostro productiore: inter caudatas, aliæ caudam brevissimam, aliæ caudam longam habent. In 5 *Stirpes* dividuntur: prima est earum quæ nullam habent caudam, quæ sunt rostro brevi, quæque *Simiæ propriè dictæ* vocantur: secunda earum quæ nullam habent caudam, quæ sunt rostro productiore, quæque *Simiæ Cynocephalæ* dicuntur: tertia earum quæ caudam habent brevissimam, & *Papiones* dictæ sunt: quarta earum quæ caudam habent longam, quæ sunt rostro brevi, quæque *Cercopitheci simpliciter* dicuntur: quinta denique earum quæ cau-

XXIX.

Le Genre du Singe.

Son caractere est
D'avoir quatre dents incisives à chaque mâchoire:
Les doigts onguiculés,
Tous separés les uns des autres:
Le pouce bien distinct.

Obs. 1°. Toutes les especes de Singes ont des cils aux deux paupieres, deux mamelles à la poitrine, & les jambes de devant & celles de derriere semblables aux bras & aux jambes de *l'homme*. Leurs pieds de devant ressemblent à la main de l'*homme* & en font l'office: ceux de derriere sont comme de grandes mains; leurs doigts sont semblables à ceux des mains, dont le milieu est le plus long: ils servent selon le besoin & de pieds & de mains.

Obs. 2°. Quelques uns n'ont point de queue; les autres en ont: parmi les uns & les autres, les uns ont le museau court, & les autres l'ont allongé: parmi ceux qui ont une queue, quelques uns l'ont très courte; les autres l'ont longue. Ils se divisent en 5 *Races*: la premiere est de ceux qui n'ont point de queue, & qui ont le museau court, qu'on appelle *Singes proprement dits*: la seconde est de ceux qui n'ont point de queue, & qui ont le museau allongé, qu'on appelle *Singes Cynocéphales*: la troisiéme est de ceux qui ont une queue très courte, qu'on appelle *Babouins*: la quatriéme est de ceux qui ont une queue longue, & le museau court, qu'on appelle *simplement Cercopithéques*: la cinquiéme est de ceux qui ont une queue longue, & le museau allongé, qu'on appelle *Cercopithéques Cynocéphales.*

dam habent longam, & sunt rostro productiore, quæque *Cercopitheci Cynocephali* nominantur.

Table Méthodique des Singes divisez en cinq Races.

Tabula Synoptica Simiarum in quinque Stirpes distinctarum.

LES Singes ou
- N'ont point de queue; &
  - Le museau court... LE SINGE... *Rac. I.*
  - Le museau allongé... LE SINGE CYNOCÉPHALE... *Rac. II.*
- Ont une queue
  - Très courte... LE BABOUIN... *Rac. III.*
  - Longue; &
    - Le museau court... LE CERCOPITHÉQUE... *Rac. IV.*
    - Le museau allongé... LE CERCOPITHÉQUE CYNOCÉPHALE... *Rac. V.*

SIMIÆ sunt vel
- Ecaudatæ;
  - Rostro brevi... SIMIA... *Stirps I.*
  - Rostro productiore... SIMIA CYNOCEPHALA... *Stirps II.*
- Caudatæ;
  - Caudâ brevissimâ... PAPIO... *Stirps III.*
  - Caudâ longâ;
    - Rostro brevi... CERCOPITHECUS... *Stirps IV.*
    - Rostro productiore... CERCOPITHECUS CYNOCEPHALUS... *Stirps V.*

RACE I.

Ceux qui n'ont point de queue, & qui ont le museau court.

LE SINGE.

STIRPS I.

Eæ quæ sunt ecaudatæ, rostro brevi.

SIMIA.

** 1. LE SINGE.

Simia unguibus omnibus planis & rotundatis... SIMIA.

Simia simpliciter dicta, caudâ carens. *Raj. Syn. Quadr. p.* 149. *Sloane. Vol. II. p.* 328.

Simia. *Gesn. Quadr. Fig. p.* 957. (*Fig. bona*).
Gesn. Icon. Quadr. p. 91. *Fig. p.* 92. (*Fig. bona*).
Jonst. Quadr. p. 96. *Fig. T.* 59 *sub isto nomine*, Simia 1 & 2. (*Fig. sat bona*).

Les Hébreux appellent le Singe KOPH. *Gesn.*
Les Chaldéens, KOPHIN. *Gesn.*
Les Grecs, Πίθηκος.
Les Arabes, CATAPH. *Gesn.*
Les Espagnols, XIMIO. *Gesn.*
Les Italiens, SIMIA. *Gesn.*
Les Allemands, AFF. *Gesn.*
Les Illyriens, OPIEZE. *Gesn.*
Les Flamands, SIME, *ou* SCHEMIKEL. *Gesn.*
Les Anglois, APE. *Gesn. Raj.*

Plurimas vidi Simiarum species, magnitudine tantummodò à se invicem discrepantes. Ipsarum facies, auriculæ, & ungues vultum, auriculas & ungues *hominum* imitantur. Universum corpus, exceptis clunibus nudis, vestitur pilis ex viridescente & flavicante variegatis : pars corporis superior magis viridescit, inferior verò magis flavescit. Habitant in *Africâ*.

J'ai vû plusieurs especes de Singes, qui ne differoient entre elles que par la grandeur. Leur face, leurs oreilles & leurs ongles sont assez semblables au visage, aux oreilles & aux ongles de l'*homme*. Le poil qui couvre tout leur corps, exceptés les fesses qui sont nuës, est mêlé de verdâtre & de jaunâtre : le verdâtre domine dans la partie supérieure du corps, & le jaunâtre dans la partie inférieure. On les trouve en *Afrique*.

2. L'HOMME DES BOIS.

Simia unguibus omnibus planis & rotundatis, cæsarie faciem cingente.... HOMO SYLVESTRIS.

Simia ecaudata, subtùs glabra. Satyrus. *Linn. syst. nat. ed. 6. g. 1. sp. 1.*
Simia Ourang outang, i. e. Homo sylvestris; vir sylvarum. *Klein. Quadr. p. 86.*
Satyrus Indicus, *Ourang outang* Indis, & *Homo sylvestris* dictus. *Charlet. Exer. p. 16.*
Ourang outang, sive Homo sylvestris. *Bont. Ind. ori. Fig. p. 84.*
Ourang outang Indorum. *Jonst. Quadr. p. 97.*
Baris. *Eus. Nieremb.* p. 179.
Les Anglois l'appellent CHIMPANRÉE. *Klein.*

Auctores omnes, qui hujus Simiæ mentionem fece-

Tous les Auteurs, qui ont parlé de cette espece de Singe,

n'en ont rien dit autre chose, si ce n'est qu'elle est parfaitement semblable à l'*homme*, & que le mâle & la femelle ont le corps couvert d'un poil court, & assez doux. Il paroît, par la figure qu'en a donné *Bontius*, que sa tête est couverte de longs cheveux, qui croissent aussi sous le menton, & que sa face est nuë. On le trouve dans les *Indes Orientales.*

runt, nihil aliud de eâ retulerunt, nisi quod sit *homini simillima*, & quod utrique sexui corpus pilosum sit, sed pilo brevi ac satis leni. Figura, quam hujus dedit *Bontius*, caput obductum longis crinibus sub mento etiam crescentibus, nudamque faciem demonstrat. Habitat in *Indiâ Orientali.*

3. LE SINGE DE CEYLAN.

Simia unguibus Indicis pedum posteriorum longis, incurvis, & acutis... SIMIA CEYLONICA.

Simia Ceylonica, superiori labio leporino. *Klein. Quadr. p.* 86.
Cercopithecus Ceylonicus, seu *Tardigradus* dictus, major. *Seb. Vol. I. p.* 75. *Fig. T.* 47. *F.* 1. (*Fig. bona*).
Elegantissimum animal, Musei D. Charleton. *Raj. Syn. Quadr. p.* 161.

Si la figure, que nous a donné *Séba* de cet animal, est de grandeur naturelle, il a environ 9 pouces de long, depuis le sommet de la tête jusqu'à l'anus: ses bras & ses jambes sont longues & menuës : sa lévre supérieure est fenduë comme celle d'un *Liévre* : tous ses ongles sont plats & arrondis, exceptés ceux de l'index des pieds de derriere, qui sont longs, recourbés, & aigus. Son poil est doux, soyeux, & d'un brun noirâtre ; mais tout à fait noir sur le dos : celui qui couvre le ventre, les bras & les pieds, est plus court, & d'un cendré jaunâtre. On le

Si hujus animalis figura, quam *Seba* dedit, magnitudinem naturalem adæquet, à capitis vertice ad anum usque, 9 circiter pollices longum est. Brachia habet & crura longa & gracilia; labium superius, ut in *Lepore*, fissum; ungues omnes planos & rotundatos, exceptis indicis pedum posteriorum unguibus, qui longi sunt, incurvi & acuti. Pilus ei mollis est, & quasi sericeus, ex nigro fuscus; per dorsum verò planè niger : brevior tamen, & ex cinereo dilutè flavus, qui ventrem, brachia, pedesque vestit. Habitat in *Insulâ Ceylonensi.* trouve dans l'*Isle de Ceylan.*

STIRPS II. RACE II.

Eæ quæ sunt ecaudatæ, rostro productiore. *Ceux qui n'ont point de queue, & qui ont le museau allongé.*

SIMIA CYNOCEPHALA. LE SINGE CYNOCÉPHALE.

** 1. LE SINGE CYNOCÉPHALE.

Simia Cynocephala unguibus omnibus planis & rotundatis... SIMIA CYNOCEPHALA.

Simia ecaudata, clunibus tuberosis. *Linn. syst. nat. ed. 6. g. 2. sp. 3.*
Simius Cynocephalus alter. *Prosp. Alp. Ægypt. Vol. II. p. 241. Fig. T. 16.* [*Fig. bona*].
Cynocephalus primus. *Jonst. Quadr. Fig. T. 59.* (*Fig. sat bona*).

In omnibus, excepto rostro rostri *canini* instar producto, cum *Simiâ* convenit. Plures vidi Simiarum cynocephalarum species magnitudine tantùm à se invicem discrepantes. Habitant in *Africâ.*

Il ne differe du *Singe* que par son museau allongé comme celui d'un *chien* : d'ailleurs il luy ressemble en tout. J'en ai vû plusieurs, qui ne differoient entr'eux que par la grandeur. On les trouve en *Afrique.*

** 2. LE SINGE CYNOCÉPHALE DE CEYLAN.

Simia Cynocephala unguibus Indicis longis, incurvis, & acutis... SIMIA CYNOCEPHALA CEYLONICA.

Simia ecaudata, unguibus Indicis subulatis. *Linn. syst. nat. ed. 6. g. 2. sp. 2.*
Simia rostro canino, capite elato. *Klein. Quadr. p. 86.*
Animalculum Cynocephalum, Ceylonicum, *Tardigradum* dictum, Simii species. *Seb. Vol. I. p. 55. Fig. T. 35. Mas F. 1. Fæm. F. 2.* [*Fig. bonis*].

Minima est hæc species : secundùm enim figuram, quam hujus *Seba* dedit, 7

Il est très petit. Selon la figure qu'en a donné *Séba*, il n'a guéres plus de 7 pouces, du sommet de la tête à l'anus. Ses oreilles sont rondes, larges, transparentes, sans poils, & d'un cendré clair; ses jambes longues, menuës & couvertes de peu de poils; tous ses ongles plats & arrondis, exceptés ceux de l'index de chaque pied, qui sont longs, recourbés & pointus. Les poils qui couvrent le corps, sont longs, comme laineux, doux comme de la soye, & d'un roussâtre plus foncé sur le dos, & plus clair sur le ventre dans le mâle; & au contraire plus clair sur le dos, & plus foncé sur le ventre dans la femelle. On le trouve dans l'*Isle de Ceylan*.

pollicum longitudinem; à capitis vertice ad anum usque, non multùm superat. Auriculas habet rotundas, latas, pellucidas, glabras, & dilutè cinereas; longa & gracilia crura, raris pilis obsita; ungues omnes planos & rotundatos, exceptis indicis singulorum pedum unguibus, qui longi sunt, incurvi, & acuti. Per universum corpus vestitur pilis longis, quasi laneis, & serici instar mollissimis, subrufis, saturatioribus in dorso, in ventre dilutioribus in mare; è contrà verò dilutioribus in dorso, & in ventre saturatioribus in fœminâ. Habitat in *Insulâ Ceylonensi*.

RACE III.

Ceux qui ont une queue très courte.

STIRPS III.

Eæ quæ caudam habent brevissimam.

LE BABOUIN.

PAPIO.

1. Le Babouin.

Papio.

Simia semicaudata, ore vibrissato, unguibus acutis. *Linn. syst. nat. ed. 6. g. 2. sp. 5.*

Cebus Papio; Baboon; Hyæna Gesneri. *Klein. Quadr. p.* 89.

Papio. *Raj. Syn. Quadr. p.* 158.

Gesn. Icon. Quadr. Fig. p. 76.

Jonst. Quadr. p. 100. *Fig. T.* 61. *sub isto nomine*, Papio primus.

Papio, seu Arctopithecus. *Aldro. Quadr. dig. viv. p.* 259. *Fig. p.* 260.

Babio. *Charlet. Exer. p.* 16.

Babouin. *Kolbe. Tom. III. p.* 55. *Fig. p.* 54. *F.* 2.

Les Italiens l'appellent Babuino. *Kolbe.*

Les Allemands, Pavyon. *Gesn. Aldro. Charlet.*

Les

Les Suédois, BABIAN. *Linn.*
Les Hollandois, BAVIAAN. *Kolbe.*
Les Anglois, BABOON. *Kolbe.*
Les Hottentots, CHOAKAMNA. *Kolbe.*

Canis Moloſſi magnitudinem circiter æquat. Illius inſtar, roſtrum habet longum, in exitu obtuſum. Cauda ipſius eſt admodùm brevis, eamque ſemper erectam gerit. Nates ſunt omninò glabræ, & colore ſanguineo tinctæ, tanquàm cute detractâ; crura brevia; ungues peracuti, & parumper lunati. Habitat in *Indiæ* ſolitudinibus.

Il eſt à peu-près de la grandeur d'un *Dogue*. Il a, comme luy, le muſeau allongé & obtus vers le bout. Sa queue eſt très courte : il la porte toujours élevée. Ses feſſes ſont tout à fait dénuées de poils, & de couleur de ſang, comme ſi on les avoit écorchées. Ses jambes ſont courtes; & ſes ongles très aigus, & un peu recourbés. On le trouve dans les déſerts de l'*Inde*.

STIRPS IV.

Eæ quæ caudam habent longam, & roſtrum breve.

RACE IV.

Ceux qui ont la queue longue, & le muſeau court.

CERCOPITHECUS.

LE CERCOPITHÉQUE.

** 1. LE SAPAJOU BRUN.

Cercopithecus fuſcus, capitis vertice nigro.

Corporis longitudo, à capitis vertice ad caudam uſque, 13 eſt pollicum; caudæ $14\frac{1}{2}$ pollicum; ambitus corporis, circà pectus, $7\frac{1}{2}$ pollicum. Oculos habet fuſcos; auriculas auriculis *humanis* ſimiles. Caudam gerit ſpiraliter intortam, cujus ope firmiter adhæret rei quam apprehendit. Per univerſum corpus, excepto capitis vertice

La longueur de ſon corps, depuis le ſommet de la tête juſqu'à la queue, eſt de 13 pouces; celle de ſa queue de $14\frac{1}{2}$ pouces; le tour de ſon corps, à la poitrine, de $7\frac{1}{2}$ pouces. Ses yeux ſont bruns : ſes oreilles reſſemblent à celles de l'*homme*. Il porte ſa queue roulée en ſpirale, au moyen de laquelle il s'attache fortement à ce qu'il peut joindre. Tout ſon corps eſt couvert de poils bruns, plus foncés sur le dos que sous le ventre : le sommet de sa tête est noir : ses jambes & sa queue tendent à cette derniere couleur. Il est dans le cabinet de M. *de Reaumur*.

nigro, vestitur pilis fuscis in dorso saturatioribus, in ventre verò dilutioribus : cauda & crura ad nigredinem tendunt. Ex museo *Realmuriano*.

** 2. LE SAPAJOU NOIR.

Cercopithecus niger, pedibus fuscis.

Cercopithecus, *Guariba* apud Brasilienses dictus. *Jonst. Quadr. p.* 99. *Fig. T.* 61. *sub isto nomine*, Cercopithecus Meer Katz. (*Fig. bona*).
Simia caudata, barbata, cauda prehensili. *Linn. syst. nat. ed.* 6. *g.* 2. *sp.* 14.
Cebus Guariba Marcgravii. *Klein. Quadr. p.* 88.
Guariba Brasiliensibus Marcgravii. *Raj. Syn. Quadr. p.* 153.
Guariba Brasiliensibus, Cercopitheci species. *Marcgr. Hist. Br. Fig. p.* 226. [*Fig. bona*].

Il est à peu-près de la grandeur d'un *Renard*. Il a la face élevée; les yeux noirs, & pleins de feu; les oreilles courtes, & rondes; la queue longue, nuë vers son extrémité, & roulée en spirale, au moyen de laquelle il s'attache fortement à ce qu'il peut joindre. Tout son corps, exceptés la moitié extérieure de sa queue & ses pieds, qui sont bruns, est couvert de poils longs, noirs, & brillants, mais si bien couchés les uns sur les autres que l'animal paroît lisse : ces poils sont plus longs sous la gorge & le menton, & luy font une espece de barbe ronde. On le trouve au *Brésil*.

Vulpem nostratem magnitudine circiter æquat. Faciem habet elatam; oculos nigros, splendentes; auriculas breves & subrotundas; caudam longam, versùs extremitatem nudam quâ spiraliter intortâ, firmiter adhæret rei quam apprehendit. Per universum corpus, exceptis dimidiâ caudâ exteriore & pedibus, qui fusci sunt, vestitur pilis longis, nigris, splendentibus, atque ità sibi incumbentibus ut animal læve appareat, sub gutture verò & mento longioribus, inque barbam rotundam desinentibus. Habitat in *Brasiliâ*.

** 3. Le Sapajou cornu.

Cercopithecus ex nigro & fuſco variegatus, faſciculis duobus pilorum capitis corniculorum æmulis.

Longitudo corporis, à capitis vertice ad caudam uſque, 14 pollicum; caudæ 15 pollicum. Oculos habet fuſcos, ſplendentes; auriculas auriculis *humanis* ſimiles; ungues longos & obtuſos. Duo ſunt in capitis vertice pilorum faſcicula, corniculorum æmula. Caudam habet pilis brevibus & ſplendentibus tectam, eamque ſemper gerit ſpiraliter intortam, cujus ope firmiter adhæret rei quam apprehendit. Facies, latera, venter, & crura anteriora pilis fuſcis; capitis verò vertex, medium dorſi, cauda, crura poſteriora, & pedes 4 pilis nigris veſtiuntur. Ex muſeo *Realmuriano*.

La longueur de ſon corps, depuis le ſommet de la tête juſqu'à la queue, eſt de 14 pouces; celle de ſa queue de 15 pouces. Ses yeux ſont bruns, & pleins de feu. Ses oreilles reſſemblent à celles de l'*homme*. Il a ſur la tête deux bouquets de poils, qui lui font comme deux eſpeces de petites cornes. Ses ongles ſont longs & obtus : ſa queue eſt couverte de poils courts & brillants : il la porte toujours roulée en ſpirale, & s'attache fortement par ſon moyen à tout ce qu'il peut joindre. Les poils qui couvrent ſa face, ſes côtés, ſon ventre, & ſes jambes de devant, ſont bruns; ceux qui couvrent le deſſus de la tête, le milieu du dos, la queue, les jambes de derriere, & les 4 pieds, ſont noirs. Il eſt dans le cabinet de M. *de Reaumur*.

** 4. Le Sapajou a queue de Renard.

Cercopithecus pilis nigris, apice albido, veſtitus, cauda pilis longiſſimis nigris obſita.

Longitudo corporis, à capitis vertice ad caudam uſque, *6* eſt pollicum; caudæ 10 pollicum. Ungues habet

La longueur de ſon corps, depuis le ſommet de la tête juſqu'à la queue, eſt de *6* pouces; & celle de ſa queue de 10 pouces. Il a les ongles longs & obtus, exceptés ceux des pouces, qui sont plus courts & arrondis. Les poils qui couvrent sa face, sont très courts & blanchâtres : ceux de sa queue sont très longs & noirs : tout son corps est couvert de poils longs, noirs & terminés par un bout blanchâtre : sa gorge & son ventre sont d'un blanc sale. On le trouve dans la *Guiane*, d'où il a été envoyé à M. *de Reaumur*.

longos & obtusos, unguibus tamen pollicum brevioribus & rotundatis. Pili brevissimi candicantes faciem obtegunt; longissimi verò sunt & omninò nigri, qui caudam cooperiunt : corpus pilis longis & nigris, in apice tantùm albidis; guttur autem & venter pilis sordidè albis vestiuntur. Habitat in *Guianiâ*. Ex museo *Realmuriano*.

5. Le Petit Singe négre.

Cercopithecus totus niger.

Cercopithecus Brasilianus secundus. *Clus. Exot. p.* 372.
Cay Brasilianis Tououpinamboutiis dictus. *Raj. Syn. Quadr. p.* 155.
C aapud Touvoupinambutios. *Jonst. Quadr. p.* 100.

Il est très petit, & tout noir. On le trouve au *Brésil*.

Pusillus est, nigrique coloris. Habitat in *Brasiliâ*.

6. Le Singe de Guinée.

Cercopithecus pilis ex umbrâ, griseo, fusco & flavo variegatis vestitus.

Cercopithecus Guineensis tertius Marcgravii. *Raj. Syn. Quadr. p.* 157.
Cercopithecus Guineensis alius. *Marcgr. Hist. Br. p.* 228.
Cebus tertius Guineensis. *Klein. Quadr. p.* 89.

Il a la tête petite, & la queue longue. La couleur de son poil est mêlée d'ombre, de gris, de brun, & de jaune, & ressemble presque à celle du dos de notre *Liévre*. On le trouve en *Guinée* & au *Brésil*.

Caput huic parvum est, & cauda longa. Pilorum color ex umbra, griseo, fusco, & flavo variegatus, ferè ut in dorso *Leporino*. Habitat in *Guineâ* & *Brasiliâ*.

7. Le Singe musqué.

Cercopithecus ex albido flavescens, moschum redolens.

Cercopithecus moscatus, Brasiliensibus *Caitaja* dictus *Jonst. Quadr. p.* 100.
Cercopithecus Brasilianus primus. *Clus. Exot. p.* 371.
Cebus moschum redolens, Brasiliensis: Caitaia. *Klein. Quadr. p.* 88.
Caitaja Brasiliensibus. *Raj. Syn. Quadr. p.* 155.
Marcgr. Hist. Br. p. 227.

Caput habet subrotundum; frontem haud elatam, & penè nullam; nasum parvum, & compressum; caudam arcuatam. Per universum corpus vestitur pilis longis, ex albido flavescentibus. Moschum redolet. Habitat in *Brasiliâ.*

Il a la tête arrondie; le front très petit, & applati; le nez court, & camus; la queue courbée en arc. Tout son corps est couvert de poils longs, d'un blanc jaunâtre. Il répand une odeur de musc. On le trouve au *Brésil.*

** 8. Le Sapajou jaune.

Cercopithecus pilis ex fusco, flavescente, & candicante variegatis vestitus, pedibus ex flavo rufescentibus.

Cercopithecus minor luteus. *Barr. Hist. Fr. eq. p.* 151.
Cebus Simiolus Ceylonicus. *Klein. Quadr. p.* 88.
Simiolus Ceylonicus. *Seb. Vol. I. p.* 77. *Fig. T.* 48. *F.* 3. (*Fig. optima*).
Les François de la Guiane l'appellent Sapajou jaune. *Barr.*

Longitudo corporis, à capitis vertice ad caudam usque, 7 ½ pollicum est; caudæ unius pedis. Auriculas habet rotundas, pilis longis, sordidè albis, vestitas; ungues longos & obtusos, exceptis pollicum unguibus, qui breviores sunt & rotundati. Pilus ei tenuissimus est & mollissimus, in parte corporis in-

La longueur de son corps, depuis le sommet de la tête jusqu'à la queue, est de 7 ½ pouces; & celle de sa queue d'un pied. Il a les oreilles rondes, & couvertes de poils assez longs, & d'un blanc sale: tous ses ongles sont longs & obtus, exceptés ceux des pouces, qui sont plus courts & arrondis. Son poil, qui est très fin, & très doux au toucher, eſt blanchâtre dans la partie inférieure du corps, & mêlé de brun, de jaunâtre, & de blanchâtre dans la partie ſupérieure : ces couleurs ſont plus foncées ſur le dos qu'ailleurs. Ses 4 pieds ſont d'un jaune rouſſâtre. Sa queue eſt de la même couleur que le deſſus du corps dans toute ſa longueur, excepté ſon bout, qui eſt noir. On le trouve à *Ceylan* & dans la *Guiane*.

On a envoyé de *Cayenne* à M. *de Reaumur* un Singe de cette eſpece, ſous le nom de *Singe de nuit*.

feriore candicans; in ſuperiore verò ex fuſco, flaveſcente, & candicante variegatus : qui colores in dorſo ſunt ſaturatiores. Pedes 4 ex flavo rufeſcunt. Cauda, exceptâ extremitate nigrâ, ejuſdem coloris eſt per totam longitudinem ac corpus ſuperius. Habitat in Inſulâ *Ceylonenſi* & *Guianiâ*.

A *Cayennâ* ad *Illuſtr. Dom. de Reaumur* hujus ſpeciei Simia miſſa eſt ſub nomine *Simiæ nocturnæ*.

** 9. Le Singe varié.

Cercopithecus pilis ex nigro, & rufo variegatis veſtitus, pedibus nigris, caudâ cinereâ.

La longueur de ſon corps, depuis le ſommet de la tête juſqu'à la queue, eſt de 11 pouces; & celle de ſa queue eſt d'environ 15 pouces. Il a de chaque côté de la mâchoire inférieure une eſpece de bourſe aſſez grande pour contenir une groſſe noix. Ses oreilles ſont rondes; ſes ongles longs & obtus, exceptés ceux des pouces, qui ſont plus courts & arrondis. Sa face eſt noire : les poils du deſſus de la tête & du col ſont mêlés de noir & de jaune : ceux des jouës & des côtés du col, ſont aſſez longs, blancs à leur origine, en-

Corporis longitudo, à capitis vertice ad caudam uſque, 11 eſt pollicum; caudæ 15 circiter pollicum. In utroque latere maxillæ inferioris folliculum eſt craſſi nucis juglandis continendæ aptatum. Auriculas habet rotundas; ungues longos & obtuſos, exceptis pollicum unguibus brevioribus & rotundatis. Facies ei eſt nigra : pili partem ſuperiorem capitis & colli tegentes ex nigro & flavo variegati ſunt; qui verò genas & colli latera veſtiunt ſat longi ſunt, in exortu albi, & deinde ex nigro & flavo variegati : qui dorsum cooperiunt ex nigro & rufo variegantur. Propè caudæ exortum, utrinque parva macula est alba. Crurum anteriorum pars exterior, & pedes 4 nigrescunt : crura posteriora ex fusco nigricant, paululùm flavo & rufo mixtis : corporis pars inferior, & crurum interior albicant : cauda cinerascit. Ex museo *Realmuriano.*

suite mêlés de noir & de jaune : ceux du dos sont mêlés de noir & de roux. De chaque côté, auprès de l'origine de la queue, est une petite tache blanche. L'extérieur des jambes de devant, & les 4 pieds sont noirs : les jambes de derriere sont d'un brun noirâtre, mêlé de très peu de jaune & de roux : le dessous du corps & l'intérieur des jambes est blanc ; & la queue grise. Il est dans le cabinet de M. *de Reaumur.*

10. LE TAMARIND.

Cercopithecus pilis cinerascentibus, nigro mixtis, vestitus; caudâ rufâ.

Cercopithecus minimus niger leontocephalus, auribus elephantinis. *Barr. Hist. Fr. eq. p.* 151.
Cagui major Brasiliensibus. *Raj. Syn. Quadr. p.* 154.
Jonst. Quadr. p. 99. *Fig. T.* 60.
Marcgr. Hist. Br. Fig. p. 227.
Les Congois l'appellent PONGI. *Raj. Jonst. Marcgr.*
Les Guianois, TAMARIND. *Barr.*

Faciem habet subrotundam; os nigrum ; oculos nigros ; auriculas ferè rotundas, nigras, & pilis nudas ; caudam 15 circiter pollices longam, pilis rufis obsitam. Totum corpus vestitur pilis cinerascentibus, cum pauco nigro admixto : frons verò pilis nigris, cum cinereo mixtis. Habitat in *Guianiâ* & *Brasiliâ.*

Il a la face arrondie ; le museau, & les yeux noirs ; les oreilles presque rondes, noires & sans poils ; la queue longue d'environ 15 pouces, & couverte de poils roux : ceux qui couvrent le corps, sont assez longs, gris, & mêlés d'un peu de noir : ceux du front au contraire sont noirs, mêlés de gris. On le trouve dans la *Guiane* & au *Brésil.*

** 11. Le Petit Singe-Lion.

Cercopithecus ex albo flavicans, faciei circumferentia saturatè rufa.

La longueur de son corps, depuis le sommet de la tête jusqu'à l'origine de la queue, est d'environ 7 pouces; & celle de sa queue de 12 $\frac{1}{2}$ pouces. Il a la tête ronde, couverte de longs poils, & assez semblable à celle d'un *Lion*; la face nuë, & brune; les yeux roux; les oreilles rondes, nuës, & cachées sous les poils de la tête; tous les ongles longs, crochus, & aigus, exceptés ceux des pouces des pieds de derriere, qui sont larges, plats & arrondis. Tout son corps est couvert de poils longs, doux comme de la soye, d'un blanc jaunâtre, & luisants: ceux qui entourent sa face, sont d'un roux foncé, ceux de la poitrine d'un roux jaunâtre, & ceux de la queue d'un blanc jaunâtre. Les jambes de devant & les 4 pieds sont roux, avec un peu de noirâtre mêlé aux pieds de devant. On le trouve au *Brésil*, d'où il a été apporté en 1754 à *Madame la Marquise de Pompadour*, qui l'a actuellement vivant chez elle.

Corporis longitudo, à capitis vertice ad caudæ exortum usque, 7 pollices æquat; caudæ 12 $\frac{1}{2}$ pollices. Caput habet rotundum, longis pilis obsitum, capitis *Leonini* æmulum; faciem glabram & fuscam; oculos rufos; auriculas rotundas, nudas, subque capitis pilis occultatas; ungues omnes longos, incurvos, & acutos, exceptis unguibus pollicum posteriorum pedum latis, planis & rotundatis. Per universum corpus vestitur pilis longis, fericei instar mollissimis, ex albo flavicantibus, & splendentibus: qui faciem cingunt sunt saturatè rufi; qui pectus obtegunt, ex rufo flavicantes; qui verò caudam vestiunt, ex albo flavicantes. Crura anteriora, pedesque 4 sunt rufi, cum pauxillo nigricante in pedibus anticis mixto. Habitat in *Brasiliâ*, unde anno 1754 ad *Dom. de Pompadour* vivus advectus est.

** 12. LE PETIT SINGE DE PARA,

Cercopithecus ex cinereo albus argenteus, facie auriculisque rubris splendentibus, caudâ castanei coloris.

Longitudo corporis, à capitis vertice ad caudam usque, 7 est pollicum; caudæ 12 ½ pollicum. Ungues habet longos, incurvos, & acutos, exceptis unguibus pollicum posteriorum pedum latis, planis, & rotundatis. Pilis longis, serici instar mollissimis, ex cinereo albis, argenteis, in toto corpore vestitur: cauda verò tegitur pilis coloris castanei splendentis, ad nigredinem accedentis. Facies & auriculæ tinctæ sunt rubore ità splendente, ut naturalis non videatur. Habitat in *Brasiliâ.* Ex museo *Realmuriano.*

La longueur de son corps, depuis le sommet de la tête jusqu'à la queue, est de 7 pouces; celle de sa queue de 12 ½ pouces. Ses ongles sont longs, crochus, & aigus, exceptés ceux des pouces des pieds de derriere, qui sont larges, plats & arrondis. Tout son corps est couvert de poils longs, doux comme de la soye, d'un gris blanc argenté: ceux qui couvrent sa queue, sont d'un marron lustré, approchant du noir. Toute sa face & ses oreilles sont teintes d'un rouge si vif & si éclatant, qu'on a peine à croire qu'il soit naturel. On le trouve dans le *Brésil*, d'où il a été apporté à M. *de Reaumur.*

13. LE SINGE A QUEUE DE RAT.

Cercopithecus in dorso spadiceus, in ventre glaber; caudâ murinâ.

Cercopithecus Americanus minor, *Monkje* dictus. *Seb. Vol. I. p.* 52. *Fig. T.* 33. *F.* 1. (*Fig. bona*).
Cebus Gaput mortuum vulgò. *Klein. Quadr. p.* 88.

Minima est hæc species. Nasum habet simum; oculos profundè intrà orbitas sitos; caput antrorsùm rotundum, atro spadiceis pilis, ad

Cette espece est très petite. Elle a le nez très court; les yeux profondément enfoncés dans leurs orbites; la tête ronde en devant, & couverte, jusqu'à la racine du nez, de poils d'un noir qui tire sur le rouge, un peu plus allongée en arriere, & couverte de poils noirâtres. Sa face est blanchâtre ; le bout de son nez, & le tour de sa bouche sont noirs : beaucoup de rides contribuent à l'enlaidir. Ses oreilles sont dénuées de poils, assez grandes, & semblables à celles de l'*homme* : ses ongles sont courts & applatis : sa queue est longue, assez grosse, & ressemble à celle d'un *Rat*. Les poils qui couvrent le dos, sont d'un rouge moins foncé que celui de la tête. Depuis le menton jusqu'au ventre, & à la partie intérieure des cuisses, la peau est entierement chauve : la partie extérieure des cuisses, les pieds, & les reins sont couverts de très peu de poils, d'un jaune clair. On le trouve en *Amérique*.

nasi usque radicem, hispidum, retrorsùm verò magis elongatum, pilis nigricantibus obsitum. Facies albicat, exceptis nasi extremitate & oris ambitu, ubi nigrescit : rugæ plurimæ illam deformem faciunt. Auriculæ sunt glabræ, majusculæ, auriculis *humanis* similes ; ungues breves & plani ; cauda longa, crassiuscula, caudæ *Murinæ* æmula. Pili dorsum tegentes dilutiùs sunt spadicei, quam qui caput vestiunt. A mento, per ventrem usquè, perque internam femorum faciem, calva prorsùs est & nuda cutis : lumbos verò, externam femorum partem, & pedes rari obsident pili dilutè flavescentes. Habitat in *Americâ*.

** 14. Le Sagouin.

Cercopithecus tæniis transversis alternatim fuscis & è cinereo albis variegatus, auriculis pilis albis circumdatis.

Cercopithecus Sagouin Clusii. *Raj. Syn. Quadr. p.* 160.
Jonst. Quadr. p. 100. *Fig. T.* 74. [*Fig. bona*].
Eus. Nieremb. p. 179. *Fig. p.* 177. (*Fig. bona*).

Cercopithecus Brasilianus tertius. Sagouin. *Clus. Exot. Fig. p.* 372. (*Fig. bona*).

Simia caudata imberbis, unguibus pollicum subrotundis. *Linn. syst. nat. ed.* 6. *g.* 2. *sp.* 8.

Cebus *Sagouin* dictus. *Klein. Quadr. p.* 87. *Fig. T.* 3. (*Fig. bona*).

Galeopithecus, Sagoin à Brasiliensibus nominatus. *Gesn. Icon. Quadr. Fig. p.* 96. (*Fig. mala*).

Sagouin. *Eus. Nieremb. p.* 179. *Fig. p.* 177. (*Fig. mala*).
Jo. de Laet. p. 553.

Cagui minor. *Raj. Syn. Quadr. p.* 154.
Marcgr. Hist. Br. Fig. p. 227. [*Fig. sat bona*].
Caitaia. *Jonst. Quadr. Fig. p.* 60. (*Fig. ut suprà*).

Corporis longitudo, à capitis vertice ad caudam usque, 7 ½ pollicum; caudæ 11 pollicum. Auriculas habet subrotundas, longis pilis albis circumdatas; ungues omnes longos, incurvos, & acutos, exceptis unguibus pollicum posteriorum pedum brevioribus & rotundatis. Pili totum corpus tegentes, tenuissimi sunt & mollissimi : qui partem corporis superiorem cooperiunt, sunt in exortu fusci, deinde rufi, & tandem ex fusco & è cinereo albo variegati, itàque dispositi, ut dorsum tæniis transversis alternatim fuscis & è cinereo albis variegatum appareat: qui verò partem corporis inferiorem obtegunt, sunt tantùm ex fusco & cinereo albo variegati : guttur & caput pilis fuscis vestiuntur. Suprà nasum, inter oculos, macula inest alba. Cauda annulis alternatim ex fusco nigricantibus & è cinereo albis cingitur. Habitat in *Brasiliâ*.

La longueur de son corps, depuis le sommet de la tête jusqu'à la queue, est de 7 ½ pouces; celle de sa queue de 11 pouces. Ses oreilles sont rondes, & entourées de longs poils blancs : tous ses ongles sont longs, crochus, & aigus, exceptés ceux des pouces des pieds de derriere, qui sont courts & arrondis. Tous ses poils sont très fins, & très doux au toucher : ceux du dessus du corps sont bruns à leur origine, ensuite roux, & enfin variés de brun & de gris blanc, de sorte que le dos paroît rayé transversalement de ces deux dernieres couleurs : ceux du dessous du corps, & des jambes sont de même variés de brun & de gris blanc : la tête & la gorge sont brunes. Audessus du nez, entre les deux yeux, est une tache blanche. La queue est annelée de brun noirâtre & de gris blanc. On le trouve au *Brésil*.

15. Le Singe a queue de Lion.

Cercopithecus ex flavo fuscus, caudâ in floccum desinente.

Cercopithecus non barbatus primus Clusii. *Raj. Syn. Quadr. p.* 160.
Clus. Exot. p. 371.

Simia caudata imberbis fusco flava, pectore gulâque albis, caudâ floccosâ. *Linn. syst. nat. ed. 6. g. 2. sp.* 9.
Cebus imberbis primus Clusii. *Klein. Quadr. p.* 89.

Tout son corps est couvert de poils d'une longueur médiocre, d'un jaune brun partout le corps, excepté à la gorge, & à la poitrine, où ils sont blancs. Sa queue est presque nuë dans toute sa longueur, excepté son extrêmité, qui se termine par un bouquet de longs poils.

Per universum corpus vestitur pilis mediocris longitudinis, ex flavo fuscis in toto corpore, exceptis gutture & pectore, in quibus albicant. Cauda non est valdé hirsuta, sed levis quodammodo; extremitas autem ejus in longiorum pilorum floccum desinit.

16. Le Singe-Lion.

Cercopithecus collo pectoreque jubatis.

Cercopithecus non barbatus secundus Clusii. *Raj. Syn. Quadr. p.* 160. *Clus. Exot. p.* 371.
Simia caudata imberbis, collo pectoreque jubatis. *Linn. syst. nat. ed.* 6. *g.* 2. *sp.* 11.
Cebus imberbis secundus Clusii. *Klein. Quadr. p.* 89.

Cette espece est aisée à distinguer des autres par les poils longs, & blanchâtres, qui couvrent son col & sa poitrine, & qui luy font une criniere semblable à celle du *Lion*: c'est pourquoi je luy en ai donné le nom. Son museau est tout à fait brun; & sa tête est couverte de poils blanchâtres.

Facilè ab aliis distinguitur hæc species longis pilis canescentibus, collum & pectus tegentibus, jubæ *Leoninæ* instar: undè nomen. Rostrum habet prorsùs fuscum; caputque canescentibus pilis tectum.

** 17. Le Singe verd.

Cercopithecus ex cinereo flavescens, genis longis pilis albis obsitis.

La longueur de son corps, depuis le sommet de la tête jus-

Corporis longitudo, à capitis vertice ad caudam usque, 15 est pollicum ; caudæ 14 pollicum. Auriculas habet parvas & rotundas ; ungues breves & rotundatos ; genas longis pilis albis obsitas. Pars superior capitis & dorsi pilis ex cinereo & flavescente variegatis ; cauda, latera, & crurum pars exterior pilis cinereis ; interior verò crurum, sicut & tota corporis pars infima, pilis albis vestiuntur. Ex museo *Realmuriano*.

qu'à la queue, est de 15 pouces ; & celle de sa queue de 14 pouces. Il a les oreilles petites & rondes ; les ongles courts & arrondis ; ses joües sont couvertes de longs poils blancs : ceux qui couvrent le dessus de la tête & du dos, sont mêlez de gris & de jaunâtre : la queue, les côtés, & l'extérieur des jambes sont gris ; & l'intérieur est blanc, ainsi que toute la partie inférieure du corps. Il est dans le Cabinet de M. *de Reaumur*.

** 18. LE GRAND SINGE DE LA COCHINCHINE.

Cercopithecus cinereus, genis longis pilis ex albo flavicantibus obsitis, torque ex castaneo purpurascente.

Corporis longitudo, à capitis vertice ad caudam usque, 2 circiter pedum est ; caudæ unius pedis cum 9 pollicibus. Auriculas habet auriculis *humanis* similes ; ungues longos & obtusos, exceptis pollicum unguibus brevioribus & rotundatis. Torque donatur ex castaneo purpurascente : facies, postica crura, & pedes posteriores ejusdem sunt coloris. Genæ longis pilis ex albo flavicantibus, barbæque æmulis, obsitæ sunt. Capitis pars superior, corpus, & femora anteriora sunt cinerea : frons, scapularum superior pars, femora posteriora, & pedes antici nigri : cauda &

La longueur de son corps, depuis le sommet de la tête jusqu'à l'origine de la queue, est d'environ 2 pieds ; celle de sa queue est d'un pied 9 pouces. Ses oreilles ressemblent à celles de l'*homme* : ses ongles sont longs & obtus, exceptés ceux des pouces, qui sont courts & arrondis. Il a un collier d'une couleur de marron pourpré : sa face, ses jambes, & ses pieds de derriere sont de la même couleur. Ses joües sont garnies de longs poils d'un blanc jaunâtre, qui luy font comme une espece de barbe. Le dessus de la tête, le corps, & les cuisses de devant sont grises : le front, le dessus des épaules, les cuisses de derriere, & les pieds de devant sont noirs : la queue & les jambes de devant sont blanches : à la partie postérieure du dos, au dessus de l'origine de la queue, est une tache de la même couleur. On le trouve à la *Cochinchine*, d'où il a été envoyé à M. *de Reaumur*.

crura anteriora alba : insuper ad posticam dorsi partem, suprà caudæ exortum, macula est ejusdem coloris. Habitat in *Cochinchinâ*. Ex museo *Realmuriano*.

19. Le Singe de Guinée a barbe jaunastre.

Cercopithecus nigricans, genis & auriculis longis pilis ex albo flavicantibus obsitis, ore cœrulescente.

Cercopithecus barbatus alius Guineensis. *Raj. Syn. Quadr. p.* 156.
Jonst. Quadr. p. 99.
Marcgr. Hist. Br. p. 228.
Simia caudata, genubus auribusque barbatis. *Linn. syst. nat. ed.* 6. *g.* 2. *sp.* 12.
Cebus barbatus alius Guineensis. *Klein. Quadr. p.* 89.

La couleur de ses poils, dans la plus grande partie de son corps, est noirâtre, mêlée d'une couleur d'ombre : son ventre est d'un gris bleuâtre : sa queue, depuis la moitié de sa longueur jusqu'à son extrêmité, est d'un roux jaunâtre ; son museau bleuâtre. Ses joües & ses oreilles sont couvertes d'une grande quantité de longs poils, d'un blanc jaunâtre, qui luy font une espece de barbe. Ses jambes & ses pieds sont noirs. On le trouve en *Guinée* & au *Brésil*.

Pilorum color, in maximâ parte corporis, est nigricans, cui umbra admixta ; in ventre autem è cinereo subcœrulescens : cauda, à medietate ad extremitatem usquè, ex rufo flavicans : os cœrulescit. In genâ utrâque, uti & ad utramque auriculam, magnam copiam habet pilorum longiorum ex albo flavicantium, magnæ barbæ instar. Pedes & crura nigrescunt. Habitat in *Guineâ* & *Brasiliâ*.

20. Le Singe rouge de Cayenne.

Cercopithecus barbatus saturatè spadiceus.

Cercopithecus barbatus maximus, ferrugineus, stertorosus. *Barr. Hist. Fr. eq. p.* 150.

Les François de la Guiane l'appellent SINGE ROUGE. *Barr.*
Les Guianois, ALAOÜATA. *Barr.*

Maximus est, & coloris saturatè spadicei. Hyoïdis structuræ singularis ope clamorem maximum edit. Habitat in *Guianiâ*.

Il est fort gros. Sa couleur est d'un rouge-bay foncé. Il fait en criant un bruit effroyable par le moyen de l'os hyoïde, qui est d'une structure singuliere. On le trouve dans la *Guiane*.

21. LE SINGE BLANC A BARBE NOIRE.

Cercopithecus barbatus albus, barbâ nigrâ.

Simia alba, seu incanis pilis, barba nigra promissa. *Raj. Syn. Quadr. p.* 158.
Cebus Elaurandus Zeylanensium. *Klein. Quadr. p.* 89.
Les Zeyloniens l'appellent ELEWANDUM. *Raj.*

Pilis vestitur albis, barbaque nigra promissa gaudet. Habitat in *Insulâ Zeylonensi*.

Il est tout blanc, excepté sa barbe, qui est noire & longue. On le trouve dans l'*Isle de Zeyla*.

22. LE SINGE NOIR A BARBE BLANCHE.

Cercopithecus barbatus niger, barbâ incanâ.

Cercopithecus niger barbâ incanâ promissâ. *Raj. Syn. Quadr. p.* 158.
Klein. Quadr. p. 89.
Les Zeyloniens l'appellent WANDURU. *Raj. Klein.*

Pilis vestitur nigris, barbâque incanâ promissâ datur. Habitat in *Insulâ Zeylonensi*.

Il est tout noir, excepté sa barbe, qui est blanche & longue. On le trouve dans l'*Isle de Zeyla*.

23. LE SINGE DE GUINÉE A BARBE BLANCHE.

Cercopithecus barbatus fuscus, punctis albis inspersis, barbâ albâ.

Cercopithecus barbatus Guineensis. *Raj. Syn. Quadr. p.* 156.
Jonst. Quadr. p. 99. *Fig. T.* 60.
Marcgr. Hist. Br. p. 227. *Fig. p.* 228.

Cebus barbatus. Exquima Guineensis. *Klein. Quadr. p.* 89.
Les Congois l'appellent EXQUIMA. *Raj. Jonst. Marcgr.*

Ses poils sont bruns, picqués de petits points blancs : ceux du dos cependant sont d'une couleur plus obscure, ou comme d'une couleur de fer. La partie inférieure de son menton & son ventre sont blancs : il a aussi une barbe d'un beau blanc, composée de poils de 2 ou 3 doigts de long. On le trouve en *Guinée* & au *Brésil*.

Pilos habet fuscos ; sed per totum dorsum quasi adustos seu ferrugineos : fuscis autem pilis punctulatim inspersus est color albus. Venter albicat, & mentum inferius : barbam quoque egregiè albam habet, pilis 2 aut 3 digitos longis conflatam. Habitat in *Guineâ*, & *Brasiliâ*.

24. LE SINGE BARBU

Cercopithecus barbatus, ex nigro & fusco mixtus, pectore & anteriore ventris parte albis, barbâ incanâ mucronatâ.

Cercopithecus barbatus secundus Clusii. *Raj. Syn. Quadr. p.* 159. *Clus. Exot. p.* 371.
Simia caudata barbata, barbâ canâ, caudâ simplici. *Linn. syst. nat. ed.* 6. *g.* 2. *sp.* 16.
Cebus barbatus secundus Clusii. *Klein. Quadr. p.* 89.

Tout son corps, exceptés sa poitrine & la partie antérieure de son ventre, dont les poils sont blancs, est couvert de poils noirs, mêlés de brun, courts, très lisses, & très brillants. Il a au menton une barbe blanche, longue d'environ 6 pouces, & qui se termine en pointe. Sa queue est semblable à celle des *Cercopithéques* ordinaires.

Per universum corpus, exceptis pectore & ventris parte anteriore albis, vestitur pilis nigris, fusco admixto, brevibus, valdè tersis, & nitidis. E mento propendet barba incana, 6 circiter pollices longa, & in mucronem desinens. Cauda ei similis est formæ cum *Cercopithecorum* vulgarium caudis.

25. LE SINGE BARBU A QUEUE DE LION.

Cercopithecus barbatus, suprà ex nigro & fusco mixtus, infrà albus, barbâ incanâ mucronatâ, caudâ in floccum desinente.

Cercopithecus barbatus primus Clusii. *Raj. Syn. Quadr. p.* 159.
Clus. Exot. Fig. p. 371. (*Fig. bona*).
Cercopithecus barbatus Clusii. *Jonst. Quadr. p.* 99. *Fig. T.* 74. (*Fig. bona*).
Eus. Nieremb. Fig. p. 177. (*Fig. bona*).
Simia caudata barbata, cauda floccosa. *Linn. syst. nat. ed.* 6. *g.* 2. *sp.* 15.
Cebus barbatus primus Clusii. *Klein. Quadr. p.* 89.

Magnitudine *Cercopithecos* vulgares majores æquat. Auriculas habet non magnas; nares simas; ungues unguibus *humanis* ferè similes; caudam valdé longam, satisque crassam, cujus extremitas in longiorum pilorum floccum desinit, *Leoninæ* caudæ instar. Superior corporis pars tota nigris pilis tecta est, fusco admixto; inferior verò longioribus pilis albis obsita. E mento propendet barba incana, 9 pollices longa, in mucronem desinens.

Il est de la grandeur des grands *Cercopithéques* ordinaires. Il a les oreilles petites; le nez camus; les ongles presque semblables à ceux de l'*homme*; la queue très longue, assez grosse, & terminée par un bouquet de longs poils, comme celle d'un *Lion.* Toute la partie supérieure de son corps est couverte de poils noirs, mêlés de bruns; & la partie inférieure de longs poils blancs. Il a au menton une barbe blanche, longue de 9 pouces, & qui se termine en pointe.

26. LE SINGE NOIR D'EGYPTE.

Cercopithecus barbatus, niger, cæsarie prolixâ nigrâ faciem cingente.

Simia caudata, cæsarie prolixâ faciem cingente. *Linn. syst. nat. ed.* 6. *g.* 2. *sp.* 13.
Simia callitrix magnitudine magnorum Cynocephalorum. *Prosp. Alp. Ægypt. Vol. II. p.* 244. *Fig. T.* 21. (*Fig. bona*).

Magnos *Cynocephalos* magnitudine æmulatur. Per uni-

Il est de la grandeur des grands *Cynocéphales*. Il est noir partout

le corps, & surtout à sa face, qui est toute entourée de longs poils noirs. On le trouve en *Egypte*.

versum corpus est niger, præsertim in facie, quæ undequaque cæsarie prolixâ nigrorum pilorum circumdatur. Habitat in *Ægyptô*.

27. Le Singe roux d'Egypte.

Cercopithecus barbatus, rufus, facie nigrâ, cæsarie albâ cinctâ.

Simius callitrix. *Prosp. Alp. Ægypt. Vol. II. p.* 244. *Fig. T.* 20. *F.* 4.

Il est de la grandeur d'un grand *Chat*. Il a la tête petite & ronde; la face semblable au visage de l'*homme*; le corps très éffilé vers les flancs; la queue longue & rousse. Tout son corps est couvert de poils roux: sa face est noire & entourée de tous côtés d'une chevelure blanche; ce qui luy donne l'air d'un vieillard. On le trouve en *Egypte*.

Felem magnam quadamtenùs magnitudine æmulatur. Caput habet parvum & rotundum; faciem vultui *humano* similem; corpus circà ilia gracillimum; caudam longam & rutilam. Per universum corpus vestitur pilis rufis: facies ei est nigra, undique cæsarie albâ cincta; undè faciem senilem habere videtur. Habitat in *Ægyptô*.

** 28. Le petit Singe du Mexique.

Cercopithecus pilis ex fusco & rufo vestitus, facie ultrà auriculas usque nigrâ & nudâ, vertice longis pilis albis obsito.

La longueur de son corps, depuis l'occiput jusqu'à l'origine de la queue, est d'environ 7 pouces; & celle de sa queue d'environ 1 pied. Ses oreilles ressemblent à celles de l'*homme*: ses ongles sont longs, crochus & aigus, exceptés ceux des pouces des pieds de derriere, qui sont

Corporis longitudo, ab occipitio ad caudæ exortum, 7 circiter est pollicum; caudæ 1 circiter pedis. Auriculas habet auriculis *humanis* similes; ungues longos, incurvos & acutos, exceptis pollicum pedum posteriorum unguibus latis, planis & rofundatis. Facies ei est nigra & nuda ultrà auriculas usque: vertex capitis longis pilis albis obsitum est. Corporis pars superior vestitur pilis ex fusco & rufo variegatis, ferè ut in dorso *Leporino*; corporis verò inferior pars & pedes 4 pilis candicantibus teguntur. Cauda, ab exortu ad medietatem usque, pilis rufis, à medietate ad apicem, pilis nigris vestitur. Habitat in *Mexicô*, undè à *R. P. Bernard Franciscano* vivus advectus est.

larges, plats & arrondis. Sa face est noire, & dénuée de poils jusqu'audelà des oreilles : & le sommet de sa tête est couvert de longs poils blancs. Tout le dessus de son corps est couvert de poils variés de brun & de roux, à peu-près comme le dos de nos *Liévres ordinaires*: ceux qui couvrent le dessous du corps & les 4 pieds sont blanchâtres. Sa queue, depuis son origine jusqu'à la moitié de sa longueur, est rousse : le reste est noir. On le trouve au *Méxique*, d'où le *R. P. Bernard Cordelier* l'a apporté vivant.

** 29. Le Belzébut.

Cercopithecus in pedibus anterioribus pollice carens, caudâ inferiùs versùs apicem pilis destitutâ... Belzebut.

Longitudo corporis, à capitis vertice ad caudæ exortum, 15 pollices æquat; caudæ 2 pedes; crurum anteriorum, ab eorum exortu ad unguium apicem, unum pedem & 6 pollices : crura posteriora paris sunt longitudinis. Ambitus corporis, circà pectus mensuratus, quâ parte crassius est, 1 pedem & 6 lineas attingit. Auriculas habet auriculis *humanis* similes, & nigras. Facies, caput, pars dorsi anterior, partes exteriores femorum anteriorum, femorum & crurum posterio-

La longueur de son corps, depuis le sommet de la tête jusqu'à l'origine de la queue, est de 15 pouces; celle de sa queue de 2 pieds; celle de ses jambes de devant, depuis leur origine jusqu'au bout des ongles, de 1 pied 6 pouces; & celle de ses jambes de derriere aussi de 1 pied 6 pouces. Le tour de son corps, mesuré à la poitrine, où il est le plus gros, est de 1 pied 6 lignes. Ses oreilles ressemblent à celles de l'*homme*, & sont noires. Sa face, sa tête, la partie antérieure du dos, les parties extérieures des cuisses de devant, & des cuisses & des jambes de derriere, ses jambes de devant, ses quatre pieds, & sa queue sont noirs : la partie postérieure du dos est d'un brun noir : ses côtés sont roux : toute la partie inférieure du corps, sçavoir la gorge, la poitrine, le ventre, les parties intérieures des cuisses de devant, & des cuisses & des jambes de derriere sont d'un blanc sale & jaunâtre. Il a 4 doigts aux pieds de devant, & 5 à ceux de derriere : c'est le pouce qui manque à ceux de devant. Sa queue se termine en pointe, & est couverte de poils dans toute sa longueur, excepté sa partie inférieure, depuis son bout jusqu'au tiers de sa longueur, qui est couverte d'une peau sillonée, pareille à celle de la plante des pieds : aussi cette queue luy sert comme d'une cinquiéme jambe : elle fait l'office de main, & luy sert pour porter la nourriture à sa bouche. Il est dans le cabinet de M. *de Reaumur*.

Je lui ai laissé le nom de *Belzébut*, qui est celui sous lequel il a paru à Paris aux yeux du Public.

rum, crura anteriora, cauda, & pedes quatuor nigri sunt : pars dorsi posterior est ex fusco nigra : latera rufescunt : corporis inferior pars tota, guttur scilicet, pectus, venter, partes interiores femorum anteriorum, femorum & crurum posteriorum ex sordidè albo flavicant. 4 habet in pedibus anterioribus digitos, in posterioribus verò 5; pollice autem in pedibus anterioribus destituitur. Cauda in acumen desinit, pilisque vestitur per totam longitudinem, exceptâ parte inferiore ab apice ad tertiam longitudinis partem, quæ cute sulcatâ, cutis plantæ pedum æmulâ, tegitur; quamobrem cauda sua, sicut quinto pede utitur : manuum enim officium præstat, & hujus ope cibum ori admovet. Ex museo *Realmuriano*.

Illum *Belzebut* nomine donavi, sub quo Parisiis in Publicum editus est.

STIRPS V. — RACE V.

Eæ quæ caudam habent longam, & rostrum productius. — *Ceux qui ont la queue longue, & le museau allongé.*

CERCOPITHECUS. CYNOCEPHALUS. — LE CERCOPITHÉQUE. CYNOCÉPHALE.

** 1. LE CERCOPITHÉQUE CYNOCÉPHALE.

Cercopithecus Cynocephalus ex viridescentibus & flavicantibus pilis variegatus.

Cercopithecus. *Jonst. Quadr. Fig. T.* 59. (*Fig. bonâ*).

In omnibus, exceptis caudâ, quâ donatur, & rostro, rostri *Canini* instar, producto, cum *Simiâ* convenit. Plurimas vidi Cercopithecorum Cynocephalorum species magnitudine tantùm à se invicem discrepantes. Habitant in *Africâ*.

Il ne differe du *Singe* que parce qu'il a une queue, & par son museau allongé comme celui d'un *Chien* : d'ailleurs il luy ressemble en tout. J'en ai vû plusieurs, qui ne differoient entr'eux que par la grandeur. On les trouve en *Afrique*.

2. LE MARAQUE.

Cercopithecus Cynocephalus naribus bifidis, elatis, natibus calvis.

Cercopitheeus Angolensis major, Congensibus Macaquo, Marcgravii.
Raj. Syn. Quadr. p. 155.
Marcgr. Hist. Br. p. 227.
Cercopithecus Angolensis major, Marcgravii. *Barr. Hist. Fr. eq. p.* 149.
Simia caudata imberbis, naribus elatis, bifidis. *Linn. syst. nat. ed. 6. g.* 2. *sp.* 10.
Cebus Angolensis major, Macaquo Marcgravii. *Klein. Quadr. p.* 89.
Macaquo Congensium. *Jonst. Quadr. p.* 100.
Les François de la Guiane l'appellent MAKAQUE. *Barr.*

Corporis longitudo, à capite ad caudam usque, unius pedis est & ampliùs; capitis

La longueur de son corps, depuis la tête jusqu'à la queue, est de plus d'un pied; celle de sa tête de 6 doigts; celle de sa queue d'un pied. Ses 4 jambes sont d'une longueur égale, sçavoir de 10 doigts chacune. Ses pieds de devant sont longs de 3 ½ doigts, & ceux de derriere de 5 doigts. Le tour de son corps, dans l'endroit où il est le plus gros, est d'un pied 9 pouces. Il a les narines fenduës en deux, & élevées; les fesses chauves. Il porte toujours sa queue courbée en arc. La couleur des poils de tout son corps est la même que celle d'un *Loup*. On le trouve dans le Royaume d'*Angola*, & dans la *Guiane*.

6 digitorum; caudæ unius pedis. Crura 4 æqualis sunt longitudinis, 10 digitorum singula. Pedes anteriores 3 ½ digitos, posteriores verò 5 longi sunt. Ambitus corporis maximus unum pedem & 9 digitos æquat. Nares habet bifidas & elatas; nates calvas. Caudam semper gestat arcuatam. Color pilorum totius corporis colori *Lupi* simillimus. Habitat in Regno *Angolensi*, & *Guianiâ*.

** 3. Le Magot, ou Tartarin.

Cercopithecus Cynocephalus parte corporis anteriore longis pilis obsitâ, naso violaceo nudo.

Cynocephalus. *Gesn. Icon. Quadr. p.* 92. *Fig. p.* 93. (*Fig. bona*).
Jonst. Quadr. p. 100. *Fig. T.* 59. *sub isto nomine*, Cynocephalus secundus. (*Fig. bona*).
Clus. Exot. *Fig. p.* 370. (*Fig. bona*).
Maimon quorumdam. *Gesn.*

Il est environ de la grandeur d'un *Dogue*. Il a à peu-près la forme des *Cercopithéques* ordinaires; mais il a le corps plus épais & plus fort. Tous ses poils sont d'un gris blanchâtre : ceux qui couvrent la partie antérieure du corps, sont très longs; les autres sont courts. Son nez est fort gros, dénué de poils, cannelé selon sa longueur, & d'une

Canem Molossum magnitudine circiter æquat. Ejusdem ferè formæ est cujus *Cercopithecus* vulgaris; at in corporaturâ crassior & validior. Per universum corpus vestitur pilis ex cinereo albidis, in parte corporis anteriore longissimis, in reliquo corpore brevioribus. Nasum habet crassissimum, pilis nudum, longitudinaliter striatum, & violacei coloris. Habitat in *Asiâ* & *Africâ*.

couleur violette. On le trouve en *Asie* & en *Afrique*.

SECTIO II.

Ea quorum digiti pedum anteriorum membranâ, in alas expansâ, inter se connectuntur.

UNICO Genere, scilicet *Pteropi*, constituitur hæc Sectio.

SECTION II.

Ceux dont les doigts des pieds de devant sont joints ensemble par une membrane étendue en aîles.

CETTE Section ne contient qu'un seul genre, sçavoir celui de *la Roussette*.

XXX.

Genus Pteropi. (Fig. 4.)

Hujus character est

Dentes incisores in utrâque maxillâ quatuor (Fig. a, a, a, a.);

Digiti unguiculati,

In anterioribus pedibus membranâ, in alas expansâ, inter se connexi, in posterioribus à se invicem separati.

Obs. 1°. Primo inspectu, *Pteropus vespertilionis* Generis esse videtur: sicut ille, pedes habet anteriores in alas expansos: ab eo tamen differt dentium incisorum (*Fig.* 4 *a*, *a*.) numero & figurâ, & rostro multò productiore quàm *vespertilionis* rostrum.

Obs. 2°. Omnes hujus Generis species anterioribus cruribus donantur longissimis, quorum pedes dividuntur in 5 digitos longos,

XXX.

Le Genre de la Roussette. (Fig. 4.)

Son caractere est

D'avoir quatre dents incisives à chaque mâchoire (Fig. 4. a, a, a, a.);

Les doigts onguiculés,

Joints ensemble par une membrane étendue en aîles dans les pieds de devant, & separés les uns des autres dans ceux de derriere.

Obs. 1°. Au premier coup d'œil, la *Roussette* semble être du Genre de la *Chauve-Souris*: comme elle, elle a les pieds de devant étendus en aîles: mais elle en differe par le nombre & la figure de ses dents incisives (*Fig.* 4. *a*, *a*.), & par la forme de son museau, qui est beaucoup plus allongé que celui de la *Chauve-Souris*.

Obs. 2°. Toutes les especes de ce Genre ont les jambes de devant très longues, dont le pied est divisé en 5 doigts longs, & tous (excepté le pouce qui est séparé des autres, & armé d'un ongle fort & crochu) joints ensemble par une membrane, qui n'est autre chose qu'une continuation de la peau du dos, qui s'étend de chaque côté, depuis le col jusqu'à l'anus, tout le long des jambes, & jusqu'au bout des doigts des pieds de devant: c'est par le moyen de cette membrane qu'elles peuvent voler. Les pieds de derriere sont divisez en 5 doigts armez d'ongles crochus & très pointus.

omnes (excepto pollice ab aliis separato, incurvoque & valido ungue munito) membranâ inter se connexos; quæ membrana nihil aliud est quam dorsi cutis continuata, in utroque latere, à collo ad anum usque, & secundùm crurum longitudinem, ad digitorum pedum anteriorum apicem extensâ, cujus ope volitant. Pedes postici in 5 digitos incurvis & acutissimis unguibus munitos sunt divisi.

** 1. LA ROUSSETTE.

Pteropus rufus aut niger, auriculis brevibus acutiusculis.

Vespertilio caudâ nullâ. *Linn. syst. nat. ed. 6. g.* 14. *sp.* 1.
Vespertilio Cynocephalus Ternatanus. *Klein. Quadr. p.* 61.
Vespertilio Borsippæ. *Gesn. avi. p.* 772.
Vespertilio ingens. *Clus. Exot. p.* 94.
Canis volans Ternatanus Orientalis. *Seb. Vol. I. p.* 91. *Fig. T.* 57. *Mas F.* 2. *Fœm. F.* 1. [*Fig. optimis*].

La longueur de son corps, depuis le sommet de la tête jusqu'à l'anus, est de 7 ½ pouces; celle de sa tête, depuis son sommet jusqu'au bout du nez, de 2 pouces 9 lignes. Ses oreilles sont courtes, & un peu pointues. Elle n'a point de queue. Lorsque la membrane, qui luy sert à voler, est étendue, elle a plus de 3 pieds de long d'un bout à l'autre; elle est couverte de très peu de poils: ceux qui couvrent le corps, sont dans quelques individus d'un roux plus foncé sur le dos que sur le ventre, & dans d'autres ils sont noirs: la partie antérieure de la

Corporis longitudo, à capitis vertice ad anum usque, 7 ½ pollicum est; capitis, à vertice ad nasi extremitatem, 2 pollicum cum 9 lineis. Auriculas habet breves & acutiusculas. Caudâ caret. Membrana volatui inserviens extensa, ab unâ extremitate ad aliam trium pedum longitudinem superat, rarissimisque pilis tegitur. Pili corpus tegentes in quibusdam individuis sunt rufi, saturatiores in dorso, in ventre dilutiores; in aliis verò nigri: capitis partem anteriorem & rostrum vestiunt pili rufi. Habitat in *Borboniâ*,

Borboniâ, & *Ternatanâ* Insulis.

tête & le museau sont couverts de poils roux. On la trouve dans les Isles de *Bourbon*, & *Ternate*.

** 2. La Roussette a col rouge.

Pteropus fuscus, auriculis brevibus acutiusculis, collo superiore rubro.

Corporis longitudo, à capitis vertice ad anum usquè, 5 $\frac{1}{2}$ pollicum; capitis, à vertice ad nasi extremitatem, 1 $\frac{1}{2}$ pollicis. Auriculas habet breves & acutiusculas. Caudâ caret. Membrana volatui inserviens, extensa, ab unâ extremitate ad aliam 2 circiter pedes longa est. Per totum corpus vestitur pilis fuscis, exceptâ parte colli superiore, quam pili rubri cooperiunt. Habitat in *Borboniâ* Insulâ. Ex museo *Realmuriano*.

La longueur de son corps, depuis le sommet de la tête jusqu'à l'anus, est de 5 $\frac{1}{2}$ pouces; celle de sa tête, depuis son sommet jusqu'au bout du nez, de 1 $\frac{1}{2}$ pouces. Ses oreilles sont courtes & un peu pointuës. Elle n'a point de queue. Lorsque la membrane, qui luy sert à voler, est étenduë, elle a environ 2 pieds de long d'un bout à l'autre. Tout son corps est couvert de poils bruns, excepté la partie supérieure du col, qui est couverte de poils rouges. On la trouve dans l'Isle de *Bourbon*, d'où elle a été envoyée à M. *de Reaumur*.

3. La Roussette a longues oreilles.

Pteropus auriculis longis, patulis, naso membranâ antrorsùm inflexâ aucto.

Vespertilio Cynocephalus maximus, auritus, ex novâ Hispaniâ. *Klein. Quadr. p.* 62.
Canis volans maximus, auritus, ex Novâ Hispaniâ. *Seb. Vol. I. p.* 92. *Fig. T.* 58. *F.* 1. (*Fig. bona*).

A præcedentibus differt auriculis suis longis, patulis &

Elle differe des précédentes par ses oreilles, qui sont longues, ouvertes, & redressées; & par son nez, audessus duquel est une espece de membrane recourbée en avant, comme une corne. On la trouve dans la *Nouvelle Espagne*.

arrectis; & naso, suprà quem extat membrana quædam antrorsùm inflexa, & cornu similis. Habitat in *Novâ Hispaniâ*.

ORDO XIV.

QUADRUPEDA

Dentibus inciſoribus in maxillâ ſuperiore quatuor, in inferiore ſex; & digitis unguiculatis prædita.

HUJUS Ordinis QUADRUPEDUM, ſicut in Ordine præcedente, alia ſunt quorum digiti omnes à ſe invicem omninò ſunt ſeparati; alia quorum digiti pedum anteriorum membranâ, in alas expansâ, inter ſe connectuntur. In duas Sectiones dividuntur: prima continet ea quorum digiti omnes à ſe invicem ſeparati ſunt, ſicut *Proſimia*: ſecunda ea quorum digiti pedum anteriorum membranâ, in alas expansâ, inter ſe connectuntur, ſicut *Veſpertilio.*

ORDRE XIV.

LES QUADRUPEDES

Qui ont quatre dents inciſives à la mâchoire ſupérieure, & ſix à l'inférieure; & les doigts onguiculez.

PARMI les QUADRUPEDES de cet Ordre, comme dans l'Ordre précédent, les uns ont tous les doigts ſéparez les uns des autres; les autres ont ceux des pieds de devant joints enſemble par une membrane étenduë en aîles. Ils ſe diviſent de même en deux Sections: dans la premiere ſont ceux qui ont tous les doigts ſéparez les uns des autres, comme le *Maki*: dans la ſeconde ſont ceux dont les doigts des pieds de devant ſont joints enſemble par une membrane étenduë en aîles, comme la *Chauve-Souris.*

SECTIO I.

Ea quorum digiti omnes à ſe invicem ſeparati ſunt.

UNICUM in hac Sectione continetur Genus, ſcilicet *Proſimiæ.*

SECTION I.

Ceux dont tous les doigts ſont ſéparés les uns des autres.

IL n'y a dans cette Section qu'un ſeul Genre, ſçavoir celui du *Maki.*

XXXI.

Le Genre du Maki.

(Fig. 5.).

Son caractere est
D'avoir quatre dents incisives à la mâchoire supérieure (Fig. 5. a.), & six à l'inférieure (Fig. 5. b.) :
A chaque pied cinq doigts onguiculés,
Tous séparés les uns des autres :
Le pouce bien distinct.

Obs. 1°. Toutes les especes de ce Genre ont les dents incisives de la mâchoire supérieure (*Fig.* 5. *a*, *a.*) séparées par paires & convergentes ; celles de la mâchoire inférieure (*Fig.* 5. *b.*) sont très étroites, toutes contiguës, couchées obliquement, & avancent en avant. Elles ont 12 dents canines, sçavoir trois de chaque coté à chaque mâchoire (*Fig.* 5. *c.*), lesquelles sont larges, plattes, & se terminent en pointe ; & quatre dents molaires de chaque côté à la mâchoire supérieure, & 3 de chaque côté à l'inférieure ; en tout 36 dents.

Obs. 2°. Leurs ongles sont larges, plats, & terminez par une pointe obtuse, excepté celui de l'index des pieds de derriere, qui est plus étroit & plus long. Leurs pieds de devant font l'office de mains.

XXXI.

Genus Prosimiæ.

(Fig. 5.).

Hujus character est
Dentes incisores in maxillâ superiore quatuor (Fig. 5. a.), in inferiore sex (Fig. 5. b.) :
In singulis pedibus digiti quinque unguiculati,
Omnes à se invicem separati ;
Pollex distinctus.

Obs. 1°. Omnium hujus Generis specierum dentes incisores in maxillâ superiore (*Fig.* 5. *a*, *a.*) sunt per paria remoti & convergentes ; in inferiore (*Fig.* 5. *b.*) verò strictiores, contigui, obliquè inclinati, & prominentes : canini sunt duodecim, tres utrinque (*Fig.* 5. *c.*) in utrâque maxillâ, lati, plani, & in acumen desinentes ; molares 4 utrinque in maxillâ superiore, tres utrinque in inferiore ; summa dentium 36.

Obs. 2°. Ungues habent latos, planos, in acumen obtusum desinentes, excepto ungue indicis posteriorum pedum strictiore, & longiore. Pedibus anterioribus pro manibus utuntur.

** 1. Le Maki.

Prosimia fusca.

Simia Sciurus lanuginosus fuscus, &c. *Gaz. Pet. Fig. T.* 17. *F.* 5. (*Fig. optima*).

Corporis longitudo, à capitis vertice ad caudam usque, 11 pollicum; capitis, à vertice ad rostri extremitatem, 3 pollicum; caudæ unius pedis cum 4 ½ pollicibus. Rostrum habet elongatum & acutum; auriculas breves, inque pilis ferè occultatas. Per universum corpus vestitur pilis mollibus, & quasi laneis, fuscis in toto corpore, exceptis naso, gutture, & ventre sordidè albis: in posteriore dorsi parte fuscus paululùm ad rufum tendit. Habitat in *Madagascariâ*.

La longueur de son corps, depuis le sommet de la tête jusqu'à la queue, est de 11 pouces; celle de sa tête, depuis son sommet jusqu'au bout du museau, de 3 pouces; celle de sa queue d'un pied 4 ½ pouces. Son museau est allongé & pointu: ses oreilles sont courtes, & presque cachées dans ses poils. Tout son corps est couvert de poils doux & laineux, bruns par tout le corps, exceptés le nez, la gorge, & le ventre, qui sont d'un blanc sale: le brun tend un peu au roux vers la partie postérieure du dos. On le trouve à *Madagascar*.

** 2. Le Maki aux pieds blancs.

Prosimia fusca, naso, gutture, & pedibus albis.

Magnitudine præcedentem adæquat. Sicut ille, breves habet auriculas, & in pilis ferè occultas; & rostrum elongatum & acutum. Pilis mollibus, & quasi laneis, in toto corpore fuscis, exceptis naso, gutture & pedibus albis, & ventre sordidè albo, vestitur. Ex museo *Realmuriano*. Habitat in *Madagascariâ*.

Il est de la grandeur du précédent. Il a, comme luy, les oreilles courtes, & cachées dans ses poils; & le museau allongé & pointu. Tout son corps est couvert de poils doux & laineux, bruns par tout le corps, exceptés le nez, la gorge, & les 4 pieds, qui sont blancs, & le ventre qui est d'un blanc sale. Il est dans le Cabinet de M. *de Reaumur*. On le trouve à *Madagascar*.

** 3. Le Maki aux pieds fauves.

Prosimia fusca, rufo admixto, facie nigrâ, pedibus fulvis.

Longitudo corporis, à capitis vertice ad caudam usque,

La longueur de son corps, depuis le sommet de la tête jusqu'à la queue, eſt de 13 ou 14 pouces; celle de ſa tête, depuis ſon ſommet juſqu'au bout du muſeau, de 3 pouces 3 lignes; & celle de ſa queue d'un pied 5 pouces. Son muſeau eſt allongé & pointu : ſes yeux ſont d'un jaune roux : ſes oreilles ſont longues de 10 lignes, & larges d'environ 1 pouce. Tout ſon corps eſt couvert de poils doux & laineux, bruns pardeſſus le corps, & à la partie extérieure des jambes, & d'un blanc ſale & jaunâtre pardeſſous le corps, & à la partie intérieure des jambes. Sa face & ſon muſeau ſont noirs ; ſes 4 pieds fauves : les poils qui couvrent le dos, ſont mêlés d'un peu de rouſsâtre. Il eſt dans le abinet de M. *de Reaumur*. On le trouve à *Madagaſçar*.

13 eſt aut 14 pollicum ; capitis, à vertice ad roſtri extremitatem, 3 pollicum cum 3 lineis ; caudæ unius pedis cum 5 pollicibus. Roſtrum habet elongatum & acutum ; oculos ex flavo rufos; auriculas 10 lineas longas, & uno pollice latas. Per univerſum corpus veſtitur pilis mollibus, & quaſi laneis, in partibus corporis ſuperiore, & crurum exteriore fuſcis, & in partibus corporis inferiore, & crurum interiore ex ſordidè albo flavicantibus. Facies & roſtrum nigreſçunt : pedes 4 ſunt fulvi : pilis fuſcis dorſum tegentibus aliquid rufi admixtum eſt. Ex muſeo *Realmuriano*. Habitat in *Madagaſcariâ*.

** 4. Le Maki a queue annellée.

Proſimia cinerea, caudâ cinctâ annullis alternatim albis & nigris.

La longueur de ſon corps, depuis le ſommet de la tête juſqu'à la queue, eſt d'environ 1 pied; celle de ſa tête, depuis ſon ſommet juſqu'au bout du muſeau, de 3 pouces; celle de ſa queue d'environ 1 ½ pied. Son muſeau eſt blanchâtre & pointu : ſes oreilles ſont longues de 10 lignes, & larges d'autant, & couvertes de poils blancs. Tout ſon corps eſt couvert de poils.

Corporis longitudo, à capitis vertice ad caudam uſque, unius eſt circiter pedis; capitis, à vertice ad roſtri extremitatem, 3 pollicum; caudæ circiter 1 ½ pedis. Roſtrum habet albidum & acutum; auriculas 10 lineas longas, totidem latas, pilis albis obſitas. Univerſum corpus veſtitur pilis longis, mollibus, & quaſi laneis, in partibus corporis superiore, 4 crurum exteriore, & pedibus anterioribus in exortu rufis, deinde cinereis, itàque dispositis ut animal cinereum appareat; in partibus verò corporis inferiore, 4 crurum interiore, & posterioribus pedibus albis. Cauda annulis alternatìm albis & nigris cingitur. Habitat in *Madagascariâ*. Ex museo *Realmuriano*.

longs, doux & laineux : ceux du dessus du corps, des pieds de devant, & de l'extérieur des 4 jambes sont roux à leur origine, & terminés de gris, de façon qu'il n'y a que cette derniere couleur qui paroisse : ceux du dessous du corps, des pieds de derriere, & de l'intérieur des 4 jambes sont blancs. Sa queue est annelée alternativement de noir & de blanc. On le trouve à *Madagascar*. Il est dans le Cabinet de M. *de Reaumur*.

SECTIO II.

Ea quorum digiti pedum anteriorum membranâ, in alas expansâ, inter se connectuntur.

UNICUM in hac Sectione continetur Genus, scilicet *Vespertilionis*.

XXXII.

Genus Vespertilionis.
(Fig. 6).

Hujus character est
Dentes incisores in maxillâ superiore quatuor (Fig. 6. a.), in inferiore sex (Fig. 6. b.):
Digiti unguiculati,
In anterioribus pedibus membranâ, in alas expansâ, inter se connexi, in pos-

SECTION II.

Ceux dont les doigts des pieds de devant sont joints ensemble par une membrane étenduë en aîles.

CETTE Section ne contient qu'un seul Genre, qui est celui de la *Chauve-Souris*.

XXXII.

Le Genre de la Chauve-Souris.
(Fig. 6.).

Son caractere est
D'avoir quatre dents incisives à la mâchoire supérieure (Fig. 6. a.), & six à l'inférieure (Fig. 6. b.):
Les doigts onguiculés,
Joints ensemble par une membrane étenduë en aîles dans les pieds de devant, & sépa-

rez les uns des autres dans ceux de derriere.

Obſ. 1o. Toutes les eſpeces de ce Genre ont les dents inciſives de la mâchoire ſupérieure aiguës, & ſéparées par paires : celles du milieu (*Fig.* 6. *d.*) ſont fourchuës, & plus grandes que les extérieures : celles de la mâchoire inférieure (*Fig.* 6. *e.*) ſont toutes contiguës, & échancrées. Le nombre des canines & des molaires varie.

Obſ. 2o. Elles ont les jambes de devant très longues, dont le pied eſt diviſé en longs doigts, & tous (excepté le pouce, qui eſt ſéparé des autres, & armé d'un ongle fort & crochu) joints enſemble par une membrane, qui n'eſt autre choſe qu'une continuation de la peau du dos, qui s'étend de chaque côté, depuis le col juſqu'à l'anus, ou au bout de la queue ; enſuite tout le long des jambes, & juſqu'au bout des doigts des pieds de devant : c'eſt par le moyen de cette membrane qu'elles peuvent voler. Les doigts des pieds de derriere ſont ſéparés les uns des autres, & armés d'ongles crochus & très pointus.

Obſ. 3o. Elles ſont cachées pendant tout l'Hyver, & l'Eté pendant le jour, dans des lieux obſcurs & ſouterrains, ou dans des trous d'arbres ; & elles n'en ſortent que vers l'entrée de la nuit.

terioribus à ſe invicem ſeparati.

Obſ. 1o. Omnium hujus Generis ſpecierum dentes inciſores in maxillâ ſuperiore ſunt acuti, & per paria remoti ; intermedii (*Fig.* 6. *d.*) exterioribus majores ſunt & bifurci : in maxillâ inferiore (*Fig.* 6. *e.*) contigui, omnes emarginati. Dentium caninorum & molarium variat numerus.

Obſ. 2o. Crura habent anteriora longiſſima, quorum pedes dividuntur in digitos longos, omnes (excepto pollice ab aliis ſeparato, incurvoque & valido ungue munito) membranâ inter ſe connexos ; quæ membrana nihil aliud eſt quam dorſi cutis continuata, in utroque latere, à collo ad anum uſque, aut caudæ extremitatem, & ſecundùm crurum longitudinem, ad digitorum pedum anteriorum apicem extenſa, cujus ope volitant. Pedum poſteriorum digiti ſunt à ſe invicem ſeparati, incurviſque & acutiſſimis unguibus muniti.

Obſ. 3o. Locis obſcuris & cavernis ſubterraneis, vel cavis arboribus per æſtatem interdiù, & per totam Hyemem latitant ; crepuſculo tantùm evolant.

** 1. LA GRANDE CHAUVE-SOURIS DE NOTRE PAYS.

Veſpertilio murini coloris, pedibus omnibus pentadactylis ; auriculis ſimplicibus... VESPERTILIO MAJOR.

Veſpertilio caudatus, ore naſoque ſimplici. *Linn. ſyſt. nat. ed.* 6. *g.* 14. *ſp.* 2.
Faun. Suec. Linn. N°. 18.

Veſpertilio

Vespertilio auriculis binis. *Jonst. Avi. p.* 34. *Fig. T.* 20. [*Fig. sat bona*].
Vespertilio vulgaris. *Klein. Quadr. p.* 61.
Vespertilio. *Raj. Syn. Quadr. p.* 343.
Gesn. Avi. Fig. p. 766. [*Fig. sat bona*].
Gesn. Icon. Avi. Fig. p. 17. [*Fig. sat bona*].
Aldro. Avi. p. 571. *Fig. p.* 576. (*Fig. sat bonis*).
Charlet. Exer. p. 80.
Sloane. Vol. II. p. 330.
Les Hébreux l'appellent ATALEPH. *Gesn. Aldro.*
Les Chaldéens, ATALÆPHA. *Gesn. Aldro.*
Les Grecs, Νυκτερὶς.
Les Arabes, BAPHAS. *Gesn. Aldro.*
Les Perses, ANSEB; PERACK. *Gesn. Aldro.*
Les Portugais, MORCEGO, *ou* MURZIEGALO. *Gesn. Aldro.*
Les Italiens, NOTTOLA; NOTULA; SPORTEGLIONO; RATTO PENAGO; BARBASTELLO; PIPISTRELLO; VILPISTRELLO. *Gesn. Aldro.*
Les Polonois, NIETOPERSZ. *Gesn. Aldro.*
Les Illyriens, NETOPYRZ. *Gesn. Aldro.*
Les Allemands, FLÅDERMUSS, *ou* SPECKMAUSS. *Gesn. Aldro.*
Les Suédois, LÅDERLAPP, *ou* FLÅDERMUS. *Linn.*
Les Smolandois, NATTBLACKA. *Linn.*
Les Anglois, BAT, *ou* FLITTERMOUSE. *Raj.*

Quoad magnitudinem corporis, & pilorum colorem *Soricem* æmulatur. Auriculas habet auriculis *Murinis* similes, scilicet subrotundas & pellucidas; rostrum breve & obtusum; in singulis pedibus digitos 5; caudam sat longam, cum membrana volatui inserviente connexam: membrana illa extensa, ab una extremitate ad aliam uno circiter pede longa est. Locis obscuris & cavernis subterraneis per æstatem interdiù, & per totam hyemem latitat; crepusculo tantùm evolat.

Elle ressemble à peu-près à la *Souris* par la grandeur de son corps, & la couleur de ses poils. Elle a le museau court & obtus: ses oreilles sont semblables à celles d'un *Rat*, sçavoir arrondies & transparentes: elle a 5 doigts à chaque pied. Sa queue, qui est assez longue, est jointe avec la membrane qui luy sert à voler: cette membrane étenduë, a environ 1 pied de long d'un bout à l'autre. Elle habite pendant tout l'hyver, & le jour pendant l'Été dans des lieux obscurs & souterrains; & elle n'en sort que vers l'entrée de la nuit.

2. La petite Chauve-Souris de Ternate.

Vespertilio rufus, pedibus omnibus pentadactylis, auriculis simplicibus... Vespertilio minor Ternatanus.

Vespertilio Ternatanus auriculis simplicibus. *Klein. Quadr. p. 61.*
Vespertilio Ternatanus. *Seb. Vol. I.* p. 91. *Fig. T. 56. Mas F. 3. Fœm. F. 2.* [*Fig. optimis*].

Elle ne differe de la précédente que par la couleur de ses poils, qui sont roux : elle lui ressemble dans tout le reste. On la trouve dans l'Isle de *Ternate*.

A præcedente differt tantùm pilorum colore rufo : in omnibus aliis ei simillima est. Habitat in *Ternatanâ* Insulâ.

** 3. La petite Chauve-Souris de notre pays.

Vespertilio murini coloris, pedibus omnibus pentadactylis, auriculis duplicibus.... Vespertilio minor.

Vespertilio vulgaris auriculis duplicibus. *Klein. Quadr. p. 61.*
Vespertilio auriculis quaternis. *Jonst. Avi. p. 34. Fig. T. 20.* (*Fig. sat bonis*).
Vespertilio. *Aldro. Avi. p. 571. Fig. p. 574, & 575.* [*Fig. sat bonis*].

Elle ressemble en tout à la premiere espece ; elle n'en differe que par la grandeur de ses oreilles, qui ont plus d'un pouce de long, & qui sont comme doubles.

In omnibus cum specie primâ convenit, exceptis auriculis unius pollicis longitudinem superantibus, & quasi duplicibus.

4. La grande Chauve-Souris de Ternate.

Vespertilio subrufus, pedibus omnibus pentadactylis, auriculis duplicibus, naso gemino... Vespertilio major Ternatanus.

Vespertilio caudatus, naso foliato, obversè cordato. *Linn. syst. nat. ed. 6. g. 14 sp. 5.*
Vespertilio, Rattus Ternatanus. *Klein. Quadr. p. 61.*
Glis volans Ternatanus. *Seb. Vol. I. p. 90. Fig. T. 56. F. 1.* (*Fig. optimâ*).

Per universum corpus vestitur pilis subrufis ; qui verò partem capitis anteriorem cooperiunt, dilutissimè sunt rufi. Membrana volatui inserviens, cujus superficies superior raris pilis obsita est, inferior verò glabra & nuda, marmoris in modum variegatur. Auriculas habet prægrandes & quasi duplices ; nasum pariter geminum, extuberantem, & foliacei quid referentem ; in singulis pedibus digitos 5. Habitat in Insulâ *Ternatanâ.*

Tout son corps est couvert de poils roussâtres : ceux qui couvrent la partie antérieure de la tête, sont d'un roux très clair. La membrane qui luy sert à voler, est comme marbrée, & garnie de quelques poils endessus, & nuë en dessous. Ses oreilles sont grandes & comme doubles : son nez est aussi double, aquilin, & comme exfolié. Elle a 5 doigts à chaque pied. On la trouve dans l'Isle de *Ternate.*

5. La Chauve-Souris rousse d'Amérique.

Vespertilio dilutè rufus, pedibus anticis tetradactylis, posticis pentadactylis... Vespertilio Americanus rufus.

Vespertilio caudatus, labio superiore bifido. *Linn. syst. nat. ed. 6. g.* 14. *sp.* 3.

Vespertilio Americanus, capite globoso, ore leporino. *Klein. Quadr. p.* 61.

Vespertilio Cato similis Americanus. *Seb. Vol. I. p.* 89. *Fig. T.* 55. *F.* 1. (*Fig. optimâ*).

Pilis dilutè rufis in toto corpore vestitur. Caput habet globosum ; orem patulum ; mentum pendulum ; nares rotundas ; auriculas magnas ; caudam cum membranâ volatui inserviente connexam ; in pedibus anterioribus digitos 4, in posterioribus verò 5. Habitat in *Americâ.*

Tout son corps est couvert de poils d'un roux clair. Elle a la tête ronde ; la bouche large ; le menton pendant ; les narines rondes ; les oreilles grandes ; la queue jointe avec la membrane qui luy sert à voler ; 4 doigts aux pieds de devant, & 5 à ceux de derriere. On la trouve en *Amérique.*

6. La Chauve-Souris d'Amérique.

Vespertilio murini coloris, pedibus anticis tetradactylis, posticis pentadactylis, naso cristato... Vespertilio Americanus.

Vespertilio caudatus, naso foliato acuminato. *Linn. syst. nat. ed. 6. g. 14. sp. 4.*
Vespertilio Americanus vulgaris, longioribus auriculis, & è naso erectâ cristulâ. *Klein. Quadr. p. 61.*
Vespertilio Americanus vulgaris. *Seb. Vol. I. p. 90. Fig. T. 55. F. 2. (Fig. optimâ).*

Elle ressemble assez par la forme du corps à la premiere espece; mais elle a les oreilles plus amples, & plus longues qu'elle. Elle porte sur le nez une espece de petite crête, assez semblable à un *casque* : elle n'a point de queue : elle a 4 doigts aux pieds de devant, & 5 à ceux de derriere. La couleur de son poil est un gris de *Souris.* On la trouve en *Amérique.*

Quoad formam corporis speciem primam sat benè imitatur ; majores tamen atque longiores habet auriculas, & è naso erectam, *Cassidi* ferè æmulam, cristulam gerit ; caudâ caret : 4 in pedibus anterioribus digitis donatur, in posterioribus verò 5. Pilorum color est *Murinus.* Habitat in *Americâ.*

ORDO XV.

QUADRUPEDA

Dentibus incisoribus in maxillâ superiore sex, in inferiore quatuor; & digitis unguiculatis prædita.

UNICO QUADRUPEDE, *Phocâ* scilicet, seu *Vitulo-Marino*, constituitur hic Ordo.

XXXIII.

Genus Phocæ.

Hujus character est

Dentes incisores in maxillâ superiore sex, in inferiore quatuor;

In singulis pedibus digiti quinque unguiculati,

Membranis inter se connexi:

Pedes posteriores retrorsùm extensi.

Obs. Amphibium est hoc animal, & diutiùs in mare quàm in terrâ commoratur. 4 dentibus caninis, dentium *Canum* æmulis, præditum est, scilicet in utrâque maxillâ utrinque unô: dentium molarium variat numerus.

ORDRE XV.

LES QUADRUPEDES

Qui ont six dents incisives à la mâchoire supérieure, & quatre à l'inférieure; & les doigts onguiculés.

IL n'y a dans cet Ordre qu'un seul QUADRUPEDE, sçavoir le *Phocas*, ou *Veau-Marin.*

XXXIII.

Le Genre du Phocas.

Son caractere est

D'avoir six dents incisives à la mâchoire supérieure, & quatre à l'inférieure:

A chaque pied cinq doigts onguiculés,

Joints ensemble par des membranes:

Les pieds postérieurs tournés en arriere.

Obs. Cet animal est amphibie & habite plus la mer que la terre. Il a 4 dents canines semblables à celles des *Chiens*, sçavoir une de chaque côté à chaque mâchoire: le nombre de ses dents molaires varie.

** 1. Le Phocas, ou Veau-Marin.

Phoca, seu Vitulus-Marinus.

Phoca dentibus caninis tectis. *Linn. syst. nat. ed. 6. g. 9. sp. 1. Faun. Suec. Linn. N°. 11.*
Phoca seu Vitulus marinus. *Raj. Syn. Quadr. p. 189. Aldrov. Pisc. p. 722. Fig. p. 724.* [*Fig. mala*]. *Jonst. Pisc. p. 156. Fig. T. 44.* [*Fig. mala*].
Phoca. *Klein. Quadr. p. 93. Gesn. Pisc. bis Fig. p. 830* [*Fig. superior sat bona, inferior mala*]. *Gesn. Icon. Aquat. Fig. p. 164.* (*Fig. mala*), & *p. 366. B.* (*Fig. sat bona*). *Charlet. Exer. Pisc. p. 48. N°. 6.*
Vitulus marinus. *Jonst. Quadr. Fig. T. 68.* (*Fig. mala*). *Bell. de Aquat. p. 19. Fig. p. 21.* [*Fig. mala*].
Veau Marin. *Hist. de l'Acad. Tom. III. Part. I. p. 189. Fig. Pl. 27.* (*Fig. assez bonne*). *Voy. de la B. de Hud. Tom. II. Fig. p. 24.* [*Fig. assez bonne*]. *Kolbe. Tom. III. p. 128.*
Chien, ou Veau de mer. *Hist. de l'Isl. & de Gro. Tom. II. p. 165. Fig. p. 168.* (*Fig. assez bonne, exceptez les pieds*).
Loup Marine. *Klein.*
Les Grecs l'appellent Φώκη.
Les Espagnols, Lobo Marino. *Gesn. Aldro.*
Les Italiens, Vechio Marino. *Gesn. Aldro. Bell.*
Les Genevois, Buo, *ou* Bove Marino. *Gesn. Aldro.*
Les Allemands, Meer-Wolff, *ou* Meer-Hund. *Gesn. Aldro.*
Les Polonois, Morskieciele. *Gesn.*
Les Suédois, Sial. *Linn.*
Les Norvégeois, Kaabe. *Klein. Hist. d'Isl.*
Les Groenlandois, Pusa. *Klein. Hist. d'Isl.*
Les Danois, See-Hund. *Charlet.* Sælhund. *Klein. Hist. d'Isl.*
Les Hollandois, Zeehundt. *Aldro.*
Les Flamands, Seehond. *Gesn. Aldro.*
Les Anglois, Sea Calf, *ou* Soile. *Raj. Charlet.* Seal-Hund. *Hist. d'Isl.*
Les Habitans du Cap de B. Esp. Chien Marin. *Kolbe.*
Les Amériquains Septentrionaux, Loup Marine. *Hist. d'Isl.*

Il a, depuis le bout du museau jusqu'à l'origine de la queue, environ 4 pieds de long. Son museau est oblong : ses yeux sont grands, & enfonçés profondé-

Corpus, ab extremitate rostri ad caudæ exortum, 4 circiter pedes longum est. Rostrum habet oblongum ; oculos magnos, in orbitas profundè demersos. Caret auriculis externis; sed non caret foraminibus, quibus sonum recipit. Collum ei est oblongum; pectus latum: crura sub cute clausa latitant; pedes soli exseruntur, & extrorsùm apparent; anteriores 4 pollices longi sunt; posteriores verò 9: digiti omnes singulorum pedum validis membranis inter se sunt connexi, validisque unguibus muniti. Cauda 3 circiter pollices longa, horizontaliter plana est. Per universum corpus vestitur pilis brevibus, rigidis, cinereis splendentibus in dorso, maculisque nigricantibus variegatis; in ventre verò ex sordidè albo flavicantibus: dantur & omninò nigræ. Habitat in mare, quandoque in terrâ.

ment dans leurs orbites. Il n'a point d'oreilles extérieurement; mais à leur place il y a des trous par lesquels il entend; son col est oblong; sa poitrine large: ses jambes sont tout à fait cachées sous la peau; il n'y a que les pieds qui paroissent; ceux de devant ont 4 pouces de long, & ceux de derriere 9 pouces: tous leurs doigts sont joints ensemble par de fortes membranes, & armés d'ongles forts. Sa queue a environ 3 pouces de long, & est platte horizontalement. Tout son corps est couvert de poils courts, roides, d'un gris brillant, & marqués de taches noirâtres endessus; & d'un blanc sale & jaunâtre en dessous: il y en a aussi de tout à fait noirs. On le trouve dans la mer, & quelque fois à terre.

ORDRE XVI.

LES QUADRUPEDES

Qui ont six dents incisives à chaque mâchoire, & les doigts onguiculés.

PARMI les QUADRUPEDES de cet Ordre les uns ont les doigts séparés les uns des autres; & les autres les ont joints ensemble par des membranes. Ils sont tous Carnivores. Ils ont quatre dents canines, sçavoir une de chaque côté à chaque mâchoire : le nombre des dents molaires varie. Ils se divisent en deux Sections. Dans la premiere sont ceux qui ont les doigts séparés les uns des autres, comme le *Chien*, le *Chat*, la *Belette*, l'*Ours*, &c. Dans la seconde, ceux dont les doigts sont joints ensemble par des membranes, comme la *Loutre*.

ORDO XVI.

QUADRUPEDA

Dentibus incisoribus in utrâque maxillâ sex, & digitis unguiculatis prædita.

HUJUS ordinis QUADRUPEDUM alia sunt quorum digiti à se invicem sunt separati, alia quorum digiti membranis inter se connectuntur. Omnia Carnivora. Quatuor dentibus caninis prædita sunt, scilicet unô utrinque in utrâque maxillâ : dentium molarium variat numerus. In duas sectiones dividuntur. Prima continet ea quorum digiti à se invicem separati sunt, sicut *Canis*, *Felis*, *Mustela*, *Ursus*, &c. Secunda ea quorum digiti membranis inter se connexi sunt, ut *Lutra*.

SECTION I.

Ceux dont les doigts sont séparés les uns des autres.

CETTE Section contient six Genres de QUADRUPEDES, dont les caracteres sont

SECTIO I.

Ea quorum digiti à se invicem sunt separati.

SEX in illâ Sectione continentur genera QUADRUPEDUM, quorum characteres

racteres à pedibus desumuntur. Alia quatuor digitis in pedibus anterioribus, & quinque in posterioribus donantur, ut *Hyæna.* Alia quinque in pedibus anterioribus, & quatuor tantùm in posterioribus, digitis prædita sunt, ut *Canis.* Alia in singulis pedibus quinque digitos habent: ex his ultimis alia sunt quorum pollex ab aliis digitis remotus est, & superiùs collocatus, ut *Mustela* : & alia quorum pollex aliis digitis est proximus, ut *Meles.* Alia calcaneis incedunt, ut *Ursus.* Alia denique unguibus hamatis & retractilibus prædicta sunt, ut *Felis.*

tirés des pieds. Les uns ont quatre doigts aux pieds de devant, & cinq à ceux de derriere, comme l'*Hyene.* D'autres ont cinq doigts aux pieds de devant, & quatre à ceux de derriere, comme le *Chien.* D'autres ont 5 doigts à chaque pied : parmi ces derniers, les uns ont le pouce séparé des autres doigts, & articulé plus haut, comme la *Belette* : & les autres ont le pouce placé auprès des autres doigts, comme le *Blaireau.* D'autres s'appuyent sur le talon en marchant, comme l'*Ours.* D'autres enfin ont les ongles crochus, & qui peuvent être retirés, & entierement cachés, comme le *Chat.*

XXXIV.

Genus Hyæna.

Hujus character est

Dentes incisores in utrâque maxillâ sex :

Digiti unguiculati in pedibus anterioribus quatuor, in posterioribus quinque,

Omnes à se invicem separati.

XXXIV.

Le Genre de l'Hyene.

Son caractere est

D'avoir six dents incisives à chaque mâchoire :

Quatre doigts onguiculés aux pieds de devant, & cinq à ceux de derriere,

Tous séparés les uns des autres.

** 1. L'HYENE.

HYÆNA.

Hyæna. *Gesn. Quadr. Fig. p.* 624. (*Fig. bona, si nigra esset nec maculata*).
Hyæna, vel Belbus. *Gesn. Icon. Quadr. Fig. p.* 75. (*Fig. eadem*).
Zilio Hyæna. *Jonst. Quadr. Fig. T.* 56. (*Fig. ut suprà*).
Animal Necrophagum, sive Jesef, sive Hyæna. *Eus. Nieremb. p.* 181.
Canis pilis cervicis erectis longioribus. Hyæna. *Linn. syst. nat. ed.* 6. *g.* 8. *sp.* 4.

Gulo; Boophagus; Magnus vorator; Rosomacha. *Klein. Quadr. p.* 83. *Fig. T.* 5. (*Fig. mala*).
Gulo. *Gesn. Quadr. Fig. p.* 623. (*Fig. mala*).
Gesn. Icon. Quadr. p. 78. *Fig. p.* 79. (*Fig. mala*).
Aldro. Quadr. dig. viv. p. 178.
Jonst. Quadr. p. 91. *Fig. T.* 57. (*Fig. mala*).
Charlet. Exer. p. 15.
Rosomacha. *Eus. Nieremb. p.* 188.
Dabuh Arabum. *Charlet. Exer. p.* 15.
Lupus vespertinus Julii Capitolini. *Aldro.*
Vultur Quadrupes, Scaligeri. *Klein. Charlet. Jonst.*
Les Arabes l'appellent ZABO, *ou* DABUH. *Gesn. Jonst.*
Les Siriens, DABHA, *ou* DAHAB. *Gesn.*
Les Suédois, FILFRAS. *Linn.*
Les Allemands, VILFRAS. *Gesn. Aldro. Jonst.*
Les Africains, JESEF. *Gesn. Eus. Nieremb.* SESEF. *Jonst. Charlet.*

Il est de la grandeur & de la figure d'un *Loup*. Il a les oreilles courtes. Tout son corps est couvert de poils assez longs, & noirs. On le trouve en *Afrique*.

Magnitudine & figurâ *Lupum* æmulatur. Breves habet auriculas. Per universum corpus vestitur pilis sat longis, & nigris. Habitat in *Africâ*.

XXXV.

Le Genre du Chien.

Son caractere est
D'avoir six dents incisives à chaque mâchoire :
Cinq doigts onguiculés aux pieds de devant, & quatre à ceux de derriere,
Tous séparés les uns des autres.

Obs. Il arrive quelquefois que les *Chiens domestiques* ont 5 doigts à chaque pied; mais cette variété ne peut point induire en erreur, parce qu'on ne la trouve que dans les *Chiens domestiques*, qui sont des animaux trop connus, pour qu'on puisse les confondre avec d'autres.

XXXV.

Genus Caninum.

Hujus character est
Dentes incisores in utrâque maxillâ sex :
Digiti unguiculati in pedibus anterioribus quinque, in posterioribus quatuor,
Omnes à se invicem separati.

Obs. Canes domestici quandoque in singulis pedibus quinque digitis donantur; quæ varietas in errorem inducere nequit, quoniam reperitur in solis *domesticis Canibus*, animalibus ità notis, ut nullis aliis confundi possint.

** 1. LE CHIEN.

CANIS DOMESTICUS.

Canis caudâ (sinistrorsùm) recurvâ. *Linn. syst. nat. ed. 6. g. 8. sp. 1.*
Faun. Suec. Linn. N°. 12.
Canis. *Raj. Syn. Quadr. p.* 175.
Klein. Quadr. p. 68.
Gesn. Quadr. Fig. p. 173. (*Fig. bonis*).
Gesn. Icon. Quadr. p. 25. *Fig. p.* 25, 26 & 27. (*Fig. bonis*).
Aldrov. Quadr. dig. viv. p. 482.
Jonst. Quadr. p. 122. *Fig. T.* 69, 70 & 71. (*Fig. bonis*).
Charlet. Exer. p. 26.
Sloane. Vol. II. p. 329.
Rzac. Hist. Nat. Pol. p. 244.
Les François appellent le mâle CHIEN; *& la femelle*, CHIENNE.
Les Hébreux l'appellent KELEB. *Gesn. Aldro.*
Les Chaldéens, KALBA. *Gesn. Aldro.*
Les Arabes, KELBE. *Gesn. Aldro.*
Les Grecs, Κύων.
Les Sarasins, KEPB, *ou* KOLPB. *Gesn.*
Les Perses, SAG. *Gesn.* SIG. *Aldro.*
Les Médes, SPACA. *Gesn. Aldro.*
Les Espagnols, PERRO. *Gesn. Aldro.*
Les Italiens, CANE. *Gesn. Aldro.*
Les Illyriens, PES, *ou* PAS. *Gesn. Aldro.*
Les Allemands, HUND. *Gesn. Aldro*
Les Suédois, HUND. *Linn.*
Les Anglois, DOG. *Raj.*

Canis est animal omnibus ità notum, ut descriptione non indigeat.

Obs. Omnes *Canum*, quas videmus, differentiæ sunt tantummodò ejusdem speciei varietates, non verò species distinctæ.

Le Chien est un animal si connu de tout le monde, qu'il n'a pas besoin de description.

Obs. Toutes les differences, que nous remarquons dans les *Chiens*, ne sont que des variétés de la même espece, & point du tout des especes differentes.

** 2. LE LOUP.

Canis ex griseo flavescens... LUPUS VULGARIS.

Canis caudâ incurvâ. Lupus. *Linn. syst. nat. ed. 6. g. 8. sp. 2.*

Faun. Suec. Linn. N°. 13.

Lupus vulgaris. *Klein. Quadr. p.* 70.

Charlet. Exer. p. 15.

Lupus. *Raj. Syn. Quadr. p.* 173.

Gesn. Quadr. p. 716. *Fig. p.* 717. (*Fig. sat bona*).

Gesn. Icon. Quadr. Fig. p. 79. (*Fig. sat bona*).

Aldro. Quadr. dig. viv. p. 144.

Jonst. Quadr. p. 89. *Fig. T.* 56. (*Fig. bona*).

Rzac. Hist. Nat. Pol. p. 219.

Lupus, seu Canis sylvestris. *Rzac. Auct. p.* 312.

Les François appellent le mâle LOUP; *la femelle*, LOUVE; *& le jeune*, LOUVETEAU.

Les Hébreux l'appellent ZEEB. *Gesn. Aldro.*

Les Chaldéens, DEEBA, *&* DEBA. *Gesn. Aldro.*

Les Arabes le mâle, DIB; *la femelle*, ZEEBAH. *Gesn. Aldro.*

Les Grecs, Λύκος.

Les Sabins, HIRPUS. *Aldro.*

Les Espagnols, LOBO. *Gesn. Aldro.*

Les Italiens, LUPO. *Gesn. Aldro.*

Les Allemands, WOLFF. *Gesn. Aldro. Rzac.*

Les Illyriens, WLK. *Gesn.*

Les Polonois, WILK. *Rzac.*

Les Suédois, WARG; ULF. *Linn.*

Les Anglois, WOLF. *Raj. Gesn.*

Le Loup est un animal assez connu, pour qu'il n'ait pas besoin d'une longue description. La longueur de son corps, depuis le sommet de la tête jusqu'à la queue, est d'environ 2 pieds 8 pouces; celle de sa tête, depuis son sommet jusqu'au bout du museau, de 7 pouces : sa hauteur, depuis la partie supérieure du dos jusqu'à terre, est d'environ 1 pied, 8 pouces. Son museau est allongé & obtus (en quoi il differe du *Renard*, qui a le museau plus pointu) : ses oreilles sont assez courtes & droites : sa queue est grosse, & couverte de longs poils. La cou-

Lupus est animal satis notum, ut amplâ descriptione non indigeat. Corporis longitudo, à capitis vertice ad caudam usque, 2 est circiter pedum cum 8 pollicibus; capitis, à vertice ad rostri extremitatem, 7 pollicum : à parte superiore dorsi ad terram usque, unum pedem & 8 pollices circiter altus est. Rostrum habet elongatum & obtusum, (quo differt à *Vulpe* rostro acutiori donato); auriculas sat breves & erectas; caudam crassam, pilis longis obsitam. Pilorum color vulgaris est ex griseo flavefcens, quandoque etiam nigricantibus pilis in dorso mixtis : in *Septentrionalibus Regionibus* candidissimi reperiuntur. Habitat in sylvis.

leur de ses poils est ordinairement un gris tirant sur le jaunâtre, quelquefois mêlée de noirâtre sur le dos ; il y en a de tout à fait blancs dans les *Pays Septentrionaux*. On le trouve dans les bois.

3. Le Loup doré.

Canis flavus... Lupus aureus.

Canis, Lupus aureus dictus. *Linn. syst. nat. ed. 6. g. 8. sp. 3.*
Lupus aureus, Asiaticus. *Klein. Quadr. p. 70.*
Lupus aureus. *Raj. Syn. Quadr. p. 174.*
Gesn. Quadr. p. 717.
Aldro. Quadr. dig. viv. p. 174.
Jonst. Quadr. p. 91.
Charlet. Exer. p. 15.
Kæmpf. p. 413. Fig. p. 407. F. 3.
Asiaticum Animal *Adil* nuncupatum. *Bell. Obs. p. 160.*
Les Grecs modernes l'appellent Squilachi. *Raj. Klein. Aldro. Bell.*
Les Perses, Siechaal. *Kæmpf.*
Les Suédois, Jackhals. *Linn.*
Les Flamands, Jakhals. *Kæmpf.*
Les Anglois, Jackcall. *Raj. Klein. Kæmpf.*

Lupo vulgari magnitudine cedit, & *Vulpem* antecellit. Quoad figuram verò *Lupum* æmulatur. Pilorum color est eleganter flavus. Habitat in *Ciliciâ*, *Turcicâ*, & universâ *Asiâ*.

Sa grandeur tient le milieu entre le *Loup* & le *Renard*. Quant à sa figure, il ressemble au *Loup*. La couleur de ses poils est d'un beau jaune. On le trouve en *Cilicie*, en *Turquie*, & dans toute l'*Asie*.

4. Le Loup du Méxique.

Canis cinereus, maculis fulvis variegatus, tæniis subnigris à dorso ad latera deorsùm hinc inde deductis... Lupus Mexicanus.

Xoloïtzcuintli : Lupus Mexicanus. *Hernand. Hist. Mex. Fig. p. 479.* (*Fig. bona*).

Cuetlachtli, seu Lupus Indicus. *Fern. Hist. N. Hisp. p.* 7.
Lupus Indicus. *Eus. Nieremb. p.* 180.
Les Indiens l'appellent CUETLACHTLI. *Eus. Nieremb.*

Il est de la grandeur du *Loup ordinaire*; mais il a la tête plus grosse. Il a les yeux agards & étincellants ; les oreilles assez longues, & droites; le col gras & épais ; la queue assez longue, & point veluë. Il luy sort de la levre supérieure de gros poils, roides comme les picquants fléxibles du *Porc-Epic*, variés de gris & de blanc, & couchés en arriere. La couleur de tout son corps est grise, & variée çà & là de taches fauves : sa tête est aussi grise, & marquée de bandes transversales noirâtres : il a sur le front de larges taches fauves : ses oreilles sont grises : son col est marqué d'une longue tache fauve : il en a une pareille à la poitrine, & une autre à la partie antérieure du ventre : des bandes noirâtres s'étendent de part & d'autre depuis le dos jusqu'aux côtés. Sa queue est grise, & a vers son milieu une tache fauve, qui s'efface peu à peu. Ses jambes & ses pieds sont variés de bandes grises & noirâtres, qui s'étendent du haut au bas. On le trouve dans les endroits chauds de la *Nouvelle Espagne*.

Magnitudine *Lupum vulgarem* adæquat ; sed ampliori capite gaudet. Torvos habet & lucentes oculos; auriculas sat longas, & erectas; collum obesum, & crassum; caudam satis longam, non villosam. Ex superiore labro hirti admodùm pili, retrorsùm flexi, mollioribus *Hystricis* aculeis non absimiles, ex cinereo alboque colore variantes, erumpunt. Color in toto corpore cinereus; maculis tamen subinde fulvis variegatus : totum caput cinereum est, lineis quibusdam transversis subnigricantibus ornatum ; maculæ latæ coloris fulvi integrum frontem interstingunt ; auriculæ sunt cinereæ : collum longâ fulvâque maculâ præditum est, cui similem in pectore, alteram etiam similem in parte ventris anteriore gerit : tæniæ subnigræ, à dorso ad latera, deorsùm hinc inde deductæ sunt. Cauda, quæ cinerea est, in medio subfulvam obtinet maculam, paulatìm evanescentem. Crura ac pedes cinereis & nigricantibus lineis, à summo ad imum deductis, variegantur. Habitat in calidis *Novæ Hispaniæ* locis.

** 5. Le Renard.

Canis fulvus, pilis cinereis intermixtis... VULPES VULGARIS.

Canis caudâ rectâ, extremitate albâ. Vulpes vulgaris. *Linn. syst. nat. ed. 6. g. 8. sp. 6.*
Canis caudâ rectâ, extremitate nigrâ. Vulpes campestris. *Linn. syst. nat. ed. 6. g. 8. sp. 5.*
Canis caudâ erectâ. Vulpes fulvus. *Faun. Suec. Linn. N°. 14.*
Vulpes vulgaris. *Klein. Quadr. p. 71.*
Vulpes. *Raj. Syn. Quadr. p. 177.*
Gesn. Quadr. Fig. p. 1081. (Fig. bona).
Gesn. Icon. Quadr. p. 88. Fig. p. 89. (Fig. bona).
Aldro. Quadr. dig. viv. p. 195.
Jonst. Quadr. p. 92. Fig. T. 56. (Fig. bona).
Charlet. Exer. p. 15.
Rzac. Hist. Nat. Pol. p. 231.
Rzac. Auct. p. 324.
Les Hebreux l'appellent SCHUAL. *Gesn. Aldro.*
Les Chaldéens, THAAL. *Gesn. Aldro.*
Les Arabes, THALEB. *Gesn. Aldro.*
Les Grecs, Ἀλωπηξ.
Les Espagnols, RAPOSA. *Gesn. Aldro.*
Les Italiens, VOLPE. *Gesn. Aldro.*
Les Allemands, FUCHSS. *Gesn. Aldro. Rzac.*
Les Illyriens, LISSKA. *Gesn.*
Les Polonois, LIS; LISZKA. *Rzac.*
Les Suédois, RÄF. *Linn.*
Les Flamands, VOS. *Gesn.*
Les Anglois, FOX. *Raj. Gesn.*

Vulpes est animal ità notum, ut amplâ descriptione non indigeat. Longitudo corporis, à capitis vertice ad caudam usque, 1 est circiter pedis & 8 pollicum; capitis, à vertice ad nares, 5 ½ pollicum; caudæ 15 pollicum. A parte superiore dorsi ad terram usque, 15 aut 16 pollicum altus est. Rostrum habet elongatum & acu-

Le Renard est un animal assez connu, pour qu'il n'ait pas besoin d'une longue description. La longueur de son corps, depuis le sommet de la tête jusqu'à la queue, est d'environ 1 pied 8 pouces; celle de sa tête, depuis son sommet jusqu'aux narines, de 5 ½ pouces; celle de sa queue de 15 pouces. Sa hauteur, depuis la partie supérieure du dos jusqu'à terre, est de 15 ou 16 pouces. Son museau est allongé & pointu, (en quoi il differe du *Loup*, qui a le museau plus obtus). Ses oreilles sont droites. Sa queue est grosse, & couverte de poils longs & épais : ceux qui couvrent la partie supérieure du corps, sont fauves, mêlés de quelques poils gris ; & ceux qui couvrent la partie inférieure, sont gris. On le trouve dans les bois.

tum, (quo differt à *Lupo*; rostro obtusiori prædito); auriculas erectas ; caudam crassam, pilis longis & densis vestitam. Pili partem corporis superiorem tegentes, sunt fulvi, pilis quibusdam cinereis intermixtis ; qui verò partem corporis inferiorem vestiunt, sunt cinerei. Habitat in sylvis.

6. LE RENARD CROISÉ.

Canis fulvus, crucem nigram in dorso gerens... VULPES CRUCIGERA.

Canis caudâ erectâ. Vulpes cruciatus. *Faun. Suec. Linn. No.* 14.
Vulpes crucigera. *Gesn. Icon. Quadr. Fig. p.* 90. (*Fig. bona*).
Aldro. Quadr. dig. viv. p. 221. *Fig. p.* 222. (*Fig. bona*).
Jonst. Quadr. p. 93.
Rzac. Hist. Nat. Pol. p. 231.
Renard croisé. *Kolbe. Tom. III, p.* 62.
Les Polonois l'appellent KRZYZAKI. *Rzac.*
Les Suédois, KROSSRÄF. *Linn.*
Les Européens du Cap de B. Esp. JAKHALS. *Kolbe.*
Les Hottentots, TENLIÇ, *ou* KENLÉE. *Kolbe.*

Il est de la grandeur, de la figure, & de la couleur du *Renard ordinaire* : il en differe seulement par une bande longitudinale noire, qui s'étend depuis le bout de museau jusqu'au bout de la queue, en passant pardessus la tête & le dos, & une seconde transversale, qui passe sur le dos, & s'étend sur les deux jambes antérieures ; de façon que ces deux bandes ensemble, forment

Magnitudine, figurâ & colore *Vulpem vulgarem* æmulatur : ab eâ autem notâ insigni differt ; nam ab ore, per caput & dorsum, ad caudæ apicem usque, recta, longitudinalis, nigri coloris tænia ducitur, alterâ tæniâ transversâ etiam nigrâ per dorsum & pedes anteriores ductâ ; ita ut duæ illæ tæniæ simul crucis similitudinem exprimant.

primant. Habitat in *Poloniâ*, *Sueciâ*, & *Capite B. Spei.*

une croix. On le trouve en *Pologne*, en *Suede*, & au *Cap de Bonne Esperance.*

7. LE RENARD GRIS.

Canis ex cinereo argenteus... VULPES CINEREA.

Vulpes cinereus Americanus. *Klein. Quadr. p.* 71.
Renard gris. *Cat. Tom. II. Fig. p.* 78 [*Fig. très bonne*].
Les Anglois l'appellent GRAY FOX. *Cat.*

Magnitudine & figurâ *Vulpem vulgarem* æmulatur : ab eâ autem differt colore qui est ex cinereo argenteus. Habitat in *Carolinâ*, & *Virginiâ* in cavis arboribus.

Il est à peu-près de la grandeur, & de la figure du *Renard ordinaire* : il en differe par sa couleur qui est un gris argenté. On le trouve à la *Caroline*, & à la *Virginie* dans des trous d'arbres.

8. LE RENARD BLANC.

Canis hieme albus, æstate ex cinereo cœrulescens... VULPES ALBA.

Canis cauda recta unicolore. *a.* Vulpes alba. *b.* Vulpes cœrulescens. *Linn. syst. nat. ed* 6. *g.* 8. *sp.* 7.
Canis caudâ erectâ. Vulpes albus. Vulpes cœrulescens. *Faun. Suec. Linn.* No. 14.
Vulpes alba. *Aldro. Quadr. dig. viv. p.* 220. *Fig. p.* 221. (*Fig. bona*). *Jonst. Quadr. p.* 93.
Renard blanc. *Hist. d'Isl. & de Gro. Tom. I p.* 56.
Les Suédois l'appellent FIÅLL RACKA, *lorsqu'il est blanc ; &* BLÅRÄF, *lorsqu'il est bleuâtre. Linn.*

Magnitudine & figurâ *Vulpem vulgarem* æmulatur : ab eâ autem differt colore, qui æstate ex cinereo cœrulescit, hieme verò albus est. Habitat in *Septentrionalibus Regionibus.*

Il est à peu-près de la grandeur, & de la figure du *Renard ordinaire* : il en differe par sa couleur, qui est d'un gris bleuâtre en Eté, & blanche en Hiver. On le trouve dans les *Pays du Nord.*

XXXVI.

Le Genre de la Belette.

Son caractere est
D'avoir six dents incisives à chaque mâchoire :
A chaque pied cinq doigts onguiculés,
Tous separés les uns des autres :
Le pouce eloigné des autres doigts, & articulé plus haut.

Obs. Tous les Quadrupedes de ce Genre ont le corps allongé, & les jambes courtes.

XXXVI.

Genus Mustelæ.

Hujus character est
Dentes incisores in utrâque maxillâ sex :
Digiti unguiculati in singulis pedibus quinque,
Omnes à se invicem separati :
Pollex ab aliis digitis remotus, & altiùs collocatus.

Obs. Omnia hujus Generis Quadrupeda corpus habent gracile, & crura brevia.

** 1. La Belette.

Mustela suprà rutila, infrà alba... Mustela vulgaris.

Mustela caudæ apice atro. *Linn. syst. nat. ed. 6. g. 6. sp. 5.*
Faun. Suec. Linn. No. 9.
Mustela vulgaris. *Raj. syn. Quadr. p.* 195.
Klein. Quadr. p. 62.
Aldro. Quadr. dig. viv. p. 307.
Jonst. Quadr. p 105. *Fig. T.* 64. (*Fig. bona*).
Charlet. Exer. p. 20.
Mustela propriè sic dicta. *Gesn. Quadr. Fig. p.* 851. (*Fig. sat. bona*).
Mustela. *Gesn. Icon. Quadr. p.* 99. *Fig. p.* 100. [*Fig. sat bona*].
Rzac. Hist. Nat. Pol. p. 235.
Les Hebreux l'appellent Chuldah. *Gesn.*
Les Chaldéens, Chulda. *Gesn.*
Les Arabes, Caldah. *Gesn.*
Les Grecs, Γαλῆ, *ou* Γαλῆ.
Les Perses, Gurba. *Gesn.*
Les Espagnols, Comadreia. *Gesn. Aldro.*
Les Italiens, Donnola; Ballottula; Benula. *Gesn. Aldro.*
Les Illyriens, Kolczawa. *Gesn. Aldro.*
Les Allemands, Wisele. *Gesn. Aldro.*
Les Smolandois, Wesla. *Linn. Klein.*
Les Anglois, Weasel, *ou* Weesel. *Raj. Gesn. Aldro.*
Les Habitans d'York, Foumart, *ou* Fitchet. *Raj.*

Corporis longitudo, ab extremitate oris ad caudæ exortum, 7 est circiter pollicum; caudæ 2 pollicum. Oculos habet parvos & nigros; auriculas breves, sed latas & subrotundas; crura unius pollicis longitudinem non multùm superantia. Per universum corpus vestitur pilis brevibus, in parte corporis superiore rutilis, in inferiore verò albis. Habitat in agris & sylvis.

La longueur de son corps, depuis le bout du museau jusqu'à l'origine de la queue, est d'environ 7 pouces; & celle de sa queue, de 2 pouces. Elle a les yeux petits & noirs; les oreilles courtes, mais larges & arrondies: ses jambes n'ont gueres plus d'un pouce de long. Tout son corps est couvert de poils courts, roux dans la partie supérieure du corps, & blancs dans la partie inférieure. On la trouve dans les champs, & dans les bois.

** 2. L'HERMINE.

Mustela hieme alba, æstate suprà rutila infrà alba; caudæ apice nigro.

Mustela Armellina; Mustela alba extremâ caudâ nigrâ. *Klein. Quadr. p. 63.*
Mustela caudæ apice atro. *Faun. Suec. Linn. No. 9.*
Mustela candida, sive Ermineum. *Linn. syst. nat. ed. 6. g. 6. sp. 6.*
Mustela candida, sive Animal Ermineum recentiorum. *Raj. syn. Quadr. p. 198.*
Mustela candida in extremâ caudâ nigricans. *Aldro. Quadr. dig. viv. p. 309. Fig. p. 310. [Fig. sat bona].*
Mustela alba. *Gesn. Quadr. Fig. p. 852. [Fig. sat bona].*
Gesn. Icon. Quadr. Fig. p. 100. (Fig. sat bona).
Rzac. Hist. Nat. Pol. p. 235.
Rzac. Auct. p. 328.
Mustela tota alba, *Hermellani* dicta. *Jonst. Quadr. p. 105.*
Mustela Alpina Junii. *Rzac.*
Hermellanus. *Charlet. Exer. p. 20.*
Les Italiens l'appellent ARMELINO. *Rzac.*
Les Polonois, GRONOSTAY. *Rzac.*
Les Allemands, HERMELIN, *ou* WYSS WISELIN. *Gesn. Rzac.*
Les Suédois, HERMELIN, *ou* LEKATT. *Linn.*
Les Norvégeois, LEKAT. *Gesn.*
Les Anglois, ERMINE, *ou* STOAT. *Raj.*

Figurâ suâ *Mustelam vulgarem* imitatur; sed eam

Elle ressemble à la *Belette* par sa figure; mais elle est un peu plus grande. Elle a les ongles blancs, & le bout de la queue noir. Tout le reste de son corps est blanc en Hiver; & en Eté la partie supérieure du corps est rousse, & la partie inférieure est blanche. On la trouve en *Russie*, en *Scandinavie*, & dans tous les *Pays du Nord*; & rarement en *France*.

magnitudine superat. Ungues huic albi sunt, & caudæ apex niger; quo excepto, Hieme in toto corpore alba est; æstate verò in parte corporis superiore rutila, in inferiore verò alba. Habitat in *Russiâ*, *Scandinaviâ*, & in omnibus *Septentrionalibus Regionibus*; in *Galliâ* rarissima.

** 3. LE FURET.

{ Mustela pilis subflavis, longioribus castaneo colore terminatis, vestita... VIVERRA MAS.
{ Mustela pilis ex albo subflavis vestita... VIVERRA FŒMINA.

Mustela sylvestris *Viverra* dicta. *Raj. Syn. Quadr. p.* 198.
Linn. syst. nat. ed. 6. g. 6. sp. 4.
Mustela *Viverra* dicta. *Klein. Quadr. p.* 63.
Mustela sylvestris. *Aldro. Quadr. dig. viv. p.* 325. *Fig. p.* 327. (*Fig. sat bona*).
Jonst. Quadr. p. 167.
Mustela sylvestris, Ictis. *Rzac. Hist. Nat. Pol. p.* 235.
Viverra; Furo; Ictis. *Gesn. Quadr. Fig. p.* 862. [*Fig. sat bona*].
Viverra. *Gesn. Icon. Quadr. Fig. p.* 101. (*Fig. sat bona*).
Charlet. Exer. p. 20.
Furunculus Sipontino. *Rzac.*
Les Grecs l'appellent Κτὶς, *ou* Ἰκτὶς.
Les Espagnols, HURON; FURAM. *Gesn.*
Les Polonois, LASKA; LASICA LESNA. *Rzac.*
Les Allemands, FRETT; FRETTEL; FURETTE. *Gesn. Aldro.*
Les Anglois, FERRET. *Raj. Gesn.* FRET; FERRETTE. *Gesn. Aldro.*

La longueur de son corps, depuis le bout du museau jusqu'à l'origine de la queue, est de 14 pouces; & celle de sa queue de 5 pouces. Il a les yeux rouges; les oreilles courtes, larges, & arrondies; & les ongles blancs. Le mâle a le bout du museau blanc; la tête jaunâtre; & tout

Corporis longitudo, ab extremitate rostri ad caudæ exortum, 14 est pollicum; caudæ 5 pollicum. Oculos habet rubicundos; auriculas breves, latas & subrotundas; & ungues albos. In mare rostri extremitas alba est; caput subflavum; & reliquum corpus pilis subflavis, longioribus castaneo colore terminatis, vestitum. Fœmina, quæ mari magnitudine cedit, in parte capitis anteriore alba est, & in reliquo corpore ex albo subflava. *Africæ* incola esse dicitur, indeque ad nos translata.

le reste du corps couvert de poils jaunâtres, dont les plus longs sont terminés de marron. La femelle est un peu plus petite que le mâle : elle a la partie antérieure de la tête blanche, & tout le reste du corps d'un blanc jaunâtre. On prétend qu'il nous a été apporté d'*Afrique*.

4. LE FURET DES INDES.

Mustela ex griseo rufescens... VIVERRA INDICA.

Mustela Glauca. Mungo. *Linn. syst. nat. ed. 6. g. 6. sp. 9.*
Viverra Indica ex griseo rufescens. *Raj. Syn. Quadr. p. 198.*
Klein. Quadr. p. 63.
Les Portugais l'appellent MUNGO. *Raj.*
Les Zeyloniens, MUNGATHIA. *Raj.*

A præcedente differt colore, qui ex griseo rufescit. Habitat in *Indiâ*.

Il differe du précédent par sa couleur, qui est un gris roussâtre. On le trouve dans l'*Inde*.

5. LE FURET DE JAVA.

Mustela suprà rufa, infrà dilutè flava, caudæ apice nigricante... VIVERRA JAVANICA.

Mustela Javanica, *Koger Angan* dicta. *Klein. Quadr. p. 64.*
Mustela Javanica. *Seb. Vol. I. p. 77. Fig. T. 48. F. 4. (Fig. bona).*
Les Habitans de Java l'appellent KOGER ANGAN. *Seba.*

Magnitudine & figurâ *Viverram nostratem* circiter æquat : ab eâ autem colore differt. Pili caput tegentes, sunt obscurè spadicei ; qui dorsum obtegunt, sunt rufi ; qui verò ventrem vestiunt, dilutè flavi. Cauda in apicem acutum nigricantem desinit. Habitat in *Javâ*.

Il est à peu-près de la grandeur, & de la figure de *notre Furet* : il en differe par sa couleur. Les poils qui couvrent sa tête, sont d'un rouge-bay obscur ; ceux du dos sont roux ; & ceux du ventre d'un jaune clair. Sa queue se termine en une pointe noirâtre. On le trouve à *Java*.

** 6. LE VISON.

Mustela pilis coloris saturatè castanei in toto corpore vestita... VISON.

Il a, depuis le bout du museau jusqu'à l'origine de la queue, environ 15 pouces de long : sa queue est longue de 7 pouces. Ses oreilles sont très courtes, larges, & arrondies. Tout son corps est couvert de poils d'un marron foncé. On le trouve en *Canada*, d'où il a été envoyé à M. l'*Abbé Aubry*, qui le conserve dans son Cabinet.

Ab extremitate rostri ad caudæ exortum, 15 circiter pollices longus est : cauda 7 pollices longa. Auriculas habet brevissimas, latas, & rotundatas. In toto corpore vestitur pilis coloris saturatè castanei. Habitat in *Canadâ*. Ex museo *Dom. Aubry*.

** 7. LA FOUINE.

Mustela pilis in exortu albidis, castaneo colore terminatis, vestita, gutture albo... FOYNA.

Mustela fulvo nigricans, gula pallida. Martes, *Linn. syst. nat. ed. 6. g. 6. sp. 2.*
Faun. Suec. Linn. N°. 7.
Martes, aliis Foyna. *Raj. Syn. Quadr. p.* 200.
Martes saxorum, non fagorum, seu domesticus. *Klein. Quadr. p.* 64.
Martes domestica. *Gesn. Quadr. Fig. p.* 865. (*Fig. bona*).
Gesn. Icon. Quadr. p. 97. *Fig. p.* 98. (*Fig. bona*),
Aldro. Quadr. dig. viv. p. 332.
Jonst. Quadr. p. 108. *Fig. T.* 64. (*Fig. bona*).
Rzac. Hist. Nat. Pol. p. 222.
Martes fagina. *Rzac. auct. p.* 314.
Les Italiens l'appellent FOINA, *ou* FOUINA. *Gesn.*
Les Allemands, MARDER ; TACH MARDER ; HUHSS MARDER ; STEIN MARDER ; BŮCH MARDER. *Gesn. Rzac.*
Les Suédois, MÅRD. *Linn.*

La longueur de son corps, depuis le bout du museau jusqu'à l'origine de la queue, est d'un pied 5 pouces ; & celle de sa queue de 11 pouces. Elle a les oreilles larges, & arrondies ; & la

Longitudo corporis, ab extremitate rostri ad caudæ exortum usque, unius est pedis & 5 pollicum ; caudæ 11 pollicum. Auriculas habet lata & subrotundas ; caudam longis pilis obsitam. Per universum corpus, excepto gutture albo, vestitur pilis in exortu albidis, castaneo colore terminatis : qui caudam & 4 crura obtegunt, ex castaneo nigricant. Habitat in sylvis, & circa domos.

queue couverte de longs poils. Tout le corps, excepté la gorge qui est blanche, est couvert de poils blanchâtres à leur origine, & terminez de marron : ceux qui couvrent les 4 jambes & la queue, sont d'un marron noirâtre. On la trouve dans les bois, & auprès des maisons.

** 8. La Marte.

Mustela pilis in exortu ex cinereo albidis, castaneo colore terminatis, vestita, gutture flavo... Martes.

Mustela fulvo nigricans, gula pallida. Martes. *Linn. syst. nat. ed. 6. g. 6. sp. 2.*
Faun. Suec. Linn. No. 7.
Mustela Martes *Klein. Quadr. p. 64.*
Martes *Raj. Syn. Quadr. p 200.*
Aldro. Quadr. dig. viv p. 331.
Charlet. Exer. p. 20.
Martes sylvestris. *Gesn. Quadr. p. 867. Fig. p. 866. (Fig. bona).*
Jonst. Quadr. p. 108.
Rzac. Hist. Nat. Pol. p. 222.
Martes abietina. *Rzac. Auct. p. 314.*
Martis altera species nobilior. *Gesn. Icon. Quadr. p. 99.*
Les Espagnols l'appellent Marta. *Gesn. Aldro.*
Les Italiens, Marta; Marturo; Martaro; & Martorello. *Aldro.*
Les Pelletiers Boulonnois, Martire. *Aldro.*
Les Allemands, Feld Marder; Wild Marder. *Gesn.*
Les Polonois, Kuna. *Aldro. Rzac.*
Les Suédois, Mård. *Linn.*
Les Anglois, Martin, *ou* Martlet. *Raj.*

Magnitudine & figurâ *Foynam* æmulatur; ab eâ autem differt præcipuè gutturis colore flavo. In toto reliquo corpore vestitur pilis in exortu ex cinereo albidis, castaneo colore terminatis. Syl-

Elle ressemble à la *Fouine* par sa figure, & sa grandeur; mais elle en differe principalement par la couleur de sa gorge, qui est jaune. Tout le reste de son corps est couvert de poils d'un gris blanchâtre à leur origine, & terminés de marron. Elle ne sort gueres des bois. On la trouve en *Canada*, & rarement en *Europe*.

vas rarissimè deserit. Habitat in *Canadâ* : in *Europâ* rara.

9. La Marte Zibeline.

Mustela obscurè fulva, gutture cinereo... Martes Zibellina.

Mustela Zibellina ; Martes Scythica ; Mus Sarmaticus ; Mus Scythicus. *Klein. Quadr. p.* 64.
Mustela Zibellina. *Raj. Syn. Quadr. p.* 201.
Linn. syst. nat. ed. 6. *g.* 6. *sp.* 7.
Aldro. Quadr. dig. viv. p. 335.
Jonst. Quadr. p. 108.
Charlet. Exer. p. 20.
Mustela Sobella. *Gesn. Quadr. p.* 869.
Rzac. Auct. p. 317.
Mustela Scythica. *Rzac.*
Ictis Scythica. *Rzac.*
Satherius Aristotelis. *Charlet.*
Cebalus Niphi. *Charlet.*
Les Allemands l'appellent Zobel. *Gesn. Rzac.*
Les Polonois & les Illyriens, Sobol. *Gesn. Aldro. Rzac.*
Les Suédois, Sabbel. *Linn.*
Les Anglois, Sable. *Raj.*

Elle ressemble à la *Marte*; mais elle est un peu plus petite. Tout son corps, excepté sa gorge qui est grise, est couvert de poils d'un fauve obscur. La partie antérieure de sa tête, & ses oreilles sont d'un gris blanchâtre. On la trouve en *Lithuanie*, dans la *Russie blanche*, dans la partie Septentrionale de la *Moscovie*, & dans la *Scandinavie*.

Martem figurâ suâ imitatur; sed eâ paulò minor est. In toto corpore, excepto gutture cinereo, vestitur pilis obscurè fulvis. Capitis pars anterior, & auriculæ sunt ex albido cinereæ. Habitat in *Lithuaniâ*, *albâ Russiâ*, *Moscoviæ* Septentrionali Regione, & *Scandinaviâ*.

** 10. LE PUTOIS.

Mustela pilis in exortu ex cinereo albidis, colore nigricante terminatis, vestita, oris circumferentiâ albâ... PUTORIUS.

Mustela flavescente nigricans, ore albo, collari flavescente. Putorius. *Linn. syst. nat. ed. 6. g. 6. sp. 3.*
Faun. Suec. Linn. No. 8.
Mustela fœtida. Putorius. *Klein. Quadr. p. 63.*
Putorius. *Raj. Syn. Quadr. p. 199.*
Gesn. Quadr. Fig. p. 868. (Fig. sat bona).
Gesn. Icon. Quadr. Fig. p. 99. [Fig. sat bona].
Aldro. Quadr. dig. viv. p. 329. Fig. p. 330. (Fig. sat bona).
Jonst. Quadr. p. 107. Fig. T. 64. sub isto nomine, Martes. [*Fig. sat bona*].
Charlet. Exer. p. 20.
Rzac. Hist. Nat. Pol. p. 236.
Rzac. Auct. p. 329.
Martes domestica Matthioli. *Rzac.*
Les Picards l'appellent CATHARET. *Gesn.*
Les Italiens, FOETTA. *Gesn.* PUZOLO. *Aldro.*
Les Savoyards, POUTTET. *Gesn. Aldro.*
Les Allemands, ILTIS ; ULK ; BUNTSING. *Gesn.*
Les Illyriens ou les Bohëmiens, TCHORZ. *Gesn. Aldro.*
Les Polonois, VYDRA. *Gesn. Aldro.* TCHORZ. *Rzac.*
Les Habitans de la Province de Skone, ILLER. *Linn.*
Les Anglois, POLECAT, *ou* FITCHET. *Raj.*

Corporis longitudo, ab extremitate rostri ad caudæ initium usque, 13 est pollicum; caudæ 5 ½ pollicum. Auriculas habet breves, latas & subrotundas. Per universum corpus vestitur pilis in exortu ex cinereo albidis, colore nigricante terminatis in toto corpore, exceptis lateribus, in quibus colore dilutè castaneo terminantur. Tota oris circumferentia alba est. Habitat in sylvis.

La longueur de son corps, depuis le bout du museau jusqu'à l'origine de la queue, est de 13 pouces ; & celle de sa queue de 5 ½ pouces. Il a les oreilles courtes, larges & arrondies. Tout son corps est couvert de poils d'un gris blanchâtre à leur origine, & terminés de noirâtre par tout le corps, exceptés aux côtés, où ils sont terminés de marron clair. Tout le tour de sa bouche est blanc. On le trouve dans les bois.

11. LE PUTOIS RAYÉ.

Mustela nigra, tæniis in dorso albis... PUTORIUS STRIATUS.

Mustela Americana fœtida. *Klein. Quadr. p. 64.*
Putois. *Cat. Tom. II. Fig. p. 62.* [*Fig. tres bonne*].

Il est à peu-près de la grandeur du précédent ; mais il a le museau un peu plus long. Il est noir, avec 5 bandes blanches sur le dos, dont une s'étend depuis le derriere de la tête, tout le long du milieu du dos jusqu'à la queue, & deux autres de chaque côté, qui luy sont paralleles. On le trouve dans tout le *Continent Septentrional d'Amérique*.

Præcedentem magnitudine circiter adæquat ; sed rostro longiore donatur. Pilis vestitur nigris, tæniis 5 in dorso albis, quarum media à cervice, in medio dorso, ad caudam usque decurrit, duabus utrinque aliis mediæ parallelis. Habitat in omni *Americæ Septentrionali Regione*.

** 12 L'ICHNEUMON OU LA MANGOUSTE : *Vulgairement* LE RAT DE PHARAON.

Mustela pilis ex albido & nigricante variegatis, vestita... ICHNEUMON : MUS PHARAONIS VULGÒ.

Mustela Ægyptiaca. Ichneumon, i. e. Investigator. Mus Pharaonis ; Mus Ægypti ; Damula ; Donola ; Mustela Ægypti peculiaris ; Lutra Ægypti. *Klein. Quadr. p. 64.*
Meles unguibus uniformibus leucophæa. Ichneumon. *Linn. syst. nat. ed. 6. g. 10. sp. 3.*
Ichneumon. *Raj. Syn. Quadr. p. 202.*
Gesn. Quadr. Fig. p. 635. [*Fig. mala*].
Gesn. Icon. Quadr. Fig. p. 102. [*Fig. malis*].
Jonst. Quadr. p. 105. Fig. T. 67. (*Fig. mala*)
Charlet. Exer. p. 19.
Bell. de Aquat. p. 44. Fig. p. 45. (*Fig. mala*).
Bell. obs. Fig. p. 96. (*Fig. mala*).
Ichneumon, sive Lutra Ægypti. *Aldro. Quadr. dig. viv. p. 298. Fig. p. 301.* [*Fig. mala*].
Ichneumon, seu Mus Pharaonis. *Prosp. Alp. Ægypt. p. 234. Fig. T. 14. F. 3.* (*Fig. mala*).
Ichneumon. *Kolbe. Tom. III. p. 52. Fig. p. 4* (*Fig. mauv*).

Corporis longitudo, ab extremitate rostri ad caudæ initium usque, 1 est pedis cum 9 pollicibus; caudæ 1 ½ pedis. Anteriora crura, à ventre ad apicem unguium, 5 circiter pollices longa sunt; posteriora verò paulò longiora. Auriculas habet brevissimas, latas, & subrotundas; caudam in exortu crassam, in acumen desinentem. In toto corpore, excepto ventre ex rufo flavicante, vestitur pilis, ab exortu ad apicem usque, ex albido & nigricante variegatis. Habitat in *Ægyptô*.

La longueur de son corps, depuis le bout du museau jusqu'à l'origine de la queue, est d'un pied 9 pouces; & celle de sa queue de 1 ½ pied. Ses jambes de devant ont environ 5 pouces de long, depuis le ventre jusqu'au bout des ongles; & celles de derriere sont un peu plus longues. Il a les oreilles très courtes, larges & arrondies; la queue grosse à son origine, & finissant en pointe. Tout son corps, excepté le ventre, qui est d'un roux jaunâtre, est couvert de poils variés, depuis leur origine jusqu'à leur extrémité, de noirâtre & de blanchâtre. On le trouve en *Egypte*.

Alia est *Ichneumonis* species, ab istâ discrepans magnitudine tantùm quâ ei cedit: ab extremitate rostri ad caudæ exortum usque, 13 tantùm pollices longa est; & caudæ longitudo 9 pollices æquat. Ex museo *Realmurian o.*

Il y en a une seconde espece, qui ne differe de celle-ci que parce qu'elle est beaucoup plus petite : elle n'a, depuis le bout du museau jusqu'à l'origine de la queue, que 13 pouces de long, & sa queue 9 pouces. Elle est dans le Cabinet de M. *de Reaumur*.

Ichneumon cujus *Seba* descriptionem dedit *Vol. I. p.* 66. & figuram *T.* 41. *Fig.* 1. idem cum isto esse videtur. Descriptio quam hujus dedit, isti sat benè convenit, & figura eum perfectè repræsentat. A *Ceylonensi Insulâ* ad eum vivus missus est.

L'*Ichneumon* que *Seba* a décrit *Tom. I. p.* 66. & dont il a donné la figure *Pl.* 41. *Fig.* 1. ressemble beaucoup à celui-ci. La description luy convient assez, & la figure encore mieux. On le luy a envoyé vivant de l'*Isle de Ceylan*.

** 13. La Genette.

Mustela caudâ ex annulis alternatim albidis & nigris variegatâ. Genetta.

Mustela caudâ annulis nigris albidisque cinctâ. Genetta. *Linn. syst. nat. ed. 6. g. 6. sp. 8.*
Genetta, vel Ginetta. *Raj. Syn. Quadr. p.* 201.
Coati, Ginetta Hispanis. *Klein. Quadr. p.* 73.
Genetta. *Gesn. Quadr. p.* 619. *Pellis Fig. p.* 1102. [*Fig. bona*].
Gesn. Icon. Quadr. p. 70. *Fig. p.* 71. (*Fig. sat bona*). *Pellis ibi Fig.* (*Fig. bona*).
Aldro. Quadr. dig. viv. p. 337. *Fig. p.* 339. [*Fig. sat bona*].
Jonst. Quadr. p. 109. *Fig. T.* 72. (*Fig. sat bona*).
Bell. obs. Fig. p. 76. (*Fig. sat bona*).
Genetta; Catus Hispaniæ, & Genethocatus. *Charlet. Exer. p.* 20.
Les Allemands l'appellent Genithkatz. *Gesn.*
Les Suédois, Desmanskatt. *Linn.*

Elle est à peu-près de la grandeur d'un *Chat*; mais elle a le corps plus effilé. Son museau est allongé, & très pointu: ses oreilles ressemblent à celles du *Chat*. Tout son corps est couvert de poils variés de brun & de blanchâtre, avec des taches noires par tout le corps, exceptés à la tête & aux jambes. Sa queue est garnie d'anneaux alternativement noirs & blanchâtres. On la trouve en *Espagne*, & en *Turquie*.

Magnitudine *Felem domesticam* circiter æquat; sed corpore graciliori donatur. Rostrum habet elongatum & acutissimum; auriculas auriculis *Felinis* similes. Per universum corpus vestitur pilis ex fusco & albido variegatis, maculis nigris in toto corpore, exceptis cruribus & capite, dispersis. Cauda annulis alternatim albidis & nigris cingitur. Habitat in *Hispaniâ*, & *Turcicâ*.

XXXVII.

Le Genre du Blaireau.

Son caractere est

D'avoir six dents incisives à chaque mâchoire;

XXXVII.

Genus Melis.

Hujus character est

Dentes incisores in utrâque maxillâ sex;

Digiti unguiculati in singulis pedibus quinque,
Omnes à se invicem separati:
Pollex aliis digitis proximus.

A chaque pied cinq doigts onguiculés,
Tous séparés les uns des autres :
Le pouce proche des autres doigts.

** 1. LE BLAIREAU, OU TAISSON.

Meles pilis ex sordidè albo & nigro variegatis vestita, capite tæniis alternatim albis & nigris variegato... MELES.

Meles unguibus anticis longissimis. Taxus. *Linn. syst. nat. ed. 6. g. 10. sp. 1.*
Faun. Suec. Linn. N°. 15.
Taxus, sive Meles. *Raj. Syn. Quadr. p.* 185.
Meles. *Gesn. Quadr. p.* 778. *Fig. p.* 1103. (*Fig. bona*).
Gesn. Icon. Quadr. Fig. p. 86. (*Fig. bona*).
Rzac. Auct. p. 315.
Taxus. *Aldro. Quadr. dig. viv. p.* 263. *Fig. p.* 266. (*Fig. mala*).
Jonst. Quadr. p. 101. *Fig. T.* 64. [*Fig. bona*].
Charlet. Exer. *p.* 18.
Melis, sive Taxo; Taxus; Tassus; Blerellus. *Rzac. Hist. Nat. Pol. p.* 233.
Melis seu Taxus; Blerellus. *Rzac. Auct. p.* 327.
Coati caudâ brevi; Taxus; Meles. Coati griseus. *Klein. Quadr. p.* 73.
Les Grecs l'appellent Μελις.
Les Espagnols, TASUGO; TEXÓN. *Gesn. Aldro.*
Les Italiens, TASSO. *Gesn. Aldro.*
Les Grisons, TASCH. *Gesn. Aldro.*
Les Allemands, TACHS, *ou* DAR. *Gesn. Aldro.* DACHS. *Rzac.*
Les Illyriens, GEZWECZ. *Gesn. Aldro.*
Les Polonois, JAZWIEC; BORSUK; KOT-DZIKI; ZBIK. *Rzac.*
Les Suédois, GRÄF-SVIN. *Linn.*
Les Anglois, BADGER; BROCK, *ou* GRAY. *Raj. Gesn.*
Les Anglois Septentrionaux, PATE. *Raj.*

Longitudo corporis, ab extremitate rostri ad caudæ exortum, 2 ½ circiter est pedum; caudæ 10 pollicum. Oculos habet parvos proratione corporis; auriculas breves, partim albas, partim nigras; crura brevissima; un-

La longueur de son corps, depuis le bout du museau jusqu'à la queue, est d'environ 2 ½ pieds; & celle de sa queue de 10 pouces. Ses yeux sont petits; ses oreilles courtes, partie blanches, & partie noires; ses jambes très courtes; ses ongles noirs: ceux des pieds de devant ſont très longs & forts. Il a immédiatement audeſſous de l'origine de la queue, & audeſſus de l'anus, un large orifice, qui s'ouvre comme une eſpece de petit ſac, peu profond, & qui a la figure d'une petite bourſe : de la ſuperficie intérieure de cette bourſe ſuinte, mais en petite quantité, une ſubſtance blanche, qui a une certaine conſiſtance, & à laquelle je n'ai trouvé aucune odeur particuliere. Tout ſon corps eſt couvert de poils rudes au toucher : ceux qui couvrent la partie ſupérieure du corps, & la queue, ſont d'un blanc ſale à leur origine, & variés de noir & de ce même blanc ſale dans le reſte de leur longueur : ceux qui couvrent la partie inférieure du corps, les 4 jambes, & les 4 pieds ſont noirs. Sa tête eſt variée de larges bandes longitudinales alternativement blanches & noires ; ſçavoir une bande blanche, qui s'étend depuis le nez juſqu'à l'occiput ; audeſſous de celle là, de chaque côté eſt une bande noire, qui s'étend depuis les narines juſqu'au delà des oreilles, en paſſant par les yeux ; & encore audeſſous de ces dernieres eſt une bande blanche de chaque côté, qui s'étend dans toute la longueur des jouës. On le trouve dans les bois.

gues pedum anteriorum longiſſimos & validos, pedum poſteriorum breves, omnes nigros. Statim ſub caudæ exortu, ſuprà anum, latum habet orificium, quod in folliculum aperitur, non admodùm profundum, burſæ aut ſacculi figurâ, ex cujus ſuperficie internâ exſudat, parvâ quidem quantitate, ſubſtantia quædam alba, quâdam conſiſtentiâ prædita, in quâ nullum inſignem odorem reperi. In toto corpore veſtitur pilis ad tactum rigidis : qui partem corporis ſuperiorem obtegunt, ſunt in exortu ſordidè albi, & in reliquâ longitudine ex nigro & ſordidè albo variegati : qui verò partem corporis inferiorem, 4 crura & pedes cooperiunt, ſunt nigri. Caput tæniis latis longitudinalibus alternatìm albis & nigris variegatur ; à naſo ſcilicet ad occipitium uſque, tænia protenditur alba ; infrà eam utrinque, à naribus, per oculos, nigra ultrà auriculas tænia producitur : deindè iterùm inferiùs adhuc utrinque tænia eſt alba, ſecundum genarum longitudinem protenſa. Habitat in ſylvis.

** 2. LE BLAIREAU BLANC.

Meles suprà alba, infrà ex albo flavicans... MELES ALBA.

Ab extremitate rostri ad caudæ initium, 1 pede cum 9 pollicibus longa est. Oculos habet parvos, pro ratione corporis; auriculas breves; crura brevissima; ungues albos. Per universum corpus vestitur pilis densissimis, in parte corporis superiore albis, in inferiore autem ex albo flavicantibus. Habitat in *Eboraco novo*. Ex museo *Realmuriano*.

Il a, depuis le bout du museau jusqu'à l'origine de la queue, 1 pied 9 pouces de long : sa queue est longue de 9 pouces. Ses yeux sont petits, à proportion de la grandeur de son corps; ses oreilles courtes ; ses jambes très courtes ; ses ongles blancs. Tout son corps est couvert de poils très épais, blancs dans toute la partie supérieure du corps, & d'un blanc jaunâtre dans la partie inférieure. On le trouve dans la *Nouvelle Yorck*, d'où il a été apporté à M. *de Reaumur*.

3. LE BLAIREAU DE SURINAM.

Meles ex saturatè spadiceo nigricans, caudâ fuscâ, annulis flavicantibus quasi cinctâ... MELES SURINAMENSIS.

Ichneumon de Yzquiepatl, seu Vulpecula Americana, quæ colore Maizium torrefactum æmulatur. *Seb. vol. I. p.* 68. *Fig. T.* 42. *F.* 1. [*Fig. bona*].
Yzquiepatl, seu Vulpecula, quæ Maizium torrefactum colore æmulatur; Hernandezii. *Raj. Syn. Quadr. p.* 181.
Hernand. Hist. Mex. Fig. p. 332. (*Fig. non æquè bona*).
Coati Hernandezii. *Klein. Quadr. p.* 72.
Vulpes Indica, *Izquiepotl* dicta. *Jonst. Quadr. p.* 94.
Les Americains l'appellent QUASIE. *Seba.*

Corporis longitudo 1 ½ circiter est pedis. Breves habet auriculas; sinciput rotundum; rostrum elongatum; crura brevia; ungues nigros, longos & incurvos. In toto corpore,

La longueur de son corps est d'environ 1 ½ pied. Il a les oreilles courtes; le devant de la tête rond ; le museau allongé ; les jambes courtes; les ongles noirs, longs & recourbés. Tout son corps, excepté son ventre, qui est jaune, est couvert de poils d'un marron foncé & noirâtre: la couleur du devant de la tête est moins foncée que celle du dos. Sa queue, qui est de la longueur de son corps, est brune, & comme annelée de jaunâtre. On le trouve dans la *Nouvelle Espagne*, & à *Surinam*.

Hernandez dit qu'il y en a deux autres especes; l'une appellée *Yzquiepatl*, qui differe du précédent par plusieurs bandes blanches qu'il a sur le dos; & l'autre appellée *Conepatl*, qui en differe par une seule bande blanche qu'il a de chaque côté, & qui s'étend aussi sur la queue.

excepto ventre flavescente, vestitur pilis ex saturatè spadiceo nigricantibus: sincipitis color colore dorsi paulò dilutior est. Cauda, quæ corporis longitudinem adæquat, fusca est, annulisque flavicantibus quasi cincta. Habitat in *Novâ Hispaniâ*, & *Surinamensi Insulâ*.

Hernandez alias duas species refert; quarum una *Yzquiepatl* vocata, à præcedente differt fasciis multis in dorso candentibus; altera verò *Conepatl* vocata, ab eâ discrepans, unicâ tantùm, utrinque ductâ, candente fasciâ, perque caudam ipsam eodem modo delatâ.

4. La Civette.

Meles fasciis & maculis albis, nigris, & rufescentibus variegata... Civetta.

Meles unguibus uniformibus cinerea. Zibethica. *Linn. syst. nat. ed. 6. g. 10. sp. 2.*
Coati, Civetta vulgò. *Klein. Quadr. p. 73.*
Animal Zibethicum. *Raj. Syn. Quadr. p. 178.*
Hernand. Hist. Mex. Fig. p. 580. & 581. (Fig. sat bonis).
Animal Zibethi. *Aldro. Quadr. dig. viv. p. 340. Fig. p. 343. [Fig. sat bona].*
Jonst. Quadr. p. 109. Fig. T. 72. (Fig. sat bona).
Charlet. Exer. p. 20.
Felis Zibethi. *Gesn. Quadr. Fig. p. 948. (Fig. sat bona).*
Catus aut Felis Zibethi. *Gesn. Icon. Quadr. Fig. p. 72. & 126. [Fig. sat bonis].*
Catus Zibethicus Scaligeri. *Jonst. Charlet.*
Hyæna odorifera Zibethum gignens, quæ Civetta vulgò. *Jonst. Quadr. p. 151. Fig. T. 73. (Fig. sat bona).*
Hyæna veteribus nuncupata, nunc autem Civetta. *Bell. Obs. Fig. p. 94. (Fig. sat bona).*

Civette,

Civette. *Hist. de l'Acad. Tom. III. Part. I. p.* 159. *Fig. Pl.* 23. [*Fig. très bonne*].

Les Suédois l'appellent ZIBET. *Linn.*

Les Anglois, CIVET CAT. *Raj.*

Corporis longitudo, ab extremitate rostri ad caudæ exortum, 2 est pedum & 5 pollicum. Caput habet strictum; rostrum elongatum; oculos parvos, longos & nigros; auriculas auricularum *Felinarum* circiter æmulas, sed minores & obtusiores; crura brevissima, anteriora præsertim, quæ à ventre ad unguium apicem usque 5 tantùm pollices longa sunt; ungues nigros, rectos & obtusos. Caput & crura pilis brevibus obsita sunt: in reliquo corpore vestitur pilis duorum generum; alii enim sunt breves, molles, *lanæ* instar crispi, & ex cinereo fusci; alii multò longiores, ex albo, nigro, & rufescente variegati: unde fit ut corporis pars superior fasciis & maculis magnitudine inæqualibus, aliis albis, aliis nigris, aliis rufescentibus variegata videatur. Nasi extremitas est nigra; rostrum album. In quolibet capitis latere maxima est macula nigra, in quâ oculus situs est. Pili partem capitis superiorem tegentes, ex albo & nigro variegati sunt: unde pars ista grisea apparet. Auriculæ

La longueur de son corps, depuis le bout du museau jusqu'à l'origine de la queue, est de 2 pieds 5 pouces. Elle a la tête étroite; le museau long; les yeux petits, noirs & longs; les oreilles à peu-près semblables à celles des *Chats*, mais moins pointuës, & plus petites; les jambes très courtes, surtout celles de devant, qui n'ont que 5 pouces depuis le ventre jusqu'au bout des ongles, lesquels sont noirs, droits & obtus. Sa tête & ses jambes sont couvertes de poils courts: tout le reste de son corps est couvert de deux sortes de poils; l'un court, doux, frisé comme de la *laine*, & d'un gris brun; & l'autre beaucoup plus long, & varié de blanc, de noir, & de roussâtre: de là vient que le dessus du corps de l'animal paroît varié de bandes & de taches de différentes grandeurs, les unes blanches, les autres noires, & les autres roussâtres. Le bout du nez est noir, & le museau blanc. Il y a deux grandes taches noires, une de chaque côté de la tête, dans lesquelles sont les yeux. Le dessus de la tête paroît gris, par le meslange du blanc & du noir, dont chaque poil est varié. Les oreilles sont noires en dehors & bordées de blanc, & garnies en dedans d'un long poil blanc. La gorge, le ventre, & les 4 pieds sont noirs. La queue est noire par dessus, & mêlée d'un peu de blanc par dessous. L'ouverture qui conduit aux receptacles, où s'amasse la matiere odorante, est immédiatement audessous de l'anus, & a 3 pouces de long; & lorsqu'on la dilate, elle a plus de 1 ½ pouce de large. Les sacs qui servent à la sécrétion de cette matiere odorante, sont très bien décrits dans *les Mem. de l'Académie*, à l'endroit cité cydessus. On la trouve à la *Chine*, & dans la *Nouvelle Espagne*.

extùs nigræ, albo circumdatæ, intùs longis pilis albis obsitæ sunt: guttur, venter, & pedes 4 nigri. Cauda in parte superiore est nigra, in inferiore verò ex albo variegata. Statim infrà anum orificium habet 3 pollices longum, cumque dilatatur 1 ½ pollice & ampliùs latum: quod orificium in receptacula, in quibus colligitur substantia quædam odorata, conducit. Optimam vide folliculorum, hujus substantiæ odoratæ secretioni inservientium, descriptionem, apud *Academicos Parisienses*, loco suprà citato. Habitat in *Sinensi Regione*, & *Novâ Hispaniâ*.

XXXVIII.

Le Genre de l'Ours.

Son caractere est

D'avoir six dents incisives à chaque mâchoire:

Les doigts onguiculés,

Tous séparés les uns des autres:

De s'appuyer sur le talon en marchant.

XXXVIII.

Genus Ursinum.

Hujus character est

Dentes incisores in utrâque maxillâ sex:

Digiti unguiculati,

Omnes à se invicem separati:

Pedes calcaneis incedentes.

** 1. L'Ours.

Ursus niger, caudâ unicolore... Ursus.

Ursus caudâ abruptâ. Ursus vulgò. *Linn. syst. nat. ed. 6. g. 4. sp.* 1.
Faun. Suec. Linn. N°. 2.
Ursus. *Raj. Syn. Quadr. p.* 171.
Klein. Quadr p. 82.
Gesn. Quadr. Fig. p. 1065. (*Fig. sat bona*).

Gesn. Icon. Quadr. Fig. p. 65. (*Fig. eadem*).
Aldro. Quadr. dig. viv. p. 117. *Fig. p.* 119. (*Fig. ut suprà*).
Jonst. Quadr. p. 86. *Fig. T.* 55. (*Fig. bonis*).
Charlet. Exer. p. 14.
Mus. Worm. p. 318.
Rzac. Hist. Nat. Pol. p. 215.
Rzac. Auct. p. 321.
Ours. *Hist. de l'Acad. Tom. III. Part. I. p.* 83. *Fig. Pl.* 9. (*Fig. très bonne, excepté le nez qui est trop court*).
Les Hébreux l'appellent Dob. *Gesn. Aldro.*
Les Chaldéens, Duba. *Gesn. Aldro.*
Les Arabes, Dubbe. *Gesn. Aldro.*
Les Grecs, Ἄρκτος.
Les Italiens, & les Espagnols, Orso. *Gesn. Aldro.*
Les Allemands, Bær, *ou* Beer. *Gesn. Aldro. Rzac.*
Les Bohëmiens, Nedwed. *Gesn.*
Les Polonois, Wewer. *Gesn.* Niedzwiedz. *Rzac. Klein.*
Les Suédois, Biörn. *Linn.*
Les Anglois, Bear. *Raj. Gesn.*

Longitudo corporis, ab extremitate rostri ad caudæ exortum usque, 5 ½ pedum est; capitis, à naribus ad occipitium, 1 pedis & 5 pollicum; caudæ 5 pollicum. Oculos habet, pro mole corporis, valdè exiguos; auriculas sat breves, versùs apicem rotundatas; crura brevia; in singulis pedibus digitos 5 validis, incurvis, & nigris unguibus munitos; pollice minimo, & ab aliis digitis non remoto. In toto corpore vestitur pilis longis & densis, in aliquibus nigris, in aliis ex fusco nigricantibus, & in aliis ex nigro & argenteo mixtis. Habitat in *Alpibus*, inque *Germaniâ*, *Poloniâ*, *Lithuaniâ*, *Russiâ*, *Moscoviâ*, *Nor-*

La longueur de son corps, depuis le bout du museau jusqu'à l'origine de la queue, est de 5 ½ pieds; celle de sa tête, depuis les narines jusqu'à l'occiput, de 1 pied 5 pouces; & celle de sa queue de 5 pouces. Ses yeux sont très petits, à proportion de la grandeur de son corps; ses oreilles assez courtes & arrondies vers le bout; ses jambes courtes. Il a à chaque pied 5 doigts armés d'ongles forts, crochus, & noirs: le pouce est le plus petit, & n'est point séparé des autres doigts. Tout son corps est couvert de poils longs & épais, noirs dans quelques uns, dans d'autres d'un brun noirâtre, & dans d'autres mêlés de noir & d'argentré. On le trouve dans les *Alpes*, en *Allemagne*, en *Pologne*, en *Lithuanie*, en *Russie*, en *Moscovie*, en *Norvege*, & dans tous les Pays du *Nord*.

vegiâ, & in omnibus *Septentrionalibus* Regionibus.

** 2. L'Ours blanc.

Ursus albus, caudâ unicolore... Ursus albus.

Ursus albus Martensii. *Klein. Quadr. p.* 82.
Ursus albus. *Aldro. Quadr. dig. viv. p.* 120.
Jonst. Quadr. p. 88.
Mus. Worm. p. 319.
Ours blanc. *Hist. d'Isl. & de Gro. Tom. II. p.* 47.
Voy. de la B. de Hud. Tom. I. p. 56. *Fig. Tom. II. p.* 24. (*Fig. bonne*).

Il differe du précédent par sa tête qui est plus longue, par son col qui est beaucoup plus mince, & par sa couleur qui est blanche. On le trouve dans le *Nord*.

A præcedente differt capite longiore, collo multò graciliore, & colore, qui albus est. Habitat in *Septentrionalibus* Regionibus.

3. L'Ours de la Baye de Hudson.

Ursus castanei coloris, caudâ unicolore, rostro pedibusque nigris... Ursus Freti Hudsonis.

Coati Ursulo affinis Americanus. *Klein. Quadr. p.* 74.
Petit Ours, ou Louveteau. *Edwars. Tom. II. Fig. p.* 103. (*Fig. bonne*).
Quickhatch, ou Wolverenne. *Voy. de la B. de Hud. Tom. I. Fig. p.* 58. (*Fig. bonne*).
Quickhatch. *Cat. App. p.* 29.

Il est un peu plus grand qu'un *Loup ordinaire*. Ses yeux sont petits & noirs ; ses oreilles courtes & rondes : sa queue est d'une longueur médiocre, & paroît plus petite à son origine que vers son bout, où elle est couverte de plus longs poils. Il a le museau & les 4 pieds noirs ; le devant de la tête blanchâtre ;

Magnitudine *Lupum vulgarem* paululùm superat. Oculos habet parvos & nigros ; auriculas breves & rotundas ; caudam mediocris longitudinis, in exortu tenuiorem quàm versùs extremitatem, in quâ longioribus pilis obsita est. Rostrum & pedes 4 sunt nigri ; sinciput albidum ; guttur album, maculis nigris variegatum; reliquum corpus castanei coloris, in dorso saturatioris. Habitat in *Freto Hudsonis.*

la gorge blanche, marquée de noir : tout le reste de son corps est d'un châtain plus foncé sur le dos qu'ailleurs. On le trouve à la *Baye de Hudson.*

** 4. LE COATI.

Ursus caudâ annulatim variegatâ... COATI.

Ursus caudâ elongatâ. *Linn. syst. nat. ed. 6. g. 4. sp. 2.*
Vulpi affinis Americana. *Raj. Syn. Quadr. p. 179.*
Sloane. Vol. II. p. 329.
Coati Brasiliensium. *Klein. Quadr. p. 72.*
Marcgr. Hist. Br. Fig. p. 228. [*Fig. sat bona*].
Coati. *Jonst. Quadr. p. 95.*
Mus. Worm Fig. p. 319. (*Fig. optima*).
Cuati. *Jo. de Laët. p. 553.*
Vulpes Americana, *Mapach* dicta. *Charlet. Exer. p. 15.*
Mapach. *Jonst. Quadr. Fig. T. 74.* [*Fig. sat bona exceptis pedibus*].
Eus. Nieremb. Fig. p. 175. (*Fig. eadem ut suprà*).
Mapach, seu Animal cuncta prætentans manibus. *Fern. Hist. N. Hisp. p. 1.*
Coati simplement dit. *Hist. de l'Acad. Tom. III. Part. 2. p. 23.*
Raccoon. *Cat. App. p. 29.*
Les Indiens l'appellent MAPACH. *Eus. Nieremb.*
Les Guianois, QUACHY. *Barr.*

Longitudine corporis *Felem* circiter adæquat; crassitie verò eam multùm superat. Caput habet latum; rostrum acuminatum; maxillam inferiorem superiore breviorem; oculos exiguos; auriculas breves & subrotundas; crura brevia; in singulis pedibus digitos quinque sat longos, acutis unguibus munitos; pedes posteriores anterioribus majores; plantam pedum pilis omninò destitutam. In toto corpore, exceptis quatuor

Il est à peu-près de la grandeur d'un *Chat*; mais il a le corps beaucoup plus gros. Il a la tête large; le museau pointu; la mâchoire inférieure plus courte que la supérieure; les yeux petits; les oreilles courtes & arrondies; les jambes courtes; à chaque pied cinq doigts assez longs, armés d'ongles aigus. Ses pieds de derriere sont plus grands que ceux de devant. La plante des pieds est tout à fait dénuée de poils. Tout son corps, exceptés ses quatre pieds, qui font couverts de poils courts, eft couvert de poils longs & épais, gris & terminés de noir fur le dos, & roux & terminés de gris fur le ventre. Son museau eft d'un blanc fale, excepté une bande tranfverfale noire, qui paffe par les yeux. Sa queue eft annelée alternativement de noir & de blanc jaunâtre. (Il y en a dont tout le poil eft d'un roux brun : ils ont auffi la queue annelée). Ses pieds de devant luy fervent de mains; foit qu'il s'en ferve, comme les *Chiens*, pour tenir ce qu'il mange; foit pour le porter à fa bouche, comme l'*Ours*. On le trouve en *Amérique*.

pedibus pilis brevibus tectis; veftitur pilis longis & denfis, cinereis apice nigro in dorfo, in ventre verò in exortu rufis in exitu cinereis. Facies ei fordidè albicat, excepta areola tranfverfa nigra, per oculos ducta. Cauda annulis cingitur alternatim nigris & ex albo flavicantibus. (Sunt qui in toto corpore veftiuntur pilis ex rufo fufcis : cauda ipforum annulatim etiam variegatur.) Pedibus anterioribus velut manibus utitur; five, more *Canis*, anterioribus pedibus teneat cibum; five, ficut *Urfus*, cibum ori admoveat. Habitat in *America*.

** 5. Le Coati-Mondi.

Urfus nafo producto & mobili, caudâ unicolore... Coati-Mondi.

La longueur de fon corps, depuis l'occiput jufqu'à l'origine de la queue, eft d'environ 15 pouces; & celle de fa tête, depuis le bout du mufeau jufqu'à l'occiput, d'environ 6 pouces. Il a le nez fort long, & mobile comme celuy d'un *Cochon*; la mâchoire inférieure beaucoup plus courte que la fupérieure; les oreilles courtes & rondes; à chaque pied 5 doigts armés d'ongles noirs, longs & crochus. Les doigts des pieds de

Corporis longitudo, ab occipitio ad caudæ exortum, 15 circiter eft pollicum; capitis, ab extremitate roftri ad occipitium, 6 circiter pollicum. Nafum habet longiffimum, nafi *Porcini* inftar mobile; maxillam inferiorem fuperiore multò breviorem; auriculas breves & rotundas; in fingulis pedibus digitos 5 nigris, longis & incurvis unguibus munitos. Pedum anteriorum digiti digitis pedum posteriorum paulò sunt longiores : plantæ pedum pilis omninò denudatæ. In toto corpore vestitur pilis brevibus ex cinereo fuscis. Pili caudæ ejusdem sunt coloris. Apud D. *Liévre* Distillatorem hoc Animal vidi.

devant sont un peu plus longs que ceux de derriere. La plante des pieds est tout à fait dénuée de poils. Tout son corps est couvert de poils courts, d'un gris brun : ceux de sa queue sont de la même couleur. Je l'ai vû chez M. *Lievre* Distillateur.

** 6. LE COATI-MONDI A QUEUE ANNELÉE.

Ursus naso producto & mobili, caudâ annulatim variegatâ.

Vulpes minor rostro superiori longiusculo, caudâ annulatim ex nigro & rufo variegatâ. *Barr. Hist. Fr. Eq. p.* 167.
Coati Mondi Marcgravii. *Raj. Syn. Quadr. p.* 180.
Klein. Quadr. p. 72.
Marcgr. Hist. Br. p. 228.
Taxus Suillus. *Aldrov. Quadr. dig. viv. Fig. p.* 267. (*Fig. sat bonâ.*)
Coati Mondi. *Hist. de l'Acad. Tom. III. Part. 2. p.* 17. *Fig. Pl.* 37. (*Fig. très bonne.*)

Longitudo corporis, ab occipitio ad caudæ exortum usque, 16 est pollicum; capitis, ab extremitate rostri ad occipitium, 6 ½ pollicum. Caudam habet toto corpore longiorem ; nasum longissimum, nasi *Porcini* instar mobile ; maxillam inferiorem superiore multò breviorem ; oculos valdè exiguos ; auriculas rotundas, extùs pilis brevissimis vestitas, intùs verò pilis longis & albidis obsitas ; in singulis pedibus digitos 5 nigris, longis & incurvis unguibus munitos ; pedum anteriorum digitos digitis posteriorum pedum paulò lon-

La longueur de son corps, depuis l'occiput jusqu'à l'origine de la queue, est de 16 pouces ; celle de sa tête, depuis le bout du museau jusqu'à l'occiput, de 6 ½ pouces. Sa queue est plus longue que tout son corps. Il a le nez fort long, & mobile comme celuy d'un *Cochon* ; la mâchoire inférieure beaucoup plus courte que la supérieure ; les yeux très petits ; les oreilles rondes, & garnies en dehors de poils fort courts, & en dedans de poils plus longs & blanchâtres ; 5 doigts à chaque pied, armés d'ongles noirs, longs & crochus. Les doigts des pieds de devant sont un peu plus longs que ceux de derriere. La plante des pieds est tout à fait dénuée de poils. Tout son corps est couvert de poils courts, variés de roux & de noir dans la partie supérieure du corps, & tout à fait roux dans la partie inférieure. Sa queue est annelée alternativement de noir & de roux. On le trouve en *Amérique*.

giores ; plantam pedum pilis omninò denudatam. Per universum corpus vestitur pilis brevibus, in parte corporis superiore ex rufo & nigro variegatis, in inferiore verò omninò rufis. Cauda ex rufo & nigro annulatìm variegatur. Habitat in *Americâ*.

XXXIX.

Le Genre du Chat.

Son caractere est
D'avoir six dents incisives à chaque mâchoire :
Les doigts onguiculés,
Tous séparés les uns des autres :
Les ongles crochus, & qui peuvent être retirés & cachés entierement.

Obs. Toutes les especes de ce Genre ont la tête ronde ; le museau court ; & la langue garnie de pointes, qui la rendent fort rude au toucher. Toutes aussi, exceptés les deux dernieres, ont la queue très longue.

XXXIX.

Genus Felinum.

Hujus character est
Dentes incisores in utrâque maxillâ sex :
Digiti unguiculati,
Omnes à se invicem separati :
Ungues hamati, & retractiles.

Obs. Omnes hujus generis species capite rotundo ; rostro brevi ; & linguâ aculeis scabrâ donantur. Omnes etiam, exceptis duabus ultimis, caudâ longissimâ gaudent.

** 1. Le Chat Domestique.

FELIS DOMESTICA.

Felis caudâ elongatâ, auribus æqualibus. Catus. *Linn. syst. nat. ed. 6. g. 5. sp. 6.*
Faun. Suec. Linn. N° 3.
Catus Domesticus ; Felis Domestica. *Klein. Quadr. p. 75.*
Felis Domestica, seu Catus. *Raj. Syn. Quadr. p. 170.*
Sloane. Vol. II. p. 329.
Felis, seu Catus Domesticus. *Rzac. Hist. Nat. Pol. p. 244.*
Felis Domestica. *Jonst. Quadr. p. 126. Fig. T. 72. (Fig. bona.)*
Charlet.

Charlet. Exer. p. 20.
Feles, vel Catus. *Gesn. Quadr. p.* 344. *Fig. p.* 345. (*Fig. bona*).
Gesn. Icon. Quadr. Fig. p. 28. (*Fig. bona.*)
Felis. *Aldro. Quadr. dig. viv. p.* 564.
Les Hebreux l'appellent CATUL, & SCHANAR, *ou* SCHUNARA. *Gesn. Aldro.*
Les Grecs, Αἴλουρος.
Les Sarasins, KATT. *Gesn.*
Les Espagnols, GATO, *ou* GATA. *Gesn. Aldro.*
Les Italiens, GATTA, *ou* GATTO. *Gesn. Aldro.*
Les Allemands, KATZ. *Gesn.*
Les Illyriens, KOCZKA. *Gesn.*
Les Polonois, KOC. *Rzac.*
Les Suédois, KATTA. *Linn.*
Les Anglois, CAT. *Raj. Gesn. Aldro.*

Felis est animal omnibus ità notum, ut descriptione non indigeat.

Le Chat est un animal trop connu pour qu'il soit nécessaire de le décrire.

** 2. LE CHAT SAUVAGE.

Felis pilis ex fusco, flavicante, & albido variegatis vestita; caudâ annulis alternatim nigris & ex sordidè albo flavicantibus cincta.... FELIS SYLVESTRIS.

Catus sylvestris ferus, vel feralis; Eques arborum. *Klein. Quadr. p.* 75.
Catus sylvestris. *Gesn. Quadr. p.* 353.
Gesn. Icon. Quadr. p. 97.
Rzac. Hist. Nat. Pol. p. 217.
Felis sylvestris. *Aldro. Quadr. dig. viv. p.* 582. *Fig. p.* 583. (*Fig. bona*).
Jonst. Quadr. p. 127. *Fig. T.* 72. (*Fig. bona*).
Charlet. Exer. p. 21.
Eques arborum, Germanis. *Gesn. Aldro.*
Les Hebreux l'appellent ZIIM. *Gesn. Aldro.*
Les Espagnols, GATO MONTÉS. *Gesn.*
Les Allemands, WILDE KATZE, *Rzac.*
Les Polonois, KOT DZIKI; ZBIK. *Rzac.*

Figurâ suâ *Felem domesticam* æmulatur; sed magnitudine eam paululùm antecellit. In pedibus anterioribus 5 digitis donatur, in posterioribus verò 4 tantùm: pollex,

Il ressemble par sa figure au *Chat domestique*; mais il est un peu plus grand. Il a 5 doigts aux pieds de devant, & 4 à ceux derriere : le pouce, dans les pieds de devant, est éloigné des autres doigts, & articulé plus haut. Tout son corps est couvert de poils variés de brun, de jaunâtre, & de blanchâtre : le brun domine sur le dos, & le blanchâtre sous le ventre. Sa queue est annelée alternativement de noir & de blanc sale & jaunâtre, & est terminée de noir. On le trouve dans les forêts.

in anticis pedibus, ab aliis digitis est remotus, & altiùs collocatus. Per universum corpus vestitur pilis ex fusco, flavicante, & albido variegatis : dorsum fuscius est; venter verò magis albidus. Cauda annulis alternatìm nigris & ex sordidè albo flavicantibus cingitur, nigroque colore terminatur. Habitat in sylvis.

3. Le Chat sauvage tigré.

Felis ex griseo flavescens, maculis nigris variegata... FELIS SYLVESTRIS TIGRINA.

Felis sylvestris tigrinus, ex Hispaniolâ. *Seb. Vol. I. p.* 77. *Fig.* T. 48. *F.* 2. (*Fig. bona*).
Feles fera tigrina. *Barr. Hist. Fr. eq. p.* 153.
Catus *Tepe Maxtlaton* dictus, Tigrinus, ex Hispaniolâ. *Klein. Quadr. p.* 75.
Tepe Maxtlaton. *Fern. Hist. N. Hisp. p.* 9.
Maraguao, sive Maracaia. *Marcgr. Hist. Br. p.* 233.
Chat-Tigre. *Kolbe. Tom. III. p.* 50.
Les Espagnols l'appellent TEPE MAXTLATON. *Seba.*
Les François de la Guiane, CHAT-TIGRE. *Barr.*
Les Guianois, MALAKAYA. *Barr.*

Il est de la grandeur du *Chat domestique*. Il a les yeux grands & noirs; les oreilles courtes & arrondies; la queue longue & pointuë. Tout son corps est d'un gris jaunâtre, marqué de taches noires. On le trouve au *Cap de Bonne Espérance*, & en *Amérique*.

Magnitudine *Felem domesticam* adæquat. Ingentes habet & nigros oculos; auriculas breves & subrotundas; caudam longam & acutam. Color totius corporis est ex griseo flavicans, maculis nigris inspersis. Habitat in *Capite Bonæ Spei*, & *Americâ*.

** 4. Le Chat d'Angora.

Felis pilis longissimis toto corpore vestita... FELIS ANGORENSIS.

Felis caudâ elongatâ, auribus penicilliformibus. *Linn. syst. nat. ed. 6. g. 5. sp. 5.*

Figurâ suâ *Felem domesticam* imitatur : ab ea autem differt pilis longissimis, quibus corpus vestitur. Habitat in *Angorâ*.

Il ressemble au *Chat domestique* par sa figure : il en differe seulement par ses poils qui sont tres longs. On le trouve à *Angora*.

** 5. LE LION.

Felis caudâ in floccum desinente... LEO.

Felis caudâ elongatâ, floccosâ, thorace jubato. *Linn. syst. nat. ed. 6. g. 5. sp. 1.*

Leo. *Raj. Syn. Quadr. p.* 162.
Klein. Quadr. p. 81.
Gesn. Quadr. Fig. p. 642. (*Fig. bona*).
Gesn. Icon. Quadr. Fig. p. 66. (*Fig. bona*).
Aldro. Quadr. dig. viv. p. 2. *Fœm. Fig. p.* 6. (*Fig. sat bona*).
Jonst. Quadr. p. 78. *Fig. T.* 50. & 51. (*Fig. bonis*).
Charlet. Exer. p. 14.
Mus. Worm. p. 317.
Bont. Ind. ori. p. 55.

Lion. *Hist. de l'Acad. Tom. III. Part. I. Le Mâle p.* 3. *Fig. Pl.* 1. *La Femelle p.* 19. *Fig. Pl.* 3. (*Fig. très bonnes*).
Kolbe. Tom. III. p. 2. *Fig. p.* 4. *F.* 1. & 2. (*Fig. bonnes*).

Les François appellent le mâle LION ; & *la femelle*, LIONNE.
Les Latins, le mâle, LEO ; & *la femelle*, LEÆNA.
Les Hebreux, LABI ; LAISCH ; ARI ; ARIECH ; GUR ; & KEPHIR. *Gesn. Aldro.*
Les Chaldéens, ARIAVAN. *Gesn. Aldro.*
Les Grecs, Λέων.
Les Arabes, ASAD. *Gesn. Aldro.*
Les Perses, GEHAD. *Gesn. Aldro.*
Les Sarasins, SEBEY. *Gesn. Aldro.*
Les Espagnols, LEON. *Gesn. Aldro.*
Les Italiens, LEONE. *Gesn. Aldro.*
Les Allemands & les Illyriens, LEW. *Gesn. Aldro.*
Les Suédois, LEYON. *Linn.*
Les Anglois, LION. *Raj. Gesn. Aldro.*

Corporis longitudo, ab extremitate rostri ad caudæ exortum usque, 7 $\frac{1}{2}$ pedes æquat; altitudo, à parte superiore

La longueur de son corps, depuis le bout du museau jusqu'à l'origine de la queue, est de 7 $\frac{1}{2}$ pieds ; & sa hauteur, depuis la partie supérieure du dos jusqu'à terre, de 4 ½ pieds. Sa queue est très longue, & est terminée par un bouquet de poils. Sa tête est grosse : ses yeux sont brillants ; ses oreilles courtes & arrondies. Il a 5 doigts aux pieds de devant, & 4 à ceux de derriere. La couleur de ses poils est fauve dans la partie supérieure du corps, & d'un blanc jaunâtre dans la partie inférieure. Lorsqu'il est vieux, son col & sa poitrine sont couverts d'une très longue criniere.

dorsi ad terram, 4 ½ pedes. Caudam habet longissimam, in pilorum floccum desinentem ; caput crassum ; splendentes oculos ; auriculas breves & subrotundas ; in pedibus anterioribus 5 digitos, in posterioribus 4 tantùm. Pilorum color in parte corporis superiore est fulvus, in inferiore ex albo flavicans. Cum senescit animal, collum ipsius & pectus jubâ longissimâ ornantur.

La femelle est beaucoup plus petite que le mâle ; & quelque vieille qu'elle soit, elle n'a jamais de criniere.

Fœmina mare multò minor est ; & quamquàm senectutem adepta fuerit nunquam jubata est.

On le trouve en *Asie* & en *Afrique*.

Habitat in *Asiâ* & *Africâ*.

** 6. Le Tigre.

Felis flava, maculis longis nigris variegata... Tigris.

Felis caudâ elongatâ, maculis virgatis. *Linn. syst. nat. ed. 6. g. 5. sp. 2.*
Tigris. *Raj. Syn. Quadr. p.* 165.
Klein. Quadr. p. 78.
Gesn. Quadr. Fig. p. 1060. (*Fig. sat bona, excepto capite*).
Gesn. Icon. Quadr. p. 66. *Fig. p.* 67. (*Fig. eadem*).
Aldrov. Quadr. dig. viv. p. 101. *Fig. p.* 104. (*Fig. eadem*).
Jonst. Quadr. p. 84. *Fig. T.* 54. (*Fig. eadem*).
Charlet. Exer p. 14.
Bont. Ind. ori. p. 52. *Fig. p.* 53. (*Fig. eadem*).
Tigre. *Kolbe. Tom. III. p.* 5. *Fig. p.* 50. (*Fig. mauv.*).
Les Grecs l'appellent Τίγρις.
Les Espagnols, Tigre. *Aldro.*
Les Italiens, Tigre, *ou* Tigra. *Gesn. Aldro.*
Les Allemands, Tigerthier. *Gesn. Aldro.*
Les Suédois, Tiger. *Linn.*
Les Anglois, Tiger. *Raj.*
Les Habitans de Java, Radja outang. *Bont.*

Magnitudine *Leoni* cedit. Splendentes habet & lucidos oculos ; auriculas breves & subrotundas ; caudam, caudæ *Leoninæ* instar, longissimam. In toto corpore vestitur pilis brevibus, quorum color est flavus, longis maculis nigris variegatus. Habitat in *Asiâ* & *Africâ*.

Il est un peu plus petit que le *Lion*. Ses yeux sont brillants, & pleins de feu ; ses oreilles courtes & arrondies ; sa queue très longue, comme celle du *Lion*. Tout son corps est couvert de poils courts, dont la couleur est jaune & variée de taches noires & longues. On le trouve en *Asie* & en *Afrique*.

7. LE TIGRE ROYAL.

Felis in dorso fulva, in lateribus subcinerea, in ventre alba; maculis longis nigris variegata... TIGRIS REGIA.

Tigris quam Lusitani *Tigre Royal* appellant. *Klein. Quadr. p.* 80.
Tigre de la grande espece, que les Portugais appellent *Tigre Royal. Hist. de l'Acad. Tom. III. Part.* 2. *p.* 287.

Corporis longitudo, ab extremitate rostri ad caudæ exortum usque, 4 est pedum cum 9 pollicibus ; capitis, ab occipitio ad caudæ extremitatem, 14 pollicum ; caudæ 2 ½ pedum. Corporis altitudo, à parte superiore dorsi ad terram usque, 3 circiter pedum. Color est in dorso fulvus ; in lateribus subcinereus ; in ventre albus : totumque corpus longis maculis nigris variegatur. Habitat in *Brasiliâ*.

La longueur de son corps, depuis le bout du museau jusqu'à l'origine de la queue, est de 4 pieds 9 pouces ; celle de sa queue de 2 ½ pieds ; celle de sa tête, depuis le bout du museau jusqu'à l'occiput, de 14 pouces ; & sa hauteur, depuis la partie supérieure du dos jusqu'à terre, d'environ 3 pieds. La couleur de son dos est fauve : celle des côtés tire sur le gris ; & le ventre est blanc : & en outre tout le corps est varié de longues bandes noires. On le trouve au *Brésil*.

** 8. Le Tigre d'Amérique.

Felis flavefcens, maculis nigris orbiculatis, quibufdam rofam referentibus, variegatâ... Tigris Americana.

Pardus, an Lynx Brafilienfis, *Jaguara* dicta, Marcgravii. *Raj. Syn. Quadr. p.* 168.
Tigris Americana, Jaguara Brafilienfis. *Klein. Quadr. p.* 80.
Jaguara Brafilienfibus. *Marcgr. Hift. Br. Fig. p.* 235.
Jaguara. *Pifon. Hift. Nat. Fig. p.* 103.
Tlatlauhqui occlotl, feu Tigris Mexicanus. *Hernand. Hift. Mex. Fig. p.* 498. (*Fig. fat bona*).
Gros Tigre de la Guiane. *Des March. Tom. III. p.* 299.
Tigre. *Hift. de l'Acad. Tom. III. Part.* 3. *p* 3. *Fig. Pl.* 1. (*Fig. très bone*).
Les Portugais l'appellent Onça. *Raj. Klein. Marcgr. Pifon.*

La longueur de fon corps, depuis le bout du mufeau jufqu'à l'origine de la queue, eft de 4 pieds; celle de fa queue de 2 ½ pieds; celle de fes jambes de devant, depuis la poitrine jufqu'au bout des doigts, de 1 ½ pied; & celle des jambes de derriere, depuis le ventre jufqu'au bout des doigts, de 1 pied 10 pouces. Il a la tête groffe; les yeux petits, brillants, & pleins de feu; les oreilles petites & arrondies; une barbe pareille à celle d'un *Chat*; 5 doigts aux pieds de devant, & 4 à ceux de derriere. Toute la partie fupérieure de fon corps eft jaunâtre, variée de taches noires, dont quelques unes font affemblées de façon qu'elles repréfentent une *rofe*; & la partie inférieure eft blanche, variée auffi de taches noires. Les poils font courts dans les adultes; & dans les jeunes ils font plus

Longitudo corporis, ab extremitate roftri ad caudæ initium ufque, 4 eft pedum; caudæ 2 ½ pedum; crurum anteriorum, à pectore ad digitorum apicem ufque, 1 ½ pedis; & crurum pofteriorum, à ventre ad apicem digitorum, 1 pedis cum 10 pollicibus. Caput habet craffum; oculos parvos, fplendentes & lucidos; auriculas breves & fubrotundas; barbam barbæ *Felinæ* æmulam; in pedibus anterioribus digitos 5, in pofterioribus verò 4. Tota corporis pars fuperior flavefcit, maculifque nigris, quibufdam ita difpofitis ut *rofam* quodam modo referant, variegatur; & pars corporis inferior alba eft, maculis etiam nigris variegata. Pili in adultioribus breves funt; in junioribus verò longiores, & paululùm crispi. Habitat in *Americâ.*

longs, & un peu frisés. On le trouve en *Amérique.*

9. LE TIGRE NOIR.

Felis nigra, maculis nigris saturatioribus variegata... TIGRIS NIGRA.

Tigris Jaguarete, Marcgravii. *Klein Quadr. p.* 81.
Jaguarete Brasiliensis. *Raj. Syn. Quadr. p.* 169.
Marcgr. Hist. Br. Fig. p. 235.
Jaguarete. *Pison. Hist. Nat. Fig. p.* 103.
Onçe, espece de Tigre. *Des March. Tom. III. p.* 300.
Les Portugais l'appellent ONÇA. *Raj. Marcgr. Pison.*

Magnitudine *Juvencum annuum* adæquat; & figurâ suâ *Tigridem Americanam* æmulatur. In toto corpore vestitur pilis brevibus, splendentibus, nigris, cum umbrâ mixtis, cumque maculis coloris nigri saturatioris in corpore dispersis. Habitat in *Guianiâ* & *Brasiliâ.*

Il est de la grandeur d'un *Veau d'un an*, & de la figure du *Tigre d'Amérique.* Tout son corps est couvert de poils courts, d'un noir ondé & lustré, varié de taches d'un noir plus foncé. On le trouve dans la *Guiane*, & dans le *Brésil.*

10. LE TIGRE-BARBET, OU TIGRE FRISÉ.

Felis pilis crispis vestita, maculis nigris variegata... TIGRIS CRISPA.

Loup Tigre. *Kolbe. Tom. III. p.* 60.

Pilis crispis, *Canis Aquatici* modo, in toto corpore vestitur; & maculis nigris, *Tigridis* instar, variegatur. Habitat in *Capite Bon. Spei.*

Tout son poil est frisé, comme celuy d'un *Barbet*; & il est marqué de taches noires, comme un *Tigre.* On le trouve au *Cap de Bonne-Espérance.*

11. Le Tigre rouge.

Felis ex flavo rufeſcens, mento & infimo ventre albicantibus... Tigris fulva.

Tigris fulvus. *Barr. Hiſt. Fr. eq. p.* 165.
Tigris Cuguacu arana Marcgravii. *Klein. Quadr. p.* 81.
Cuguacu arana Braſilienſibus. *Raj. Syn. Quadr. p.* 169.
Marcgr. Hiſt. Br. p. 235.
Cuguacu ara. *Piſon. Hiſt. Nat. p.* 103.
Les Portugais l'appellent Tigre. *Raj. Klein. Marcgr.*
Les François de la Guiane, Tigre rouge. *Barr.*

Il eſt de la grandeur & de la figure du *Tigre d'Amérique* : il en differe par ſa couleur, qui eſt un jaune rouſsâtre, plus foncé ſur le dos qu'ailleurs. Le deſſous de la mâchoire inférieure, & le bas ventre ſont un peu blanchâtres. Tous ſes poils ſont courts. On le trouve dans la *Guiane* & dans le *Bréſil*.

Magnitudine & figurâ cum *Tigride Americanâ* planè convenit : ab eâ autem colore ex flavo rufeſcente, in dorſo obſcuriore, differt. Sub mento albicat paululùm, ut & in infimo ventre. Pilos habet in toto corpore breves. Habitat in *Guianiâ* & *Braſiliâ*.

** 12. Le Leopard.

Felis ex albo flavicans, maculis nigris, in dorſo orbiculatis, in ventre longis, variegata... Leopardus.

Felis caudâ elongatâ, maculis ſuperioribus orbicularis, inferioribus virgatis. *Linn. ſyſt. nat. ed. 6. g. 5. ſp.* 3.
Pardalis. *Raj. Syn. Quadr. p.* 166.
Pardus. *Klein. Quadr. p.* 78.
Aldro. Quadr. dig. viv. p. 64. Fig. p. 68. (Fig. ſat bona).
Charlet. Exer. p. 14.
Panthera, ſeu Pardalis; Pardus; Leopardus. *Geſn. Quadr. Fig. p. 936. (Fig. ſat bona).*
Panthera; Pardalis; Varia; Africana; Leopardus, *Geſn. Icon. Quadr. Fig. p. 67. (Fig. ſat bona).*
Pardus; Leopardus. *Jonſt. Quadr. p. 81. Fig. T. 53. [Fig. bona].*
Pardus; Panthera. *Proſp. Alp. Ægypt. p. 237. Pullus. Fig. T. 15. F. 2. (Fig. ſat bona).*
Leopardus, ſeu Panthera. *Bont. Ind. Ori. p.* 55.

Pardalion

Pardalion Aristotelis. *Aldro. Klein.*
Varia Latinis. *Raj. Klein. Gesn.*
Africana Plinio. *Raj. Klein.*
Lupus Canarius, vel Luparius Gazæ. *Klein.*
Leopard. *Kolbe. Tom. III. p.* 5.
Panthére. *Kolbe. Tom. III. p.* 5.
Les Hebreux l'appellent NAMER. *Gesn. Aldro.*
Les Chaldéens, NIMRA. *Gesn.*
Les Grecs, Πανθὴρ; *le mâle*, Πάρδος; *la femelle*, Πάρδαλις.
Les Espagnols, LEONPARDAL, *ou* LEONPARDO. *Gesn. Aldro.*
Les Italiens, LEONPARDO. *Gesn. Aldro.*
Les Allemands, LEPPARD. *Gesn. Aldro.*
Les Illyriens, LEWHART. *Gesn.*
Les Suédois, PANTER. *Linn.*
Les Anglois, LEOPARD. *Raj.* LYBARDE, *ou* LEPARDE. *Gesn. Aldro.*

Magnitudine *Tigridem Americanam* circiter æquat, & figurâ æmulatur : ab eâ autem differt colore suo, & figurâ & dispositione macularum. Color autem corporis est ex albo flavicans, maculis nigris, in ventre longis, in dorso orbiculatis, sed omnibus à se invicem separatis, & *rosas* nullo modo referentibus, variegatus. In pedibus anterioribus digitos habet 5, in posterioribus 4 tantùm. Habitat in *Africâ* & *Indiâ Orientali.*

Il est à peu-près de la grandeur, & de la figure du *Tigre d'Amérique* : il en differe par sa couleur, & l'arrangement & la figure de ses taches. Sa couleur est un blanc jaunâtre, varié de taches noires, longues sous le ventre, & arrondies sur le dos, mais toutes séparées les unes des autres, & qui ne représentent point des *roses*. Il a 5 doigts aux pieds de devant, & 4 à ceux de derriere. On le trouve en *Afrique* & dans les *Indes Orientales.*

13. LE CHAT-PARD.

Felis rufa, in ventre ex albo flavicans, maculis nigris, in dorso longis, in ventre orbiculatis, variegata... CATUS-PARDUS.

Felis caudâ elongatâ, maculis superioribus virgatis, inferioribus punctatis. *Linn. syst. nat. ed.* 6. *g.* 5. *sp.* 4.
Pardus caudâ brevi. *Klein. Quadr. p.* 78.
Catus Pardus, sive Catus Montanus Americanorum. *Raj. Syn. Quadr. p.* 169.
Tlacoozclotl; Tlalocelotl; Catus Pardus Mexicanus. *Hernand. Hist. Mex.*

Fig. p. 512. (*Fig. sat bona*).
Chat-Pard. *Hist de l'Acad. Tom. III. Part. I. p.* 109. *Fig. Pl.* 13. (*Fig. bonne*).
Les Anglois l'appellent CAT A MOUNTAIN. *Raj.*
Les Suédois, WILLKATT. *Linn.*

La longueur de ſon corps, depuis le bout du muſeau juſqu'à l'origine de la queue, eſt de 2 ½ pieds; celle de ſa queue de 8 pouces. Sa hauteur, depuis la partie ſupérieure du dos juſqu'au bout des doigts des pieds de devant, eſt de 1 ½ pied. Sa figure extérieure eſt parfaitement ſemblable à celle du *Chat*. Sa queue ſeulement eſt moins longue, à proportion de la grandeur de ſon corps, que celle du *Chat*. La couleur de tout ſon corps, exceptés le ventre & l'intérieur des jambes de devant, qui ſont d'un blanc jaunâtre, & le deſſous de la gorge & de la mâchoire inférieure, qui ſont blancs, eſt rouſſe, variée de taches noires, longues ſur le dos, & rondes ſur le ventre & les jambes. Ses oreilles ſont rayées tranſverſalement de bandes très noires. On le trouve dans les forêts d'*Amérique*.

Corporis longitudo, ab extremitate roſtri ad caudæ exortum uſque, eſt 2 ½ pedum; caudæ 8 pollicum. Corporis altitudo, à parte ſuperiore dorſi ad apicem digitorum pedum anteriorum, 1 ½ pedis. Figura corporis externa *Felem* per omnia refert, cauda dumtaxat excepta, quæ, pro ratione magnitudinis animalis, brevior eſt quàm in *Fele*. Color totius corporis, exceptis ventre & interiori crurum parte ex albo flavicantibus, & maxillæ inferioris parte inferiore & gutture albis, eſt rufus, maculis nigris in dorſo longis, in ventre & cruribus orbiculatis, variegatus. Auriculas habet tæniis tranſverſis nigerrimis ornatas. Habitat in *Americæ* ſylvis.

14. LE CHAT-CERVIER.

Felis alba, maculis nigris variegata, caudâ brevi... CATUS CERVARIUS.

Felis caudâ truncatâ, corpore albo maculato. *Linn. ſyſt. nat. ed.* 6. *g.* 5. *ſp.* 8.
Lynx colore albo, maculis nigris, caudâ truncatâ. Act. Upſal. *Klein. Quadr. p.* 77.

Les Prussiens l'appellent KATZ-LUCHS. *Klein.*
Les Suédois, KATTLO. *Linn. Klein.*

Caudam habet brevem; inque toto corpore albus est, maculis nigris variegatus. Habitat in *Canadâ.*

La couleur de tout son corps est blanche, variée de taches noires; & il a la queue courte. On le trouve en *Canada.*

15. LE LOUP-CERVIER.

Felis auricularum apicibus pilis longissimis præditis, caudâ brevi... LYNX.

Felis caudâ truncatâ, corpore rufescente maculato. *Linn. syst. nat. ed.* 6. *g.* 5. *sp.* 7.
Faun. Suec. Linn. No. 4.
Lynx Aldrovandi. *Klein. Quadr. p.* 77.
Lynx. *Raj. Syn. Quadr. p.* 166.
Aldro. Quadr. dig. viv. p. 90. *Fig. p.* 92. (*Fig. sat bona*).
Jonst. Quadr. p 83 *Fig. T.* 71. (*Fig. bonis*).
Charlet. Exer. p. 14.
Rzac. Hist. Nat. Pol. p. 222.
Lynx; Lupus Cervarius; Chaus; Raphius. *Gesn. Icon. Quadr. p.* 73. *Fig. p.* 74. (*Fig. sat bona, excepto capite*).
Lynx, seu Lupus Cervarius. *Rzac. Auct. p.* 313.
Lupus Cervarius; Lynx; Chaus. *Gesn. Quadr. Fig. p.* 769. (*Fig. eadem*).
Lupus Cervarius. *Gaz. Rup. Best. Fig. T.* 13. (*Fig. bona*).
Lupus Armenius. *Rzac.*
Lynx. *Kolbe. Tom. III. p.* 63.
Loup-Cervier. *Hist. de l'Acad. Tom. III. Part. I. p.* 127. *Fig. Pl.* 17. (*Fig. très bonne*).
Les Grecs l'appellent Λύγξ. *Gesn. Aldro.*
Les Espagnols, LYNCE. *Gesn. Aldro.*
Les Italiens, LUPO GATTO. *Best.*
Les Italiens, les Grisons, & les Savoyards, LUPO CERVERO, *ou* CERVEIRO. *Gesn.*
Les Allemands, LUCHS, *ou* LWS. *Gesn. Aldro. Rzac.*
Les Prussiens, LUCHS. *Gesn.*
Les Illyriens, LUPO CERVIRO. *Gesn.*
Les Polonois, RYS; OSTROWIDZ. *Rzac.*
Les Suédois, WARGLO. *Linn.*
Les Anglois, OUNCE. *Raj.* LUZARNE. *Gesn.*

Corporis longitudo, ab occipitio ad caudæ exortum usque, 2 est pedum cum 4 pollicibus; capitis, ab extremi-

La longueur de son corps, depuis l'occiput jusqu'à l'origine de la queue, est de 2 pieds 4 pouces; celle de sa tête, depuis le bout du museau jusqu'à l'occiput, de 7 pouces; & celle de sa queue de 8 pouces. Sa hauteur, depuis la partie supérieure du dos jusqu'à l'extrémité des pieds de devant, est de 1 pied 8 pouces. Ses yeux sont brillants & pleins de feu. Sa tête & ses oreilles ressemblent à la tête & aux oreilles d'un *Chat* : au bout de chaque oreille il a une houppe de poils fort longs. Il a 5 doigts aux pieds de devant, & 4 à ceux de derriere. Les Loups-Cerviers varient beaucoup en couleur: les uns sont mêlés confusément de noir, de gris, & de roux : d'autres sont roux dans toute la partie supérieure du corps, & marqués de taches noires; & dans la partie inférieure d'un gris cendré, aussi marqués de taches noires, mais moins foncées, plus grandes, & en plus petite quantité.

On le trouve en *Italie*, en *Allemagne*, en *Pologne*, en *Lithuanie*, en *Russie*, en *Moscovie*, en *Suède*, en *Asie*, en *Afrique* & en *Canada*.

L'Animal que M. *Charleton* a décrit *Exer. p.* 21, sous le nom de *Siyah-Ghush*, & dont il a donné la Figure *p.* 23, me paroît être de cette espece.

tate rostri ad occipitium, 7 pollicum; caudæ 8 pollicum. Corporis altitudo, à parte dorsi superiore ad extremitatem pedum anteriorum, 1 pedis & 8 pollicum. Fulgentes & lucidos habet oculos; caput & auriculas capiti & auriculis *Felinis* similes : in auricularum apicibus fasciculus extat pilis longissimis conflatus. Pedes anteriores in 5 digitos, posteriores in 4 tantùm fissi sunt. Lynces coloribus multùm variant: alii enim ex nigro, cinereo, & rufo confusè mixti sunt : alii in parte corporis superiore rufi, maculis nigris variegati; & in parte inferiore cinerei, maculis pariter nigris, sed dilutioribus, majoribus, minùsque frequentibus, etiam variegati.

Habitat in *Italiâ*, *Germaniâ*, *Poloniâ*, *Lithuaniâ*, *Russiâ*, *Moscoviâ*, *Sueciâ*, *Asiâ*, *Africâ* & *Canadâ*.

Animal à Dom. *Charleton* *Exer. p.* 21. descriptum, sub isto nomine *Siyah-Ghush*, & figuratum *p.* 23, *Lyncis* species mihi videtur.

SECTIO II.

Ea quorum digiti membranis inter se connectuntur.

UNICO Genere, *Lutra* scilicet, constituitur hæc Sectio.

X L.

Genus Lutra.

Hujus character est
Dentes incisores in utrâque maxillâ sex :
In singulis pedibus digiti quinque unguiculati,
Membranis inter se connexi.

Obs. Omnia hujus Generis Quadrupeda Amphibia sunt, piscibusque victitant.

SECTION II.

Ceux dont les doigts sont joints ensemble par des membranes.

IL n'y a dans cette Section qu'un seul Genre, sçavoir celui de la *Loutre.*

X L.

Le Genre de la Loutre.

Son caractere est
D'avoir six dents incisives à chaque mâchoire :
A chaque pied cinq doigts onguiculés,
Joints ensemble par des membranes.

Obs. Toutes les especes de ce Genre sont Amphibies, & se nourrissent de Poissons.

** 1. LA LOUTRE.

Lutra castanei coloris... LUTRA.

Lutra digitis æqualibus. *Linn. syst. nat. ed. 6. g. 7. sp. 1.*
Faun. Suec. Linn. N°. 10.
Lutra. *Raj. Syn. Quadr. p.* 187.
Klein. Quadr. p. 91.
Gesn. Quadr. p. 775. *Fig. p.* 776. (*Fig. bona*).
Gesn. Icon. Quadr. Fig. p. 85. [*Fig. bona*].
Gesn. Pisc. Fig. p. 608. (*Fig. bona*).
Aldro. Quadr. dig. viv. p. 292. *Fig. p.* 295. (*Fig. mala*).
Jonst. Quadr. p. 104. *Fig. T.* 68. (*Fig. sat bona*).
Charlet. Exer. p. 18.
Bell. de aquat. p. 31. *Fig. p.* 32. (*Fig. bona*).
Rzac. Hist. Nat. Pol. p. 221.
Lutra, vel Lytra, vel etiam Lutris. *Gesn. Icon. Aquat. Fig. p.* 353. (*Fig. bona*).

Lutra, feu Canicula aquatica. *Rzac. Auct. p.* 313.
Canis fluviatilis Aëtii. *Gesn. Aldro. Jonst.*
Loutre. *Hist. de l'Acad. Tom. III. Part.* 1. *p.* 151. *Fig. Pl.* 21. (*Fig. très bonne*).
Les Grecs l'appellent Ἔνυδρις.
Les Espagnols, Nutria. *Gesn. Aldro.*
Les Italiens, Lodra ; Lodria ; Loutra. *Gesn. Aldro.*
Les Savoyards, Leure. *Gesn. Aldro.*
Les Illyriens & les Polonois, Wydra. *Gesn. Aldro. Rzac.*
Les Suédois, Utter. *Linn.*
Les Anglois & les Allemands, Otter. *Raj. Gesn. Aldro.*

La longueur de son corps, depuis l'occiput jusqu'à l'origine de la queue, est de 2 pieds 2 pouces; celle de sa tête, depuis le bout du museau jusqu'à l'occiput, est de 5 pouces; & celle de sa queue de 1 ½ pied. Ses yeux sont très petits; ses oreilles très courtes, rondes, & placées plus bas que les yeux; ses jambes très courtes. Elle a à chaque pied 5 doigts, tous joints ensemble par des membranes : le pouce est plus court que les autres doigts. Toute la partie supérieure du corps, la queue & les jambes sont d'un marron plus ou moins foncé. La gorge, l'estomach, & le ventre sont d'un gris blanc. On la trouve aux bords des eaux.

Corporis longitudo, ab occipitio ad caudæ exortum usque, 2 est pedum cum 2 pollicibus ; capitis, ab extremitate rostri ad occipitium, 5 pollicum; caudæ 1 ½ pedis. Oculos habet valdè exiguos; auriculas brevissimas, rotundas, infrà oculos positas; crura brevissima ; in singulis pedibus digitos 5, omnes membranis inter se connexos; pollice aliis digitis breviore. Pilorum color in parte corporis superiore, caudâ & cruribus est castaneus, in aliis dilutior, in aliis saturatior. Guttur, pectus, & venter ex cinereo albicant. Habitat in ripis aquarum.

2. La Loutre du Brésil.

Lutra atri coloris, maculâ sub gutture flavâ... Lutra Brasiliensis.

Lutra pollice digitis breviore. *Linn. syst. nat. ed.* 6. *g.* 7. *sp.* 2.
Lutra nigricans, caudâ depressâ & glabrâ. *Barr. Hist. Fr. eq. p.* 155.
Lutra Brasiliensis. *Raj. Syn. Quadr. p.* 189.
Klein. Quadr. p. 91.

Jiya, quæ & Carigueibeju appellatur à Brasiliensibus. *Marcgr. Hist. Br. Fig. p.* 234.
Jiya, sive Carigueibeju. *Jonst. Quadr. p.* 104. *Fig. T.* 60.
Carygueibeju. *Charlet. Exer. p.* 19.
Loutre, ou Cariguebeju. *Des March. Tom. III. p.* 306.
Les Portugais l'appellent LOUTRA. *Raj. Marcgr.*

Præcedenti magnitudine cedit; eam autem figurâ æmulatur. Oculos habet nigros, & rotundos; auriculas breves, subrotundas, & infrà oculos positas; in singulis pedibus digitos 5 (*m*) unguibus fuscis & acutis munitos; pollice aliis digitis breviore. In toto corpore vestitur pilis atris, exceptis qui caput obtegunt, qui sunt obscurè fusci, & maculâ sub gutture flavâ. Habitat in *Brasiliâ*.

Elle est un peu plus petite que la précédente; mais elle luy ressemble par sa figure. Ses yeux sont noirs & ronds; ses oreilles courtes, arrondies, & placées plus bas que les yeux. Elle a à chaque pied 5 doigts (*m*) armés d'ongles bruns & aigus; le pouce est plus court que les autres doigts. Tout son corps est couvert de poils noirs, exceptés ceux de la tête qui sont d'un brun foncé, & une tache jaune, qu'elle a sous la gorge. On la trouve au *Brésil*.

(*m*) Utrùm digiti membranis inter se connexi sint, prorsùs ignoro: si reverà sint separati, in hoc Genere Animal istud non est reponendum.

(*m*) Je ne sçais si ses doigts sont joints ensemble par des membranes: s'ils ne l'étoient pas, elle ne seroit pas de ce Genre.

ORDRE XVII.

LES QUADRUPEDES

Qui ont six dents incisives à la mâchoire supérieure, & huit à l'inférieure; & les doigts onguiculés.

CET Ordre ne contient qu'un seul Genre, qui est celui de la *Taupe*.

XLI.

Le Genre de la Taupe. (Fig. 7.)

Son caractere est

D'avoir six dents incisives à la mâchoire supérieure (Fig. 7. a.), huit à l'inférieure (Fig. 7. b.):

Les doigts onguiculés:

La plante des pieds de devant tournée en dehors.

Obs. Toutes les especes de ce Genre vivent sous terre, & y font des tanieres, dans lesquelles elles se cachent.

ORDO XVII.

QUADRUPEDA

Dentibus incisoribus in maxillâ superiore sex, in inferiore octo; & digitis unguiculatis prædita.

UNICO Genere, *Talpæ* scilicet, constituitur hic Ordo.

XLI.

Genus Talpæ. (Fig. 7.)

Hujus character est

Dentes incisores in maxillâ superiore sex (Fig. 7. a.), in inferiore octo (Fig. 7. b.):

Digiti unguiculati:

Plantæ pedum anteriorum extrorsùm versæ.

Obs. Omnes hujus Generis species sub terrâ vitam agunt, ibique cuniculos condunt, in quibus delitescunt.

** 1. LA TAUPE.

Talpa caudata, nigricans, pedibus anticis & posticis pentadactylis... TALPA VULGARIS.

Talpa caudata. *Linn. syst. nat. ed. 6. g. 13. sp. 1.*
Faun. Suec. Linn. No. 17.

Talpa

Talpa nostras, nigra communiter. *Klein. Quadr. p.* 60.
Talpa. *Raj. Syn. Quadr. p.* 236.
Gesn. Quadr. Fig. p. 1055. [*Fig. sat bona*].
Gesn. Icon. Quadr. Fig. p. 116. (*Fig. eadem*).
Aldro. Quadr. dig. viv. p. 449. *Fig. p.* 451. *No.* 2. (*Fig. sat bona*).
Jonst. Quadr. p. 118. *Fig. T.* 66. [*Fig. sat bona*].
Charlet. Exer. p. 25.
Rzac. Hist. Nat. Pol. p. 236.
Taupe. *Kolbe. Tom. III. p.* 51.
Les Grecs l'appellent Ασπαλαξ.
Les Espagnols, Topo. *Gesn. Aldro.*
Les Italiens, Talpa. *Gesn. Aldro.*
Les Boulonnois, Topinara. *Aldro.*
Les Suisses, Schær, *ou* Schærmus. *Gesn.*
Les Allemands, Mulwerf. *Gesn. Aldro.* Maul-Wurff. *Rzac.*
Les Illyriens, Krticze. *Gesn. Aldro.*
Les Polonois, Kret. *Rzac.*
Les Suédois, Mullvad. *Linn.*
Les Smolandois, Surck. *Linn.*
Les Flamands & les Hollandois, Moll, *ou* Mollmuss. *Gesn. Aldro.*
Les Anglois, Mole, *ou* Moldwrap, *ou* Want. *Raj. Gesn. Aldro.*

Corporis longitudo, ab extremitate nasi ad caudæ exortum, 5 est circiter pollicum; capitis, ab extremitate nasi ad occipitium, 1 ½ pollicis. Caudam habet brevissimam; oculos seminis *Millii* magnitudine, nigros, & sub pilis occultos; nasum 4 lineis ultrà maxillam superiorem prominentem; crura brevissima; pedes anteriores posterioribus latiores, & ad humum fodiendum aptatos; in singulis pedibus digitos 5, validis unguibus munitos, præsertim in anticis pedibus. Per universum corpus vestitur pilis brevibus, densis, serici instar mollissimis, & ni-

La longueur de son corps, depuis le bout du nez jusqu'à l'origine de la queue, est d'environ 5 pouces; celle de sa tête, depuis le bout du nez jusqu'à l'occiput, de 1 ½ pouce. Sa queue est très courte. Ses yeux sont gros comme un grain de *millet*, noirs, & cachés sous les poils. Son nez avance de 4 lignes au-delà de la mâchoire supérieure. Ses jambes sont très courtes : ses pieds de devant sont plus larges que ceux de derriere, & propres à fouiller la terre. Elle a à chaque pied 5 doigts, armés d'ongles forts, surtout ceux des pieds de devant. Tout son corps est couvert de poils courts, épais, doux comme de la soye, & noirâtres. On la trouve ſous terre dans les champs, les prés, & les jardins.

gricantibus. Habitat ſub terrâ in agris, pratis & hortis.

** 2. LA TAUPE BLANCHE.

Talpa caudata, alba, pedibus anticis & poſticis pentadactylis... TALPA ALBA.

Talpa caudata. *Faun. Suec. Linn.* N°. 17.
Talpa coloris albi. *Raj. Syn. Quadr. p.* 236.
Talpa noſtras albi coloris. *Klein. Quadr. p.* 60.
Talpa alba noſtras. *Seb. Vol. I. p.* 51. *Fig. T.* 32. *F.* 1. (*Fig. bonâ*).
Talpa alba. *Rzac. Auct. p.* 329.
Les Polonois l'appellent KRET. *Rzac.*

Elle eſt de la grandeur, & de la figure de la précédente : elle n'en differe que par ſa couleur qui eſt blanche. On la trouve auſſi ſous terre dans les champs, les prés, & les jardins.

Magnitudine & figurâ præcedentem æmulatur : ab eâ autem differt colore, qui in toto corpore albus eſt. Habitat, ut illa, ſub terrâ in agris, pratis, & hortis.

3. LA TAUPE VARIÉE.

Talpa caudata, ex albo & nigro variegata, pedibus anticis & poſticis pentadactylis... TALPA VARIEGATA.

Talpa caudata. *Faun. Suec. Linn.* N°. 17.
Talpa maculata, Ooſt-friſia. *Klein. Quadr. p.* 60.
Seb. Vol. I. p. 68. *Fig. T.* 41. *F.* 4. (*Fig. bona*).

Elle differe des précédentes, parce qu'elle eſt un peu plus grande, & que tout ſon corps eſt comme marbré de taches noires & de taches blanches.

A præcedentibus differt magnitudine quâ eas paululùm antecellit, & colore, qui in toto corpore maculis albis & maculis nigris, marmoris in modum, variegatur.

Obſ. Je crois que ces trois Taupes ne ſont que des variétés de la même eſpece.

Obſ. Tres Talpæ præcedentes ejuſdem ſpeciei varietates mihi videntur.

4. La Taupe de Virginie.

Talpa caudata, nigricans, ex saturatè purpureo mixta, pedibus anticis & posticis pentadactylis... Talpa Virginiana.

Talpa caudata. *Faun. Suec. Linn. N°.* 17.
Talpa nigra Virginiana. *Klein. Quadr. p.* 60.
Talpa Virginianus niger. *Seb. Vol. I. p.* 51. *Fig. T.* 32. *F.* 3. (*Fig. bona*).

Magnitudine & figurâ *Talpam vulgarem* æmulatur : ab eâ tantùm differt colore pilorum, qui nigricantes sunt, splendentes, & saturatè purpureo coruscantes. Habitat in *Virginiâ*.

Elle est de la grandeur & de la figure de la *Taupe ordinaire* : elle en differe seulement par la couleur de son poil qui est noirâtre, luisant, & mêlé d'un pourpre foncé. On la trouve en *Virginie*.

5. La Taupe rouge d'Amérique.

Talpa caudata, ex dilutè cinereo rufa, pedibus anticis tridactylis, posticis tetradactylis... Talpa Americana rufa.

Talpa rubra Americana. *Klein. Quadr. p.* 60.
Seb. Vol. I. p. 51. *Fig. T.* 32. *F.* 2. (*Fig. bona*).

Magnitudine & figurâ corporis *Talpam vulgarem* æmulatur; ab eâ autem differt figurâ pedum, quorum anteriores in 3 tantùm fissi sunt digitos, quorum exterior unguem gerit validissimum, longum, acutum, & parumper incurvum ; medius minor, minore etiam ungue munitus est ; interior verò minimus. Pedes posteriores in 4 abeunt digitos æqualibus ferè unguibus armatos. Per universum corpus vestitur pilis ex dilutè

Elle est de la grandeur de la *Taupe ordinaire* : elle luy ressemble par la figure de son corps; mais elle en differe par celle de ses pieds, dont ceux de devant n'ont que trois doigts, dont l'extérieur est muni d'un ongle très fort, long, pointu, & un peu recourbé ; le doigt du milieu est plus petit, ainsi que son ongle ; & le doigt intérieur est très petit. Les pieds de derriere ont chacun 4 doigts armés d'ongles presque égaux. Tout son corps est couvert de poils

Nn ij

d'un roux tirant sur un cendré clair. On la trouve en *Amérique*.

cinereo rufis. Habitat in *Americâ*.

6. La Taupe dorée de Siberie.

Talpa ecaudata, ex viridi aurea, pedibus anticis tridactylis, posticis tetradactylis... Talpa Siberica aurea.

Talpa ecaudata. *Linn. syst. nat. ed. 6. g.* 13. *sp.* 2.
Talpa Sibericus versicolor, *Aspalax* dictus. *Klein. Quadr. p.* 60.
Seb. Vol. I, p. 51. *Fig. T.* 32. *Mas F.* 4. *Fæmina F.* 5. [*Fig. bonis*].

Elle est à peu près de la grandeur de la *Taupe ordinaire*; elle en differe parce qu'elle a le nez beaucoup plus court, qu'elle n'a point de queue, & par la figure de ses pieds, qui sont semblables à ceux de la précédente. Tout son corps est marqueté de diverses couleurs, parmi lesquelles domine l'or & le verd. On la trouve en *Siberie*.

Magnitudine *Talpam vulgarem* circiter æquat; ab eâ autem differt naso multò breviore, caudæ defectu, & figurâ pedum pedibus præcedentis similium. In toto corpore variis refulget coloribus, quos inter præcipuè emicat ex viridi aureus. Habitat in *Siberiâ*.

ORDO XVIII.

QUADRUPEDA

Dentibus inciforibus in maxillâ fuperiore decem, in inferiore octo; & digitis unguiculatis donata.

Unico Genere, *Philandri* fcilicet, hic ordo, ficut & præcedens, conftituitur.

ORDRE XVIII.

LES QUADRUPEDES

Qui ont dix dents incifives à la mâchoire fupérieure, & huit à l'inférieure; & les doigts onguiculés.

Il n'y a dans cet Ordre, comme dans le précédent, qu'un feul Genre, fçavoir celui du *Philandre*.

XLII.

Genus Philandri.

Hujus character eft

Dentes incifores in maxillâ fuperiore decem, in inferiore octo:

In fingulis pedibus digiti quinque unguiculati:

Pollex diftinctus.

Obf. 1°. Omnes hujus Generis fpecies caudam habent caudæ *Murinæ* æmulam, & longiffimam, exceptâ fpecie ultimâ, quæ breviffimâ caudâ donatur.

Obf. 2°. In maxillâ fuperiore 10 funt dentes incifores, quorum 2 intermedii aliis funt majores; in maxillâ inferiore octo tantùm: prætereà in utrâque maxillâ den-

XLII.

Le Genre du Philandre.

Son caractere eft

D'avoir dix dents incifives à la mâchoire fupérieure, huit à l'inférieure:

A chaque pied cinq doigts onguiculés:

Le pouce bien diftinct.

Obf. 1°. Toutes les efpeces de ce Genre ont une queue femblable à celle d'un *Rat*, & très longue, excepté la derniere, qui l'a très courte.

Obf. 2°. Elles ont toutes à la mâchoire fupérieure 10 dents incifives, dont les 2 du milieu font plus grandes que les autres; & 8 à la mâchoire inférieure: elles ont en outre à chaque mâchoire plusieurs dents canines de chaque côté, & ensuite plusieurs dents molaires dont le nombre varie.

tes canini plures utrinquè, & deinde molares etiam plures utrinquè, quorum variat numerus.

Obs. 3°. Leurs pieds sont conformés de même que ceux des *Singes*. Comme eux, elles s'appuyent sur le talon en marchant. Leurs ongles sont aigus.

Obs. 3°. Pedes habent pedibus *Simiarum* similes; *Simiarumque* instar super calcanea incedunt. Unguibus acutis donantur.

** 1. LE PHILANDRE.

Philander saturatè spadiceus in dorso, in ventre flavus, maculis suprà oculos flavis... PHILANDER.

Philander, Opassum, seu Carigueia Brasiliensis. *Seb. Vol. I. p. 56. Fig. T. 36. Mas F. 1. Fœmina F. 2. Pullus F. 3. (Fig. optimis).*
Didelphis mammis intrà abdomen. Possum. *Linn. syst. nat. ed. 6. g. 23. sp. 1.*
Mus Marsupialis sylvestris Brasiliensis. *Klein. Quadr. p. 59.*
Carigueya Brasiliensibus. *Raj. Syn. Quadr. p. 182.*
Marcgr. Hist. Br. Fig. p. 222. (Fig. mala).
Carigueya. *Jonst. Quadr. p. 94. Fig. T. 63. [Fig. mala].*
Pison. Hist. Nat. Fig. p. 323. [Fig. mala].
Carigue, vel Sarigoy. *Jo. de Laët. p. 82.*
Opassum. *Jo. de Laët. p. 82.*
Opossum. *Cat. App. p. 29.*
Tlaquatzin. *Jonst. Quadr. Fig. T. 73. [Fig. sat bona, si pilus brevior esset].*
Eus. Nieremb. Fig. p. 156. (Fig. ut suprà).
Hernand. Hist. Mex. p. 330.
Vulpes major putoria, caudâ tereti & glabrâ. *Barr. Hist. Fr. eq. p. 166.*
Semivulpa. *Gesn. Quadr. Fig. p. 981. (Fig. ficta).* (n).
Gesn. Icon. Quadr. Fig. p. 90. (Fig. eadem).
Jonst. Quadr. Fig. T. 58. (Fig. eadem).
Aldro. Quadr. dig. viv. Fig. p. 223. (Fig. etiam ficta).
Carigoy, vel Sarigoy Lerii. *Raj. Jonst. Marcgr.*
Jupatiima nonnullis. *Raj. Jonst. Marcgr.*
Manicou du P. Feuillée. *Klein.*
Les Portugais l'appellent ROPOZA. *Raj.*
Les Anglois, POSSUM. *Raj.*
Les François de la Guiane, PUANT. *Barr.*
Les Guianois, AOUARÉ. *Barr.*

(n) Les Figures qu'ont donné de cet animal *Gesner*, *Jonston*, & *Aldrovande*, ne lui ressemblent en aucune façon, ni même à aucun *Quadrupede* connu.

(n) Figuræ, quas hujus animalis dederunt *Gesnerus*, *Jonstonus*, & *Aldrovandus*, nullo modo id repræsentant, nec etiam ullum *Quadrupedem* notum.

Corporis longitudo, ab occipitio ad caudæ exortum usque, 8 circiter est pollicum; capitis, ab extremitate rostri ad occipitium, 3 pollicum; caudæ 1 pedis. Crura anteriora 3 pollices longa sunt; posteriora verò paulò plus 4 pollices. Rostrum habet acuminatum; maxillam superiorem ultrà inferiorem paulò prominentem; parvos, rotundos, & lucidos oculos; auriculas longas, latas, glabras, ad tactum mollissimas, tenuissimas & translucidas, *Vulpinarum* instar erectas; barbam *Felinam*, nigris conflatam setis, cujusmodi & in genis & suprà oculos habentur. Cauda, ab exortu ad tertiam longitudinis partem, pilis obsita est; in reliquâ longitudine squamulis tegitur, caudamque *Murinam* æmulatur. Pili saturatè spadicei partem corporis superiorem obtegunt; qui verò oris ambitum, ventrem, & crura cooperiunt, sunt flavi. Caput pilis fuscis vestitur, & suprà utrumque oculum macula inest flava. Habitat in *Americâ*.

Hujus speciei fœmina in infimo ventre, propè crura posteriora, sacculum habet, cujus orificium 2 ½ pollices longum est, in quo mammæ

La longueur de son corps, depuis l'occiput jusqu'à l'origine de la queue, est d'environ 8 pouces; celle de sa tête, depuis le bout du museau jusqu'à l'occiput, de 3 pouces; celle de sa queue de 1 pied; celle de ses jambes de devant de 3 pouces; & celle des jambes de derriere d'un peu plus de 4 pouces. Son museau est pointu; sa mâchoire supérieure un peu plus longue que l'inférieure: ses yeux sont petits, ronds & brillants; ses oreilles longues, larges, sans poils, douces au toucher, très minces, transparentes, & droites comme celles d'un *Renard*. Il a une barbe semblable à celle d'un *Chat*, composée de soyes noires: il a aussi de pareilles soyes aux jouës, & pardessus les yeux. Sa queue est couverte de poils depuis son origine jusqu'au tiers de sa longueur; le reste est couvert de petites écailles, & semblable à la queue d'un *Rat*. Toute la partie supérieure de son corps est d'un rouge-bay foncé: le tour de sa gueule, son ventre, & ses jambes sont jaunes. Sa tête est brune, & il a au-dessus de chaque œil une tache jaune. On le trouve en *Amérique*.

La femelle de cette espece a à la partie inférieure du ventre, auprès des jambes de derriere, une espece de sac, dont l'ouverture a environ 2 ½ pouces, dans lequel sont renfermées les mammelles, & où elle met ses petits nouvellement nez.

includuntur, & in quem fœtus, postquàm editi sunt, recipit.

2. Le Philandre Oriental.

Philander saturatè fuscus in dorso, in ventre flavus, maculis suprà oculos flavis... Philander Orientalis.

Philander Orientalis. *Seb. Vol. I. p. 61. Fig. T. 38. F. 1. (Fig. optima).*
Mus Marsupialis. *Klein. Quadr. p. 59.*
Les Indiens l'appellent Pelandor-Aroe ; *selon Fr. Valentin. Seba.*

Il ressemble parfaitement au précédent par la figure de toutes ses parties ; mais il est beaucoup plus grand. La longueur de son corps, depuis l'occiput jusqu'à l'origine de la queue, est d'environ 11 pouces ; & celle de sa tête, depuis le bout du museau jusqu'à l'occiput, de 4 pouces ; le reste à proportion. La partie supérieure de son corps est d'un brun foncé ; & l'inférieure est jaune : il a aussi une tache jaune pardessus chaque œil. On le trouve aux *Indes Orientales*.

Omnium partium figurâ præcedenti simillimus est ; ab eo autem differt magnitudine quâ eum antecellit. Corporis enim longitudo, ab occipitio ad caudæ exortum, 11 pollices circiter æquat ; capitis, ab extremitate rostri ad occipitium, 4 pollices ; reliquæ partes servatâ proportione longæ sunt. In parte corporis superiore saturatè fuscus est ; in inferiore flavus : & suprà utrumque oculum macula est flava. Habitat in *Indiâ Orientali*.

Sa femelle a, comme celle du précédent, à la partie inférieure du ventre ce petit sac, dans lequel elle renferme ses petits nouvellement nez.

Hujus speciei fœmina, sicut & præcedentis, in infimo ventre sacculo donatur, in quem fœtus, postquàm editi sunt, recipit.

3. LE PHILANDRE D'AMBOINE.

Philander atro spadiceus in dorso, in ventre ex albido cinereo flavicans, maculis suprà oculos obscurè fuscis... PHILANDER AMBOINENSIS.

Philander maximus Orientalis. *Seb. Vol. I. p. 64. Fig. T. 39.* (*Fig. optima*).
Didelphis mammis intra abdomen. Possum. *Linn. syst. nat. ed. 6. g. 23. sp.* 1.
Mus Marsupialis maximus Orientalis. *Klein. Quadr. p. 59.*
On l'appelle à Amboine COES-COES. *Seba.*

Corporis longitudo, ab occipitio ad caudæ initium usque, 13 est circiter pollicum; capitis, ab extremitate rostri ad occipitium, 4 ½ pollicum. Caudam habet longissimam, squamis rhomboideis in totâ longitudine tectam; rostrum valdè elongatum; auriculas latas, & arrectas; barbam barbæ præcedentium æmulam. Pili partem corporis superiorem tegentes, longi sunt, setacei, atro spadicei; & ad ventris latera utrinquè paulò dilutiorem acquirunt colorem: qui verò partem corporis inferiorem vestiunt, sunt ex albido cinereo flavicantes. Suprà utrumque oculum macula est obscurè fusca. Habitat in *Ambionensi Insulâ.*

Hujus speciei fœmina, sicut & præcedentium fœminæ, in infimo ventre sacculo

La longueur de son corps, depuis l'occiput jusqu'à l'origine de la queue, est d'environ 13 pouces; & celle de sa tête, depuis le bout du museau jusqu'à l'occiput, de 4 ½ pouces. Sa queue est très longue, & toute couverte d'écailles rhomboïdes. Son museau est fort allongé. Ses oreilles sont larges, & élevées. Il a une barbe pareille à celle des précédents. Les poils qui couvrent la partie supérieure de son corps, sont longs & soyeux, & d'un rouge-bay noirâtre; & cette couleur s'éclaircit un peu de chaque côté, en s'approchant du ventre : ceux qui couvrent la partie inférieure, sont d'un blanchâtre qui tire un peu sur le jaune cendré. Il a au dessus de chaque œil une tache d'un brun foncé. On le trouve à l'*Isle d'Amboine.*

La femelle de cette espece a aussi à la partie inférieure du ventre ce petit sac, dans lequel elle met ſes petits nouvellement nez.

donatur, in quem fœtus recenter natos recipit.

Obſ. Je ne ſçais ſi les eſpeces ſuivantes ont le caractere de ce Genre: je ne les ai jamais vûes; & les Auteurs qui les ont décrites, n'ont point déterminé le nombre de leurs dents inciſives. Aucune de ces eſpeces n'a à la partie inférieure du ventre ce petit ſac propre à renfermer les petits nouvellement nez; mais, à ce ſac près, elles reſſemblent aſſez aux eſpeces précédentes. La forme de leur tête & de leur muſeau, celle de leur queue, de leurs pieds, qui ont chacun 5 doigts, & dont le pouce eſt très diſtinct, ſont à peu près les mêmes. D'ailleurs elles ont à peu près la même façon de vivre; ce qui m'a déterminé à les placer dans ce Genre, juſqu'à ce que de plus exactes obſervations nous ayent inſtruit de leur vrai caractere.

Obſ. Utrùm ſpecies ſequentes hujus Generis characterem habeant prorsùs ignoro: eas nunquam vidi; auctoreſque, qui earum deſcriptionem dederunt, nullam de numero dentium inciſorum mentionem fecerunt. Nullæ in infimo ventre ſacculum habent, ad fœtus recenter natos includendos, comparatum; in omnibus verò aliis, ſolo ſacculo excepto, cum præcedentibus ſpeciebus ſatis benè conveniunt. Forma capitis, roſtri, caudæ, & pedum in 5 digitos fiſſorum, pollice diſtincto, eſt ferè eadem. Prætereà, eodem ferè modo victitant; ob quas rationes, eas in hoc Genere repoſui, uſque dum exactis obſervationibus ipſarum characteris veram cognitionem habeamus.

4. Le Philandre du Brésil.

Philander pilis in exortu albis, in extremitate nigricantibus veſtitus... Philander Brasiliensis.

Taijbi Braſilienſibus. *Raj. Syn. Quadr. p.* 185.
Marcgr. Hiſt. Br. p. 223.
Mus Tlaquatzin, ſeu Taijbi Braſilienſibus. *Klein. Quadr. p.* 59.
Tlaquatzin, ſeu Taijbi Braſilienſibus dicta. *Seb. Vol. I. p.* 57. *Fig. T.* 36. *F.* 4. [*Fig. bona*].
Taijbi. *Jonſt. Quadr. p.* 95.
Les Portugais l'appellent Cachorro domato. *Raj. Jonſt. Marcgr. Seba.*
Les Flamands, Boschratte. *Raj. Marcgr.*

Son corps eſt long de 14 doigts, depuis l'occiput juſqu'à l'origine de la queue. Son muſeau eſt pointu: ſes yeux ſont noirs, & à fleur de tête; ſes oreilles arrondies, denuées de

Corporis longitudo, ab occipitio ad caudæ exortum, 14 eſt digitorum. Orem habet acutum; nigros & prominentes oculos; auriculas ſubrotundas, glabras, & tenuissimas; barbam barbæ *Felinæ* æmulam; caudam longissimam, ab exortu ad tertiam circiter longitudinis partem, pilis in exortu albis in extremitate nigricantibus obsitam, reliquâ longitudine squamulis tectâ. Per universum corpus vestitur pilis in exortu albis splendentibus, in extremitate nigricantibus, & magis quidem in dorso, maximè tamen in cruribus. Habitat in *Brasiliâ*.

poils, & fort minces. Il a une barbe semblable à celle d'un *Chat*. Sa queue, qui est très longue, est couverte, depuis son origine environ jusqu'au tiers de sa longueur, de poils blancs à leur origine & terminés de noirâtre; le reste est couvert de petites écailles. Les poils, qui couvrent tout son corps, sont d'un blanc éclattant à leur origine, & leur extrémité est noirâtre: cette derniere couleur est plus foncée sur le dos, & beaucoup plus encore sur les jambes. On le trouve au *Brésil*.

5. LE PHILANDRE D'AMÉRIQUE.

Philander saturatè spadiceus in dorso, in ventre dilutè flavus; pedibus albicantibus... PHILANDER AMERICANUS.

Mus Scalopes. *Klein. Quadr. p.* 58.
Mus sylvestris Americanus, *Scalopes* dictus. *Seb. Vol. I. p.* 48. *Fig. T.* 31. *Mas F.* 1. *Fœmina F.* 2. (*Fig. bonis*).
Scalopes. *Aldro. Quadr. dig. viv. p.* 416.
Les Brasiliens l'appellent MARMOSA. *Seba.*

Magnitudine *Rattum* circiter æquat. Rostrum habet elongatum, & in acumen desinens; magnos & nigros oculos; auriculas latas, pendulas, rarisque dumtaxat pilis obsitas. Promissus mystax labium superius ornat. Cauda est longissima, omninò pilis destituta, & in extremo spiraliter intorta. Superior corporis pars, & oculorum circumferentia sunt saturatè spa-

Il est à peu près de la grandeur d'un *Rat*. Son museau est allongé, & se termine en pointe: ses yeux sont grands & noirs; ses oreilles larges, pendantes, garnies seulement de quelques poils clair-semés. Il a à la lévre supérieure une longue moustache. Sa queue est très longue, & tout à fait denuée de poils; & son extrémité est roulée en spirale. La partie supérieure du corps, & le tour des yeux sont

d'un rouge-bay foncé: le ventre & le front sont d'un jaune clair: ses pieds sont sans poils, & blanchâtres. On le trouve en *Amérique*.

diceæ; venter autem cum fronte dilutè flavus: pedes glabri sunt & albicantes. Habitat in *Americâ*.

6. Le Philandre d'Afrique.

Philander saturatè spadiceus in dorso, in ventre ex albo flavicans, cauda ex saturatè spadiceo maculata... Philander Africanus.

Didelphis mammis extrà abdomen. *Linn. syst. nat. ed. 6. g. 23. sp. 2.*
Mus Africanus, *Kayopollin* dictus. *Klein. Quadr. p. 58.*
Seb. Vol. I. p. 49. Fig. T. 31. F. 3. [*Fig. bona*].
Mus Indicus, dictus *Coyopollin. Charlet. exer. p. 25. No. 5.*
Animal caudimanum, seu Coyopollin. *Eus. Nieremb. p. 158.*
Coyopollin. *Jonst. Quadr. p. 118.*
Fern. Hist. N. Hisp. p. 10.

Il est de la grandeur, & de la figure du précédent; il a seulement la tête plus grosse, ainsi que la queue, qui est toute tachetée de rouge-bay foncé. Ses oreilles sont très minces & transparentes. La partie supérieure de son corps est d'un rouge-bay foncé; son ventre d'un blanc jaunâtre; & ses jambes & ses pieds sont blancs. On le trouve en *Afrique*.

Magnitudine & figurâ præcedentem æmulatur; paulò tamen crassius ejus caput est; ita & cauda tantillùm crassior & ex saturatè spadiceo maculata. Auriculæ tenuissimæ sunt & translucidæ. Corporis pars superior saturatè spadicea est; venter ex albo flavicans; cruraque & pedes albi. Habitat in *Africâ*.

7. Le Philandre de Surinam.

Philander ex rufo helvus in dorso, in ventre ex flavo albicans... Philander Surinamensis.

Didelphis mammis extrà abdomen. *Linn. syst. nat. ed. 6. g. 23. sp. 2.*
Mus sylvestris Americanus, catulos suos suprà dorsum ferens. *Klein. Quadr. p. 58.*
Mus seu sorex sylvestris Americanus. *Seb. Vol. I. p. 49. Fig. T. 31. Mas F. 4. Fæmina F. 5.* [*Fig. bonis*].

Magnitudine, & figurâ præcedentes æmulatur. Mirè lucidos habet oculos; auriculas nudas & rigidas; prolixam in labio superiore barbam; & suprà quemlibet oculum binas setas quasi *Suillas*; caudam glabram, in extremo spiraliter intortam, maculis saturatè spadiceis per totam longitudinem dispersis, in mare tantùm, non quidem in fœminâ. Corporis pars superior ex rufo helva est: venter, pedes, rostrum, & frons ex flavo albicant: & oculorum ambitus est saturatè fuscus. Ungues omnes pedum anteriorum, sicut & ungues pollicum pedum posteriorum, breves sunt & obtusi, reliquis unguibus acutis. Habitat in *Surinamensi Insulâ*.

Il est de la grandeur, & de la figure des précédents. Ses yeux sont brillants; ses oreilles dénuées de poils, & roides. Il a à la lévre supérieure une longue barbe; & sur chaque œil deux poils semblables à des soyes de *Cochon*. Sa queue est nuë, roulée en spirale à son extrémité, & marquetée, dans le mâle seulement, de taches d'un rouge-bay foncé. La partie supérieure du corps est d'un roux tirant sur le rouge clair: le ventre, les pieds, le museau & le front sont d'un jaune blanchâtre: & le tour des yeux est d'un brun foncé. Tous les ongles des pieds de devant, & ceux des pouces des pieds de derriere sont courts & obtus, & les autres sont aigus. On le trouve à *Surinam*.

8. Le Philandre a grosse teste.

Philander ex rufo luteus in dorso, in ventre ex flavo albicans, capite crasso... PHILANDER CAPITE CRASSO.

Didelphis mammis extrà abdomen. *Linn. syst. nat. ed. 6. g. 23. sp. 2.*
Mus Americanus major, agrestis, capite grandi. *Klein. Quadr. p. 58.*
Mus seu sorex Americanus, major agrestis, capite grandi. *Seb. Vol. I. p. 50. Fig. T. 31. F. 8. (Fig. bona).*

Caput habet crassum, latum, & albicans; auriculas ingentes & glabras; prolixam in labio superiore barbam. Dorsum est ex rufo luteum: venter verò, cauda crura-

Il a la tête grosse, large & blanchâtre; les oreilles grandes & sans poils; une longue barbe à la lévre supérieure. Son dos est d'un roux qui tire sur le jaune: son ventre, le dessous de sa queue & de ses jambes sont d'un jaune blanchâtre. On le trouve en *Amérique*.

que subtùs ex flavo albicant. Habitat in *Americâ*.

9. Le Philandre a courte queue.

Philander obscurè rufus in dorso, in ventre helvus, caudâ brevi & crassâ... Philander cauda brevi.

Didelphis mammis extrà abdomen. *Linn. syst. nat. ed. 6. g. 23. sp. 2.*
Mus sylvestris Americanus. *Seb. Vol. I. p. 50. Fig. T. 31. F. 6.* (*Fig. bona*).

Il est de la grandeur, & de la figure du *Philandre de Surinam*. Ses oreilles sont denuées de poils. Il a à la lévre supérieure une longue barbe; & sur chaque œil deux poils semblables à des soyes de *Cochon*. Sa queue est courte & grosse. Tous ses ongles sont aigus. Son dos est d'un roux foncé; son ventre d'un roux pâle: son museau & son front sont d'un jaune blanchâtre; & le tour de ses yeux est d'un brun foncé. On le trouve en *Amérique*.

Magnitudine & figurâ *Philandrum Surinamensem* æmulatur. Glabras habet auriculas; prolixam in labio superiore barbam; & suprà quemlibet oculum binas setas, quasi *Suillas*; caudam brevem & crassam; ungues omnes acutos. Obscurè rufus est in dorso; in ventre verò helvus: rostrum & frons ex flavo albicant; & oculorum ambitus est saturatè fuscus. Habitat in *Americâ*.

FIGURARUM Explicatio.

Figura 1. Caput Armadilli Guianensis. *a, a,* dentes ipsius molares.

Fig. 2. Caput Musaranei. *a, a,* dentes incisores superiores. *b, b,* dentes incisores inferiores. *c, c, c,* dentes canini.

Fig. 3. Caput Erinacei. *a,* dentes incisores superiores. *b,* dentes incisores inferiores. *c, c,* dentes canini.

Fig. 4. Caput Pteropi. *a, a, a, a,* dentes incisores. *b, b, b,* dentes canini.

Fig. 5. Caput Prosimiæ. *a, a, a,* dentes incisores superiores. *b, b,* dentes incisores inferiores. *c, c,* dentes canini.

Fig. 6. Caput Vespertilionis Minoris. *a,* dentes incisores superiores. *b,* dentes incisores inferiores. *c,* dentes canini. *d,* dens incisorius superior intermedius ope microscopii auctus. *e,* dens incisorius inferior etiam ope microscopii auctus.

Fig. 7. Caput Talpæ. *a,* dentes incisores superiores. *b,* dentes incisores inferiores. *c, c,* dentes canini.

EXPLICATION des Figures.

Figure 1. Tête de l'Armadille de Cayenne. *a, a,* ses dents molaires.

Fig. 2. Tête de la Musaraigne. *a, a,* ses dents incisives supérieures. *b, b,* ses dents incisives inférieures. *c, c, c,* ses dents canines.

Fig. 3. Tête du Hérisson. *a,* ses dents incisives supérieures. *b,* ses dents incisives inférieures. *c, c,* ses dents canines.

Fig. 4. Tête de la Roussette. *a, a, a, a,* ses dents incisives. *b, b, b,* ses dents canines.

Fig. 5. Tête du Maki. *a, a, a,* ses dents incisives supérieures. *b, b,* ses dents incisives inférieures. *c, c,* ses dents canines.

Fig. 6. Tête de la Petite Chauve-Souris de notre pays. *a,* ses dents incisives supérieures. *b,* ses dents incisives inférieures. *c,* ses dents canines. *d,* une des dents incisives supérieures intermediaires grossie à la loupe. *e,* une des dents incisives inférieures aussi grossie à la loupe.

Fig. 7. Tête de la Taupe. *a,* ses dents incisives supérieures. *b,* ses dents incisives inférieures. *c, c,* ses dents canines.

TABLE

après la Page 295.

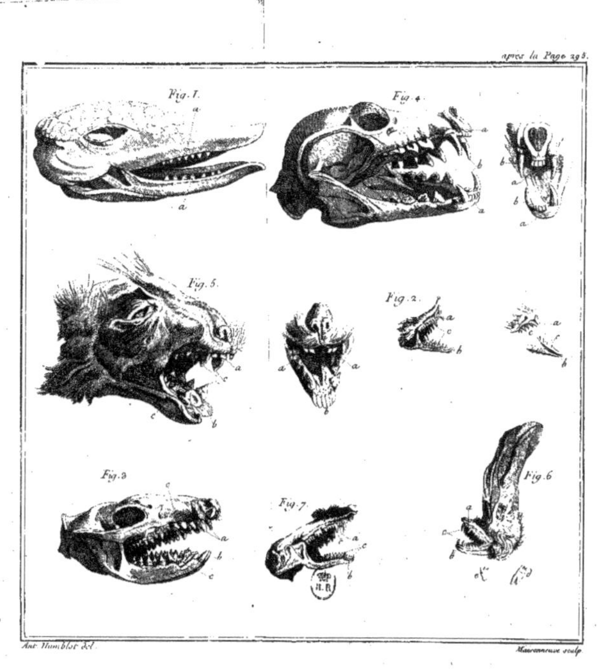

Ant. Humblot del.　　Maurenneuve sculp.

TABLE DES QUADRUPEDES,

Selon l'Ordre dans lequel ils sont rangés dans cet Ouvrage.

ORDRE I.

SECTION I.

I. *Genre du Fourmiller.*

1. LE Fourmiller *Tamanoir*.
2. Le Fourmiller.
3. Le Fourmiller aux longues oreilles.
4. Le Petit Fourmiller.

SECTION II.

II. *Genre du Pholidote.*

1. Le Pholidote.
2. Le Pholidote à longue queue.

ORDRE II.

SECTION I.

III. *Genre du Pareſſeux.*

1. Le Pareſſeux.
2. Le Pareſſeux de Ceylan.

SECTION II.

IV. *Genre de l'Armadille.*

1. L'Armadille.
2. L'Armadille Oriental.
3. L'Armadille des Indes.
4. L'Armadille du Mexique.
5. L'Armadille du Bréſil.
6. L'Armadille de Cayenne.
7. L'Armadille d'Afrique.

ORDRE III.

V. *Genre de l'Elephant.*

1. L'Elephant.

VI. *Genre de la Vache-Marine.*

1. La Vache-Marine.
2. Le Lamantin.

ORDRE IV.

VII. *Genre du Chameau.*

1. Le Chameau.
2. Le Dromadaire.
3. Le Chameau du Perou.
4. La Vigogne.

ORDRE V.

SECTION I.

VIII. *Genre de la Giraffe.*

1. La Giraffe.

IX. *Genre du Bouc.*

1. Le Bouc. La Chevre domeſtique.
2. La Chevre d'Angora.
3. Le Bouc-Eſtain.
4. La Petite Chevre d'Amérique.
5. Le Petit Chamois d'Amérique.
6. Le Chamois, ou l'Yzard.
7. La Gazelle des Indes.
8. La Gazelle.
9. La Gazelle du Bezoar.

10. La Gazelle d'Afrique.
11. La Gazelle de la Nouvelle Eſpagne.
12. La Chevre du Levant.
13. La Chevre de Sirie.
14. La Chevre de la Nouvelle Eſpagne.
15. La Chevre de Créte.

X. *Genre du Bellier.*

1. La Brebis Domeſtique.
2. La Brebis à large queue.
3. La Brebis à longue queue.
4. La Brebis d'Afrique.
5. La Brebis de Guinée.

XI. *Genre du Bœuf.*

1. Le Bœuf Domeſtique.
2. Le Buffle d'Afrique.
3. L'Aurochs.
4. Le Buffle.
5. Le Biſon blanc.
6. Le Biſon.
7. Le Biſon d'Amérique.
8. Le Bœuf ſauvage.

SECTION II.

XII. *Genre du Cerf.*

1. Le Cerf.
2. Le Cerf d'Allemagne.
3. Le Cerf de Canada.
4. Le Cerf de Groënland.
5. Le Chevreuil.
6. Le Karibou.
7. Le Daim.
8. Le Rhenne.
9. L'Elan.

SECTION III.

XIII. *Genre du Chevrotain.*

1. Le Chevrotain des Indes.
2. Le Chevrotain de Guinée.
3. Le Chevrotain de Surinam.
4. Le Chevrotain d'Afrique.
5. Le Muſc.

ORDRE VI.

XIV. *Genre du Cheval.*

1. Le Cheval.
2. Le Zébre, ou l'Âne rayé.
3. L'Aſne.
4. Le Mulet.
5. L'Aſne ſauvage.

ORDRE VII.

XV. *Genre du Cochon.*

1. Le Cochon Domeſtique.
2. Le Cochon de la Chine.
3. Le Sanglier.
4. Le Cochon de Guinée.
5. Le Sanglier des Indes Orientales.
6. Le Sanglier du Mexique.

ORDRE VIII.

XVI. *Genre du Rhinoceros.*

1. Le Rhinoceros.

ORDRE IX.

XVII. *Genre du Cabiai.*

1. Le Cabiai.

ORDRE X.

XVIII. *Genre du Tapir, ou Manipouris.*

1. Le Tapir, ou Manipouris.

ORDRE XI.

XIX. *Genre de l'Hippopotame.*

1. L'Hippopotame.

ORDRE XII.

SECTION I.

XX. *Genre du Porc-Epic.*

1. Le Porc-Epic.
2. Le Porc-Epic de la Nouvelle Espagne.
3. Le Porc-Epic de la Baye de Hudson.
4. Le Porc-Epic d'Amérique.
5. Le Grand Porc-Epic d'Amérique
6. Le Porc-Epic des Indes Orientales.

SECTION II.

XXI. *Genre du Castor.*

1. Le Castor, ou le Biévre.
2. Le Castor blanc.
3. Le Rat musqué.
4. Le Rat musqué de Canada.

XXII. *Genre du Liévre.*

1. Le Liévre.
2. Le Liévre blanc.
3. Le Liévre noir.
4. Le Lapin de notre pays.
5. Le Riche.
6. Le Lapin d'Angora.
7. Le Liévre du Brésil.

XXIII. *Genre du Lapin.*

1. Le Lapin de Java.
2. L'Agouty.
3. Le Lapin d'Amérique.
4. Le Pak.
5. Le Lapin de Norvege.
6. Le Lapin d'Allemagne.
7. Le Lapin des Indes.
8. Le Lapin du Brésil.

XXIV. *Genre de l'Ecureuil.*

1. L'Ecureuil.
2. L'Ecureuil blanc de Siberie.
3. L'Ecureuil noir.
4. L'Ecureuil varié.
5. L'Ecureuil d'Amérique.
6. L'Ecureuil de Virginie.
7. L'Ecureuil du Brésil.
8. L'Ecureuil de la Nouvelle Espagne.
9. L'Ecureuil de la Caroline.
10. L'Ecureuil Palmiste : *vulgairement* Rat Palmiste.
11. L'Ecureuil de Barbarie.
12. L'Ecureuil volant.
13. L'Ecureuil volant de Siberie.
14. L'Ecureuil volant de Virginie.

XXV. *Genre du Loir.*

1. Le Loir.
2. Le Lérot.
3. Le Croque-noix.
4. La Marmotte de Bahama.
5. La Marmotte d'Amérique.
6. La Marmotte de Pologne.
7. La Marmotte des Alpes.
8. La Marmotte de Strasbourg.

XXVI. *Genre du Rat.*

1. Le Rat.
2. La Souris.
3. Le Rat de bois.
4. Le Grand Rat des champs.
5. La Souris d'Amérique.
6. Le Rat d'Amérique.
7. Le Rat blanc de Virginie.
8. Le Rat de Norvege.
9. Le Mulot.
10. Le Rat Oriental.
11. Le Rat d'eau.
12. Le Petit Rat des champs.

SECTION III.

XXVII. *Genre de la Musaraigne.*

1. La Musaraigne.
2. La Musaraigne du Brésil.

SECTION IV.

XXVIII. *Genre du Hérisson.*

1. Le Hérisson.

ORDRE XV.

XXXIII. *Genre du Phocas.*

1. Le Phocas, ou Veau-Marin.

ORDRE XVI.

SECTION I.

XXXIV. *Genre de l'Hyene.*

1. L'Hyene.

XXXV. *Genre du Chien.*

1. Le Chien.
2. Le Loup.
3. Le Loup doré.
4. Le Loup du Mexique.
5. Le Renard.
6. Le Renard croisé.
7. Le Renard gris.
8. Le Renard blanc.

XXXVI. *Genre de la Belette.*

1. La Belette.
2. L'Hermine.
3. Le Furet.
4. Le Furet des Indes.
5. Le Furet de Java.
6. Le Vison.
7. La Fouine.
8. La Marte.
9. La Marte Zibeline.
10. Le Putois.
11. Le Putois rayé.
12. L'Ichneumon, ou la Mangouste; *vulgairement*, le Rat de Pharaon.
13. La Genette.

XXXVII. *Genre du Blaireau.*

1. Le Blaireau, ou Taisson.
2. Le Blaireau blanc.
3. Le Blaireau du Surinam.
4. La Civette.

XXXVIII. *Genre de l'Ours.*

1. L'Ours.
2. L'Ours blanc.
3. L'Ours de la Baye de Hudson.
4. Le Coati.
5. Le Coati-Mondi.
6. Le Coati-Mondi à queue annelée.

XXXIX. *Genre du Chat.*

1. Le Chat Domestique.
2. Le Chat sauvage.
3. Le Chat sauvage tigré.
4. Le Chat d'Angora.
5. Le Lion.
6. Le Tigre.
7. Le Tigre Royal.
8. Le Tigre d'Amérique.
9. Le Tigre Noir.
10. Le Tigre-Barbet, ou le Tigre frisé.
11. Le Tigre rouge.
12. Le Leopard.
13. Le Chat-Pard.
14. Le Chat-Cervier.
15. Le Loup-Cervier.

SECTION II.

XL. *Genre de la Loutre.*

1. La Loutre.
2. La Loutre du Brésil.

ORDRE XVII.

XLI. *Genre de la Taupe.*

1. La Taupe.
2. La Taupe blanche.
3. La Taupe variée.
4. La Taupe de Virginie.
5. La Taupe rouge d'Amérique.
6. La Taupe dorée de Siberie.

ORDRE XVIII.

XLII. *Genre du Philandre.*

1. Le Philandre.

2. Le Philandre Oriental.
3. Le Philandre d'Amboine.
4. Le Philandre du Brésil.
5. Le Philandre d'Amérique.
6. Le Philandre d'Afrique.
7. Le Philandre de Surinam.
8. Le Philandre à grosse tête.
9. Le Philandre à courte queue.

TABLE ALPHABETIQUE

DES NOMS FRANÇOIS.

La Lettre G indique le Genre: la lettre R, la Race: & la lettre E, l'Espece.

D.

E

— D'Amérique,

INDEX ALPHABETICUS

Nominum Gallicorum, Latinorum, Hebraicorum, Græcorum, &c.

Littera G Genus designat; Litteræ ST, Stirpem, & Littera S, Speciem.

A.

C.

Camelus,

F.

Hermellanus,

I.

M.

Orico

Tt

S.

V.

Vu

CLASSE II.

LES CETACÉES.

CLASSIS II.

CETACEA.

CATALOGUS AUTHORUM.

ALDRO. Pisc.... Ulissis Aldrovandi Philosophi & Medici Bononiensis, de Piscibus Libri V, & de Cetis, Liber I. &c. Bononiæ 1638. in-folio.

Art. Descr. Pisc... Petri Artedi Sueci descriptiones specierum Piscium, quos vivos præsertim dissecuit, & examinavit, inter quos primariò Pisces regni Sueciæ, &c. Ichtyologiæ pars V. Lugduni Batavorum 1738. in-octavo.

Art. Gen. Pisc... Petri Artedi Sueci genera Piscium, in quibus systhema totum Ichtyologiæ proponitur, cum Classibus, Ordinibus, Generum Characteribus, specierum differentiis, observationibus plurimis, &c. Ichthyologiæ pars III. Lugduni Batavorum 1738. in-octavo.

Art. Synon. Pisc.. Petri Artedi Angermannia-Sueci synonymia nominum Piscium ferè omnium, in qua recentio fit nominum Piscium omnium facilè Authorum, qui unquam de Piscibus scripsere : uti Græcorum, &c. Ichthyologiæ pars IV. Lugduni Batavorum 1738. in-octavo.

Bell. Aquat... Petri Bellonii Cenomani de Aquatilibus libri duo, &c. Parisiis 1553. in-octavo oblong.

Bell des Poiss... La nature & diversité des Poissons, avec leurs pourtraits représentés au plus près du naturel, par Pierre Bellon du Mans. A Paris 1555, in octavo oblong.

Charlet. Exer... Gualteri Charletoni exercitationes, Piscium differentiæ & nomina. Oxoniæ 1677. in-folio.

Clus Exot... Caroli Clusii Atrebatis, Aulæ Cæsareæ quondam familiaris, Exoticorum libri decem. &c. Raphelengii 1605. in-folio.

Eus. Nieremb... Joannis Eusebii Nierembergii Madritensis, ex Societate Jesu, in Academia Regia Madritensi Philosophiæ Professoris, Historia Naturæ maximæ peregrinæ, libris XVI. distincta. Antuerpiæ 1635. in-folio.

Faun. Suec. Linn... Caroli Linnæi Medici & Botan. Prof. Upsal. &c. Fauna Suecica, sistens Animalia Sueciæ Regni, &c. Stockholmiæ 1746. in-octavo.

Gesn. Icon. Aquat... Icones Animalium aquatilium in mari & dulcibus aquis degentium. Tiguri 1560. in-folio.

Gesn. Pisc.. Conradi Gesneri Medici Tigurini Historiæ Animalium liber IV. qui est de Piscium & aquatilium animantium natura. Tiguri 1558. in-folio.

Hist. de l'Acad... Histoire de l'Académie Royale des Sciences. A Paris. in-quarto.

Hist. d'Isl. & de Gro... Histoire Naturelle de l'Islande, du Groënland, du détroit de Davis, & d'autres pays situés sous le Nord ; traduite de l'Allemand, par M. Anderson, &c. A Paris 1750. in-douze.

Jonst. Pisc... Historiæ Naturalis de Piscibus & Cetis, libri V. cum æneis figuris, Johannes Jonstonus Medicæ Doctor. Amstelodami 1657. in folio.

Klein. Pisc. Miss. 2... Jacobi Theodori Klein Historiæ Piscium Naturalis promovendæ Missus secundus ; de Piscibus per pulmones spirantibus, &c. Gedani 1741. in-quarto.

Linn. Syst. Nat. ed. 6... Caroli Linnæi Archiatr. Reg. Med. & Bot. Profess. Upsal. Systhema Naturæ, sistens regna tria naturæ, in classes & ordines, genera & species redacta, Tabulisque æneis illustrata. Editio sexta, emendata & aucta. Stockholmiæ 1748. in-octavo.

Mus. Worm... Museum Wormianum, seu Historia rerum rariorum, tam naturalium, &c. Adornata ab Olao Worm. Med. Doct. &c. Amstelodami 1655. in-folio.

Raj. Syn. Pisc... Joannis Raji Synopsis Methodica Piscium. Londini 1713. in-octavo.

Rondel. Pisc. .. Guillelmi Rondeletii Doctoris Medici & Medicinæ in Schola Monspeliensis Professoris Regii, libri de Piscibus marinis. Lugduni 1554. in-folio.

Sibbald. Obs. .. Phalainologia nova, sive Observationes de rarioribus quibusdam Balænis in Scotiæ littus nuper ejectis, &c. Edinburgii 1692. in-quarto.

Will. Hist. Pisc. .. Francisci Willughbeii Armig. de Historia Piscium libri quatuor, jussu & sumptibus Societatis Regiæ Londinensis, editi, &c. Oxonii 1686. in-folio.

CLASSIS II.

CLASSIS II.

CETACEA.

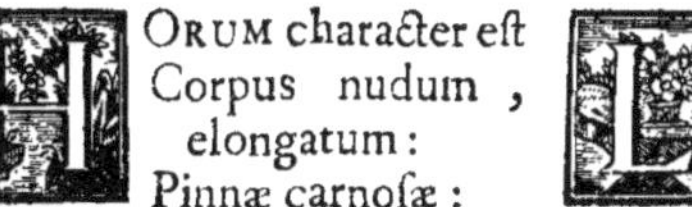

HORUM character est Corpus nudum, elongatum: Pinnæ carnosæ:

Cauda horizontaliter plana.

Omnia hujus Classis Animalia in mari perpetuò degunt; nec unquàm spontè, & absquè vitæ periculo, in siccum exeunt. Hæc, QUADRUPEDUM modo, *duos* habent in corde *ventriculos*; *pulmonibus* spirant; coeunt, *vivos* fœtus pariunt, eosque *lacte* alunt. Partium deniquè omnium internarum structurâ & usu cum illis conveniunt. Omnia fistulâ unâ, vel fistulis duobus, per quas aquam rejiciunt & efflant, in capite vel rostro donantur.

Alia sunt edentula: alia verò dentata. Edentula maxillam superiorem habent laminis corneis utrinque instructam; quæ laminæ corneæ

CLASSE II.

LES CETACÉES.

LEUR caractere est D'avoir le corps nud, & allongé: Des nageoires charnues: Et la queue platte horizontalement.

Tous les Animaux de cette Classe vivent toujours dans la mer; & ils n'en sortent jamais d'eux-mêmes, & sans risque de leur vie. Comme les QUADRUPEDES, ils ont *deux ventricules* au cœur; respirent par des *poûmons*; s'accouplent, font leurs petits *vivants*, & les *alaittent*. Ils leurs ressemblent encore par la structure & l'usage de toutes leurs parties intérieures. Ils ont tous pardessus la tête ou le museau, un ou deux canaux, par lesquels ils rejettent l'eau.

Les uns n'ont point de dents: les autres en sont munis. Ceux qui n'ont point de dents, ont la mâchoire supérieure garnie des deux côtés de lames de corne, qui s'ajuſtent obliquement dans l'inférieure, comme la *Baleine*. Ceux qui ont des dents, ou n'en ont qu'à la mâchoire inférieure ſeulement, comme le *Cachalot*; ou n'en ont qu'à la mâchoire ſupérieure, comme le *Narhval*; ou en ont aux deux mâchoires, comme le *Souffleur*, le *Dauphin*, &c.

in maxillâ inferiore obliquè includuntur, ut *Balæna*. Dentata dentes habent vel in maxillâ inferiore tantùm, ut *Cetus*; vel in maxillâ ſuperiore tantùm, ut *Ceratodon*; vel in maxillâ utrâque, ut *Phyſeter*, *Delphinus*, &c.

Ils ſe diviſent en quatre Ordres.

In quatuor Ordines dividuntur.

Dans le premier ſont compris ceux qui n'ont point de dents.

In primo Ordine continentur ea quæ ſunt edentula.

Dans le ſecond, ceux qui ont des dents à la mâchoire inférieure ſeulement.

In ſecundo, ea quæ ſunt dentata in maxillâ inferiore tantùm.

Dans le troiſiéme, ceux qui ont des dents à la mâchoire ſupérieure ſeulement.

In tertio, ea quæ ſunt dentata in maxillâ ſuperiore tantùm.

Et dans le quatriéme, ceux qui ont des dents aux deux mâchoires.

In quarto deniquè, ea quæ ſunt dentata in utrâque maxillâ.

Table méthodique des Cetacées.

Les Cetacées ou
- N'ont point de dents... *La Baleine*. 1... Ordre I.
- Ont des dents,
  - A la mâchoire inférieure ſeulement... *Le Cachalot*. 2... Ordre. II.
  - A la mâchoire ſupérieure ſeulement... *Le Narhval*. 3... Ordre III.
  - Aux deux mâchoires... *Le Dauphin*. 4... Ordre IV.

Tabula Synoptica Cetaceorum.

Cetacea ſunt, vel
- Edentula... *Balæna*. 1... Ordo I.
- Dentata,
  - In maxillâ inferiore tantùm... *Cetus*. 2... Ordo II.
  - In maxillâ ſuperiore tantùm... *Ceratodon*. 3... Ordo III.
  - In maxillâ utrâque... *Delphinus*. 4... Ordo IV.

ORDO I.

CETACEA edentula.

UNico Genere, *Balænæ* ſcilicet, hic Ordo conſtituitur.

I.

Genus Balænæ.

Hujus character eſt
Dentes nulli:
Maxillâ ſuperior laminis corneis utrinque inſtructa.

Obſ. Hujus Generis ſpecierum aliæ binas tantùm habent pinnas laterales, utrinquè unam; aliæ, præter iſtas laterales, tertiam habent in dorſo pinnam.

ORDRE I.

LES CETACÉES Qui n'ont point de dents.

IL n'y a dans cet Ordre qu'un ſeul Genre, ſçavoir celui de la *Baleine.*

I.

Le Genre de la Baleine.

Son caractere eſt
De n'avoir point de dents:
D'avoir la mâchoire ſupérieure garnie des deux côtés de lames de corne.

Obſ. Parmi les eſpeces de ce Genre, les unes n'ont que deux nageoires latérales, ſçavoir une de chaque côté; & les autres, outre ces deux latérales, en ont une troiſiéme ſur le dos.

1. La Baleine ordinaire de Groenland.

Balæna bipinnis, in dorſo nigricans, in ventre alba, dorſo levi... Balæna vulgaris Groenlandica.

Balæna vulgaris edentula dorſo non pinnato. *Raj. Syn. Piſc. p. 6. A. 1.*
Balæna major laminas corneas in ſuperiore maxillâ habens, fiſtulâ donata, bipinnis. *Raj. Syn. Piſc. p. 16. 7.*
Sibbald. Obſ. p. 28.
Balæna fiſtula in medio capite, dorſo caudam versùs acuminato. *Art. Gen. Piſc. g. 48. ſp. 1.*

Art. Synon. Pisc. g. 48. sp. 1.
Art. Descr. Pisc. g. 48. sp. 1.
Faun. Suec. Linn. N°. 264.
Balæna fistula in medio capite, dorso caudam versùs acuminato. Mysticetus. *Linn. syst. nat. ed. 6. g. 99. sp.* 1.
Balæna vera Zorgdrageri. *Klein. Pisc. Mis. 2. p.* 11. 1.
Balæna Rondeletii, Gesneri & aliorum. *Will. Hist. Pisc. p.* 35.
Balæna vulgò dicta, sive Mysticetus Aristotelis, Musculus Plinii. *Gesn. Pisc. Fig. p.* 132. (*Fig. mala*).
Balæna vulgò dicta, sive Musculus. *Rondel. Pisc. Fig. p.* 475. (*Fig. ut suprà*).
Balæna vulgò dicta. *Gesn. Icon. Aquat. Fig. p.* 167. (*Fig. eadem*).
Balæna vulgi. *Aldrov. Pisc. p.* 688. *Fig. p.* 732. (*Fig. eadem*).
Jonst. Pisc. p. 152.
Mus. Worm. p. 281.
Balæna vulgaris. *Charlet. Exer. p.* 46.
Baleine de Groenland. *Hist. d'Isl. & de Gro. Tom. I. p.* 198. *& Tom. II. p.* 78. *Fig. p.* 168. (*Fig. bonne*).
Les Espagnols l'appellent VALLENA. *Gesn.*
Les Italiens, BALENA ; VALENA. *Gesn.*
Les Allemands, WAL ; WALLFISCH ; WALLER. *Gesn.*
Les Suédois, GROENLANDS HWALFISKEN. *Art.* GRÖNLANDS-WALFISK. *Linn.*
Les Danois, SLICHTEBACK, *ou* SANDHUAL. *Hist. d'Isl.*
Les Groënlandois, ARBACH. *Hist. d'Isl.*
Les Islandois, SLETTBARK. *Hist. d'Isl.*
Les autres Habitans du Nord, SLITBAKKER. *Hist. d'Isl.*
Les Anglois, WHALE, *ou* GREENLANDS-WHALE. *Art. Will.*

La Baleine est le plus grand des Animaux. Elle a ordinairement 70 pieds de long. (*Jean Faber* dit qu'il y en a qui vont jusqu'à 100 pieds *). Sa tête seule occupe le tiers de sa longueur. Elle n'a point de dents ; mais la mâchoire supérieure est garnie des deux côtés de lames de corne qui s'ajustent obliquement dans l'inférieure, comme dans un fourreau, qui pour cela est beaucoup plus large que la supérieure. Les lames de corne de devant & de derriere sont les plus

* Raj. Syn. Pisc. p. 6.

Omnium Animalium maxima est *Balæna.* 70 pedum longitudinem communiter attingit. (Secundùm *Joannem Fabrum* sunt quæ 100 pedes longitudine adæquant *). Caput maximum est, siquidem tertiam totius animalis longitudinis partem obtinet. Dentibus omninò caret ; sed eorum loco, in maxillâ superiore tantùm utrinque sunt laminæ corneæ, quæ in maxillâ inferiore, sicut in vaginâ, obliquè includuntur : quam-

* Raj. Syn. Pisc. p. 6.

obrem maxillam inferiorem superiore multò latiorem habet. Laminæ autem illæ corneæ in anteriore oris parte, itemque in posteriore, breviores sunt, in mediâ longissimæ, ut interdùm 8 vel 10 pedum longitudinem adæquent. Laminæ etiam illæ tenuiore sui parte, secundùm earum longitudinem, appendicibus, setarum *Porcinarum* æmulis, augentur. Oculos habet oculis *Bovinis* non multò majores, & suprà oris angulos collocatos. Auriculæ ei nullæ; sed, cuticulâ capitis detractâ, post & infrà oculum macula inspicitur nigra, eoque in loco meatus auditorius. In parte capitis superiore, suprà oculos, eminentia est quædam, è quâ hinc inde exeunt fistulæ, quibus aquam rejicit & efflat. Linguam habet maximam, substantiæ mollis & spongiosæ, maxillæ inferiori firmiter adnexam, albicantem, & ad margines maculis nigris ornatam. Pinna nulla est in dorso; binas tantùm habet laterales (utrinque unam) post & paulò infrà oris angulos sitas, ossibus intùs firmatas, quæ *humanæ* manûs modo in digitos expanduntur. Pinnæ illæ 10 circiter pedes longæ sunt, & 3 latæ; quæ latitudo, versùs ex-

courtes; & celles du milieu les plus longues : ces dernieres ont jusqu'à 8 ou 10 pieds de long. Toutes ces lames de corne sont garnies dans toute leur longueur, du côté de leur tranchant, d'appendices qui ressemblent à des poils de *Sanglier*. Ses yeux, qui ne sont gueres plus grands que ceux d'un *Bœuf*, sont placés audessus des angles de la bouche. Elle n'a point d'oreilles; mais lorsqu'on a ôté l'épiderme de la tête, on découvre derriere l'œil & un peu plus bas une tache noire, & dans ce même endroit un conduit, par lequel le son pénétre jusqu'au tympan. Elle a sur la tête, & audessus des yeux, une éminence, de chaque côté de laquelle est un canal, par lequel elle rejette l'eau. Sa langue est très grande, d'une substance molle & spongieuse, fermement attachée à la mâchoire inférieure, blanchâtre, & marquée vers ses bords de taches noires. Elle n'a point de nageoires sur le dos: elle en a seulement une de chaque côté, située derriere, & un peu audessous des angles de la bouche, & soutenuë intérieurement par des os, qui imitent ceux des doigts de la main de l'*homme*. Ces nageoires ont environ 10 pieds de long, & 3 de larges; & cette largeur diminue à mesure qu'elle s'éloigne du corps. Sa queue qui est platte horizontalement, est large d'environ 20 pieds. Sa peau est lisse & noirâtre sur le dos, & marbrée en certains endroits de blanc & de jaune, surtout sur les nageoires, & sur la queue. Le ventre est blanc. Le mâle a une verge qui a 6 pieds de long, & 7 à 8 pouces de diamétre, & qui se termine en une pointe d'un pouce de diamétre. Il la porte ordinairement au dedans du corps, où elle est cachée comme dans un fourreau. La partie de la génération de la femelle est semblable à celle des *Quadrupedes*, & est ordinairement fermée. La femelle a aussi au bas du ventre 2 mammelles, qui, lorsqu'elle a des petits, ont 6 ou 8 pouces d'épaisseur, sur 10 ou 12 de diamétre. On la trouve dans la *Mer du Nord*.

tremum procedendo, minuitur. Cauda horizontaliter plana est, & 20 circiter pedes lata. Cutis levissima, in ventre alba, in dorso nigricans, & quibusdam in locis, præsertim in pinnis & caudâ, ex albo & flavo, marmoris in modum, variegata. Mas penem habet 6 pedes longum, cujus diameter 7 aut 8 pollices attingit, quique in acumen diametri unius pollicis desinit. Penis iste in corpore sub cute, sicut in vaginâ, includitur. Fœmina vulvam habet vulvis *Quadrupedum* similem, cujus orificium communiter clausum est; & in imo ventre mammas duas, quæ, dum pulli lacte aluntur, 6 aut 8 pollices crassæ sunt, earumque diameter 10 aut 12 pollices æquat. Habitat in *Mari Septentrionali*.

2. LA BALEINE D'ISLANDE.

Balæna bipinnis, ex nigro candicans, dorso levi... BALÆNA ISLANDICA.

Balæna Glacialis. *Klein. Pisc. Miss.* 2. *p.* 12. 3.
Nord-Caper. *Hist. d'Isl. & de Gro. Tom. I. p.* 199. *& Tom. II. p.* 91.

Elle ressemble par sa figure à la précédente: elle en differe seulement parce qu'elle a la tête & les lames de corne, qui garnissent la mâchoire supérieure, beaucoup plus petites, & le corps

Figurâ suâ præcedentem æmulatur: ab eâ tantùm differt corpore graciliore, & capite & laminis corneis, maxillæ superiori affixis, multò minoribus. Cutem habet levem, & ex nigro candicantem. *Harengis* vescitur. Habitat in mari, circà *Norvegiam*, & *Islandiam*.

plus mince. Sa peau est lisse, & d'un noir qui tire un peu sur le blanchâtre. Elle se nourrit de *Harengs*. On la trouve sur les côtes de *Norvege* & d'*Islande*.

3. LA BALEINE DE LA NOUVELLE ANGLETERRE.

Balæna bipinnis, unico in dorso gibbo... BALÆNA NOVÆ ANGLIÆ.

Balæna gibbo unico propè caudam. *Klein. Pisc. Mis.* 2. *p.* 12. 1.
Pflockfisch. *Hist. d'Isl. & de Gro. Tom. II. p.* 101.
Les Anglois l'appellent BUNCH, *ou* HUMP-BACK-WHALE. *Klein. Hist. d'Isl.*

A *Balænâ Groenlandicâ* differt gibbo suo in dorso, versùs caudam, sito, unius pedis altitudine & capitis *humani* crassitie. Binas habet pinnas laterales (utrinque unam) in medio ferè corpore sitas, 18 pedes longas, & candidissimas. Habitat in mari circà *Novam Angliam*.

Elle differe de la *Baleine de Groënland* parce qu'elle a sur le dos, vers la queue, une espece de bosse, qui a un pied de haut & l'épaisseur de la tête d'un *homme*. Elle a deux nageoires, une de chaque côté, placées presque au milieu du corps. Ces nageoires ont chacune 18 pieds de long, & sont fort blanches. On la trouve sur les côtes de la *Nouvelle Angleterre*.

4. LA BALEINE A SIX BOSSES.

Balæna bipinnis, sex in dorso gibbis.

Balæna gibbis vel nodis sex. *Klein. Pisc. Mis.* 2. *p.* 13. 2.
Knoten-Fisch, ou Knobbel-Fisch. *Hist. d'Isl. & de Gro. Tom. II. p.* 102.
Les Anglois l'appellent SCRAG-WHALE. *Klein. Hist. d'Isl.*

Figurâ suâ *Balænam Groenlandicam* imitatur : ab eâ tantùm differt quod laminas habeat corneas albas, sexque in dorso gibbos.

Elle ressemble par sa figure à *la Baleine de Groënland* : elle en differe seulement parce que ses lames de corne sont blanches ; & qu'elle a six bosses sur le dos.

5. Le Gibbar.

Balæna tripinnis, ventre levi.

Balæna edentula corpore ſtrictiore, dorſo pinnato. *Raj. Syn. Piſc. p.* 9. 2.
Klein. Piſc. Miſ. 2. *p.* 13. 1. *a.*
Balæna fiſtula in medio capite, tubere pinniformi in extremo dorſo. *Art. Geſn. Piſc. g.* 48. *ſp.* 2.
Art. Synon. Piſc. g. 48. *ſp.* 2.
Faun. Suec. Linn. N°. 265.
Balæna fiſtula in medio capite, tubere pinniformi in extremo dorſo. Phyſalus. *Linn. ſyſt. nat. ed.* 6. *g.* 99. *ſp.* 2.
Balæna vera. *Rondel. Piſc. Fig. p.* 482. (*Fig. mala*).
Balæna vera Rondeletii. *Geſn. Piſc. Fig. p.* 135. (*Fig. ut ſuprà*).
Gen. Icon. Aquat. Fig. p. 166. (*Fig. eadem*).
Aldro. Piſc. Fig. p. 677. (*Fig. eadem*).
Balæna vera Rondeletii, Geſn. *Will. Hiſt. Piſc. p.* 38.
Phyſeter veterum. *Raj. Art.*
Gibbar, ou Finfiſch. *Hiſt. d'Iſl. & de Gro. Tom. II. p.* 92. *Fig. p.* 168. (*Fig. bonne*).
Les Xaintongeois l'appellent Gibbar. *Rondel. Geſn. Hiſt. d'Iſl.*
Les Grecs, φάλαινα. *Geſn.*
Les Suédois, Finn-Fisk. *Linn.*
Les Anglois, Finfish. *Raj. Art.* Finbak-Whale. *Klein.*

Sa longueur eſt égale à celle de la *Baleine de Groënland*; mais ſa groſſeur eſt beaucoup moindre, & ſon corps plus effilé. Il en differe encore plus parce qu'il a ſur le dos, vers la queue, une nageoire droite & pointuë, de 3 ou 4 pieds de long: celles des côtés ont 6 ou 7 pieds. Il a ſur la tête un double canal, par lequel il rejette l'eau avec violence. Ses lames de corne ſont plus courtes que celles de la *Baleine de Groënland*, & de couleur bleue. Sa peau eſt liſſe, & brune ſur le dos & blanche ſur le ventre. Sa queue eſt beaucoup plus

Balænæ Groenlandicæ longitudine par eſt; verùm craſſitie multò minor, & corpus ipſius gracilius eſt. Ab eâ faciliùs adhuc dignoſcitur ex pinnâ rectâ & acutâ, 3 aut 4 pedes longâ, dorſo innaſcente non longè à caudâ. Pinnæ laterales 6 aut 7 pedes longæ ſunt. In parte capitis ſuperiore duplex eſt fiſtula, per quam vehementer aquam rejicit & efflat. Maxillæ ſuperiori innaſcuntur laminæ corneæ quàm in *Balænâ Groenlandicâ* breviores, & coloris cœrulei. Cutis ei levis eſt, in dorſo

dorso fusca, in ventre alba. Oris rictum habet multò ampliorem quam *Balæna vulgaris*. *Harengis*, *Scombris*, aliisque *Piscibus* vescitur. In *Indiâ* & *Novo Orbe* frequens.

grande que celle de la *Baleine ordinaire*. Il se nourrit de *Harengs*, de *Maqueraux*, & d'autres *Poissons*. On le trouve fréquemment dans l'*Inde* & dans le *Nouveau Monde*.

6. LA BALEINE A MUSEAU ROND.

Balæna tripinnis, ventre rugoso, rostro rotundo.

Balæna tripinnis, maxillam inferiorem rotundam, & superiore multò latiorem habens. *Raj. Syn. Pisc. p.* 17. 9.
Sibbald. Obs. p. 33. *Fig. T.* 3. (*Fig. sat bona*).
Balæna fistula duplici in fronte, maxillâ inferiore multò latiore. *Art. Gen. Pisc. g.* 48. *sp.* 4.
Art. Synon. Pisc. g. 48. *sp.* 4.
Linn. syst. nat. ed. 6. *g.* 99. *sp.* 3.
Balęna Bellonii. *Aldro. Pisc. Fig. p.* 676. (*Fig. mala*).
Balęna. *Bell. Aquat. p.* 4. *Fig. p.* 6. (*Fig. ut suprà*).
Balene. *Bell. des Poiss. p.* 4. *Fig. p.* 5. (*Fig. mauv.*)

Illius, cujus descriptionem dedit *Sibbaldus*, longitudo 78 pedes æquat: ambitus corporis 35 pedes superat. Maxilla inferior multò latior est & amplior superiore, figuræ semicircularis, & 13 pedes cùm 2 ½ pollicibus longa: superior verò angustior, & versùs partem extremam contractior, in acutum desinit. Rictus autem ipsius tantus est, ut in ejus ore uno eodemque tempore 14 *homines* stare possint. Lingua 15 pedes & 7 ½ pollices longa, & qua parte latissima 15 quoque pedes habet, substantiâque mollissimâ constat. Totum palatum ni-

La longueur de celle que *Sibbald* a décrite, est de 78 pieds. Le tour de son corps est de plus de 35 pieds. Sa mâchoire inférieure est beaucoup plus grande & plus large que la supérieure, & de figure semicirculaire, & elle a 13 pieds 2 ½ pouces de long: sa mâchoire supérieure est plus étroite, & se termine en pointe. Sa gueule est si grande, qu'il y peut tenir 14 *hommes* debout dans le même tems. Sa langue, qui est d'une substance molle, a 15 pieds 7 ½ pouces de long, & 15 pieds dans sa plus grande largeur. Tout son palais est couvert de soyes noires, qui luy tombent sur la langue: ses lames de corne sont noires & courtes; les plus longues n'ont que 3 pieds. Elle a sur le front deux canaux, par lesquels elle rejette l'eau, qui approchent de de la figure d'une pyramide, dont la base est vers le front. Ses yeux sont placés un peu audessus des angles de la bouche, & distants du bout du museau de 13 pieds 2 pouces. Ses nageoires latérales ont 10 pieds de long, & 2 ½ pieds dans leur plus grande largeur, & 3 pouces seulement vers l'extrémité, & sont éloignées de l'ouverture de la bouche de 6 pieds 5 pouces. Celle du dos est placée vers la queue, & est longue d'environ 3 pieds, & large de 2. Sa queue a 18 ½ pieds de large. Sa verge, qui est placée un peu audessous du nombril, a 5 pieds de long, & 4 pieds de tour à son origine; & elle devient ensuite peu à peu plus étroite jusqu'à son extrémité. L'anus est placé à 5 pieds audessous de la verge: son ouverture est longue d'un pied. Depuis la mâchoire inférieure jusqu'au nombril son ventre est garni de plis ou de rides, qui ont chacune 2 pouces de large, & qui sont distantes d'autant les unes des autres. La couleur de sa peau est noire sur le dos, & blanche sur le ventre. Cette espece vit de *Harengs*.

gris contectum est setis, quæ suprà linguam pendent: laminæ corneæ nigræ sunt & breves; longiores enim 3 tantùm pedes æquant. Duæ sunt in fronte fistulæ, quibus aquam rejicit & efflat, figuræ ad pyramidalem accedentis, cujus basis versùs frontem vertitur. Oculi paulò suprà oris angulos siti sunt, & ab eis ad rostri extremitatem distantia est 13 pedum & 2 pollicum. Pinnæ laterales 10 pedes longæ, qua parte latissimæ 2 ½ pedes habent, & versùs extremum 3 tantùm pollices latæ. Ab eis ad oris hiatum distantia est 6 pedum & 5 pollicum. Pinna dorsalis versùs caudam sita est, tresque circiter pedes longa, & 2 lata. Cauda 18 ½ pedes latitudine attingit. Penis, qui paulò infrà umbilicum pendet, 5 pedes longus, in exortu 4 pedes in ambitu obtinet, sensimque ad extremum angustius vergit. Ad 5 pedes sub pene anus situs est; rima autem ejus unum pedem longa. A maxillâ inferiore ad umbilicum venter plenus est plicis seu rugis, quæ in latitudine 2 pollices obtinent, & pars eminens & pars cava æquales sunt, ejusdemque mensuræ. Cutis est in dorso nigra, in ventre alba. *Harengis* victitat hæc species.

7. La Baleine a museau pointu.

Balæna tripinnis, ventre rugoso, rostro acuto.

Balæna tripinnis, nares habens, cum rostro acuto, & plicis in ventre. *Raj. Syn. Pisc. p.* 16. 8.
Sibbald. Obs. p. 29. *Fig. T.* 1. *Lit. D.* (*Fig. sat bona*).
Balæna fistulâ duplici in rostro, protuberantiâ cornuiformi, in extremo dorso. *Art. Gen. Pisc. g.* 48. *sp.* 3.
Art. Synon. Pisc. g. 48. *sp.* 3.
An Balæna *Tigridis* instar variegata ? *Klein. Pisc. Mis.* 2. *p.* 16.

Junioris hujus speciei descriptionem dedit *Sibbaldus*. Ab extremitate rostri ad caudam 46 pedes longa est. Ambitus corporis juxtà pinnas laterales, qua parte crassissimum, 20 pedum est, & 12 tantùm pedum juxtà pinnam dorsalem mensuratus. Caput est oblongum, molliter ad angustiam quamdam, secundùm rostri longitudinem, inclinans : rostrum autem figuræ inter acutum & obtusum mediæ. Maxilla inferior circà medium 4 ½ pedes lata : oris rictus 10 pedes longus, & 4 pedes cum 2 pollicibus latus : lingua, licet contracta, 5 pedes longa, versùs radices 3 pedes lata, & paris ferè cum latitudine crassitiei, substantiâ, colore, & figurâ planè *Bovinæ* similis. In parte rostri altiore duæ sunt fistulæ, quibus aquam rejicit, ab extremitate maxillæ superioris 6 pedes &

Sibbald en a décrit une jeune de cette espece, qui a 46 pieds de long depuis le bout du museau jusqu'à la queue : le tour de son corps mesuré aux nageoires latérales, où il est le plus gros, est de 20 pieds, & de 12 seulement mesuré à la nageoire du dos. Sa tête est oblongue, & se rétrécit un peu vers le bout du museau, qui tient le milieu entre l'aigu & l'obtus. La mâchoire inférieure est large de 4 ½ pieds vers son milieu : l'ouverture de la bouche est longue de 10 pieds, & large de 4 pieds 2 pouces : sa langue, quoique contractée, a 5 pieds de long, & 3 de large vers sa racine, & presque autant d'épaisseur, & est semblable en substance, en couleur, & en figure à celle d'un *Bœuf*. Elle a sur la partie la plus élevée de la tête 2 canaux, par lesquels elle rejette l'eau, qui sont éloignés de 6 pieds 8 pouces du bout de la mâchoire supérieure. Ses yeux sont environ de la grosseur de ceux d'un *Bœuf*, & placés auprès des angles de la bouche. Elle a 3 nageoires, sçavoir 2 latérales & une sur le dos : les latérales, qui sont placées à la poitrine, & distantes des yeux de 5 pieds, ont 5 pieds de long, & 1 $\frac{1}{2}$ pied de large : celle du dos est distante de la queue de 8 $\frac{1}{2}$ pieds, & ressemble assez à une corne. Sa queue a 9 $\frac{1}{2}$ pieds de large. Sa verge a à peine 2 pieds de long, & est placée à 5 $\frac{1}{2}$ pieds audessous du nombril. A 3 pieds audessous de la verge est situé l'anus, dont l'ouverture a $\frac{1}{2}$ pied de long, & est éloignée du bout de la queue de 14 pieds. Depuis la mâchoire inférieure jusqu'au nombril & aux nageoires latérales, le ventre est garni de plis ou de rides longitudinales, larges d'un pouce. La largeur & la profondeur des sillons qu'elles forment, n'est pas tout à fait d'un pouce. Sa peau est très lisse, noire & brillante sur le dos, & blanche sur le ventre.

8 pollices distantes. Oculi *Bovinis* ferè magnitudine pares videntur, nec procul ab oris angulis collocantur. 3 ei sunt pinnæ, duæ laterales, unaque dorsalis : pinnæ laterales, utrinque in pectore sitæ, & 5 pedes ab oculis distantes, 5 pedes longæ sunt, & 1 $\frac{1}{2}$ pede latæ : pinna verò dorsalis 8 $\frac{1}{2}$ pedes à caudâ distat, cornuque sat benè imitatur. Cauda 9 $\frac{1}{2}$ pedes lata. Penis, ad 5 $\frac{1}{2}$ pedes infrà umbilicum situs, pedes 2 in longitudine vix attingit. Infrà eum ad 3 pedes positus est anus, cujus apertura pedem dimidium æquat, & ab extremo caudæ 14 pedes distat. A maxillâ inferiore ad umbilicum, & usque ad pinnas laterales, permultæ sunt in ventre plicæ sive rugæ longitudinales 1 pollice latæ ; & sulcorum inter has latitudo & profunditas pollice minores. Cutis est levissima, in dorso nigra & nitidissima, in ventre alba.

ORDO II.

CETACEA

Dentata in maxillâ inferiore tantùm.

GENUS *Ceti* unicum est ad hunc Ordinem constituendum.

II.

Genus Ceti.

Hujus character est

Dentes in maxillâ inferiore tantùm:

Alveoli in maxillâ superiore, ad dentes inferioris includendos aptati.

Obs. Hujus Generis specierum aliæ binas tantùm habent pinnas laterales, utrinque unam; aliæ, præter istas laterales, tertiam habent in dorso.

ORDRE II.

LES CETACÉES

Qui ont des dents à la mâchoire inférieure seulement.

CET Ordre ne contient qu'un seul Genre, sçavoir celui du *Cachalot.*

II.

Le Genre du Cachalot.

Son caractere est

D'avoir des dents à la mâchoire inférieure seulement:

Et à la mâchoire supérieure des trous propres à recevoir les dents de la mâchoire inférieure.

Obs. Parmi les especes de ce Genre les unes n'ont que deux nageoires latérales, une de chaque côté; & les autres, outre ces deux latérales, en ont une troisiéme sur le dos.

1. LE CACHALOT.

Cetus bipinnis, suprà niger, infrà albicans, fistulâ in cervice, dorso levi... CETUS.

Cetus dentatus. *Mus. Worm. p.* 280.
Charlet. Exer. p. 47.

Cete, Potwalfish, Batavis maris accolis dictum, Clusii Exot. *Raj. Syn. Pisc. p.* 11. 4.

Cete Clusio descriptum, Potwalfish, Batavis maris accolis dictum. *Will. Hist. Pisc. p.* 41. *Fig. T. A.* 1. *F.* 3. (*Fig. bona*).

Cete. Clusii Exot Lib. VI. Raji, Willughbeji, & aliorum. *Klein. Pisc. Mis.* 2. *p.* 14. 1.

Aliud Cete admirabile. *Clus. Exot. Fig. p.* 131. (*Fig. sat bona*).

Balæna major, in inferiore tantùm maxillâ dentata, macrocephala, bipinnis. *Raj. Syn. Pisc. p.* 15. 3.
Sibbald. Obs. p. 12.

Balæna. *Jonst. Pisc. p.* 151. *Fig. T.* 41. & 42. [*Fig. bonis*].

Catodon fistula in cervice. *Art. Gen. Pisc. g.* 50. *sp.* 2.
Art. Synon. Pisc. g. 50. *sp.* 2.
Linn. syst. nat. ed. 6. *g.* 97. *sp.* 2.
Faun. Suec. Linn. N°. 262.

Aquatile ingens. *Eus. Nieremb. Fig. p.* 263. (*Fig. bona*).

Cachelot, sive Potfish, Zorgdrageri. *Klein. Pisc. Mis.* 2. *p.* 14. 2.

Cachalot. *Hist. d'Isl. & de Gro. Tom. II. p.* 116.

Les Hollandois l'appellent POTWALFISH. *Klein. Hist. d'Isl.* CAZILOT, *ou* POTFISCH; & *quelques uns*, NORD-CAPER. *Hist. d'Isl.*

Le Cachalot décrit par *Clusius*, a 52 ou 53 pieds de long. (Il y en a qui ont jusqu'à 80 pieds de long, & le reste à proportion). Le tour de son corps est d'environ 31 pieds. Sa tête est très grosse, & applatie en devant, comme le mufle d'un *Bœuf*. La mâchoire supérieure a 15 pieds de long, depuis son extrémité jusqu'aux yeux; & la mâchoire inférieure n'en a que 7: elle est garnie tout au tour de dents de la grosseur du poignet, qui sortent des gencives de 2 ou 3 pouces, & qui s'emboitent dans autant de trous situés dans la mâchoire supérieure. Le canal par lequel il rejette l'eau, est placé sur le sommet de la tête vers le dos, & a environ 3 pieds

Cetus à *Clusio* descriptus 52 aut 53 pedum longitudinem attingit. (Sunt qui 80 pedum longitudinem æquant, crassitie proportionatâ). 31 circiter pedes in ambitu corporis obtinet. Caput habet crassissimum, & rostri *Bovini* instar anteriùs compressum. Maxilla superior, ab ipsius extremitate ad oculos usque, 15 pedes longa est; maxilla vero inferior 7 tantùm pedes longa, in cujus ambitu plurimi sunt dentes carpi humani crassitie, qui è gingivis ad 2 vel 3 pollicum longitudinem exerti sunt. Maxilla superior totidem habet alveolos carneos, in quibus dentes inferioris excipit. In cervice, versùs dorsum, fistula est, foramen circiter 3 pedes amplum, per quod aquam in altum ejicit. Oculos habet 7 aut 8 pollices longos; pinnas laterales duas (utrinque unam) 4 pedes ab oculis distantes, 4 pedes & 4 pollices longas, unoque ferè pede crassas. Ab umbilico ad maxillas distantia est 16 pedum: ad 3 pedes infrà umbilicum penis est 6 pedes longus; & infrà penem ad 3 ½ pedum distantiam anus est collocatus: cauda verò crassissima, 13 pedes lata, 13 ½ pedes ab ano distat. Cutis est in dorso nigra, in ventre alba.

de grandeur. Ses yeux ont 7 à 8 pouces de long. Il n'a que deux nageoires (une de chaque côté) distantes des yeux de 4 pieds. Ces nageoires ont 4 pieds 4 pouces de longueur, & presque 1 pied d'épaisseur. Le nombril est éloigné des mâchoires de 16 pieds: à 3 pieds audessous du nombril se trouve la verge, qui a 6 pieds de long: l'anus est placé à 3 ½ pieds audessous de la verge; & de là jusqu'à la queue, il y a 13 ½ pieds de distance. Sa queue est très épaisse, & large de 13 pieds. Sa peau est noire sur le dos, & blanche sur le ventre.

2. LE CACHALOT BLANC.

Cetus bipinnis, ex albo flavescens, fistulâ in cervice, dorso levi... CETUS ALBICANS.

Balæna albicans. *Klein. Pisc. Miss.* 2. *p.* 12. 2.
Albus Piscis Cetaceus. *Raj. Syn. Pisc. p.* 11. 5.
White-Fish, Frederici Martens. *Raj. Klein.*
Wittfisch, ou Weisfisch. *Hist. d'Isl. & de Gro. Tom. II. p.*148.

Corporis longitudo 15 est aut 16 pedum. Figurâ suâ *Balænam vulgarem* imitatur; capite tamen acutiore donatur. Dentes habet parumper incurvos, compressos, apice rotundatos; eminentiam quamdam in cervice, & fistulam, per quam aquam ejicit; pinnam in dorso nullam,

La longueur de son corps est de 15 ou 16 pieds. Il ressemble par sa figure à la *Baleine ordinaire*; il a cependant la tête plus pointue. Ses dents sont un peu recourbées, applaties, & arrondies par enhaut. Il a sur le sommet de la tête une éminence, & un canal, par lequel il rejette l'eau. Il n'a point de nageoire ſur le dos; mais il en a une de chaque côté paſſablement longue. Sa queue eſt ſemblable à celle de la *Baleine ordinaire*. La couleur de ſa peau eſt d'un blanc jaunâtre. On le trouve dans le *Détroit de Davis*, & ſur tout dans *la Baye Méridionale*, appellée *Sud-Bucht*.

duas verò laterales, utrinque unam, pro mole corporis, ſatis longam; caudam caudæ *Balænæ vulgaris* æmulam. Cutis ex albo flaveſcit. Habitat in *Freto Davis*; in *Freto Meridionali*, *Sud-Bucht* vocato, frequens.

3. Le Cachalot de la Nouvelle Angleterre.

Cetus bipinnis, fiſtula in cervice, dorſo gibboſo... CETUS NOVÆ ANGLIÆ.

Balæna Dudleji, dorſo Gibbo. *Klein. Piſc. Miſ.* 2. *p.* 15.
Cachalot des côtes de la Nouvelle Angleterre. *Hiſt. d'Iſl. & de Gro. Tom. II. p.* 127.
Cachalot. *Hiſt. de l'Acad. an.* 1741. *p.* 26.
Les Anglois l'appellent SPERMA CETI-WHALE. *Hiſt. d'Iſl.*
Dans les Bermudes il porte le nom de TRUMPO. *Hiſt. d'Iſl.*

La longueur de ſon corps eſt de 60 ou 70 pieds, & l'épaiſſeur de 30 ou 40 pieds. Sa tête eſt énorme, & fait preſque la moitié de la longueur de ſon corps. La mâchoire ſupérieure eſt beaucoup plus épaiſſe que l'inférieure; elle eſt fort large vers le muſeau, & ſon bout eſt applati en avant, comme le mufle d'un *Taureau*. La mâchoire inférieure eſt garnie de dents de la groſſeur du bras près de la main, qui ſont éloignées l'une de l'autre d'environ $\frac{1}{2}$ pied, & qui s'emboitent dans autant de trous ſitués à la mâchoire ſupérieure. Ses yeux ſont petits à

Corporis longitudo 60 aut 70 pedes æquat; craſſities 30 aut 40 pedes. Caput eſt prægrande, & mediam ferè corporis longitudinem attingit. Maxilla ſuperior inferiore multò craſſior eſt, & latiſſima circà roſtrum, cujus extremitas, roſtri *Tauri* inſtar, anteriùs compreſſa eſt. Plurimi ſunt in maxillâ inferiore dentes, carpi humani craſſitie, circiter $\frac{1}{2}$ pedem à ſe invicem diſtantes: maxilla autem ſuperior totidem habet alveolos carneos, in quibus prædicti dentes excipiuntur. Oculos habet, pro mole corporis,

poris, exiguos; fistulam in cervice, cujus diameter saltem 1 pedem æquat, & per quam aquam rejicit & efflat; binas tantùm pinnas laterales, utrinque unam; & loco pinnæ dorsalis, gibbum habet unum pedem crassitie superantem. Cutis est ad tactum mollissima, & ex cinereo nigricans. Habitat in mari; circà *Novam Angliam* frequens.

proportion du corps. Il a sur le sommet de la tête un canal par lequel il rejette l'eau, & qui a au moins 1 pied de diamétre. Il n'a que deux nageoires, sçavoir une de chaque côté: & à la place de la nageoire du dos, il a une bosse de plus d'un pied d'épaisseur. Sa peau est très douce au toucher, & d'un gris noirâtre. On le trouve communément sur les côtes de la *Nouvelle Angleterre*.

4. LE PETIT CACHALOT.

Cetus bipinnis, fistula in rostro... CETUS MINOR.

Balæna minor, in inferiore maxillâ tantùm dentata, sine pinnâ, aut spinâ in dorso. *Raj. Syn. Pisc. p.* 15. 2.
Sibbald. Obs. p. 9.
Catodon fistulâ in rostro. *Art. Gen. Pisc. g.* 50. *sp.* 1.
Art. Synon. Pisc. g. 50. *sp.* 1.
Linn. syst. nat. ed. 6. *g.* 97. *sp.* 1.

Longitudo corporis 24 pedes æquat. Caput habet rotundum, cum rictu oris parvo; dentes in maxillâ inferiore tantùm; in superiore autem alveolos, pro dentibus inferioris recipiendis: sunt autem hi dentes in planum finientes, & dimidium tantùm pollicis unius extrà gingivas extant. Fistulam habet in rostro, per quam aquam ejicit. Pinnâ dorsali caret; duabus tantùm lateralibus, utrinque unâ, donatur.

La longueur de son corps est de 24 pieds. Sa tête est ronde, & l'ouverture de sa bouche petite. Il n'a des dents qu'à la mâchoire inférieure, qui s'emboitent dans autant de trous situés à la mâchoire supérieure: ces dents ne sortent des gencives que d'un demi pouce, & sont terminées par un plan. Le canal par lequel il rejette l'eau, est placé sur le museau. Il n'a point de nageoires sur le dos; il n'en a que deux latérales, une de chaque côté.

5. Le Cachalot a dents pointuës.

Cetus tripinnis, dentibus acutis, rectis.

Deuxiéme espece de Cachalot. *Hist. d'Isl. & de Gro. Tom. II. p.* 139.

Celui qui est décrit dans l'*Hist. d'Isl. & de Gro.* a 70 pieds de long. (On en trouve de 80 à 100 pieds). Sa tête est énorme, & a presque la moitié de la longueur de son corps. La mâchoire inférieure, qui est beaucoup plus petite que la supérieure, s'emboite entiérement dans cette derniere, & est garnie de grosses dents droites & pointuës par en-haut, rangées à distances égales les unes des autres, comme celles d'une *Scie*, & qui s'emboitent dans des trous situés à la mâchoire supérieure. Ses yeux sont très petits, brillants & jaunâtres. Sa langue est petite & pointuë; le canal par lequel il rejette l'eau, est placé au haut & sur le devant de la tête. Outre les deux nageoires latérales, qui ont chacune 1 ½ pied de long, il en a une troisiéme sur le dos vers la queue. Il a aussi sur le haut du dos, une bosse fort élevée. Sa peau est très lisse, & noirâtre sur le dos, & blanchâtre sur le ventre.

Longitudo illius, cujus descriptionem dedit *D. Andersonius*, *Hist. d'Isl. & de Gro.* 70 pedes æquat. (Sunt qui 80 ad 100 pedes longitudine attingunt). Caput est maximum, & mediam ferè corporis longitudinem attingit. Maxilla inferior superiore multò minor est, & in illâ omninò includitur. In maxillâ inferiore dentes sunt crassi, recti, in apice acuti, æqualiter à se invicem distantes, *Serræ* dentium instar; in maxillâ superiore verò totidem sunt alveoli, ad excipiendos inferioris maxillæ dentes comparati. Oculos habet valdè exiguos, splendentes & flavicantes; linguam parvam & acutam; in parte capitis anteriore & altiore fistulam, per quam aquam in altum ejicit; pinnas duas laterales, utrinque unam, 1 ½ pede longam, & præter istas, tertiam in dorso versùs caudam, & gibbum altissimum in parte superiore dorsi. Cutis est levissima, in dorso nigricans, in ventre candicans.

6. Le Cachalot a dents en faucilles.

Cetus tripinnis, dentibus acutis, arcuatis, falciformibus.

Balæna major, in inferiore tantùm maxillâ dentata, dentibus arcuatis, falciformibus, pinnam ſeu ſpinam in dorſo habens. *Raj. Syn. Piſc. p.* 15. 4.
Klein. Piſc. Miſ. 2. *p.* 15. 1.
Sibbald. Obſ. p. 13. *Fig. T.* 1. *Lit. A.* (*Fig. mala*).
Phyſeter maxillâ ſuperiore longiore, ſpinâ longâ in dorſo. *Art. Gen. Piſc. g.* 46. *ſp.* 1.
Linn. ſyſt. nat. ed. 6. *g.* 101. *ſp.* 1.
Phyſeter maxillâ ſuperiore longiore, pinnâ longâ in dorſo. *Art. Synon. Piſc. g.* 46. *ſp.* 1.
Troiſiéme eſpece de Cachalot. *Hiſt. d'Iſl. & de Gro. Tom. II. p.* 142.

Corporis longitudo quandoque 70 pedes attingit. Caput tantæ molis eſt, ut, demptâ caudâ, totius corporis mediam longitudinem habeat, & craſſitie reliquam corporis partem, etiam quâ craſſiſſimum, ſuperet. In maxillâ inferiore, quæ ſuperiore paulò brevior eſt, dentes ſunt rotundi, parumpèr compreſſi, arcuati, & falciformes, in mediâ longitudine craſſiores & magis arcuati, & ſenſim de craſſitie remittentes, ſuperiùs in conum acutum, intùs verſum, deſinentes, inferiùs etiam de craſſitie perdentes, & in radicem tenuiorem & quàm in medio anguſtiorem finientes. In maxillâ ſuperiore totidem ſunt alveoli quot ſunt dentes in inferiore, ad iſtos dentes excipiendos comparati. Oculi

La longueur de ſon corps eſt quelquefois de 70 pieds. Sa tête eſt ſi grande, qu'elle a la moitié de la longueur de tout le corps, ſi l'on en excepte la queue, & qu'elle eſt plus groſſe que le reſte du corps, même dans l'endroit où il eſt le plus épais. La mâchoire inférieure eſt un peu plus courte que la ſupérieure, & eſt garnie de dents rondes, un peu comprimées & recourbées en forme de faucilles. Le plus grand diamétre de chaque dent eſt vers le milieu de ſa longueur, & chacune ſe termine par un cone pointu, dont le ſommet eſt tourné vers la partie intérieure de la bouche. Toutes ces dents s'emboitent dans autant de trous ſitués à la mâchoire ſupérieure. Ses yeux ſont très petits. Le canal par lequel il rejette l'eau, eſt placé un peu audeſſus du milieu du muſeau. Outre les deux nageoires latérales, qui ont chacune environ 4 pieds de long, il en a ſur le dos une troiſieme aſſez longue, & qui ſe termine en pointe: (ce qui luy a fait donner le nom d'*Epine*). Sa peau eſt très liſſe, & d'un brun noirâtre. Le mâle a une verge longue de 6 pieds, & éloignée des mâchoires d'environ 20 pieds. L'anus eſt placé à environ 3 pieds au-deſſous de la verge; & de-là juſqu'à la queue il y a 14 pieds de diſtance. Les extrémités de la queue ſont diſtantes de 9 pieds l'une de l'autre.

ſunt perexigui. Parùm ſuprà roſtrum medium fiſtula eſt, per quam aquam in altum ejicit. Binas habet pinnas laterales (utrinque unam) 4 circiter pedes longas, & præter iſtas, tertiam in dorſo ſatis longam, & in acutum deſinentem: (undè *Spinæ* nomen). Cutis eſt leviſſima, & ex fuſco nigricans. Mas penem habet 6 pedes longum, & 20 circiter pedes à mandibulis diſtantem: à pene ad podicem 3 plùs minùs pedum diſtantia eſt: à podice ad caudam diſtantia 14 pedum: caudæ extrema à ſe invicem 9 pedes diſtant.

7. Le Cachalot a dents plattes.

Cetus tripinnis, dentibus in planum deſinentibus.

Balæna macrocephala tripinnis, quæ in mandibulâ inferiore dentes habet minùs inflexos, & in planum deſinentes. *Raj. Syn. Piſc. p.* 16. 5. *Sibbald Obſ. p.* 18.

Phyſeter pinnâ dorſi altiſſimâ, apice dentium plano. *Art. Gen. Piſc. g.* 46. *ſp.* 2.
Art. Synon. Piſc. g. 46. *ſp.* 2.
Linn. ſyſt. nat. ed. 6. *g.* 101. *ſp.* 2.

Mular Nierembergii. *Klein. Piſc. Miſ.* 2. *p.* 15. 2. *a.*

Piſcis Mularis. *Euſ. Nieremb. p.* 265.

Cachalot à petites dents groſſes & applaties. *Hiſt. d'Iſl. & de Gro. Tom. II. p.* 117.

La longueur de ſon corps eſt quelquefois de plus de 100 pieds. Il reſſemble au précédent par ſa figure, mais il en differe par celle de ſes dents, qui ſont moins recourbées, & qui ſe ter-

Corporis longitudo quandoque 100 pedes ſuperat. Figurâ ſuâ præcedentem imitatur, ab eo autem differt figurâ dentium, qui minùs ſunt in medio inflexi, & in planum desinunt. Fistulam habet in fronte, per quam aquam rejicit & efflat; pinnas duas laterales, & præter istas, tertiam in medio ferè dorso, quam gerit erectam, quæque arbori navis, à Nautis *Mât de Mizéne* dictæ, comparatur. Habitat in mari; frequens circà *Caput Septentrionale*, & circà *Finmarchiam.*

minent par un plan. Le canal par lequel il rejette l'eau, est placé sur le front. Outre les deux nageoires latérales, il en a une troisiéme presque au milieu du dos, qu'il porte droite & élevée, & qu'on compare au mât d'un vaisseau, appellé *Mât de Mizéne*. On le trouve le plus fréquemment au *Cap du Nord*, & sur les côtes de *Finmarchie*.

ORDRE III. ORDO III.

LES CETACÉES *CETACEA*

Qui ont des dents à la mâchoire supérieure seulement.

Dentata in maxillâ superiore tantùm.

IL n'y a dans cet Ordre, comme dans les deux précédents, qu'un seul Genre, qui est celui du *Narhval.*

IN hoc Ordine, sicut in duobus præcedentibus, unicum continetur Genus, scilicet *Ceratodontis.*

III.

Le Genre du Narhval

Son caractere est

D'avoir à la mâchoire supérieure seulement deux dents très longues, droites, & qui avancent en avant.

III.

Genus Ceratodontis.

Hujus character est

In maxillâ superiore tantùm dentes duo longissimi, recti, antrorsùm prominentes.

* 1. LE NARHVAL.

CERATODON.

Narhwal. *Klein. Pisc. Mis.* 2. *p.* 18. *Fig. T.* 2. *Lit. C.* (*Fig. bona*).
Monoceros Piscis è Genere Cetaceo. *Raj. Syn. Pisc. p.* 11. 6.
Monoceros Piscis qui de Genere Cetaceo esse fertur. *Will. Hist. Pisc. p.* 42. *Fig. T. A.* 1. (*Fig. mala*) *& cranium cum dente eâdem Tab.* (*Fig. bona*).
Monoceros. Unicornu. *Linn. syst. nat. ed.* 6. *g.* 98. *sp.* 1.
Monoceros, Unicornu Marinum. *Charlet. Exer. p.* 47.
Unicornu Marinum. *Mus. Worm. Fig. p.* 282. [*Fig. mala*]. *& cranium Fig. p.* 283. *&* 284. [*Fig. sat bonis*].
Monodon. *Art. Gen. Pisc. g.* 49. *sp.* 1.

Art. Synon. Pisc. g. 49. sp. 1.
Faun. Suec. Linn. No. 263.
Licorne de mer. *Hist. d'Isl. & de Gro. Tom. II. p. 102. Fig. p. 108.* [*Fig. bonne*].
Les Suédois l'appellent ENHÖRNING. *Linn.*
Les Islandois, NARHWAL. *Raj. Will. Art.*
Les Septentrionaux, NARHVAL. *Charlet.*
Les Groënlandois, TOWACK. *Hist. d'Isl.*

Corporis longitudo vulgaris 20 aut 22 pedes circiter æquat. (Sunt qui 40 ad 60 pedes longitudine attingunt, secundùm *Anderson. Hist. d'Isl. & de Gro.*). Caput habet, pro mole corporis, perexiguum. In maxillâ superiore duo sunt dentes (*a*) 6 aut 7 pedes longi, recti, spiraliter intorti (*b*), labium superius perforantes, antrorsùm prominentes. Oculos habet perexiguos; fistulam in capite, per quam aquam rejicit; pinnam in dorso nullam; binas tantùm habet laterales, utrinque unam valdè exiguam. Cutis est levissima,

La longueur ordinaire de son corps est d'environ 20 ou 22 pieds. (Il y en a de 40 à 60 pieds, selon *Anderson*, *Hist. d'Isl. & de Gro.*). Sa tête est très petite, en comparaison de la grosseur de son corps. Il a à la mâchoire supérieure deux dents (*a*) longues de 6 ou 7 pieds, droites, tortillées en spirale (*b*), qui percent la lévre supérieure, & avancent en avant. Ses yeux sont très petits. Il a par dessus la tête un canal, par lequel il rejette l'eau. Il n'a point de nageoire sur le dos: il en a seulement une de chaque côté, & très petite. Sa peau est très lisse, blanche, & marquée sur le dos de taches noires. On

(*a*) Rarissimè reperiuntur *Ceratodontes* duobus dentibus prædití; ex illis enim una perit ordinariè in alveolo suo: quod facilè comprobatur inspectione juniorum, qui omnes duobus dentibus prædití sunt. Vide *Anderson. Hist. d'Isl. & de Gro. Vol. II. p.* 104.

(*b*) Secundùm Authores quosdam hujusmodi reperiuntur dentes nequaquam spiraliter intorti, sed per totam longitudinem leves. Fortassè *Ceratodontis* altera species.

(*a*) Il est très rare de trouver le *Narhval* avec ses deux dents; parce qu'il y en a ordinairement une qui périt dans son alvéole. La preuve de cela, c'est que les jeunes en ont deux. Voyez *l'Hist. d'Isl. & de Gro. Tom. II. p.* 104.

(*b*) Quelques Autheurs disent avoir trouvé quelques unes de ces dents, qui n'étoient point tortillées en spirale, mais lisses d'un bout à l'autre. C'est peut être une autre espece de *Narhval*.

le trouve ordinairement ſur les côtes d'*Iſlande* & de *Groënland*, & dans le *Détroit de Davis.*

alba, maculis nigris in dorſo variegata. Habitat in mari circà *Iſlandiam* & *Groenlandiam*, & in *Freto Davis.*

ORDO IV.

ORDO IV.

CETACEA

Dentata in utrâque maxillâ.

HIc Ordo, ficut & præcedentes, unico conftituitur Genere, fcilicet *Delphini.*

IV.

Genus Delphini.

Hujus character eft
Dentes in maxillâ utrâque.

Obf. Hujus Generis fpecies ultima binas tantùm habet pinnas laterales, utrinque unam; aliæ omnes, præter iftas laterales, tertiam habent in dorfo.

ORDRE IV.

LES CETACÉES

Qui ont des dents aux deux mâchoires.

IL n'y a dans cet Ordre, comme dans tous les précédents, qu'un feul Genre, fçavoir celui du *Dauphin.*

IV.

Le Genre du Dauphin.

Son caractere eft
D'avoir des dents aux deux mâchoires.

Obf. La derniere efpece de ce Genre n'a que deux nageoires latérales, une de chaque côté; toutes les autres, outre ces deux laterales, en ont une troifiéme fur le dos.

* 1. Le Dauphin.

Delphinus pinnâ in dorfo unâ, dentibus acutis, roftro longo, acuto... Delphinus.

Delphinus corpore oblongo fubtereti, roftro longo acuto. *Art. Gen. Pifc. g.* 47. *fp.* 2.
Art. Synon. Pifc. g. 47. *fp.* 2.
Delphinus corpore oblongo fubtereti, roftro longo acuto. Delphinus. *Linn. fyft. nat. ed.* 6. *g.* 100. *fp.* 2.
Delphinus antiquorum. *Raj. Syn. Pifc. p.* 12. 7.

Aaa

Delphinus. *Klein. Pisc. Miss.* 2. *p.* 24. *Fig. T.* 3. *Lit. A.* & *cranium T.* I. *No.* 2. (*Fig. bonis*)
Aldro. Pisc. p. 701. *Fig. p.* 703, & 704 [*Fig. malis*].
Jonst. Pisc. p. 154. *Fig. T.* 43. & *cranium T.* 44. [*Fig. sat bonis*].
Rondel. Pisc. Fig. p. 459. (*Fig. sat bona*).
Will. Hist. Pisc. p. 28. *Fig. T. A.* 1. *F.* 1. (*Fig. bona*).
Bell. Aquat. p. 7. *Fig. p.* 9. (*Fig. sat bona*).
Mus. Worm. p. 288.
Charlet. Exer. p. 47.
Delphinus Bellonii. *Gesn. Pisc. p.* 380. *Fig. p.* 381. (*Fig. sat bona*).
Delphinus, vel Delphin. *Gesn. Icon. Aquat. p.* 163. *Fig. p.* 161. & *cranium p.* 162. (*Fig. sat bona*).
Sus Marinus rostro acuto. *Eus. Nieremb. p.* 259.
Daulphin, que nous appellons Oye de mer. *Bell. des Poiss. p.* 6. *Fig. p.* 7. (*Fig. assez bonne*).
Dauphin. *Hist. d'Isl.* & *de Gro. Tom. II. p.* 153.
Les François l'appellent BEC D'OYE. *Rondel. Gesn.* OYE DE MER. *Bell.*
Les Bretons, MORHOUCH, *ou* MORHO. *Gesn. Aldro.*
Les Grecs, Δελφὶς; Δελφίν. *Gesn. Aldro. Bell. Rondel. Charlet.*
Les Italiens, DELFINO. *Gesn.*
Les Allemands, MEERSCHWEYN. *Gesn.*
Les Polonois, MORSKA SWINIA. *Gesn. Aldro.*
Les Suédois, MARSWIN. *Linn.*
Les Norvégeois, NYSSA. *Hist. d'Isl.*
Les Hollandois, TUYMELAAR. *Hist. d'Isl.*
Les Marins, TUMMELER. *Hist. d'Isl.*
Les Flamands, MEERSWYN. *Aldro.*
Les Anglois, DOLPHIN. *Raj. Art.* PORPESSE. *Will. Art.*

La longueur de son corps est de 9 ou 10 pieds : son diamétre, dans l'endroit le plus gros, d'environ 2 pieds. Son corps est oblong & rond, gros à la partie antérieure ; & la postérieure se termine en pointe. Son museau est rond, long & pointu ; l'ouverture de sa bouche a environ 14 ou 15 pouces. Ses deux mâchoires sont armées de petites dents pointuës comme des alênes. Ses yeux sont assez grands. Il a par dessus la tête un canal,

Corporis longitudo 9 aut 10 pedes attingit : diameter, quâ parte crassissimum, 2 circiter pedes. Corpus habet oblongum & terete, in parte anteriore crassum, in posteriore verò in acumen desinens; rostrum rotundum, longum & acutum ; oris rictum 14 aut 15 pollices longum. In utrâque maxillâ dentibus munitur exiguis, *Subularum* instar, acutis. Oculos habet sat magnos ; fistulam in capite, per quam aquam rejicit; pinnas duas laterales 16 circiter pollices longas & 10 pollices latas, & tertiam insupèr medium versùs dorsum $1\frac{1}{2}$ pedem longam & 13 pollices latam. Caudæ latitudo 2 circiter pedes æquat. Cutis est levissima, in dorso nigra, in ventre alba.

par lequel il rejette l'eau. Il a trois nageoires, deux latérales longues d'environ 16 pouces & larges de 10, & une vers le milieu du dos longue de $1\frac{1}{2}$ pied & large de 13 pouces. Sa queue est large d'environ 2 pieds. Sa peau est très lisse, & noire sur le dos, & blanche sur le ventre.

2. Le Marsouin.

Delphinus pinnâ in dorso unâ, dentibus acutis, rostro brevi, obtuso... Phocæna.

Delphinus corpore ferè coniformi, dorso lato, rostro subacuto. *Art. Gen. Pisc. g.* 47. *sp.* 1.
Art. Synon. Pisc. g. 47. *sp.* 1.
Delphinus corpore subconiformi, dorso lato, rostro subacuto. Phocæna. *Linn. syst. nat. ed.* 6. *g.* 100. *sp.* 1.
Faun. Suec. Linn. No. 266.
Phocæna Rondeletii; Gesn. *Raj. Syn. Pisc. p.* 13. *A.* 8.
Will. Hist. Pisc. p. 31. *Fig. T. A.* 1. *F.* 2. (*Fig. bona*).
Phocæna. *Rondel. Pisc. p.* 473.
Gesn. Icon. Aquat. Fig. p. 163. (*Fig. bona*).
Jonst. Pisc. p. 155. *Fig. T.* 41. (*Fig. bona*).
Charlet. Exer. p. 48.
Tursio, sive Phocæna. *Klein. Pisc. Mis.* 2. *p.* 26. *Fig. T.* 3. *Lit. B. Fœtus T.* 2. *Lit. A. B. & Cranium T.* 1. *No.* 3. (*Fig. bonis*).
Gesn. Pisc. Fig. p. 837. (*Fig. bona*).
Aldro. Pisc. p. 719. *Fig. p.* 720. (*Fig. bona*).
Tursio. *Rondel. Pisc. Fig. p.* 474. (*Fig. bona*).
Bell. Aquat. p. 15. *Fig. p.* 16. (*Fig. bona*).
Sus Marinus, rostro obtuso. *Eus. Nieremb. p.* 259.
Marsouin. *Bell. des Poiss. Fig. p.* 12. (*Fig. bonne*).
Hist. d'Isl. & de Gro. Tom. I. p. 211.
Marsouin, Souffleur, ou Tunin. *Hist. d'Isl. & de Gro. Tom. II. p.* 151.
Les Grecs l'appellent φωκαινα. *Gesn. Aldro. Bell.*
Les Allemands, Meerschweyn. *Gesn.*
Les Suédois, Marswin. *Linn. Art.* Tumblare. *Linn.*
Les Danois, Marsuin. *Art.* Bruuskop, *ou* Sprinhwal, *ou* Springer. *Hist. d'Isl.*
Les Cimbres, Marsuin. *Raj. Will. Art.*

Les Norvégeois, MARSUEN, *ou* NISER. *Hist. d'Isl.*
Les Islandois, SUINHUAL, *ou* SUINHUALLUR, *ou* WITING. *Hist. d'Isl.*
Les Flamands, BRUYNVISCH. *Aldro.*
Dans la Frise Orientale, BRUNFISCH. *Gesn.*
Les Anglois, PORPESSE. *Raj. Will. Art. Klein. Hist. d'Isl.* PORPUS. *Hist. d'Isl.*
Les Ecossois, SEA-PORC. *Hist. d'Isl.*

Son corps est beaucoup plus gros & moins long que celui du *Dauphin* : il en differe encore par la forme de son museau, qui est court & obtus. Ses deux mâchoires sont armées de petites dents pointuës. Ses yeux sont très petits. Il a sur le sommet de la tête un canal, par lequel il rejette l'eau. Il a, comme le *Dauphin*, trois nageoires, deux latérales & une vers le milieu du dos. Sa peau est très lisse, & noire sur le dos, & blanche sur le ventre. On le trouve dans toutes les mers.

A *Delphino* differt corpore crassiore & minus longo, & rostro brevi & obtuso. Dentes habet in utrâque maxillâ parvos & acutos; oculos perexiguos; fistulam in cervice, per quam aquam rejicit; pinnas tres, *Delphini* instar, duas scilicet laterales, & præter istas, tertiam medium versùs dorsum. Cutis est levissima, in dorso nigra, in ventre alba. Habitat ubiquè in mari.

3. L'ÉPÉE-DE-MER.

Delphinus pinnâ in dorso unâ Gladii recurvi æmulâ, dentibus acutis, rostro quasi truncato.

Epée de Mer. *Hist. d'Isl. & de Gro. Tom. II. p.* 155.
Les Pêcheurs de Baleines, *sur les côtes de la Nouvelle Angleterre, l'appellent* KILLÆRS. *Hist. d'Isl.*

La longueur de son corps est d'environ 10 ou 12 pieds. (Celles qu'on prend sur les côtes de la *Nouvelle Angleterre*, & qu'on y appelle *Killærs*, ont quelquefois jusqu'à 30 pieds de long). Son museau est comme tronqué. Ses deux mâchoires

Corporis longitudo 10 aut 12 pedes æquat. (Qui circà *Novam Angliam* capiuntur, quique ibi *Killærs* vocantur, quandoque 30 pedum longitudinem attingunt). Rostrum habet quasi truncatum; dentes in utrâque maxillâ parvos

& acutos; fistulam in capite, per quam aquam ejicit; pinnas duas laterales, utrinque unam, & præter istas, tertiam in dorso *gladii* recurvi æmulam, 3 aut 4 pedes longam, & unum vel 1 ½ pedem in origine latam; quæ latitudo, sensim versùs ejus extremum procedendo, minuitur. Habitat in mari circà *Spitzbergam*, in *Freto Davis*, & circà *Novam Angliam*.

sont armées de petites dents pointues. Elle a sur la tête un canal, par lequel elle rejette l'eau. Outre ses deux nageoires latérales, elle en a sur le dos une troisiéme, qui ressemble assez à à un *sabre* recourbé : cette nageoire a 3 ou 4 pieds de long, & 1 pied ou 1 ½ pied de large proche le corps; & elle devient de plus en plus étroite, à mesure qu'elle s'en éloigne. On la trouve prés de *Spitzberg*, dans le *Détroit de Davis*, & sur les côtes de la *Nouvelle Angleterre*.

4. L'EPAULARD.

Delphinus pinnâ in dorso unâ, dentibus obtusis... ORCA.

Delphinus rostro sursùm repando, dentibus latis serratis. *Art. Gen. Pisc. g. 47. sp. 3.*
Art. Synon. Pisc g. 47. sp. 3.
Faun. Suec. Linn. N°. 267.
Delphinus rostro sursùm repando, dentibus latis serratis. Orca. *Linn. syst. nat. ed. 6 g. 100. sp. 3.*
Balæna minor, utrâque maxillâ dentata, *Orca* dicta Bellonio & Rondeletio. *Raj. Syn. Pisc. p. 15. 1.*
Sibbald. Obs. p. 6.
Orca Rondeletii & Bellonii. *Raj. syn. Pisc. p. 10. 3.*
Will. Hist. Pisc. p. 40.
Gesn. Pisc. Fig. p 748. (Fig. bona).
Gesn. Icon Aquat. p. 168. Fig. p. 169. [Fig. bona].
Orca. *Klein. Pisc. Mis. 2. p. 22. cujus cranium Fig. T. I. Nov. 1. (Fig. bona).*
Aldro. Pisc. p. 697. Fig. p. 698. (Fig. mala).
Jonst. Pisc. p. 153.
Rondel. Pisc. Fig. p. 483. (Fig. bona).
Bell. Aquat. p. 16. Fig. p. 18. (Fig. mala).
Charlet. Exer. p. 47.
Buts-Kopf. Frid. Martens. *Raj. Syn. Pisc. p. 10.*
Butzkopf. *Hist. d' fl. & de Gro. Tom. II. p. 150.*
Oudre, ou Grand Marsouin. *Bell. des Poiss. p. 13. Fig. p. 14. (Fig. mauv.).*

Les Espagnols l'appellent TINET. *Gesn.*
Les Allemands, VASSZ WAL; ZUBER-WAL. *Gesn.*
Les Suédois, LÔPARE. *Linn.*
Ceux qui habitent les bords de l'Ocean, LOPER. *Art.*
Les Norvégeois, SPRINGWAL. *Gesn.*
Les Anglois, GRAMPUS. *Raj. Art. Hist. d'Isl.*
Les Ecossois, NORTH CAPER. *Raj. Art. Hist. d'Isl.*

La longueur de son corps est d'environ 24 ou 25 pieds: son diamétre, dans l'endroit le plus gros, qui est vers le ventre, surpasse la moitié de sa longueur. Ses deux mâchoires sont armées de dents obtuses. La mâchoire inférieure est beaucoup plus grande & plus épaisse que la supérieure. Ses yeux sont semblables à ceux des *Bœufs*. Il a sur la tête un canal, par lequel il rejette l'eau. Il a trois nageoires, sçavoir deux latérales, & une sur le dos qui a plus de 3 pieds de long. Sa peau est très lisse, & noire sur le dos, & blanche sur le ventre. On le trouve dans les *Mers Occidentales*.

Longitudo corporis 24 vel 25 circiter pedes attingit: Hujus diameter, quâ parte crassissimum est, circà ventrem scilicet, mediam longitudinem superat. Dentes habet in utrâque maxillâ obtusos; maxillam inferiorem superiore multò majorem & crassiorem; oculos oculis *Bovinis* similes; fistulam in capite, per quam aquam rejicit. Tribus donatur pinnis, duobus lateralibus, & insuper tertiâ in dorso 3 pedum longitudinem superante. Cutis est levissima, nigra in dorso, in ventre alba. Habitat in *Mari Occidentali*.

5. LE SOUFFLEUR.

Delphinus pinnâ in dorso nullâ... PHYSETER.

Physeter. *Rondel. Pisc. Fig. p.* 485.
Gesn. Icon. Aquat. Fig. p. 170.
Aldro. Pisc. Fig. p. 689.
Jonst. Pisc. p. 153.
Charlet. Exer. p. 47.
Physeter Rondeletii, Gesn. *Will. Hist. Pisc. p.* 41.
(Physalus Bellua, seu) Physeter Rondeletii. *Gesn. Pisc. Fig. p.* 851.
Les Xaintongeois l'appellent SEDENETTE. *Rondel. Gesn.*
Les Languedochiens, MULAR. *Rondel. Gesn.*
Les Grecs, φυσητήρ. *Gesn. Aldro.*
Les Italiens, CAPIDOGLIO. *Rondel. Gesn.*

Les Allemands, SPRUTZWAL ; WETTERWAL. *Gesn.*
Les Anglois, WHIRLE-POOL. *Will. Gesn.*

Descriptione *Physeteris*, quam nobis dedit *Rondeletius*, videtur eum nec esse en Genere *Balænarum*, nec ex Genere *Cetorum* ; dentes enim habet quemadmodùm *Orca* : *Orca* autem dentibus in utrâque maxillâ munitur ; quamobrem *Physeterem Delphini* Generis esse putavi. Hæc sunt verba *Rondeletii*. *Physeter* « Bellua est admirandæ magnitudinis, ex Balænarum » Genere : ore maximo, dentibus acutis, serratis quemadmodùm Orca. Lingua intùs magna & carnosa. Fistulam longè ampliorem habet, quàm reliquæ Belluæ : quam ob causam multò plùs aquæ rejicit & efflat, undè illi nomen φυσητηρ. Ab Orca differt, quod multò longior sit, & dorsi pinnâ careat. Pinguedine multâ abundat, veluti Balæna & Belluæ reliquæ ». Habitat in Oceano.

Il paroît par la description que *Rondelet* a donnée du *Souffleur*, qu'il doit être séparé des *Baleines* & des *Cachalots*, puisqu'il a les dents comme l'*Epaulard*, lequel en a aux deux mâchoires : c'est pourquoi je l'ai placé dans le même Genre. Voilà mot pour mot la description qu'en donne *Rondelet*. *Le Souffleur*, « est un Cetacée d'une grandeur » extraordinaire, du Genre des » *Baleines* : sa bouche est très » grande ; ses dents sont pointuës, & en forme de scie, comme celles de *l'Epaulard* : sa » langue est grande & charnuë. » Le canal par lequel il rejette » l'eau, est beaucoup plus grand » que ceux des autres *Cetacées* : » c'est pourquoi il rejette beaucoup plus d'eau, & avec plus » de violence : d'où luy est venu » le nom de *Souffleur*. Il differe » de *l'Epaulard* en ce qu'il est » beaucoup plus long, & qu'il » n'a point de nageoire sur le dos. » Il devient très gras, comme la » *Baleine* & les autres *Cetacées* ». On le trouve dans l'Ocean.

TABLE

TABLE
DES CETACE'ES,

Selon l'Ordre dans lequel ils ſont rangés dans cet Ouvrage.

ORDRE I.

I. Genre de la Baleine.

1. La Baleine ordinaire de Groënland.
2. La Baleine d'Iſlande.
3. La Baleine de la Nouvelle Angleterre.
4. La Baleine à ſix boſſes.
5. Le Gibbar.
6. La Baleine à muſeau rond.
7. La Baleine à muſeau pointu.

ORDRE II.

II. Genre du Cachalot.

1. Le Cachalot.
2. Le Cachalot blanc.
3. Le Cachalot de la Nouvelle Angleterre.
4. Le Petit Cachalot.
5. Le Cachalot à dents pointuës.
6. Le Cachalot à dents en faucilles.
7. Le Cachalot à dents plattes.

ORDRE III.

III. Genre du Narhval.

1. Le Narhval.

ORDRE IV.

IV. Genre du Dauphin.

1. Le Dauphin.
2. Le Marſouin.
3. L'Epée-de-mer.
4. L'Epaulard.
5. Le Souffleur.

TABLE ALPHABETIQUE
DES NOMS FRANÇOIS.

La Lettre G indique le Genre; & la lettre E, l'Espece.

INDEX ALPHABETICUS

Nominum Gallicorum, Latinorum, Græcorum, &c.

Littera G Genus designat; & Littera S, Speciem.

EXTRAIT DES REGISTRES
de l'Académie Royale des Sciences.

Du 6 Septembre 1754.

MESSIEURS Duhamel & de Jussieu le cadet, qui avoient été nommés pour examiner un Ouvrage de M. BRISSON, qui a pour titre : *Le Regne Animal, divisé en neuf Classes. Premiere Classe, Les Quadrupedes*, en ayant fait leur rapport, l'Académie a jugé que la méthode employée par l'Auteur, paroissoit plus exacte que celles qui avoient été publiées, & qu'elle méritoit son Approbation : en foi de quoi j'ai signé le présent Certificat. A Paris, le 2 Décembre 1754.

GRANDJEAN DE FOUCHY,

Sec. Perp. de l'Acad. Royale des Sciences.

EXTRAIT DES REGISTRES
de l'Académie Royale des Sciences.

Du 23 Avril 1755.

MESSIEURS Duhamel & de Jussieu le cadet, qui avoient été nommés pour examiner un Ouvrage de M. BRISSON, dans lequel il établit une nouvelle Classe, à laquelle il rapporte les Animaux que les Naturalistes désignent par le nom de *Cetacées*, & qu'ils rangent parmi les *Poissons*, en ayant fait leur rapport, l'Académie a jugé que cet Ouvrage rempli d'ailleurs de recherches curieuses sur les différens noms donnés par les Auteurs à chacun de ces Animaux, pouvoit être utile aux Naturalistes, & méritoit d'être imprimé aveo son Approbation, en foi de quoi j'ai signé le présent certificat. A Paris, ce 26 Avril 1755.

GRANDJEAN DE FOUCHY,

Sec. Perp. de l'Acad. Royale des Sciences.

PRIVILEGE DU ROI.

LOUIS, par la grace de Dieu, Roi de France & de Navarre : à nos amés & feaux Conseillers, les Gens tenans nos Cours de Parlement, Maîtres des Requêtes ordinaires de notre Hôtel, Grand Conseil, Prevôt de Paris, Baillifs, Sénéchaux, leurs Lieutenans Civils, & autres nos Justiciers qu'il appartiendra, SALUT : Nos bien amés LES MEMBRES DE L'ACADEMIE ROYALE DES SCIENCES de notre bonne Ville de Paris, Nous ont fait exposer qu'ils auroient besoin de nos Lettres de Privilege pour l'impression de leurs Ouvrages. A CES CAUSES voulant favorablement traiter les Exposans, Nous leur avons permis & permettons par ces présentes de faire imprimer par tel Imprimeur qu'ils voudroient choisir, toutes les recherches ou observations journalieres, ou relations annuelles de tout ce qui a été fait dans les assemblées de ladite Académie Royale des Sciences, les Ouvrages, Mémoires, ou traités de chacun des Particuliers qui la composent, & généralement tout ce que ladite Académie voudra faire paroître, après avoir fait examiner lesdits Ouvrages, & jugé qu'ils sont dignes de l'impression, en tel volume, forme, marge, caractere, conjointement ou séparement, & autant de fois que bon luer semblera, & de les faire vendre & débiter par tout notre Royaume pendant le temps de vingt années consécutives, à compter du jour de la date des Présentes; sans toutesfois qu'à l'occasion des Ouvrages ci-dessus spécifiés ils puissent en imprimer d'autres qui ne soit pas de ladite Académie: Faisons défenses à tous Imprimeurs, Libraires & autres personnes, de quelque qualité & condition qu'elles soient, d'en introduire d'impression étrangère dans aucun lieu de notre obéissance, comme aussi d'imprimer ou faire imprimer, vendre, faire vendre, débiter ni contrefaire ledit Ouvrage, ni d'en faire aucune traduction ou extrait, sous quelque prétexte que ce puisse être, sans la permission expresse & par écrit des Exposans, ou de ceux qui auront droit d'eux, à peine de confiscation des Exemplaires contrefaits, de trois mille livres d'amende contre chacun des contrevenans, dont un tiers à Nous, un tiers à l'Hôtel-Dieu de Paris, & l'autre tiers audit Exposant, ou de celui qui aura droit d'eux, & de tous dépens, dommages & intérêts; à la charge que ces Présentes seront enregistrées tout au long sur le Registre de la Communauté des Imprimeurs & Libraires de Paris dans trois moisde la date d'icelles; que l'impression desdits Ouvrages sera faite dans notre Royaume & non ailleurs, en bon papier, & beaux caracteres, conformément aux Réglemens de la Librairie, qu'avant de l'exposer en vente, les Manuscrits ou Imprimés qui auront servis de copie à l'impression desdits Ouvrages, seront remis dansle même état où l'Approbation y aura été donnée, ès mains de notre très-cher & féal Chevalier, le Sieur DAGUESSEAU, Commandeur de nos Ordres, Chancelier de France, & qu'il en sera ensuite remis deux Exemplaires de chaqu'un dans notre Bibliotheque publique, un dans celle de notre Château du Louvre, un dans celle de notredit très cher & féal Chevalier le Sieur DAGUESSEAU, Chancelier de France; le tout à peine de nullité des Présentes; du contenu desquelles vous mandons & enjoignons de faire jouir lesdits Exposans & leurs ayans causes pleinement & paisiblement, sans souffrir qu'il leur soit fait aucun trouble ou empêchement; Voulons que la Copie des Présentes, qui sera imprimée tout au long au commencement ou à la fin desdits Ouvrages, soit tenue pour dûement signifiée, & qu'aux copies collationnées par l'un de nos amés & féaux Conseillers Secretaires, foi soit ajoûtée comme à l'Original; Commandons au premier notre Huissier ou Sergent sur ce requis, de faire pour l'exécution d'icelles tous actes requis & nécessaires sans demander autre permission, & nonobstant clameur de Haro, Charte Normande & Lettres à ce contraires: car tel est notre plaisir. Donné à Paris le dix-neuviéme du mois de Mars, l'an de grace mil sept cent cinquante, & de notre Regne le trente-cinquiéme. Par le Roi en son Conseil.

MOL.

Registré sur le Registre douze de la Chambre Royale & Syndicale des Libraires & Imprimeurs de Paris N°. 430. fol. 209. conformément au Réglement de 1723. qui fait défenses à toutes personnes de quelque qualité qu'elles soient, autres que les Libraires & Imprimeurs de vendre, débiter & faire afficher aucuns Livres pour les vendre en leurs noms, soit qu'ils s'en disent les Auteurs ou autrement; & à la charge de fournir à la susdite Chambre huit Exemplaires prescrits par l'Article 108 du même Reglement. A Paris le 5 Juin 1750.

LE GRAS, *Syndic.*

www.ingramcontent.com/pod-product-compliance
Lightning Source LLC
LaVergne TN
LVHW020603180726
843502LV00002B/338